"十四五"普通高等教育系列教材

ZHINENGDIANWANG XINXI TONGXIN JISHU

智能电网信息通信技术

主　编　张铁峰
副主编　戚银城　张卫华
编　写　高　强　张素香　孔英会

中国电力出版社
CHINA ELECTRIC POWER PRESS

内 容 提 要

本书为"十四五"普通高等教育系列教材。

本书在智能电网和能源互联网建设背景下，较为全面、系统地介绍了信息通信技术在智能电网业务开展中的应用，涉及强电和弱电交叉领域，内容广泛，基本涵盖了国内外的最新研究成果及其发展方向。全书共9章，主要内容包括智能电网概述、智能电网业务信息化及架构、智能电网信息通信技术与标准、新能源发电信息通信技术、智能输变电信息通信技术、智能配用电信息通信技术、智能电网调度信息通信技术、电力市场信息通信技术和智能电网信息安全。

本书可作为电气工程及其自动化、电子信息类专业的本科和研究生教材，也可供从事电力系统信息通信技术研究和应用的科技及工程人员参考。

图书在版编目（CIP）数据

智能电网信息通信技术/张铁峰主编. —北京：中国电力出版社，2021.10（2024.7重印）
"十四五"普通高等教育系列教材
ISBN 978-7-5198-5978-7

Ⅰ. ①智… Ⅱ. ①张… Ⅲ. ①智能控制—电力通信网 Ⅳ. ①TM73

中国版本图书馆 CIP 数据核字（2021）第 186979 号

出版发行：中国电力出版社
地　　址：北京市东城区北京站西街 19 号（邮政编码 100005）
网　　址：http://www.cepp.sgcc.com.cn
责任编辑：冯宁宁（010-63412537）
责任校对：黄　蓓　常燕昆
装帧设计：王红柳
责任印制：吴　迪

印　　刷：北京盛通印刷股份有限公司
版　　次：2021 年 10 月第一版
印　　次：2024 年 7 月北京第五次印刷
开　　本：787 毫米×1092 毫米　16 开本
印　　张：17.5
字　　数：411 千字
定　　价：55.00 元

前 言

从人类认识电到直流电的发明和小规模使用，再到交流系统的发明和交流系统在交直流之争中胜出，交流电推广和传统电网形成，人类对能源的使用和驾驭基本围绕着"人人用得上电，人人用得起电"目标的实现，该阶段以化石能源利用为主。随着人类能源使用对所处环境的危害得以重视，人们试图通过可再生能源替代化石能源和提高能源效率作为应对的主要策略，电能这种"标准化"能源成为能源转换和利用中心的不二之选，智能电网是世界各国的共同选择。围绕"更高的电网可靠性、更好的环境绩效、更强的用户选择权"建造的智能电网广泛利用了现代工业技术，成为推动人类社会进步的重大工程。

其中，信息通信技术（ICT）是智能电网的基础支撑技术，甚至可以认为，智能电网就是通过新能源和信息通信技术对传统电网改造而来的。为了应对数以千万计的分布式电源接入和双向潮流普及的挑战，数量庞大的传感器和装置被安装在电能供应链各环节，用以监测和控制电能的利用，电网企业则从技术和管理两方面着手，建造了多样的信息通信系统应对业务变革，智能电网业务的数据驱动特征愈加明显。

信息通信基础设施是智能电网设施的重要组成部分，从新能源发电、输电、变电、配电、用电到调度，智能电网各环节大量采用已经被证明成熟的信息通信技术，确保电网安全可靠经济运行，同时不断开发和应用新技术挖掘新的价值，为低碳高效的能源转型之路寻找新方向。如虚拟电厂作为需求响应的一种手段，扩展了响应资源的调度范围和形式，从技术角度集成了先进的数字功能，使电网运行变得更加灵活和富有弹性；区块链技术为分散的能源交易市场带来了新的发展机会等。

能源互联网是智能电网概念的新发展，主要从能源的利用范围和形式以及信息通信技术的应用范围和形式两方面进行了扩展，使系统开放性更好、能源优化范围更大、利用技术种类更多及商业模式更新。随着智能电网信息通信系统的大量建造和使用，信息安全风险凸现，其后果作用于电网，进而对社会、经济和生活产生巨大影响，智能电网的信息通信基础设施是关键的信息通信基础设施，智能电网的信息安全不容忽视。

本书较为全面、系统地介绍了信息通信技术在智能电网业务领域中的应用情况并充分体现其支撑作用。全书共9章，第1章主要介绍了电的历史与传统电网形成、电网面临的挑战与智能电网的出现、世界各国智能电网的发展和智能电网共识，以及智能电网的高级形态能源互联网；第2章主要介绍了智能电网业务对于信息通信系统的需求和电力信息化的演进过程，进一步论述了建造智能电网信息通信系统有关的概念模型和参考架构，并介绍了中国的电力通信网络概况。第3章介绍了信息通信技术的相关概念、具体技术领域及支持智能电网的主要信息通信技术和相关信息通信技术标准；第4章对信息通信技术在新能源发电中的主要应用监控系统进行了介绍，包括风力发电、光伏发电和储能的监控；第5章介绍了信息通信技术支持下的变电站的智能化演进及智能变电站的相关系统及功能，输电线路在线监测系统和输变电生产管理系统；第6章介绍了信息通信技术在智能配用电领域的应用，主要包括配电自动化、高级量测体系、需求响应、虚拟电厂和智能用电等；第7章主要介绍了电网调度自动化系统的功能和组成，详细介绍了能量管理系统和广域测量系统两部分；第 8 章主要介绍了电力市场技术支持系统的体系结构及子系统组成，区块链技术在电力市场中的应用；第 9 章介绍了智能电网信息安全任务与架构，阐述了智能电网安全需求及信息安全技术，并介绍了中国电力二次系统安全防护的策略以及信息安全等级保护情况。此外，限于篇幅，部分内容通过二维码形式进行了配套扩展。

本书内容跨学科，交叉特色明显，素材浩如烟海，选择甄别工作量巨大，编写组成员为此付出了大量劳动，第 1、2、4、5、6 章由张铁峰编写，第 3 章由戚银城编写，第 7、8 章由张卫华编写，第 9 章由高强编写。全书由张铁峰统稿，孔英会对全书进行审校并提出修改意见，张素香对智能电网信息安全内容进行了审校。感谢研究生宋佳豪、许正阳、马玉草、张浴尘、昝新宇、赵一诺、叶勇杰等同学在文字图表整理等方面付出的努力。

本书在编写过程中，得到了教育部第二批新工科研究与实践项目（E-CXCYYR20200907）、华北电力大学国家双一流专业建设项目（17112002）和华北电力大学 2020 年研究生双一流教材建设项目的大力支持，在此表示衷心感谢。

由于作者水平有限，加之智能电网信息通信技术发展迅速，新概念、新应用层出不穷，书中难免存在疏漏和不妥之处，欢迎广大同行专家、读者不吝批评指正。

编　者

2021 年 6 月

缩 略 语

英文缩略语	英 文 名 称	中 文 解 释
AAA	authentication authorization and accounting	认证、授权和计费
AAM	advanced asset management	高级资产管理
ACE	area control error	区域控制误差
ACSI	abstract communication service interface	抽象通信服务接口
ACSE	association control service element	关联控制服务单元
ADA	advanced distribution automation	高级配电自动化
ADL	all dielectric lashed cable	捆绑式光缆
ADO	advanced distribution operation	高级配电运行
ADR	automated demand response	自动需求响应
ADRI	ADR information exchange interface	自动需求响应信息交换接口
ADSS	all-dielectric self-supporting optical fiber cable	全介质自承式光缆
AE	auto-encoder network	自编码网络
AES	advanced encryption standard	高级加密标准
aFRR	automatic frequency restoration reserve	自动频率恢复备用
AGC	automatic generation control	自动发电控制
AIHC	average interruption hours of customer	用户平均停电时间
AITC	average interruption times of customer	用户平均停电次数
AM	automatic mapping	自动绘图
AMI	advanced metering infrastructure	高级量测体系
AMM	automated meter management	自动计量管理
AMR	automated meter reading	自动抄表
ANSI	American National Standards Institute	美国国家标准学会
APF	active power filter	有源电力滤波器
API	application program interface	应用程序接口
APN	access point name	接入点名称
AR	augmented reality	增强现实
ASCII	American standard code for information inter-change	美国信息交换标准代码
ASK	amplitude-shift keying	幅移键控
ASON	automatically switched optical network	自动交换光网络
ATM	asynchronous transfer mode	异步传输模式
ATO	advanced transmission operation	高级输电运行
AVC	automatic voltage control	自动电压控制

英文缩略语	英 文 名 称	中 文 解 释
BAMS	battery array management system	电池系统管理单元
BCMS	battery cluster management system	电池簇管理单元
BDS	beidou navigation satellite system	北斗卫星导航系统
BE	best effort	最好性能
BESS	battery energy storage system	电池储能系统
BI	business intelligence	商业智能
BITS	building integrated timing supply	大楼综合定时供给系统
BMS	battery management system	电池管理系统
BMU	battery management unit	电池管理单元
BPL	broadband over power lines	电力线宽带
BPS	bidding process system	报价处理系统
BPSK	binary phase-shift keying	二进制相移键控
BPR	business process reengineering	业务流程重组
BS	base station	基站
BSS	bidding support system	报价辅助决策系统
CA	contingency analysis	事故分析
CA	certification authority	认证机构
CAC	cellular access center	蜂窝接入中心
CAC	condition information acquisition controller	状态信息接入控制器
CAD	computer-aided design	计算机辅助设计
CAES	compressed air energy storage	压缩空气储能
CAG	condition information acquisition gateway	状态信息接入网关机
CAM	computer aided manufacturing	计算机辅助制造
CAN	controller-area network	控制器区域网络
CAPP	computer aided process planning	计算机辅助工艺设计
CASP	capacity ancillary service program	容量辅助服务计划
CC	cloud computing	云计算
CCAPI	control center application program interface	控制中心应用程序接口
CCI	connection control interface	连接控制接口
CCITT	Comit é Consultatif International Telephonique Ettelegr aphique (International Telegraph and Telephone Consultative Committee)	国际电报电话咨询委员会
CDM	conceptual data model	概念数据模型

英文缩略语	英 文 名 称	中 文 解 释
CEMS	community energy management system	区域能源管理系统
CHP	combined heat and power	热电联产
CIGRE	Conseil International Des Grands Reseaux Electriques (International Council on Large Electric Systems)	国际大电网会议
CIM	common information model	公共信息模型
CIS	consumer information system	客户信息系统
CIS	component interface specification	组件接口规范
CMA	condition monitoring agent	状态监测代理
CMS	contract management system	合同管理系统
CNN	convolutional neural networks	卷积神经网络
COM	component object model	组件对象模型
CORBA	common object request broker architecture	公共对象请求代理体系结构
CP	custom power	定制电力
CPLD	complex programmable logic device	复杂可编程逻辑器件
CPN	customer premises network	用户驻地网
CPP	critical peak pricing	关键峰荷电价
CPU	central processing unit	中央处理单元
CRM	customer relationship management	客户关系管理
CSC	convertible static compensator	可转换静止补偿器
CSR	controllable shunt reactor	可控并联电抗器
CSS	cascading style sheets	层叠样式表
CT	communication technology	通信技术
CVPP	commercial VPP	商业型虚拟电厂
DA	distribution automation	配电自动化
DAS	direct-attached storage	直接存储
DAU	distributing access unit	分布式接入单元
DAU	data aggregation unit	数据聚合单元
DBN	deep belief nets	深度置信网络
DCN	data communication network	数据通信网
DCOM	distributed component object model	分布式部件对象模型
DCS	distributed control system	分布式控制系统
DER	distributed energy resources	分布式能源

英文缩略语	英 文 名 称	中 文 解 释
D-FSM	distribution fast simulation and modeling	配电网快速仿真与模拟
DG	distributed generation	分布式发电，分布式电源
DLC	direct load control	直接负荷控制
DM	data mining	数据挖掘
DMI	distribution management infrastructure	配电管理设施
DMIS	dispatch management information system	调度管理信息系统
DMS	distribution management system	配电管理系统
DNP	distributed network protocol	分布式网络协议
DoS	denial of service	拒绝服务
DPF	dispatcher power flow	调度员潮流
DPS	digital power systems	数字电力系统
DR	demand response	需求响应
DRMS	demand response management system	需求响应管理系统
DSB	demand side bidding	需求侧投标
DSCADA	distribution SCADA	配电系统监控和数据采集
DSL	digital subscriber line	数字用户线路
DSM	demand side management	需求侧管理
DSO	distribution system operator	配电系统运营商
DSP	digital signal processor	数字信号处理器
DSS	digital signature standard	数字签名标准
DSS	decision support system	决策支持系统
DTS	dispatcher training simulator	调度员培训仿真系统
DTU	distribution terminal unit	站所终端
DVR	dynamic voltage restorer	动态电压恢复器
DW	data warehouse	数据仓库
EAI	enterprise application integration	企业应用集成
EDC	economic dispatch control	经济调度控制
EDR	emergency demand response	紧急需求响应
EHV	extra-high voltage	超高压
EI	energy Internet	能源互联网
EII	enterprises information infrastructure	企业信息基础设施
eMBB	enhanced mobile broadband	增强移动宽带

英文缩略语	英 文 名 称	中 文 解 释
EMC	energy management contract	合同能源管理
EMS	energy management system	能量管理系统
eMTC	enhanced machine type communication	增强型机器类通信
EPA	ethernet for plant automation	工厂自动化用以太网
EPON	ethernet passive optical network	以太网无源光纤网络
EPRI	Electric Power Research Institute	美国电力科学研究院
EPS	electric power system	电力系统
E-R	entity-relation graph	实体-联系图
ERP	enterprise resource planning	企业资源计划
ES	expert system	专家系统
ESI	energy service interface	能源服务接口
ETL	extract-transform-load	提取—转换—加载
EV	electric vehicles	电动汽车
FA	feeder automation	馈线自动化
FACTS	flexible alternating current transmission system	柔性交流输电系统
FAN	field-area network	场域网
FC	fibre channel	光纤通道
FCL	fault current limiter	故障电流限制器
FCR	frequency control reserve	频率控制储备
FDIR	fault detection isolation and restoration	故障检测、隔离和恢复
FIFO	first in first out	先入先出
FLISR	fault location isolation and service recovery	故障定位、隔离和服务恢复
FM	facility management	设备管理
FSK	frequency-shift keying	移频键控
FTP	file transfer protocol	文件传输协议
FTU	feeder terminal unit	馈线终端
GD	optical and electrical hybrid cables	光电混合缆
GFP	generic framing procedure	通用成帧协议
GE	giga bit ethernet	千兆以太网
GIS	geographic information system	地理信息系统
GOOSE	generic object-oriented substation events	面向通用对象的变电站事件
GPRS	general packet radio service	通用无线分组业务

英文缩略语	英 文 名 称	中 文 解 释
GPS	global positioning system	全球定位系统
GWAC	Grid Wise Architecture Council	电网智能化架构委员会
GWWOP	ground wire wrapped optical fiber cable	地线缠绕光缆
HAN	home-area network	家庭局域网
HDFS	hadoop distributed file system	分布式文件系统
HDLC	high-level data link control	高级数据链路控制
HEMS	home energy management system	家庭能源管理系统
HRTT	hard real-time task	硬实时任务
HTTP	hypertext transfer protocol	超文本传输协议
HV	high voltage	高压
HVDC	high voltage direct current	高压直流
I/O	input/output	输入/输出
IaaS	infrastructure as a service	基础架构即服务
IAP	interoperability architectural perspective	互操作架构愿景
ICCP	inter-control center communications protocol	控制中心间的通信协议
ICT	information and communication technology	信息通信技术
IEC	International Electrotechnical Commission	国际电工委员会
IEC SA	integrated energy and communication systems architecture	综合能源及通信系统体系架构
IED	intelligent electronic device	智能电子设备
IEEE	Institute of Electrical and Electronics Engineers	电气和电子工程师学会
IGBT	insulated gate bipolar transistor	绝缘栅双极型晶体管
II	information integration	信息集成
IKE	Internet key exchange	Internet 密钥交换
IL	interruptible load	可中断负荷
IOPS	input/output operations per second	每秒输入/输出操作次数
IoT	Internet of things	物联网
IP	integrated platform	集成平台
IP	Internet protocol	互联网协议
IPFC	interline power flow controller	线间潮流控制器
IPv6	Internet protocol version 6	互联网协议版本 6
IS	information system	信息系统
ISDN	integrated services digital network	综合业务数字网

英文缩略语	英 文 名 称	中 文 解 释
ISO	International Standard Organization	国际标准化组织
ISO	independent system operator	独立系统运营商
ISP	internet service provider	互联网服务提供商
IT	information technology	信息技术
ITU	International Telecommunication Union	国际电信联盟
IVVC	integrated volt-var control	集成电压无功控制
LAN	local area network	局域网
LDM	logical data model	逻辑数据模型
LED	light-emitting diode	发光二极管
LM/LE	load modeling /load estimation	负荷建模/负荷估计
LMS	load management system	负荷管理系统
LPR	local primary reference	区域基准时钟
LPWAN	low-power wide-area network	低功率广域网
LTE	long term evolution	长期演进技术
LV	low voltage	低压
MAFS	market analysis & forecast system	市场分析与预测系统
MAS	multi-agent system	多智能体系统
MASS	metal aerial self-supporting optical fiber cable	金属自承式光缆
MDMS	meter data management system	计量数据管理系统
mFRR	manual frequency restoration reserve	人工频率恢复备用
MIME	multipurpose internet mail extensions	多用途互联网邮件扩展类型
MIS	management information system	管理信息系统
ML	meta learning	元学习
MMS	manufacturing message specification	制造报文规范
mMTC	massive machine class communication	海量机器类通信
MOM	message-oriented middleware	面向消息的中间件
MPLS	multi-protocol label switching	多协议标签交换
MPLS-TP	multi-protocol label switching-transport profile	多协议标签交换-传送子集
MR	mixed reality	混合现实
MRP	manufacturing resources planning	制造资源计划
MSTP	multi-service transport platform	多业务传送平台
MV	medium voltage	中压

英文缩略语	英 文 名 称	中 文 解 释
NAN	neighborhood-area network	领域网
NAS	network attached storage	网络连接存储
NAT	network address translation	网络地址翻译
NB-IoT	narrow band Internet of things	窄带物联网
NB-PLC	narrow band-power line carrier	窄带电力线载波
NFC	near field communication	近场通信
NFV	network functions virtualization	网络功能虚拟化
NIST	National Institute of Standards and Technology	美国国家标准与技术研究院
No SQL	not only structured query language	非结构化查询语言
NT	network terminal	网络终端
OAM	operation administration and maintenance	操作维护管理
OAS	office automation system	办公自动化系统
OBS	object-based storage	对象存储
ODBC	open database connectivity	开放式数据库互连
OFDM	orthogonal frequency division multiplexing	正交频分复用
OLAP	on-line analytical processing	联机分析处理
OLE	object linking and embedding	对象连接与嵌入
OLT	optical line terminal	光线路终端
OMS	outage management system	停电管理系统
ONU	optical network unit	光网络单元
OPC	object linking and embedding for process control	用于过程控制的对象连接与嵌入
OpenADR	open automated demand response communication standards	开放的自动需求响应通信标准
OPGW	optical fiber composite overhead ground wire	光纤复合架空地线
OPLC	optical fiber composite low-voltage cable	光纤复合低压电缆
OPPC	optical fiber composition phase conductor	光纤复合架空相线
OSD	object-based storage device	对象存储设备
OSI	open systems interconnection	开放系统互连
OT	operational technology	运营技术
OTDR	optical time-domain reflectometer	光时域反射仪
OTN	optical transport network	光传送网
PaaS	platform as a service	平台即服务
PAS	power application software	高级应用软件

英文缩略语	英 文 名 称	中 文 解 释
PBB-TE	provider backbone bridges traffic engineering	运营商骨干网桥流量工程
PCS	power conversion system	储能变流器
PDC	phasor data concentrator	相量数据集中器
PDH	plesiochronous digital hierarchy	准同步数字系列
PDM	physical data model	物理数据模型
PDU	protocol data unit	协议数据单元
PEL	power electronic load	电力电子负载
PEM	privacy enhanced mail	保密增强邮件
PEV	plug-in electric vehicle	插电式电动汽车
PFTTH	power fiber to the home	电力光纤到户
PICOM	piece of information for communication	通信信息片
PKI	public key infrastructure	公钥基础设施
PLC	programmable logic controller	可编程逻辑控制器
PLC	power line carrier	电力线载波
PMU	phasor measurement unit	相量测量单元
POTN	packet optical transport network	分组光传送网络
PPP	point to point protocol	点到点协议
PPTP	PPP tunneling protocol	PPP 隧道协议
PRC	principal reference clock	主基准时钟
PSR	power system resource	电力系统资源
PSTN	public switched telephone network	公用电话交换网
PTC	packet transport channel	分组传送信道
PTN	packet transport network	分组传送网
PTP	packet transport path	分组传送通路
PV	photovoltaic	光伏发电
PWM	pulse width modulation	脉冲宽度调制
QoS	quality of service	服务质量
RAF	reference architecture framework	参考架构框架
RAID	redundant arrays of independent disks	磁盘阵列
RDF	resource description framework	资源描述框架
RER	renewable energy resource	可再生能源资源
REST	representational state transfer	表述性状态传递

英文缩略语	英 文 名 称	中 文 解 释
RF	radio frequency	射频
RFID	radio frequency identification	射频识别
RL	reinforcement learning	强化学习
RP	reference point	参考点
RS	remote sensing	遥感
RS	reliability on service	供电可靠率
RTO	regional transmission organization	区域输电组织
RTP	real-time pricing	实时电价
RTS	real time system	实时系统
RTU	remote terminal unit	远动终端单元
SA	security association	安全关联
SA	substation automation	变电站自动化
SaaS	software as a service	软件即服务
SAN	storage area network	存储区域网络
SAS	substation automation system	变电站自动化系统
SBS	settlement and billing system	结算系统
SCADA	supervisory control and data acquisition	监控和数据采集
SCSM	special communication service mapping	特殊通信服务映射
SDH	synchronous digital hierarchy	同步数字序列
SDN	software defined network	软件定义网络
SG	smart grid	智能电网
SGAM	smart grid architecture model	智能电网架构模型
SGIP	smart grid interoperability panel	智能电网互操作性专家组
SGIRM	smart grid interoperability reference model	智能电网互操作参考模型
SGML	standard generalized markup language	标准通用标记语言
S-HTTP	secure hypertext transfer protocol	安全超文本传输协议
SMES	superconducting magnetic energy storage	超导磁蓄能
SMV	sampled measured value	采样测量值
SNI	service node interface	业务节点接口
SNTP	simple network time protocol	简单网络时间协议
SOA	service-oriented architecture	面向服务的架构
SOAP	simple object access protocol	简单对象访问协议

英文缩略语	英 文 名 称	中 文 解 释
SOC	state of charge	荷电状态
SOE	sequence of event	事件顺序记录
SONET	synchronous optical network	同步光网络
SQL	structured query language	结构化查询语言
SRTT	soft real-time task	软实时任务
SSL	security socket layer	安全套接层
SSSC	static synchronous series compensator	静止同步串联补偿器
SSTS	solid state transfer switch	固态切换开关
STATCOM	static synchronous compensator	静止同步补偿器
STU	smart terminal unit	智能终端
SVC	static var compensator	静止无功补偿器
TASE	tele-control application service element	远程控制应用服务单元
TC	trouble call	用户电话投诉
TCP	transmission control protocol	传输控制协议
TCSC	thyristor controlled series capacitor	晶闸管控制串联电容器
TDM	time-division multiplexing	时分复用
TIS	trade information system	交易信息系统
TL	transfer learning	迁移学习
TLS	transport layer security	传输层安全
TMR	tele meter reading system	电能计量系统
TMS	trade management system	交易管理系统
TOU	time-of use pricing	分时电价
TPM	transaction processing monitor	事务处理中间件
TPS	transaction processing systems	事务处理系统
TSN	time sensitive network	时间敏感网络
TSO	transmission system operator	输电系统运营商
TTU	distribution transformer terminal unit	配电变压器终端
TVPP	technical VPP	技术型虚拟电厂
UCA	utility communication architecture	公共通信体系架构
UDA	universal data access	通用数据访问
UIB	utility integration bus	集成总线
UML	unified modeling language	统一建模语言

英文缩略语	英 文 名 称	中 文 解 释
UNI	user network interface	用户网络接口
UPFC	unified power flow controller	统一潮流控制器
UPQC	unified power quality controller	统一电能质量控制器
URL	uniform resource locator	统一资源定位器
URLLC	ultra reliable and low latency communications	低时延、高可靠通信
UWB	ultra wide band	超宽带
VC	virtual channel	虚信道
VOD	video on demand	视频点播
VP	virtual path	虚通路
VPN	virtual private network	虚拟专用网络
VPP	virtual power plant	虚拟电厂
VR	virtual reality	虚拟现实
VSC	voltage sourced converter	电压源换流器
VTN	virtual top node	虚拟根节点
WAMS	wide area measurement system	广域测量系统
WAN	wide area network	广域网
WAS	WebSphere application server	WebSphere 应用服务器
WDM	wavelength division multiplexing	波分复用
WPAN	wireless personal area network	无线个人局域网
XML	extensible markup language	可扩展标记语言
XSL	extensible stylesheet language	可扩展样式表语言

目 录

第 1 章 智能电网概述

1.1 电的历史与传统电网形成

人类对电的认识当从雷电说起，其破坏力使人们心存敬畏，破解雷电的秘密是人类驾驭电力的开端，起初人们认为雷电不可破解，直到富兰克林出现。1752 年 6 月，富兰克林在暴风雨中进行风筝实验，让世界看到了电，他是"闪电是电"的提出者并激励人们通过实验验证的第一人。

1776 年，瓦特制造出第一台有实用价值的蒸汽机。以后又经过一系列重大改进，使之成为"万能的原动机"，在工业上得到广泛应用。他开辟了人类利用能源的新时代，使人类进入"蒸汽时代"。后人为了纪念这位伟大的发明家，把功率的单位定为"瓦特"（简称"瓦"，符号 W）。

1820 年，丹麦物理学家奥斯特发现了电流的磁效应（电流周围存在磁场）。

1821 年，英国科学家法拉第发明了第一台电动机（首先证明可以把电力转变为旋转运动）；1834 年，德国雅可比发明直流发动机。

1831 年，法拉第发现了电磁感应现象（变化的磁场产生电场），制造出世界上第一台能产生连续电流的发电机。

由此人类建立了电和磁之间的联系，1837 年摩尔斯发明的电报是电磁学的第一个成果。在电报问世之前，信息的传播速度并不比人的旅行速度快。电报实现了即时通信，使企业和市场的规模扩大，并最终惠及国家经济。

1861 年，麦克斯韦将电磁光三种最重要的物理现象联系到了一起。他发表了电磁场理论的三篇论文：《论法拉第的力线》《论物理的力线》和《电磁场的动力学理论》。对前人和他自己的工作进行了综合概括，将电磁场理论用简洁、对称、完美的数学形式表示出来，经后人整理和改写，成为经典电动力学主要基础的麦克斯韦方程组。1887 年，德国物理学家赫兹用实验证实了电磁波的存在。之后，1898 年，马可尼又进行了许多实验，不仅证明光是一种电磁波，还发现了更多形式的电磁波，它们的本质完全相同，只是波长和频率有很大的差别。

1866 年，德国西门子发明第一台自激式发电机。

1876 年，贝尔发明电话。

1879 年，爱迪生发明电灯（白炽灯，相对于弧光灯的数千烛光和煤气灯的数十烛光的强度，发出 100 支蜡烛相当光的白炽灯更好）。爱迪生拥有 1093 项美国专利，是美国历史上最多产、最著名的发明家之一。

1882 年，爱迪生建成纽约市珍珠街发电厂，是世界上第一座具有工业意义的发电厂。该电厂由 1880 年成立的纽约爱迪生电力照明公司于 1881 年建造，这个发电站有 250hp（英制：匹，1hp=745.7W）的蒸汽锅炉，通过地下配电网输送 110V 直流电，在一定意义上算作原始微电网。直流发电厂的辐射范围有限，规模小，成本高。与此同时，支持电网通信的需求立刻被意识到，1880 年年底实现了用于自动抄表的电话线通信，1898 年在英国、1905 年在美国用于抄表的电力线载波专利分别被申请。1882年中国最早的发电厂建成，是英国人在上海租界设立的上海电气公司。

1884年，28岁的特斯拉来到美国，加入爱迪生团队改进直流电机效率。后因爱迪生未兑现承诺的5万美元辞职。

1889年，爱迪生名下公司被合并重组为爱迪生通用电气，1892年与汤姆森-休斯顿电气公司合并为通用电气（GE）。

1886年，威斯汀豪斯创办威斯汀豪斯电气公司（Westinghouse Electric Corporation，也称西屋电气公司）。特斯拉于1887年发明交流供电系统和感应电动机，有助于反对直流电而推广交流电。在哥伦比亚大学发表演讲"一种新型的交流电动机和变压器系统"后加盟威斯汀豪斯团队，特斯拉获得5000美元现金和价值55000美元的威斯汀豪斯电气公司股票，并被承诺支付专利使用费2.5美元/马力（公制：1马力=1匹=0.735kW，1cal=4.187J，1kcal=4.187kJ，1J/s为1W）电容量。

技术巨头间的第一次电力之争主要是爱迪生和威斯汀豪斯之间的对垒，特斯拉站在威斯汀豪斯一边。

1893年芝加哥世界博览会上，威斯汀豪斯的交流电系统取得第一次重大胜利。与通用电气竞争展会照明系统订单，通用电气报价100万美元，威斯汀豪斯报价50万美元。但因通用电气禁止威斯汀豪斯使用任何型号的爱迪生灯泡，威斯汀豪斯不得不使用质量稍差的"塞灯"（不像白炽灯那样抽真空，塞灯是注入不活泼氮气），塞灯的寿命短，为满足需要的权宜之计。靠交流电系统拿下修建尼亚加拉大瀑布水电站的项目，是又一场更加引人注目的胜利。1895年，尼亚加拉大瀑布水电站发电。1896年采用三相交流输电送至35km外的布法罗，结束了1880年来交、直流电优越性的争论，宣告交流电系统战胜直流电系统。交流电为规模经济的诞生创造了条件，因为发电厂可以与远距离的用户连接在一起。交流电满足了用户的需要，由于电力系统的规模经济和范围经济，电价大幅下降，成本加成价格监管机制又为这两种经济模式创造了条件。英萨尔进一步推动了"人人用得上电，用得起电"目标的实现，这是电力的第一次大众化。规模经济和范围经济一直起作用到20世纪70年代，传统电网逐渐成熟。1973年田纳西河流域管理局坎伯兰站建有高达1300MW的发电单元，需要长距离大容量输电，充分体现了传统电网的规模效益。

传统电网的典型场景如图1-1所示。电网由数量相对较少的大型发电站、大容量远距离输电到密集用户区域的传输系统、通过馈线将电能传送给配电系统的配电站和将电能传输给各个用户的配电系统组成。电能主要沿一个方向流动，从大型集中发电机流向用户。图1-1同时给出了电力系统各级电压网络之间的关系。

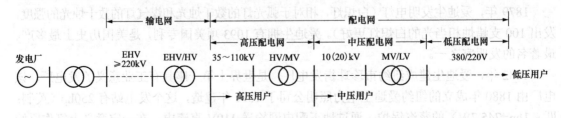

图1-1　传统电网及各级电压网络划分示意图

发电厂发出的电力由超高压（EHV）输电网送到超高压/高压（EHV/HV）变电站；超高

压变电站给高压配电网供电；连接在高压配电网的各个高压/中压（HV/MV）变电站分别向各自对应的中压配电网供电。工矿企业等大用户可由高压配电网或中压配电网直接供电，大量的居民、商业等普通用户连接到低压配电网上，并由连接在中压配电网上的中压/低压（MV/LV）配电所供电。

电力系统是世界上最复杂的人工系统，是一个大型的、相互关联的、动态的系统。电力系统由大量不同性质的元件组成，分布范围极广，随时可能受到各种扰动，不稳定因素多，而保持电力系统的稳定性是电力系统正常运行的基本要求。

1.2 电网面临的挑战与智能电网的出现

随着传统电网规模的扩大，以化石能源为主的大规模集中式发电占据主导地位，大型水力发电和核能发电也占有一定比例，它们为人们"用得上电，用得起电"提供能量来源。然而，随着人们对电力的依赖增强和生活质量的追求，对电力可靠性的期望和环境要求日益提高，逐渐难以接受与之相关的危害并想尽办法应对由此产生的危机。其中，核事故、空气污染和大停电是人类进入危机时代的标志。

1953 年，美国总统艾森豪威尔在联合国大会慷慨陈词，将核能提到经济武器的高度。此外海军上将里科弗倡导利用核反应堆为潜艇和军舰提供动力，核潜艇技术最终演变为大规模商业核技术。核技术的兴起来源于它应用了 20 世纪最重要的一些科研成果，包括爱因斯坦方程以及曼哈顿计划的科学与工程技术。危机时代的民众不像以前那样，一心想着供应充足、人人负担得起的电能可以带来哪些好处，而是把注意力越来越集中在电力生产可能造成的危害上。1979 年美国的宾夕法尼亚州三里岛核事故、1986 年苏联的切尔诺贝利核事故和 2011 年日本的日本福岛核事故使核能由盛转衰。

然而，核电站仍然为美国提供了 20%的电力（约 100 个商业核反应堆在运行），"衰落"并不是终结，只是不再建造新的核反应堆。事实上，美国核电站的所有施工许可证都集中在 1964～1978 年之间，其崛起源于被指定为"官方技术"并补贴，而衰落的根本原因是核电站和煤电站之争中成本过高，核事故只是起了推波助澜的作用。核能是一项关键资源，逐步淘汰核能将是一个十分复杂的挑战，尤其要废止一种承担相当一部分发电任务的能源，需要付出非常大的代价。与化石燃料不同，核电站几乎不排放二氧化碳等温室气体，复兴核能应对气候变化仍然是个选项。

蕾切尔卡森 1962 年出版的《寂静的春天》开启现代环保运动，虽未直接谈及电力工业，但她对这个行业产生了重大影响。在《寂静的春天》出版前后发生的一些重大事件表明，空气污染可能导致人生病甚至死亡。1948 年多诺拉烟雾事件造成宾夕法尼亚州多诺拉镇 6000人患病，20 人死亡。1952 年伦敦大雾造成至少 4000 人死于呼吸道和心脏疾病。1966 年纽约大雾造成 169 人死亡。美国国会于 1963 年通过《清洁空气法》，于 1965 年通过《机动车污染空气控制法》，于 1967 年通过《空气质量法》，1970 年成立美国国家环境保护局并通过《清洁空气法》，确立了多级监管制度。1990 年的《清洁空气法》提出酸雨控制计划和配额交易机制。这些环保法规对电力工业产生了深远的影响，发电厂大幅度减少了污染物的排放量，但这仍然不够，有人提议建立更严格的监管制度。2006 年美国前副总统阿尔戈尔拍摄的纪录片《不可忽视的真相》提醒人们注意全球气候变化的风险，人们争论的焦点也由是否应该更加严格转向如何才能更加严格。到 2010 年，环境监管已经从一个强大因素变为电力行业的主导因素，决定着新建电厂的类型，所有有关电力的政策都包含环境方面的内容。所有政策法规都不再关心"如何将电力成本降到最低"，而是想方设法将电力生产的危害减到最小。直到美国前总统巴拉克奥巴马于 2015 年提出"清洁能源计划"，这些努力都旨在解决全球气候变暖问题。

1994 年，加利福尼亚州决定改变电力行业的监管方式。旧的监管方式是区域垄断、特许经营，垂直一体化模式，成本加成定价法收取合理回报，这种监管始于 1907 年英萨尔在芝加哥主管的联邦爱迪生公司。1996 年加州议会通过 1890 号法令解除监管，电力业务被拆分为生产、传输和调度三部分，生产领域鼓励竞争。但新的监管机制运行不久就瘫痪了，这次悲剧和后果被称为"加州电力危机"。

大停电事件

2003 年，在加州电力危机和安然事件刚过去不久，就发生了 8·14 美加大停电事件，影响 5000 万人，停电达 29 小时，美国损失 40～100 亿美元。有人将此归咎于竞争性改革，但调查组结论为 3t，即树木、培训和工具这些基本问题。随后，英国、马来西亚、丹麦、瑞典、意大利、中国和俄罗斯等国又相继发生了较大面积的停电事故，这些大停电事故给社会和经济带来了巨大的损失。【扫二维码了解大停电事件】

如今，用户除了仍然希望人人用得上电也用得起电，他们还有其他需要，如电力系统更高的可靠性（极端天气、网络攻击等都可能造成电力服务中断）、更好的环境绩效以及更明确的选择权。新出现的电网竞争对手（可靠性高，环境友好，消费者选择权）有：称为微电网的可替代技术、个人电力系统能源（马斯克：太阳能+电池组）。这些新技术为第二次电力之争创造了机会。事实上，这是规模较小、区域性的爱迪生电力系统（以微电网和个人电力系统为代表）和威斯汀豪斯大规模电网的又一次竞赛，也是电力的第二次大众化，其实现目标是缓减全球气候变化。21 世纪世界各国推出的智能电网融合了这些元素和技术。在某种意义上，智能电网通过鼓励分布式电源（DG）接入正在回归到拥有大量小型发电机的时代，智能电网也在通过降低配电电压来节省能耗。

1.3　智能电网的发展

智能电网的发展从美国开始，再到欧洲、亚洲各国，覆盖了世界主要经济体，各国（经济体）结合自己的情况，制定了符合自身特点的发展战略并进行本地化实践。以下从背景与驱动力、智能电网的概念、智能电网的特征和智能电网的发展四方面分别对各国（经济体）的智能电网发展进行阐述。

1.3.1　美国智能电网

1. 背景与驱动力

美国电气化建设开展较早，但对电网建设投入不足，电力系统从业人员年龄结构逐渐老化，电网设备陈旧，存在稳定性问题，急需提高电网运营的可靠性。

信息技术的发展和软硬件成本的下降为此提供了可能，伴随美国电力竞争，智能表计的普及为智能电网的实施奠定了基础。与此同时，分布式发电技术的进步及其发电成本的下降促使人们改变传统电网规模发电经济模式的需求和呼声越来越强烈。2002 年出版的书籍

Small is Profitable（翻译为《小规模大效益》），介绍了电力资源适度规模的隐形收益（The Hidden Economic Benefits of Making Electrical Resources the Right Size），书中阐明了与大型的集中式发电厂相比至少有 207 种理由说明为什么小规模能源系统产生更多的社会和经济价值。分布式发电接入电网得到了能源经济领域的充分认可。而在经历了 2003 年 8·14 美加大停电后，美国电力行业对于电网远距离输电风险的担忧更坚定其利用分布式发电的决心。美国发展智能电网的驱动力主要表现在如下几个方面：

（1）改造老化的电网设备，提高供电的可靠性和安全性；

（2）提高能源的利用效率和技术的先进性；

（3）提高用户对电价的可承受能力；

（4）适应环境和气候的变化，适应可再生能源的接入，降低排放水平；

（5）提高在全球的竞争能力。

因此美国智能电网建设关注于加快电力网络基础架构的升级更新，最大限度地利用信息技术，提高系统自动化水平，以期建设满足智能控制、智能管理、智能分析为特征的灵活应变的智能电网。

2. 智能电网的概念

智能电网是一种新的电网发展理念，通过利用数字技术提高电力系统的可靠性、安全性和效率，利用信息技术实现对电力系统运行、维护和规划方案的动态优化，对各类资源和服务进行整合重组。

2009 年 6 月美国电力科学研究院（EPRI）提供给美国国家标准技术研究院（NIST）的报告给出了基于美国 2007 年《能源独立与安全法案》（Energy Independence and Security Act of 2007）的智能电网的描述：智能电网是一个现代化的电力传输系统，它可以对与之相连设备的运行进行监控、保护、自动优化，这些设备包括集中式和分布式的电源、通过高压网络和配电系统与之相连接的工业用户、楼宇自动化系统、储能装置、终端用户和他们的自动调温器、电动汽车、电器以及其他家用设备。

3. 智能电网的特征

美国提出智能电网需要具备以下六个特征：

（1）自愈。具有实时、在线和连续的安全评估和分析能力，强大的预警和预防控制能力，以及自动故障诊断、故障隔离和系统自我恢复能力。通过安装的自动化监测装置可以及时发现电网运行的异常情况，及时预见可能发生的故障；在故障发生时也可以在没有或少量人工干预下，快速隔离故障、自我恢复，从而避免大面积停电的发生，减少停电时间和经济损失。

（2）兼容。支持可再生能源的有序、合理接入，适应分布式电源和微电网的接入，能够实现与用户的交互和高效互动，满足用户多样化的电力需求并提供对用户的增值服务。

（3）安全。通过坚强电网网架，提高电网应对物理攻击和网络攻击的能力，可靠处理系统故障。

（4）互动。用电消费者与电力公司互动，选择最适合自己的供电方案，或者向电力公司提出个性化的供电服务要求，以满足特殊需要。

（5）经济。支持电力市场运营和电力交易的有效开展，实现资源的优化配置，降低电网损耗，提高能源利用效率。

（6）优质。电压、频率波动符合供电质量要求，谐波污染可以有效控制，满足数据中心、计算机、电子和自动化生产线等敏感用电负荷对供电质量的需要，保障用户电能质量，实现电能质量差别定价。

4. 智能电网的发展

20 世纪末，美国最先开展了对智能电网的相关研究，其成果也是最具代表性的。

1998 年，美国电力科学研究院（EPRI）开展了"复杂交互式网络/系统"（CIN/SI）项目的研究，其成果可以看作是美国智能电网的雏形。

2001 年，EPRI 正式提出并推动了"Intelligrid"项目研究，致力于智能电网整体的信息通信架构开发，配电侧的业务创新和技术研发。

2003 年 7 月，美国能源部（DOE）发布"Grid 2030"构想，对美国未来电网的发展进行了规划。

随后，为实现此构想，DOE 又发布了《国家输电技术线路图》。2004 年，美国启动了电网智能化项目，项目核心目标是利用信息技术改造电力系统，提高电网的可靠性、灵活性和自适应性。

2005 年，DOE 与美国国家能源技术实验室合作发起了"现代电网"研究项目，试图进一步细化电网现代化的愿景。

2007 年 12 月，美国国会颁布了《能源独立与安全法案》，其中的第 13 号法令为智能电网法令，该法案用法律形式确立了智能电网的国策地位。

2009 年 2 月，美国国会颁布了《复苏与再投资法案》，确定投资 45 亿美元用于智能电网项目资助、标准制定、人员培养、能源资源评估、需求预测与电网分析等，并将智能电网项目配套资金的资助力度由 2007 年的 20%提高到 50%。

2009 年 7 月，DOE 向国会递交了第一部《智能电网系统报告》，制定了由 20 项指标组成的评价指标体系，分析了美国智能电网发展的现状及面临的挑战。

2009 年 9 月，美国商务部部长骆家辉在 GridWeek 大会上宣布了 NIST 标准制定进展情况，明确了需要优先制定 14 个方面标准。

2009 年 10 月 27 日，奥巴马宣布斥资 34 亿美元改造现有电网系统，使其"更智能、更坚强、更安全"。奥巴马将智能电网同 20 世纪初美国建设高速公路网相比，称其为美国建设新能源经济的重大举措。

美国的电网改革将经历以下几个阶段：部署智能电能表、普及推广电力负荷控制设备、引入自主负荷控制系统。

第一阶段：部署智能电能表，可以实时把握各时间段的电价、电力消耗状况等具体信息。

第二阶段：在 2011～2020 年之间利用无线及有线网络，普及可对电力负荷进行远程控制的家电设备。

第三阶段：智能电网的终极目标是到 2030 年左右引入可自主控制负荷的电力系统，对所有用电设备进行实时管理。

美国的电力企业和研究机构在智能电网领域开展了一系列研究与实践。加州是全美最早提出发展智能电网的地方，由于可再生能源利用的间歇性很难适应采取集中统一方式输电的传统电网，微型智能电网的概念由此应运而生。微型智能电网的概念最早是加州加尔文电力创新公司提出来的。该公司总裁约翰·凯利称，微型智能电网是对电力服务的重新定位，它让供电商与电力消费者在电力设备设计与规划期间就共同沟通成为可能，从而实现最大程度的双赢。

2006 年 10 月，美国圣迭戈（San Diego）法学院能源策略研究中心在全美地区完成了一项对智能电网概念进行实践的研究。在对圣迭戈地区电网进行初步分析的基础上，研究实施智能电网的技术可行性及成本效益估算。研究的主要内容有：

（1）根据未来的经济和气候状况，研究圣迭戈地区建立智能电网的必要性与可行性；

（2）选择确定实施智能电网的一系列关键技术；

（3）进行成本利润分析以确定建立智能电网是否能够给该地区带来成本效益。

加州的圣迭戈大学主推微型电网。另外美国军方也对微型智能电网技术情有独钟，军方尝试在加州中部毗邻美军基地的亨特·利格特堡安装太阳能微型电网。目前，微型电网的应用仍然存在障碍，最主要的停留在微型电网与常规电网的同步问题上。由于要让发出的电力能够上网，因此微型电网的设备需要符合已有的标准才能维持电网负荷平衡。另外，储能装置也是微型电网的关键组成部分。一般来说，储能装置的运行和维护成本都较高。

2008 年 3 月 12 日，美国科罗拉多州爱科塞尔能源公司（Xcel）宣布投资 1 亿美元将科罗拉多州的 Boulder（波尔德）市建成全美第一个智能电网城市。Boulder 位于科罗拉多州首府丹佛西北 40km，是一个只有 9 万多人口的小城，面积 65.7km^2，坐落有科罗拉多大学等多所大专院校，居民素质较高。项目实施过程中在城市里建立了新的电能测量系统；升级电网来支持独立的发电和储电设备接入，如家用太阳能电池板、电池、风力涡轮机和混合动力车等设备；安装了 2.5 万只新的智能电能表，方便用户根据实时电价合理安排电器使用。城市中很多交通工具使用电力能源，而风能、水能和太阳能等清洁能源发电也可以通过智能电网输送；自建成到 2009 年 9 月，通过对变压器的及时监控，已经成功避免了 4 次长停电事故的发生。

总体上，美国发展智能电网的重点在配电和用电侧，着重推动可再生能源发展，注重商业模式的创新和用户服务水平的提升，其应用和实践项目主要包括智能电能表、高级量测体系（AMI）、高级配电自动化（ADA）、分布式能源（DER）、储能和需求响应（DR）等。

1.3.2　欧洲智能电网

1. 背景与驱动力

欧洲经济发展水平较高，其网架架构、电源布点、电源类型臻于完善，负荷发展趋于平缓，电网新增建设规模有限。面临的主要问题在于：一是各国电网运行模式不同，国家间电网互连需要解决一系列问题；二是面临大力节能减排、发展低碳经济以满足《京都议定书》环保目标的压力。欧洲智能电网的兴起主要是大力开发可再生能源、清洁能源，以及电力需求趋于饱和后提高供电可靠性和电能质量等需求所决定的。

欧洲发展智能电网的驱动力：

（1）安全可靠供电。包括解决一次能源短缺问题，提高供电能力、供电可靠性及电能质量。

（2）环境保护。兑现京都协议承诺、减少二氧化碳排放，应对气候变化、保护自然环境。

（3）电力市场。提供低廉的电价和提高能效，进行创新和提高竞争能力，满足反垄断管制要求等。

欧洲智能电网强调对环境的保护和可再生能源发展，尤其是鼓励风能、太阳能和生物质能等可再生能源发展，电网建设更加关注可再生能源和分布式电源的接入、提高供电可靠性和电能质量、完善社会用户的增值服务。

2. 智能电网的概念

欧洲电力工业联盟在 2009 年 5 月给出了智能电网的概念：智能电网通过采用创新性的产品和服务，使用智能检测、控制、通信和自愈技术，有效整合发电方、用户或者同时具有发电和用电特性成员的行为和行动，以期保证电力供应持续、经济和安全。它能够交互运行，可容纳广大范围的小型分布式发电系统。

3. 智能电网的特征

未来欧洲电网满足需求的目标可以概括为灵活性、可接入性、可靠性和经济性四个主要方面，因此提出分布式发电与交互式智能电网。

其实现的关键方面是：集分散发电的主动配电网、电网与用户的双向互动、双向潮流和信息流；另一方面，欧洲电网通过动态价格体系，促进消费者合理使用电能。

主要特征：

（1）灵活。满足社会用户的多样性增值服务。

（2）易接入。保证所有用户的连接通畅，尤其对于可再生能源和高效、无二氧化碳排放或很少的发电资源要能方便接入。

（3）可靠。保证供电可靠性，减少停电故障；保证供电质量，满足用户供电要求。

（4）经济。实现有效的资产管理，提高设备利用率。

4. 智能电网的发展

欧洲智能电网的基本发展思路是满足传统能源发电以及远距离输电的电网建设，随着低碳发电技术的进步及对能源问题的重视，欧洲的发电规划发生调整，电网逐渐向以用户为中心的架构发展。

2002 年 4 月，欧盟委员会提出了"欧洲智能能源"计划，并在 2003～2006 年投资 2.15 亿欧元，支持欧盟各国和各地区开展旨在节约能源、发展可再生能源和提高能源使用效率的行动，更好地保护环境，实现可持续发展。

2005 年，欧盟委员会正式成立"智能电网欧洲技术论坛"，目标是把电网改造成用户和运营者互动的服务网，提高输配电系统的效率、安全性和可靠性，并为分布式和可再生能源发电的大规模并网扫除障碍。同年，"智能电网"计划正式提出。作为欧洲 2020 年及以后的电力发展目标，该计划指出未来欧洲电网应具有以下特点：灵活性、可接入性、可靠性、经济性。

2006～2008 年，欧盟依次发布了《欧洲未来电网的远景和策略》《战略性研究计划》《欧洲未来电网发展策略》等报告，构建了欧盟智能电网发展框架，提出智能电网愿景，并指导欧盟及其成员国开展相关项目实践，促进智能电网建设。其中《欧洲未来电网发展策略》中提出了欧洲智能电网的发展重点和路线图，重点领域包括电网优化运行、电网基础设施优化、大规模间歇性电源并网、信息和通信技术、主动配电网、电力市场。欧洲的智能电网建设重点是提高运营效率，降低电力价格，加强与用户互动，同时，重视环境保护，关注可再生能源的接入以及动态的影响。

2009 年 4 月，西班牙电力公司 ENDESA 牵头，与当地政府合作在西班牙南部城市 PuertoReal 开展智能城市项目试点，包括智能发电（分布式发电）、智能化电力交易、智能化电网、智能化计量、智能化家庭，共计投资 3150 万欧元。当地政府出资 25%，计划用 4 年完成智能城市建设。该项目涉及 9000 个用户、1 个变电站以及 5 条中压线路和 65 个传输线中心。

2009 年 6 月，荷兰阿姆斯特丹选择埃森哲（Accenture）公司帮助自己完成"智能城市（smart city）"计划。该计划包括可再生能源利用、下一代节能设备、CO_2 减排等内容，法国的规划从 2012 年 1 月开始，所有新装电能表为智能电能表。英国能源和气候变化部 2011 年 3 月 30 日宣布，将于 2019 年前完成为英国 3000 万户住宅及商业建筑物安装 5300 万台智能电能表的计划。

欧洲智能电网建设分三个阶段：

（1）初始阶段。实现分布式发电和可再生能源监视和远程控制，实现更大范围的电网互联；部分联系依赖于与分布式发电的所有者之间的双边合同辅助服务。

（2）中间阶段。实现大量分布式发电和可再生能源的可靠并网，实施具有保障本体和全局服务、具有自适应能力避免信息超载的管理体系。

（3）最终阶段。实现完全的有功功率管理；满足大部分网络服务需求的实时通信和远程控制；具有协调的实时交互控制功能和潮流的自主优化。

欧洲各国智能电网实践情况如下：

法国和意大利在智能电网方面的实践主要着眼于自动抄表系统。

英国在智能电网方面的实践：英国智能电网城市计划，主要着眼于可再生能源发电和智能配电系统，以进一步降低碳排放，提高电网运行水平。

2009 年德国联邦经济和技术部启动了一项名为"E-Energy"的技术促进计划，名为"基于信息和通信技术的未来能源系统"。计划总投资 1.4 亿欧元，用 4 年时间在全国 6 个地点进行智能电网实证试验。该计划的目标是建立一个基本上实现自我调控的智能化电力系统，所有能源经济的流程在该系统中相互间可得到最佳协调。通过建立跨学科结构加快创新与进步，打造更为高效的德国电网。

丹麦试点工程系列包括：

（1）智能电能表实践。通过使用智能电能表，可实现用电量"可视化"及住宅内照明设备远距离控制等的家庭能源管理系统（HEMS）。

（2）电动汽车与电网互动计划。利用电动汽车的电池储存风电厂的富裕电能，当风力减弱时可以将这部分能量反馈回电网。这一概念可以帮助博恩霍尔姆岛更好地利用其风力发电资源。目前小岛 20% 的电力来自风力发电机，经过努力这一比例可以达到 40%。

（3）燃料电池试点控制工程。丹麦风电比例很高，由于风电的不可预测性，电网面临着安全分析难度大、准确度低的问题，同时容易出现高压电网远端故障导致本地发电机跳闸等现象，故障后恢复过程复杂且恢复时间较长。为提高电网可靠性，2005 年丹麦开展了"燃料电池试点控制工程"的研究，以实验燃料电池技术在电网可靠性提高方面的效果。

总体上，欧洲智能电网的研究重点在于研发可再生能源和分布式电源并网技术、储能技术、电动汽车与电网协调运行技术以及电网与用户的双向互动技术，以便带动欧洲整个电力行业发展模式的转变。

1.3.3 日本智能电网

1. 背景和驱动力

日本的电力输出变化情况是 21 世纪电能生产趋向饱和，从长远来看对石油的依赖已经逐步减少。在日本东部大地震之后核电站停止运营，火力发电的比例有所增加。另外，能源消耗及实际 GDP 变化，节约能源在工业领域已取得成效。自 2005 年以来，日本能源消耗已趋于下降。自 2000 年以来，日本能源自足已经低于 5%。日本是世界上能源最为匮乏的国家之一，除核电外，能源自给率只有 4%，石油依赖度 50%。2009 年 12 月，哥本哈根会议日本承诺到 2020 年将温室气体排放量减少到 1990 年的 25%水平。环保压力迫使日本大力发展太阳能、风能等可再生能源，减少化石能源的消耗。

日本发展智能电网的主要驱动力来自可再生能源、节能降耗和电动汽车三个方面：

（1）可再生能源。减少化石能源消耗，降低温室气体排放，提高环保水平。

（2）节能降耗。由于日本能源完全依赖进口，特别是福岛事故后迫于压力逐步关闭核电厂，能源更加紧张，需全民节能，提高能源使用效率。

（3）电动汽车。绿色出行是未来发展方向，但加剧峰荷紧张，影响电网稳定。

日本发展智能电网的主要目的是解决分布式可再生能源的接入，提升电网抵御灾害的能力，并提高能源利用效率和降低能耗。

2. 智能电网的概念

日本的智能电网是在传统的集中式电源和输配电系统一体化运行的基础上，通过信息通信技术，整合利用光伏等分布式电源和用户侧的信息，实现高效、优质、高可靠供电的新一代电力系统。

日本提出了智能电网的三层体系架构，包括国家、区域、家庭和建筑三个层面，各层具有不同的功能定位。家庭和建筑层面包括智能住宅、零能耗建筑、蓄电池、电动汽车（EV）等元素，实现能源高效利用、减少排放；区域层面是通过区域能量管理系统，保证区域电力系统稳定，并依托先进通信及控制技术实现供需平衡；国家层面则是构筑坚强的输配电网络，实现大规模可再生能源的灵活接入。

3. 智能电网的特征

日本的智能电网有如下特征：

（1）安全可靠。引入大量的可再生能源，强大的电力网络与当地生产/使用相互补充，实现稳定的电力供应。系统可以独立面对事故/灾害。

（2）降低能耗。通过先进的能源管理系统，减少电能消耗。

（3）灵活调节。通过控制消费者的耗能设备（需求控制）和引入储能电池实现削峰/峰值转移。

4. 智能电网的发展

早先日本提出的智能电网理念，着重强调进一步全面提升电网信息化、智能化和互动化水平，积极接纳分布式电源和电动汽车等。经历 2011 年"3·11"大地震之后，日本智能电网理念从功能、形态、发展重点三个方面得到进一步优化和提升。

同时，为了重振日本在电力行业的国际领先地位，日本政府牵头成立了包括智能社区联盟在内的多个行业联盟，推动包括新能源发电技术、储能技术、电动汽车技术、电力路由器等在内的智能电网技术发展和国际合作。

日本于 2009 年 4 月公布了"日本发展战略与经济增长计划"，其中包括太阳能发电并网、未来日本智能电网实证试验、电动汽车快速充电装置等内容。

日本电气事业联合会在 2009 年 7 月表示，将全面建设"日本智能电网"。经济产业省启动了智能电网工程，由九州和冲绳电力公司在十个独立的岛屿上实施示范项目，整体预算为

90 亿日元，政府将资助 60 亿日元。

2010 年 1 月，日本经济产业省下设的新能源国际标准化研究会发布《智能电网国际标准化路线图》，对智能电网进行了首次定义。

2011 年 6 月，在第 13 次新时代能源·社会系统研讨会上，日本正式提出了"日本版智能电网"，在原有中远期智能电网规划目标的基础上，进一步提出了智能社区的近期建设目标，并首次给出了智能电网完整的体系化发展理念。

2014 年，内阁通过了《能源基本计划》草案，将核电定位为"保障日本能源稳定供应的重要基础能源"的同时，也明确了加速可再生能源的利用，将其作为未来实现能源本土化供应的重要手段。

2015 年，日本经济产业省提出可再生能源（光伏、风力、水力、生物质和地热）消纳量2030 年达到 21%的目标，可再生能源还享有规划和调度优先权。

在日本东京地震之后，除了引入可再生能源，从收紧电力供需、应对事故和灾害的角度来看，越来越需要实施智能电网。行业、政府与科研机构正在一起努力推广可再生能源、燃料电池、储能电池及电动汽车，已经为智能电网的实施准备好环境，正着手准备国内及国际标准化工作。2010～2015 年间，日本进行了四大国家实验项目。

（1）横滨智慧城市项目。横滨市于 2015 年 6 月 14 日举办了"横滨智能城市项目（YSCP）论坛"，就为期 5 年的项目所作的努力向市民和企业进行了汇报。YSCP 通过横滨市与 34 家企业合作开展了 15 个项目。家庭能源管理系统（HEMS）有 4200 户家庭参加，安装分布式太阳能光伏共 3.7 万 kW，电动汽车数量达到 2300 辆，都远远超出了目标。

在 4 个实证地区中，参与 HEMS 实验的用户是最多的。电力需求响应的实验取得重要成果，通过提供动态电价信息、激励等手段，实现用电高峰时削峰 20%，70%～80%的家庭都能够实现节约电费。

（2）丰田市低碳社会体系实证项目。丰田市市长宣布该项目已达到 CO_2 减排的预期目标，开展了以区域低碳化、电力需求响应为目标的能源信息管理系统（EDMS）实验，氢燃料电池汽车"MIRAI（未来）"顺利投产，并提出了超小型 EV 共享服务的商业模式。此外，还建成了未来城市可视化基地"丰田 Ecoful Town"，并对外开放，参观者超过 14 万人。在产业发展方面，经过多年实验，以智能住宅为主的新技术、系统、产品初步问世，并由企业继续推进商业化。

（3）京阪奈生态城市新一代能源、社会体系实证项目。该项目给参与实验的 14 户用户安装 HEMS，对区域内 100 辆电动汽车安装了充电管理系统，并建立了区域能源管理系统（CEMS），对两者进行协同控制，达到需求响应、削峰填谷的目的。在 2013 年夏季，将负荷从 2007 年每人 0.257kW，削减 42%，降至 0.150kW（目标 0.100kW），虽未达到但已接近目标。

（4）北九州智能社区创造事业。2015 年 2 月 23 日，北九州市在东京都内召开了成果报告会。该实证中最有效的方法是"将能源、生活、业务体系等结构'分解'提供咨询服务"，通过推进该分解进程，打破了"已经足够节能"的先入为主的思维方式，有助于进一步提高节能意识与意愿。北九州市正在考虑将电力需求响应和能量管理系统的实证成果与亚洲各国开展合作，使兼顾经济发展与环保发展模式得到更大的推广。

日本开始投资构建第二代智能电网。目标除了在所有家庭安装智能电能表外，还计划加强送变电设施及蓄电装置建设。智能电能表作为第二代智能电网的核心设备,主要测量每个家庭电力消费情况及随时掌握太阳能发电量等信息。东京电力自 2010 年起主要面向家庭安装 2 千万部智能电能表。2020 年前日本智能电能表需求量约 5 千万部,每部成本近 2 万日元,共投资 1 万亿日元。日本在智能电网建设中以家庭为单位进行太阳能发电,太阳能发电长期目标是 2020 年发电 2800 万 kW;2030 年发电 5300 万 kW,相当于 2009 年的 30 倍。为此,需要增设电压调整装置和变压器,预计 2030 年前追加投资 6 千亿日元。

1.3.4　韩国智能电网

1.　背景与驱动力

韩国三面环海,能源匮乏,加之城市化进程不断发展,人口攀升,本土资源消耗殆尽,能源消耗与经济发展、发展与环境成为国家发展的主要矛盾。韩国智能电网的驱动力包括:

(1)促进可再生能源发展,保障能源安全。韩国是世界第十大能源消费国,96%的能源需要进口,进口依赖持续上升。韩国政府认为,发展智能电网有助于可再生能源开发利用,促进能源多元化发展,降低能源进口。

(2)增加劳动就业,创造经济发展新引擎。近年来,能源瓶颈、气候变化和国际金融危机给韩国长期坚持的"数量至上"经济增长方式带来了极大风险。韩国政府认为发展智能电网将促进相关技术的工业应用和行业发展,并增加就业,加速经济发展方式向"低碳,质量至上"增长方式转变,促进相关行业发展,提高就业率,促进社会稳定。

(3)积极应对气候变化。截至 2007 年底,韩国是世界第九大温室气体排放国,其中 84.7%的二氧化碳排放来自能源行业。韩国政府希望通过提高可再生能源开发利用率,促进电动汽车普及,有效降低温室气体排放。

(4)提高能源利用效率。韩国的能源利用效率偏低,2007 年其能源强度为 0.479t 标准煤/1000 美元,远高于同期的美国(0.294)、英国(0.187)和日本(0.144)。韩国政府希望通过推广节能技术、需求侧响应技术等,提高能源利用效率。

2.　智能电网的概念

智能电网是在现有电网基础上结合信息通信技术,实现供应商和消费者的双向实时信息交换,以此来优化能源效率的新一代智能电网。

简单理解就是通过信息通信技术改造现有电网,使其由以供应方为中心、单向、封闭、划一的电网转向以需求者为中心、双向、开放,能提供多种服务的智能电网。通过双向电力、信息互换,引导合理的能源消费,提供高质量的能源及多种附加服务,与可再生能源、电动汽车等清洁绿色技术结合,通过产业之间的融合,构建多种商务新模式。

3.　智能电网的特征

韩国智能电网有如下特征:

(1)消费者参与;

(2)扩大分布式电源(可再生能源)及强化储存功能;

(3)创建新电力市场;

(4)提供高质量和高信赖性的电力服务;

(5)资产优化及运营高效化;

(6)电网监控及维护的先进化;

(7)构建电动汽车基础设施等。

4. 智能电网的发展

2004 年起韩国开始研究新能源以及智能电网基础技术，并于 2008 年发布了"绿色能源工业策略"，提出了"韩国智能电网"设想，由此确立了绿色能源产业发展战略，"智能电网"成为重点建设项目。韩国政府认为发展智能电网有助于可再生能源的开发利用、降低能源进口依赖，为推进该领域的发展，政府组建相关委员会并出台一系列法案，韩国产业资源部表示：智能电网在电力供应实时控制方面有着显著优势，可较大地提高能源利用效率，其绿色技术、核心技术在应对气候变化、温室气体排放量等问题方面作用巨大，是重要的国家成长动力。

2008 年韩国知识经济部决定在 2009～2012 年间，投入 2547 亿韩元开发推进电网智能化的商用化技术。

2009 年 2 月韩国政府公布了《韩国智能电网蓝图》，韩国智能电网不仅可以帮助消费者优化电器电力使用，为消费者提供相关电器的实时用电电费等信息提醒，还能够有效地管理电动汽车充电设施，并且该电网有着超强自愈、再生能源控制、电力电压选择等功能，凭借韩国智能电网，在同年 7 月的 G8 峰会上韩国获得了"智能电网先导国"的称号。

2009 年 12 月，韩国电力公司推出济州岛智能电网示范基地，拟投资 6500 万美元在 2011 年完成济州岛智能电网示范项目。

2010 年 1 月韩国知识经济部发布了"智能电网发展路线 2030"，将韩国智能电网发展规划为三个阶段和五个领域，总投资高达 27.5 万亿韩元。

第一阶段 2009～2012 年，将建设智能电网示范工程即济州岛智能电网示范工程，用于技术创新与商业模式探索，目标是 2012 年建成世界最高水平的智能电网"示范城市"；

第二阶段 2013～2020 年，重点在韩国大城市区域开展与用户利益紧密相关的智能电网基础设施建设，目标是 2020 年建立以消费者为中心的"广域单位"的智能电网；

第三阶段 2021～2030 年，完成全国层面的智能电网建设，目标是 2030 年建立世界首个"国家单位"的智能电网。

五个领域作为智能电网的建设重点，分别是智能输配电网、智能用电终端、智能交通、智能可再生能源发电和智能用电服务，见表 1-1。通过应用电力电子、信息以及通信技术，智能电网提供高品质的服务，使能源效率最大化。

表 1-1　　　　　　　　　　韩国智能电网五个领域的发展目标

五个领域	目标项	2009～2012 年	2013～2020 年	2021～2030 年
智能输配电网	每年每户停电时间	15min	12min	9min
	线损率	3.9%	3.5%	3%
智能用电终端	智能电能表普及率	5.6%	100%	
	减少的耗电量	试验阶段	5%	10%
智能交通	电动汽车保有量	5000 辆	15.2 万辆	243.6 万辆
	充电站数量	100	4300	27140
智能可再生能源发电	可再生能源发电量比重	3.1%	6.1%	11%
	电能自给自足用户比例	试验阶段	10%	30%
智能用电服务	浮动电价	试验阶段	正式实行	
	参与电力交易用户比例	基础设施建设	15%	30%

2012 年韩国总统朴槿惠呼吁"将信息技术作为韩国经济增长的一个新支柱"。随后韩国科学技术委员提出"第三轮 R&D 领域发展计划（2013～2017）"，韩国未来科学部提出"第 5 次国家信息化基本计划（2013～2017）"，将智能电网作为智慧城市建设的重点内容，短时间密集的政策规划将韩国智能电网在国家科技发展的地位提升至顶峰。

韩国的智能电网实践项目主要有济州岛智能电网示范工程。

2009 年 6 月，韩国政府确定在济州岛建设智能电网示范工程。该工程建设周期从 2009 年 12 月到 2013 年 5 月，总投资约 2 亿美元。工程参与方包括韩国政府、韩国智能电网研究院、韩国电力公司、济州省与韩国智能电网协会等。工程由 12 个联合体参与建设，包括韩国通信公司（KT）、韩国电讯公司（SKT）、LG 电子、三星公司等 168 家企业。该工程主要在智能输配电网、智能用电终端、智能交通、智能可再生能源发电和智能用电服务等领域推动技术创新，探索新的商业模式。

该工程的意义体现在三个层面：在国家层面，通过建设生态友好型基础设施，减少二氧化碳排放，提高能源效率，支持绿色能源发展；在行业层面，有助于确定韩国实现绿色增长的新引擎；在用户层面，鼓励用户参与社会的低碳绿色发展，提高生活质量。

主要内容有：普及智能电能表；推广电动汽车；相关扶持性政策。

韩国智能电网不局限于建设智能电网，从国家商业角度来看，也拓展到新价值创造。从广义定义来分包括技术和商业。技术是通过升级信息通信技术，电网优化能效；商业是为行业间的融合和协同效应提供机会，完成绿色增长平台，促进创造新价值。

韩国确立绿色能源产业发展战略后便开始大力建设智能电网，不仅在国内济州岛建设了首个智能电网，还加大与海外相关领域合作，与菲律宾、澳大利亚建立了合作关系。

1.3.5　中国智能电网

1. 背景和驱动力

中国正处于经济建设高速发展时期，电力系统基础设施建设面临巨大压力；同时，地区能源分布和经济发展情况极不平衡，能源资源与能源需求呈逆向分布：80%以上的煤炭、水电和风能资源分布在西部、北部地区，而 75%以上的能源需求集中在东部、中部地区。未来能源生产中心不断西移和北移，跨区能源调运规模和距离不断加大，能源运输形势更为严峻。我国能源资源总量匮乏、结构不均衡，以煤炭为主的能源消费带来严重的污染和气候问题。石油和天然气资源储量有限，对外依存度高（中国成为全球第一大油气进口国。2018 年，中国石油对外依存度达 72%，为近五十年来最高；天然气对外依存度 43%），使能源供给和电力安全面临严峻形势。频繁发生的严重自然灾害，以及风电等间歇性清洁能源大规模快速发展，使电网安全面临越来越多的挑战。

中国发展智能电网的驱动力主要包括：

（1）充分满足经济社会快速发展和电力负荷高速持续增长的需求；

（2）确保电力供应的安全性和可靠性，避免发生大面积停电事故；

（3）提高电力供应的经济性，降低成本和节约能源；

（4）大力发展可再生能源，调整优化电源结构，提高电网接入可再生能源的能力和能源供应的安全性，满足环境保护的要求；

（5）提高电能质量，为用户提供优质电力和增值服务；

（6）适应电力市场化的要求，优化资源配置，提高电力企业的运行、管理水平和效益，增强电力企业的竞争力。

2. 智能电网的概念

国家电网公司推进"一特四大"的电网发展战略，即以大型能源基地为依托，建设由 1000kV 交流和±800kV 直流构成的特高压电网，形成电力"高速公路"，促进大煤电、大水电、大核电、大型可再生能源基地的集约化开发，在全国范围内实现资源优化配置。

国家电网公司提出坚强智能电网概念：坚强智能电网是以特高压电网为骨干网架、各级电网协调发展的坚强网架为基础，以通信信息平台为支撑，具有信息化、自动化、互动化特征，包含电力系统的发电、输电、变电、配电、用电和调度各个环节，覆盖所有电压等级，实现"电力流、信息流、业务流"的高度一体化融合的现代电网。

"坚强"与"智能"是现代电网的两个基本发展要求。"坚强"是基础，"智能"是关键。强调坚强网架与电网智能化的高度融合，是以整体性、系统性的方法来客观描述现代电网发展的基本特征。

智能电网主要内涵是：

（1）坚强可靠。是指拥有坚强的网架、强大的电力输送能力和安全可靠的电力供应，从而实现资源的优化调配、减小大范围停电事故的发生概率。在故障发生时，能够快速检测、定位和隔离故障，并指导作业人员快速确定停电原因恢复供电，缩短停电时间。坚强可靠是中国坚强智能电网发展的物理基础。

（2）经济高效。是指提高电网运行和输送效率，降低运营成本，促进能源资源的高效利用，是对中国坚强智能电网发展的基本要求。

（3）清洁环保。在于促进可再生能源发展与利用，提高清洁电能在终端能源消费中的比重，降低能源消耗和污染物排放。

（4）透明开放。意指为电力市场化建设提供透明、开放的实施平台，提供高品质的附加增值服务，是中国坚强智能电网的基本理念。

（5）友好互动。即灵活调整电网运行方式，友好兼容各类电源和用户的接入与退出，激励电源和用户主动参与电网调节，是中国坚强智能电网的主要运行特性。

3. 智能电网的特征

（1）信息化。能采用数字化的方式清晰表述电网对象、结构、特性及状态，实现各类信息的精确高效采集与传输，从而实现电网信息的高度集成、分析和利用。

（2）自动化。提高电网自动运行控制与管理水平。

（3）互动化。通过信息的实时沟通及分析，使整个系统可以良性互动与高效协调。

4. 智能电网的发展

在国内，20 世纪 90 年代末，电力行业中提出了"数字电力"的概念。比较有影响的是清华大学卢强院士在 2000 年提出的"数字电力系统"（DPS），它是某一实际运行的电力系统的物理结构、物理特性、技术性能、经济管理、环保指标、人员状况、科教活动等数字的、形象化的、实时的描述与再现。可以说 DPS 是该实际电力系统的实时、全面、仿真的数字电力系统。随后几年，国家电网公司开展了数字化电网关键技术研究等实践工作，一些区域或者网省（市）电力公司相继提出了各自对于"数字电力"的理解。例如，江苏省电力公司的数字电力公司、天津市电力公司的数字化企业、上海市电力公司的数字化供电企业。数字化电网是智能电网的前身，与智能电网有很多相似之处，它是开展智能电网的基础。

2005 年以来，国家电网公司在大规模可再生能源集中并网、电化学储能、建立风电接入电网仿真分析平台、数字化电网建设、智能电网技术架构等前沿领域开展研究，涵盖发、输、变、配、用、调 6 大环节，以及通信信息平台，取得了丰硕的成果。

2007 年，华东电网启动了高级调度中心统一信息平台建设。

2008 年，华北、上海电网启动了数字电能表试点。

2009 年，国家电网公司在建成国家电网信息化工程的基础上，启动了建设国家电网资源计划信息系统工程。2009 年 5 月，在北京召开的"2009 特高压输电国际会议"上正式发布了中国建设坚强智能电网的理念：立足自主创新，建设以特高压电网为骨干网络、各级电网协调发展，具有信息化、自动化、互动化特征的坚强智能电网的发展目标。8 月，国家电网公司启动了智能电网建设第一阶段的重点工作，包括电网智能化规划编制、智能电网技术标准体系研究和标准制定、国家风电和太阳能等三个研究检测中心建设和十大类专题研究，并在发电、输电、变电、配电、用电、调度等环节选择了九个项目作为第一批试点工程。主要包括：110kV 蒙自智能变电站、配电自动化工程、故障抢修管理系统、用电信息采集系统、电能质量监测、新能源接入研究、储能系统、智能用电楼宇/家居和电动汽车充放电站。

同时开展突出"信息化、自动化、互动化"技术特征，可显著提升电网智能化水平的装备研制。覆盖发电、输电、变电、配电、用电、调度和通信信息 7 个技术领域，每个领域分若干技术专题。

2011 年 3 月国家电网宣布推广建设 11 类智能电网试点工程，其中包括建设智能变电站 67 座；在 19 个城市核心区建成配电自动化系统；推广应用 5000 万只智能电能表；新建 173 座电动汽车充换电站和 9211 个充电桩；完成 25 个智能小区/楼宇建设；推广建设 6.2 万户电力光纤到户；完成中新天津生态城智能电网综合示范工程建设；接纳风电容量 2000 万 kW；制定智能电网标准 88 项。

按照国家电网公司制定的战略框架，我国的智能电网围绕一个目标，即建设以特高压电网为骨干网架、各级电网协调发展的坚强智能电网；两条主线，即技术和管理；三个阶段：

第一阶段为 2009～2010 年的规划试点阶段：完成国家电网智能化规划，形成顶层设计；在技术标准体系、新能源接入、智能设备等关键性、基础性技术领域开展专题研究；在网厂协调、智能电网调度、智能变电站、电动汽车充放电、电力光纤到户等重点技术领域选择"基础条件好、项目可行性高、具有试点效应"的项目进行工程试点。

第二阶段为 2011～2015 年的全面建设阶段：在技术研究和工程试点基础上，结合智能电网发展需求，继续开展关键技术研究和设备研发；形成智能电网技术标准，完善技术标准体系，规范电网建设与改造规范；开展智能电网建设评估与技术经济分析，滚动修订发展规划，全面、有序开展坚强智能电网建设。初步建成坚强智能电网，电网的信息化、自动化、互动化水平明显提高，关键技术和设备达到国际领先水平。

第三阶段为 2016～2020 年的引领提升阶段：到 2020 年我国基本完成坚强智能电网的建设，技术和设备全面达到国际领先水平，电网的资源配置能力、安全水平、运行效率、电网与用户的互动水平显著提高。

同时建设四个保障体系，即电网基础体系、技术支撑体系、智能应用体系和标准规范体系；打造具有五个内涵，即坚强可靠、经济高效、清洁环保、透明开放和友好互动的智能电网。

经过多年的建设，我国电力系统取得了巨大成就。截至 2011 年底，全国发电装机容量达到 10.56 亿 kW，首次超过美国（10.3 亿 kW），成为世界第一电力装机大国。2011 年，我国发电量为 4.72 万亿 kWh，相当于日本、俄罗斯、印度、加拿大、德国五个国家 2010 年发电量总和，首次超过美国，居世界首位。截至 2011 年底，全国水电装机容量（含抽水蓄能）达到 2.3 亿 kW，持续雄居世界第一（早在 2001 年，我国常规水电装机容量达到 7700 万 kW，首次超过美国跃居世界第一位）。截至 2012 年 6 月，我国并网风电装机容量达到 5258 万 kW，已超过美国跃居世界第一。中国的太阳能发电 2011 年即突破 200 万 kW，超过美国，此后遥遥领先于美国，到 2017 年装机容量已达到 1.29 亿 kW，是美国的 3 倍，稳居全球第一。截至 2019 年底，全国发电装机容量 201066 万 kW，同比增长 5.8%。其中，火电装机容量 119055 万 kW，占总装机容量的 59.2%；水电（35640 万 kW）、核电（4874 万 kW）、风电（21005 万 kW）、太阳能发电（20468 万 kW）等清洁能源装机总容量已达 81987 万 kW，占总装机容量的 40.8%。

特高压指电压等级在交流 1000kV 及以上、直流 ±800kV 及以上的输电技术，具有输送容量大、传输距离远、运行效率高和输电损耗低等技术优势，是目前全世界最先进的输电技术。2010 年投入运行的 1000kV 晋东南—南阳—荆门特高压交流试验示范工程，是世界上运行电压等级最高、技术水平最先进、我国具有完全自主知识产权的交流输变电工程。2010 年 7 月 8 日，向家坝—上海 ±800kV 特高压直流输电示范工程投入运行，线路全长 1907km，输送能力达 700 万 kW 级，是世界上输送容量最大、送电距离最远、技术水平最先进、电压等级最高的直流输电工程。该工程由我国自主研发、自主设计和自主建设，是我国能源领域取得的世界级创新成果，代表了当今世界高压直流输电技术的最高水平。

在发电、输电、配电和用电各个环节，广泛应用先进的信息通信技术、传感与量测技术、电力电子技术，电力生产运行主要指标接近或达到国外先进水平；在特高压输电、大电网安全稳定控制、广域相量测量、电网频率质量控制、稳态/暂态/动态三位一体安全防御和自动电压控制等技术领域进入了国际领先行列。在信息通信领域，建成了世界上最大的电力专用通信网，建成了以光纤通信、微波通信为主，电力线载波通信、移动通信等多种通信方式为辅的通信传送网络结构。国家电网公司全面推进 SG186、SG-ERP 工程，建立起一体化企业级信息系统，研制成功光纤复合低压电缆、中高压电力线载波通信设备、电力数据线传输装置、可穿越变压器的工频通信装置等设备，研发了信息网络安全隔离装置、光网络单元（ONU）、光线路终端（OLT）等无源光网络通信设备，取得了重要成果。

建设智能电网是一个庞大而繁重的系统工程，需要全社会共同努力来完成。根据国家《能源发展"十三五"规划》《电力发展"十三五"规划》《关于促进智能电网发展的指导意见》《关于推进"互联网＋"智慧能源发展的指导意见》等指导文件，为实现"安全、可靠、绿色、高效"的总体目标，围绕智能电网发输配用全环节，未来发展趋势包括五大重点领域，分别为清洁友好的发电、安全高效的输变电、灵活可靠的配电、多样互动的用电、智慧能源与能源互联网。

2020 年 9 月 22 日，中国国家主席习近平在第七十五届联合国大会一般性辩论上发表重要讲话，承诺中国二氧化碳排放力争于 2030 年前达到峰值，努力争取 2060 年前实现碳中和。中国风电、光伏已经到达了平价的历史性节点，2020 年是风电、光伏补贴的最后一年（海上风电补贴持续到 2021 年），在全世界的大多数地区，风电、光伏甚至可以比煤电更便宜。根据 2020 年 4 月 9 日国家能源局的"十四五"国家可再生能源规划编制通知,预计 2030 年非化石能源占比将达到 20%。规划上调将大力推动国内光伏装机量,基于 2030 年 20%可再生能源目标测算,预计未来每年光伏新增装机量有望达到 55~60GW,若上调至 25%比例目标,则光伏年装机量有望达到 80GW。根据《风能北京宣言》,为达到与碳中和目标实现起步衔接的目的,在"十四五"规划中,须为风电设定与碳中和国家战略相适应的发展空间:保证年均新增装机量 5000 万 kW 以上。国务院《新能源汽车产业发展规划》指出了四大发展方向:加大关键技术攻关,加强充换电、加氢等基础设施建设,鼓励加强新能源汽车领域国际合作,加大对公共服务领域使用新能源汽车的政策支持。在 5G、IDC、充电桩行业的发展背景下,新兴储能需求爆发。CNESA 预测 2020~2024 年我国累计电化学储能装机复合增长率为55%~65%,2019~2024 年新增市场空间预计在 276~443 亿元,年均空间在 55~88 亿元。新基建通信 5G 基站建设加速,催生备用电源储能需求迅速提升,预计 2021~2023 年基站备用电源需求为 12~15GWh,单年新增市场空间在 100 亿元左右。

1.4 智能电网共识

智能电网是一个为了提供高效、可靠、经济和可持续的电能传输服务,试图智能响应供应商和消费者等所有与它互连的组成部分的电网。智能电网通过引入新的功能和服务,扩展电网的能力,使这些目标得以实现。但是,如果智能电网不能减少停电的可能性,则其所有的其他特征和服务都变得毫无意义。智能电网定义的细节和方式在全世界的各个地方都是不同的,这是由于世界上不同的区域具有不同的基础设施、不同的需求、不同的期望和不同的监管系统所造成的。正如前面所述,欧美智能电网的主要关注点在用电侧电能分析与管理,配电网侧重点在于分布式能源接入、微电网运行管理。根据各自的国情,各国确定了不同的发展愿景和计划方案,启动了一系列的研究、示范和平台项目。日韩等亚洲发达国家主要关注新能源的研究及使用,加大对光伏、风能和可燃冰、储能、电动汽车方面的研发应用,通过政府的顶层设计及立法保障,保障智能电网基础设施有序建设。中国则是以特高压电网为骨干网架、各级电网协调发展的坚强智能电网。

然而即便没有这些不同,电网也是一个由许多不同的组件和技术组成的非常宽泛的系统。研究人员聚焦于一个窄的领域,有时候不经意间就将他们研究的领域等同于智能电网涉及领域的总和,这如同每一个盲人都认为大象等于他所触摸的区域,如图 1-2 所示。图中所示各部分有助于认识智能电网,但这些都只能作为智能电网的子集,而不能定义智能电网,它们有些会成熟,有些会消失,还有新的内容会加入,如纳米发电、无线电能传输等。

1.4.1 智能电网定义

中华人民共和国国家发展和改革委员会、国家能源局联合印发《关于促进智能电网发展的指导意见》(发改运行〔2015〕1518 号),明确指出"智能电网是在传统电力系统基础上,通过集成新能源、新材料、新设备和先进传感技术、信息技术、控制技术、储能技术等新技术,形成的新一代电力系统,具有高度信息化、自动化、互动化等特征,可以更好地实现电网安全、可靠、经济、高效运行。"

该定义虽出现较晚,但基本涵盖了目前所见的有关智能电网的概念,本书采用该定义。

图 1-2　智能电网类比盲人摸象

有关智能电网的提法在国际上有如下几种：IntelliGrid、Modern Grid、Grid Wise、SHG（Self—Healing Grid）及 Smart Grid 等。经过广泛国际交流和聚思，最终"Smart Grid"（DOE，USA，2008）被认可和接受。与 Intelligrid、Grid Wise 相比，"Smart Grid"更被电力业界和学术流派所认同。Smart 最传神的内涵是"巧"。"巧"具有聪明和灵活两方面含义。这里的灵活是指具有坚强可靠特质的灵活性，富有可持续性和应变能力。只有坚强平台和先进技术的有机协调才能充分提升"巧"能力。灵活性贯穿于电力系统全过程（电源、电网、负荷/用户），如灵活接入可再生能源（包括大规模和分布式）、灵活安排运行方式、灵活让用户安排用电。

同样，坚强可靠网架是电网安全灵活运行的保障。各国对智能电网的根本要求是一致的，即电网应该"更坚强、更智能"。坚强是智能电网的基础，智能是坚强电网充分发挥作用的关键，两者相辅相成、协调统一。

智能电网的目标是实现电网运行的可靠、安全、经济、高效、环境友好和使用安全，电网能够实现这些目标，就可以称其为智能电网。

智能电网是一个复杂的系统，为了寻求更高效率而推动电网接近其极限运行。这个系统需要适用复杂系统的规则，以洞察其运行。

1.4.2　智能电网的特征

智能电网引进带有智能监测、控制、通信与自愈技术的创新产品和服务。尽管由于经济水平和发展侧重点的不同，世界各国智能电网的特性各有不同，但总的来说，智能电网的特征可以归纳为以下几个方面：

（1）安全性好，可靠性高。智能电网应能抗击来自物理的、虚拟网络的攻击，如遭遇黑客或是需要投入巨大恢复成本一类的攻击，应当不易受自然灾害摧毁并有迅速恢复的能力。智能电网能够通过预测和自愈响应来保障和提高电网供应的可靠性。

（2）支持分布式电源接入，环境友好。它能够适应并促进可再生能源、分布式发电、住宅微型发电与电能存储，将提供类似于"即插即用"的互联电网，从而大大减少整个电网供应系统的环境影响。建设一个抵抗气候变化与环境更友好的智能电网是要通过发电、输电、配电、储能和电能消费来主动实现的。可再生能源的入网在任何地方都成为可能，入网的通道将获得扩张，未来的智能电网基础资产建设将以最小的占地面积为目标，大幅度减少因电网建设和运营对自然生存环境所产生的物理影响。

（3）以用户为中心，尊重消费者选择权。用户能根据偏好自主选择电力供应商，智能电网能够通过智能电能表、智能家电、微电网及电能存储设备的集成进行需求响应和需求侧管理，并为用户提供能源使用和价格的相关信息，制定相关的激励措施来调整用户的消费习惯，从而克服电网运行的约束。

（4）高效经济，优质服务。智能电网将以最小的成本实现需求的功能，运行中通过智能化，降低输电和配电的损失，以便更有效地生产电能并改进电网资产利用水平。通过控制输电阻塞并允许低成本和可再生的电源入网，获得最好的能源利用效率。对传输费用的关注会被更加重视，维护和替换费用的降低将会刺激更先进的控制技术。能够提供随需、随时的电力供应和优质的电能质量且不会伤害那些和电能密不可分的公众、电网员工和敏感的用户。

（5）互动友好。为适应以客户为主导的电网运行规律，智能电网建设将为用户提供友好的互动平台、与未来时代相匹配的电网服务与管理水平，通过增加电网传输路径、聚合供应、需求响应以及辅助服务等方式开展多种适应不同客户需求的业务应用。

许多原因导致传统电网无法满足不断增长的电力需求供应，同时传统电网的复杂性导致电力传输可靠性大大降低，因而其必将向更加先进的电网演进。智能电网与传统电网的比较见表1-2。

表 1-2   智能电网与传统电网的比较

特 征 项	传 统 电 网	智 能 电 网
用户	被动参与	主动响应
发电	中心化发电	自适应分布式发电
市场	有限的趸售市场	灵活的电力市场
电能质量	电能质量问题响应慢	保证电能质量，快速响应
资产利用和高效运行	低利用率、低效	高利用率、高效
自愈	被动响应，手动，保护资产	自动检测并响应，自愈，保护消费者
韧性	脆弱	坚强
元件	机电式/固态元件	数字式/微处理器
保护	优先保护、监测与控制系统	广域保护、监测与控制系统，自适应保护
控制	有限控制系统偶发事件	普适控制系统
通信	单向和本地双向通信	全域/集成双向通信
自动化	手动检测设备	远程监控设备
可靠性	估计可靠性	预测可靠性
环境	环境影响大	环境友好

1.4.3　智能电网的基础技术

智能电网的基础技术主要包括传感与量测技术、电力电子技术、超导和储能技术、仿真分析与控制决策技术，以及信息与通信技术等。这些技术支撑智能电网各种应用功能的实现。

1. 传感与量测技术

智能电网是一个极其复杂的大系统，根据现代控制理论，要对一个系统实施有效控制，必须首先能够观测这个系统。传感与量测技术在智能电网监测分析、控制中起着基础性作用，提高了智能电网可观测性。相对于传统的电力系统，智能电网在传感与量测技术领域将有更大的突破。基于微处理器及光纤技术的智能传感器具有性价比高、尺寸小、工程维护性好、电磁兼容性好、数据交换接口智能化等优点。基于卫星时钟同步及高速通信网络技术，可实现大电网的同步相量测量，提高广域电力系统动态可观测性，为提高电网的安全可靠性、避免大电网连锁反应提供了坚实的信息基础。传感与量测技术将在智能电网中得到广泛应用，涉及新能源发电、输电、配电、用电等众多领域。

智能电网的高级量测体系（AMI）、高级配电运行（ADO）、高级输电运行（ATO）和高级资产管理（AAM）等应用都离不开传感与量测技术。需在系统中大量装设可以提供系统状态（如电压、电流、频率等）及设备状况（温度、湿度、绝缘、局部放电）等信息的高级传感器、射频识别（RFID）标签和装置、智能电能表、相量测量单元等传感和量测装置，它们是上层应用分析与决策的主要数据来源。

2. 电力电子技术

电力电子技术是使用电力电子器件对电能进行变换和控制的技术，是电力技术、电子技术和控制技术的融合。在大功率电力电子技术应用以前，电网采用传统的机械式控制方法，具有响应速度慢、不能频繁动作、控制功能离散等局限性。大功率电力电子技术具有更快的响应速度、更好的可控性和更强的控制功能，为智能电网的快速、连续、灵活控制提供了有效的技术手段。

在电力系统中应用的大功率电力电子技术主要包括高压直流输电（HVDC）、柔性交流输电系统（FACTS）、定制电力（CP）和基于电压源换流器（VSC）的柔性直流输电（VSC-HVDC）。FACTS 装置主要包括静止无功补偿器（SVC）、晶闸管控制串联电容器（TCSC）、故障电流限制器（FCL）、可控并联电抗器（CSR）、静止同步补偿器（STATCOM）、静止同步串联补偿器（SSSC）、统一潮流控制器（UPFC）、线间潮流控制器（IPFC）及可转换静止补偿器（CSC）等。CP 装置主要包括用于配电系统的静止同步补偿器（STATCOM）、动态电压恢复器（DVR）、有源电力滤波器（APF）、固态切换开关（SSTS）及统一电能质量控制器（UPQC）等。VSC-HVDC 是一种以 VSC 和脉冲宽度调制（PWM）技术为基础的新型直流输电技术，是目前进入工程应用的较先进的电力电子技术。

电力电子技术在（智能）电网控制方面是实现灵活高效的能量转换中最关键的技术，对分布式电源接入电网具有重要作用。随着电力电子技术的广泛使用，直流电网已成为一种可行的电网方案。直流电网（DC 电缆）可以被整合到现有电力设施中，而且其可行性也为大众所认可。灵活交流输电技术（如 FACTS）结合电力电子技术与现代控制技术实现对电力系统电压、参数（如线路阻抗）、相位角、功率潮流的连续调节控制，从而大幅度提高输电线路的输送能力和电力系统的稳定水平，降低输电损耗。

3. 超导和储能技术

高温超导材料的发现以及高温超导线材等的制造日益成熟，为超导技术在智能电网中的应用奠定了基础。目前世界上已开发出的电力系统实用产品主要有超导电缆、超导限流器、超导磁储能、超导变压器、超导电机（电动机和发电机）、超导无功补偿设备等产品。利用超导技术可实现输送损耗降低、电网参数改变、电能存储等，增加电网运行的灵活性和避免设备损坏，如利用超导电缆可降低损耗、增加输送容量。故障电流限制器（简称限流器）安装在发电厂、变压器、馈线等与母线的连接处、母线间的连接线等适当的地方，可在电力系统发生短路故障时将故障电流限制在一定的水平。

风电、太阳能发电自身固有的特征，即随机性和波动性决定了其规模化发展必然会对电网调峰和系统安全运行带来显著影响，必须要有先进的储能技术做支撑。

4. 仿真分析与控制决策技术

电网仿真分析与控制决策的主要任务是对电网状态进行分析、决策和控制，保障电网安全、可靠和经济运行。仿真分析与控制决策为智能电网提供预测和决策支持能力，是智能电网的"大脑"。仿真分析与控制决策是高级配电运行（ADO）和高级输电运行（ATO）的核心技术，它能够支持智能电网调度以全面提升调度系统驾驭电网和进行资源优化配置的能力、纵深风险防御能力、科学决策管理能力、灵活高效调控能力和公平友好市场调配能力。ADO主要的功能是使系统可自愈。为了实现自愈，电网应具有灵活、可重构的拓扑和实时监视、分析系统目前状态的能力。ATO强调阻塞管理和降低大规模停运的风险，它通过与AMI、ADO和AAM的密切配合来实现输电系统（运行和资产管理）的优化。AMI、ADO和ATO与AAM的集成将大大改进电网的运行和效率。

5. 信息通信技术

信息通信技术（ICT）是智能电网战略目标实现的重要基础。智能电网的实施要求将先进的通信技术、信息技术、传感量测技术、自动控制技术与电网技术紧密结合，利用先进的智能设备，构建实时智能、高速宽带的信息通信系统，支持多业务的灵活接入，为智能电网提供"即插即用"的技术保障。信息通信技术覆盖电网的信息描述、采集、存储、传输、处理、分析、交换、展现和安全等领域，构造的信息通信系统是智能电网的"处理单元"和"神经系统"，ICT是智能电网"智能"的重要核心技术。

在以上基础技术的支持下，智能电网的智能化主要体现在：

（1）可观性：采用先进的传感量测技术，实现对电网的准确感知。

（2）可控性：可对观测对象进行有效控制。

（3）可实现分布式智能：支持就地快速故障隔离。

（4）实时分析和决策：实现从数据、信息到智能化决策的提升。

（5）自适应和自愈：实现自动优化调整和故障自我恢复。

1.5 智能电网与能源互联网

1.5.1 能源利用对电网的影响

以美国的能源使用情况为例，如图1-3所示，可看出美国电网能源生产和消耗的关系。图1-3的左侧有两个主要的能量源：①煤和天然气；②石油。煤和天然气为日常生活和

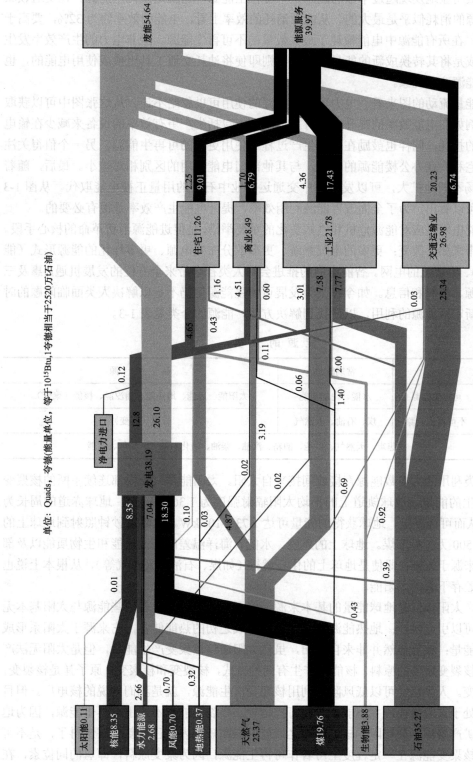

图 1-3 2008 年美国能源使用状况

单位：Quads，夸德(能量单位，等于 10^{15} Btu，1 夸德相当于 2520 万吨石油)

工业提供能量，而石油为运输业提供能量，这两种能源在工业使用中会有一些重叠。从图 1-3 的右端可以很明显地发现超过半数的能源是不可再生能源，也就是损耗型能源。在交通领域中对石油能源的消耗似乎是最大的。从能源消耗的效率上看，电能的效率约为 32%，要高于石油的 25%，在所有能源中电能损耗了最大数量的不可再生能源。除非电力的生产效率发生显著提升，或是将其转换成新的能量形式，否则即使将油耗交通工具更换成使用电能的，也会有显著的能源浪费现象。

从这个能量流动的图来看，电力可再生能源的使用可以忽略不计。从这张图中可以获取一些信息，例如在电能效率的提升上还有很大空间，包括生产更有效率的设备来减少在输电过程中能量的损耗，同样也鼓励在电能生产过程中使用更多的可再生能源。另一个值得关注的地方是住宅和商业办公楼能源的使用，与其他部门电能使用的区别相对较小。最后，随着电动汽车市场不断地扩大，可以发现图中交通运输业中石油的用量正被电能取代。从图 1-3 最下面的线可以看出，为了全面改善能源利用效率，提升电能生产效率是很有必要的。

发展智能电网是应对能源危机和气候变化的重要举措，是促进能源消费革命的核心手段。能源转型将带来如下改变：更多的电气系统、更多的分布式电源、更多样化的能源形式（能量采集方式）、更智能的电网。智能电网的推进会给人类社会带来全方位的发展机遇，惠及三大支柱：能源、材料和信息。如今在大力发展可再生能源但仍不足以解决人类面临问题的时候，需要重新审视能源的利用，以便找到解决方案。能源的分类见表 1-3。

表 1-3　　　　　　　　　　　　能 源 的 分 类

类　别		常规能源	新 能 源
一次能源	可再生能源	水能、生物质能	太阳能、风能、地热能、潮汐能、核能（聚变）
	不可再生能源	煤、石油、天然气	核能（裂变）
二次能源		焦炭、天然气、电能、酒精、汽油、柴油、液化石油气、沼气、氢能	

目前人类利用的大多数能源直接或间接来自太阳。太阳能是太阳内部连续不断的核聚变反应过程产生的能量。地球轨道上的平均太阳辐射强度为 $1.367kW/m^2$，地球赤道的周长为 40000km，从而可计算出，地球获得的能量可达 $1.73 \times 10^{14}kW$。太阳每秒钟照射到地球上的能量相当于 500 万 t 标准煤。地球上的风能、水能、海洋温差能、波浪能和生物质能以及部分潮汐能都来源于太阳；即使是地球上的化石燃料（如煤、石油、天然气等），从根本上说也是远古以来贮存下来的太阳能。

可以说，太阳辐射是地球能量的基本来源，但不是唯一来源。有一些能源与太阳基本无关，月球也可以引起潮汐；地热能源其实是地球形成之初的热能储备，它来源于太阳系形成之前星云的能量；核能显然并非来自太阳，虽然太阳通过核聚变产生能量，但是太阳无法产生核聚变和核裂变所需的原料。核能的产生有两种方式，核裂变和核聚变。原子弹是核裂变，氢弹是核聚变。人类已经可以低风险地利用核裂变产生能源，就是我们常说的核电厂。但目前核聚变仍处于试验阶段，并不能长时间可控运行。核裂变能源不属于可再生能源，因为地球上的铀等矿产资源十分有限，核能释放之后就不能在短期内自己恢复到核燃料了，是不可再生能源。核聚变能源在一定程度上可看作可再生能源，因为聚变原料，即氢的同位素，在海洋中蕴藏十分丰富。一升海水提取物质经过核聚变就可以释放出 300L 汽油的能量，堪称取之不尽、用之不竭。

人类可以模拟太阳产生能量的原理，研发可控核聚变技术，从而制造"太阳"，可控核聚变装置俗称"人造太阳"。太阳能稳定核聚变，是因其内部不仅有 1500 万℃以上的高温，且约有 3000 亿个大气压的超高气压。而地球上无法达到如此高的气压，只能在高温上下功夫，需要把温度提高到上亿摄氏度才行。先不说如何产生这么高的温度，就算产生了，也找不到容器"盛放"它，地球上最耐高温的金属材料钨在 3000 多摄氏度就会熔化。不过，人类不会被困难吓倒。20 世纪 50 年代开始，科学家们就经历了一系列磁约束技术路线的探索，到 20 世纪 60 年代，苏联科学家提出托卡马克方案，效果惊人，备受关注。托卡马克，简单来说是一种利用磁约束来实现受控核聚变的环形容器。它的中央是一个环形真空，外面围绕着线圈。通电时，其内部会产生巨大螺旋形磁场，将其中的等离子体加热到很高温度，以达到核聚变的目的。

我国可控聚变研究始自 20 世纪 50 年代，几乎与国际上聚变研究同步。在四川成都投入运行的"中国环流器二号 M"装置，将成为我国规模最大、参数最高的磁约束可控核聚变实验研究装置。它可将我国现有装置的最高等离子体电流从 1MA 提高到 3MA，离子温度也将达到 1 亿℃以上。2020 年 12 月 4 日 14 时 02 分，中国新一代"人造太阳"建成并实现首次放电，这标志着中国自主掌握了大型先进托卡马克装置的设计、建造、运行技术，为我国核聚变堆的自主设计与建造打下了坚实基础。

全球核聚变人一代代接力奔跑，致力于照亮人类未来的终极能源梦想。国际热核聚变实验堆（ITER）计划 2006 年应运而生，由中国、美国、欧盟、俄罗斯、日本、韩国和印度 7 方参与，计划在法国普罗旺斯地区共同建造一个电站规模的聚变反应堆，即世界上最大的托卡马克装置。中国承担了约 9% 的采购包研发任务，中国核工业集团公司通过国际竞标拿到了 ITER 项目最核心部分的安装工程。

如果人类能够掌握可控核聚变反应并进一步实现小型化，可实现完全的分布式能源替代，提供几乎不竭的动力。但人类距离真正掌握可控核聚变技术还有很长的距离，从 ITER 计划的进展以及国际核聚变发展进程看，预计最早 21 世纪中叶实现可控的核聚变发电。

放眼未来，立足当下。在实现可控核聚变之前，人类的可行做法仍是使用低能量密度能源。

需要注意的是：关于清洁能源的说法有一定的相对性，如果符合一定的排放标准，低污染也属于清洁能源，如天然气和洁净煤。可再生和可不再生的区分在于能源资源生成的周期长短，化石能源的生成动辄成百上万年，不可持续利用，为不可再生能源。

1.5.2　智能电网的发展趋势

智能电网的发展表现出如下趋势：

1. 电网的规模和范围加大、交直流并重

输电方面：由于地理限制，大型发电厂的电力仍然需要远距离输送，特高压交直流混联长期存在，是实现全球互联的基础。特高压技术是当今世界电网技术的制高点，中国自 2004 年全面开始发展特高压以来，在技术和装备等方面取得了重要突破，实现了"中国制造"和"中国引领"。全球互联是建立在各国坚强电网的基础上的，因此特高压技术对跨国输电的意义更加重大。

未来，在以清洁能源为主导、以电为中心的能源发展格局下，电网将成为能源配置的主要载体。全球清洁能源的分布很不均衡，北极和赤道附近地区及各洲内的大型水电、风电、太阳能发电基地，大多数离负荷中心有几百至几千千米，因此构建电网从能源基地向负荷中心输电，即是最经济的能源配置方式。随着全球能源的大规模开发，电网覆盖将进一步扩大至全球，形成全球广泛互联的能源网络。鉴于全球三大电网区域（北美、欧洲和中国）负荷的互补特性，全球互联对提高电网资源利用效率具有重要意义。当然，互联不仅仅是把电能送过去，还可以通过计算负荷调配实现均衡，全球数据中心的计算负荷已经占有相当的比例。

配电方面：以微电网、个人能源为重点发展，随着充电汽车等直流负荷的普及和光伏、风电、储能等直流电源的大量接入，直流微电网发展有潜在的需求，将引导电网回到电力系统早期大量小型发电机接入电网的时代，引发交直流二次对战。

相比交流输电，直流技术稳定高效、灵活性强，将直流技术运用于分布式电源接入可大大节约成本。通过采用电力电子负载（PEL）、ICT 等用直流电网可实现 100%可再生能源电力供应。

2. 集成更多的能源形式

为了更好地利用能源，提高能源的利用效率，以电能为核心，逐渐耦合其他能源如氢能、燃气、地热等是大势所趋。其中，冷热电联供系统是一种高效的能源利用形式。优点是能源利用效率高、环境污染小。缺点是未实现能量使用更广范围的优化配置，在某些运行场景下会造成多余热能的浪费。冷热电联供型微电网是一种以联供设备为核心，包含多个分布式单元（发电、负荷、储能、蓄热等），存在多元能量平衡的微电网形态。它具有能源利用效率高、供电可靠性高、环境污染小、调度灵活等特点。通过对余热的回收利用，多联供能够实现对一次能源的高效利用，使单位能源的产出效益从 40%提高到 85%以上，如图 1-4 所示。

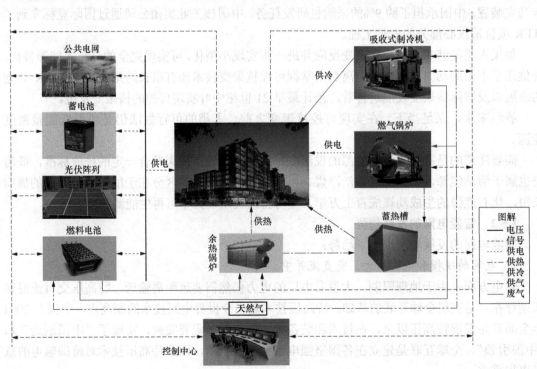

图 1-4　一次能源的高效利用

近期能源系统发展为以分布式单元（冷热电源、负荷、储能）为核心，包含多个微电网结构，可实现一定区域内电、冷、热多种能源综合利用的分布式综合能源系统。其特点是能源利用效率高、用能可靠性高、环境污染小。可最大化利用分布式能源，节能降耗，提高能效和减排，提高抗灾能力、应急供能和自愈能力，满足多样性用能需求。智能社区、智能小区和智慧家庭是分布式综合能源系统的典型形式。

3. 新型发电和输电

未来电网可能包括带无线电能传输的集中式发电和微电网、纳米电网和通过许多其他创新方式获得的电磁能量。在发电方面，有传统集中式发电、微电网海上发电、纳米电网空中发电和纳米电网海上发电；在电能传输方面，既有无线大功率传输，也有无线低功率传输。

1.5.3 能源互联网

新能源开发技术的日臻成熟、电力市场改革的契机、"互联网+"技术的推动，催生了与其他能源网（主要是指除电网外的其他能源传输网络，如天然气网、供冷/热网、氢能源网等，简称"能源网"）的深度融合。其将综合物理融合和信息融合的优势，进一步提高能源系统的经济性与安全性，促进能源利用结构优化。

2011 年，美国学者杰里米·里夫金用"能源互联网"一词阐述了第三次工业革命中，以新能源技术和信息技术深入结合为特征的、一种新的能源利用体系。

国家电网提出了建立以特高压电网为骨干网架、清洁能源为先导的"全球能源互联网"；薛禹胜院士阐述了基于能量流的多种能源网络和基于信息流的互联网之间的异同，提出了"综合能源网"。

中国在十二五期间则提出了发展"智能能源网"，并将其作为新一轮提高能源利用效率的平台。2016 年 2 月，中国正式发布《关于推进"互联网＋"智慧能源发展的指导意见》（发改能源〔2016〕392 号），希望通过互联网技术推进能源生产与消费模式变革，促进节能减排。并指出：能源互联网是一种互联网与能源生产、传输、存储、消费及能源市场深度融合的能源产业发展新形态，具有设备智能、多能协同、信息对称、供需分散、系统扁平、交易开放等主要特征。

"能源互联网""全球能源互联网""综合能源网""智能能源网""互联网+智慧能源"等概念的提出，实质上是在推动智能电网与能源网的深度融合，以不同角度对上述概念的理解都可能成为智能电网与能源网融合的模式之一。智能电网与能源网的融合，从狭义上来说是指能源传输网络的融合，解决的是能源传输模式的问题，因其中不免涉及能源生产、传输、转换、存储、消费及信息传输等各个环节；从广义上来看，将转化为整个能源系统的建设问题。

图 1-5 描绘了智能电网与能源网融合所涉及的三个主体，即智能电网、能源网及互联网，也分别代表了相关行业的力量，即电

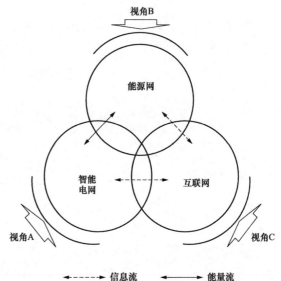

图 1-5 智能电网与能源网融合所涉及的三个主体

力行业、其他能源行业、互联网行业。未来智能电网与能源网的融合，将取决于不同行业力量之间的博弈结果，融合模式应存在从不同行业的视角（即图中视角 A、B、C）看待而形成的三种模式，分别称为"智能电网 2.0""互联能源网"及"互联网＋能源网"。

鉴于能源互联网目前有各种不同定义，本书所指能源互联网为视角 A 所述智能电网 2.0。视角 A 下，电力行业主导，以智能电网为主体进行了三者的融合，是智能电网的进一步升级，将其称为智能电网 2.0。

智能电网 2.0 的突出特征在于：

（1）不限制电网 DG 接入比例，同时利用储能、可控负荷等手段，使负荷可以随发电出力的大小进行智能调节，以适应电网 DG 的高渗透；

（2）广泛应用大数据、云计算等技术，利用其发掘系统潜在模态与规律，并以更高的计算速度满足系统在线实时分析与控制需求。

习　　题

1-1　哪些电器用直流？哪些用交流？为什么第一次交直流之争交流胜出？

1-2　简述智能电网与传统电网的区别和联系。

1-3　人类发展进入危机时代的标志是什么？

1-4　对美国、欧洲和中国而言，发展智能电网的驱动力分别是什么？它们共同的驱动因素是什么？

1-5　简述中国坚强智能电网的概念和特征。

1-6　智能电网的智能化主要体现在哪几方面？

1-7　建设智能电网用到哪些基础技术？

1-8　如何理解信息通信技术在智能电网中的基础性作用？

1-9　简述智能电网和能源互联网的区别和联系。

第 2 章　智能电网业务信息化及架构

2.1　信息化及电网业务

2.1.1　信息化基本概念

数据代表真实世界的客观事物，是指原始（即未经加工）的事实或客观实体的属性（包括数字、声音、图形、图像等），本身并没有什么价值。信息是对数据加工的结果，信息是对决策有价值的数据。

信息是用来减少不确定性的东西。因此，不确定性减少越多，所具有的信息也越多。从数据中创建信息有两种方法：第一种是将一个数据元素与另一个数据元素相比较；第二种是对数据进行计算。

决策是指为实现某一目标，从可行方案中选择合理方案，并采取行动的分析判断过程。决策是有关如何解决问题这一更加宽泛主题的组成成分，解决问题是缩小现实和人们更希望出现的某种局面之间差距的整个过程。

对决策而言，信息质量是决定性因素，所以对于决策支持系统也是如此。信息的质量因素包括关联度、正确性、准确性、精确度、完整性、适时性、可用性、可访问性、一致性、期望符合度和费用。

信息系统（IS）是由计算机硬件、网络和通信设备、计算机软件、信息资源、信息用户和规章制度组成的以处理信息流为目的的人机一体化系统。其主要有五个基本功能，即对信息的输入、存储、处理、输出和控制。信息系统的目的是存储、处理和交换信息，信息系统不一定使用计算机。企业中通常从业务操作、管理到决策依次用到不同类型的信息系统，即事务处理系统、办公信息系统、管理信息系统、专家系统、高级管理人员信息系统和决策支持系统。这些系统随着技术进步和管理变革逐渐增强其支持人类的能力，信息化与此相关。

信息化是以现代通信、网络、数据库技术为基础，对所研究对象各要素汇总至数据库，供特定人群生活、工作、学习、辅助决策等和人类息息相关的各种行为相结合的一种技术。使用该技术后，可以极大地提高各种行为的效率，并且降低成本，为推动人类社会进步提供极大的技术支持。

电力信息化是指应用通信、自动控制、计算机、网络、传感等信息技术，结合企业管理理念，驱动电力工业由旧传统工业向知识、技术高度密集型工业转变，为电力企业生产稳定运行和提升管理水平提供支撑，也是引领变革的过程。

电力信息化要在企业中建立一个有效集成的信息系统结构，涉及企业的四个方面，即战略系统、业务系统、应用系统和信息基础设施。这四个部分相互关联，并构成与管理金字塔相一致的层次。战略系统处在第一层，其功能与战略管理层的功能相似，一方面向业务系统提出重组的要求，另一方面向应用系统提出集成的要求；业务系统和应用系统同在第二层，属于战术管理层，业务系统在业务处理流程的优化上对企业进行管理控制和业务控制，应用系统为这种控制提供计算机实现的手段，并提高企业的运行效率；信息基础设施处在第三层，是企业实现信息化的基础部分,相当于运行管理层,它在为应用系统和战略系统提供数据支持的同时,也为企业的业务系统实现重组提供一个有效、灵活响应的技术和管理支持平台。信息系统体系结构的总体框架如图 2-1 所示。

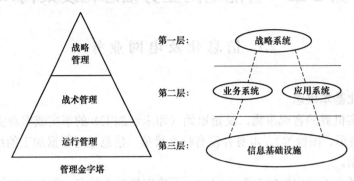

图 2-1　信息系统体系结构的总体框架

1.　战略系统

战略系统是指企业中与战略制定、高层决策有关的管理活动和计算机辅助系统。在信息系统结构中战略系统由两部分组成:一部分为以计算机为基础的高层决策支持系统;另一部分为企业的战略规划体系。一个是计算机系统;另一个是人工系统。在信息系统结构中设立战略系统有两重含义:

(1)它表示信息系统对企业高层管理者的决策支持能力。

(2)它表示企业战略规划对信息系统建设的影响和要求。

2.　业务系统

业务系统是指由企业中完成一定业务功能的各部分(物质、能量、信息和人)组成的系统。企业中有许多业务系统,如生产系统、销售系统、采购系统、人事系统、会计系统等。每个业务系统由一些业务过程来完成该业务系统的功能,如会计系统,包括应付账款、应收账款、开发票、审计等业务过程。业务过程可以分解成一系列逻辑上相互依赖的业务活动,业务活动的完成有先后次序。每个业务活动都有执行的角色,并处理相关数据。

企业业务过程重组以业务流程为中心,打破企业的职能部门分工,对现有的业务过程进行改进或重新组织,以求在生产效率、成本、质量、交货期等方面取得明显改善,提高企业的市场竞争力。据估计,企业业务过程重组可使企业的经济效率提高 70%～80%。对业务过程所涉及的各个方面进行分析,可以发现业务过程中相对稳定和相对易变的部分。业务流程优化所进行的是业务活动的删减、业务活动执行次序的调整和执行角色职责的改变,很少涉及业务活动所处理的数据。

业务系统作为一个组成成分在信息系统结构中的作用是:对企业现有业务系统、业务过程和业务活动进行建模,并在企业战略的指导下,采用业务流程重组(BPR)的原理和方法进行业务过程优化重组,并对重组后的业务领域、业务过程和业务活动进行建模,从而确定相对稳定的数据,以此为基础,进行企业应用系统开发和信息基础设施建设。

3.　应用系统

应用系统即应用软件系统,是指信息系统中的应用软件部分。软件按其与计算机硬件和用户的关系,可以分为系统软件、支持性软件和应用软件,它们具有层次性关系。对于企业信息系统中的应用软件（应用系统），一般按完成的功能可分为事务处理系统（TPS）、管理信息系统（MIS）、决策支持系统（DSS）、专家系统（ES）、办公自动化系统（OAS）、计算机辅助设计/计算机辅助工艺设计/计算机辅助制造（CAD/CAPP/CAM）、制造资源计划（MRP-II）系统等。对于其中的 MIS、MRP-II，又可按所处理的业务，再细分为子系统，即生产控制子系统、销售管理子系统、采购管理子系统、库存管理子系统、运输管理子系统、财务管理子系统、人事管理子系统、设备管理子系统等。

无论哪个层次上的应用系统，从信息系统结构的角度来看，都包含两个基本组成部分，即内部功能实现部分和外部界面部分。这两个基本部分由更为具体的组成成分及组成成分之间的关系构成。界面部分是应用系统中相对变化较多的部分，主要由用户对界面形式要求的变化引起。功能实现部分中，相对来说，处理的数据变化较小，而程序的算法和控制结构的变化较多，主要由用户对应用系统功能需求的变化和对界面形式要求的变化引起。

4. 信息基础设施

企业信息基础设施（EII）是指根据企业当前业务和可预见的发展趋势，以及对信息采集、处理、存储和流通的要求，构筑由信息设备、通信网络、数据库、系统软件和支持性软件等组成的环境。企业信息基础设施由技术基础设施、信息资源设施和管理基础设施三部分组成。

技术基础设施由计算机网络、计算机硬件、系统软件、支持性软件、数据交换协议等组成；信息资源设施由数据与信息、数据交换的形式与标准、信息处理方法等组成；管理基础设施指企业中信息系统部门的组织结构、信息资源设施管理人员的分工、企业信息基础设施的管理方法与规章制度等。

技术基础设施由于技术的发展和企业系统需求的变化，在信息系统的设计、开发和维护中，面临的变化因素较多，并且由于实现技术的多样性，完成同一功能有多种实现方式。信息资源设施在系统建设中的相对变化较小，无论企业完成何种功能、业务流程如何变化，都要对数据和信息进行处理，它们中的大部分不随业务改变而改变。企业为了适应环境的变化和满足竞争的需要，尤其在我国向市场经济转轨的阶段，我国经济政策的出台或改变，将在很大程度上造成企业规章制度、管理方法、人员分工以及组织结构的改变，因此总的来说，管理基础设施相对变化较多。

上面只是对信息基础设施中的三个基本组成部分的相对稳定与相对变化程度的笼统说明，在技术基础设施、信息资源设施、管理基础设施中都有相对稳定的部分和相对易变的部分，不能一概而论。

2.1.2　电网业务及电力信息化

电网企业的核心业务包括电源接入、购电、输送和销售电力。为了保证电网安全、优质和经济的运行，现代电网企业均借助以计算机为基础的自动化、信息化系统进行业务开展。智能电网的推进离不开信息通信，电力业务的每一次飞跃都需要信息通信技术的转变，转变的核心是向标准化、网络化和 IP 化发展。

2.1.2.1　传统电网业务

电网业务有多种划分方式。按照业务属性大致划分为两大类，即生产业务和管理业务；按照时延划分，可以分为实时业务和非实时业务；按照业务流类型划分，可以分为语音、数据、视频及多媒体业务；按照业务分布划分，可以分为集中性业务、相邻性业务和均匀性业务；按照用户对象划分，可以分为变电站业务、线路业务和电网公司、供电局、供电所、营业所业务等；按照电力二次系统安全防护管理体系划分，可以分为 I、II、III、IV 四大安全区域业务。其中最为常用的划分是按业务属性和按时延。

2.1.2.1.1　按业务属性划分

下面按照业务属性，对传统电力各业务及系统进行介绍。

1. 生产业务

（1）调度自动化。主要实现实时监测、分析与评估、调整与控制、调度计划和调度管理功能。

调度自动化系统主要提供用于电网运行状态实时监视和控制的数据信息，实现电网监控和数据采集（SCADA）及调度员在线潮流、开断仿真和校正控制等电网高级应用软件（PAS）的一系列功能。一般由自动切换的双前置机及多台服务器和微机工作站组成分布式双总线结构。其信息类型包括两部分，一部分为调度中心能量管理系统（EMS）与厂站远动终端（RTU）交换的远动信息（包括遥测、遥信、遥控、遥调信息）；另一部分为调度中心 EMS 之间交换的数据信息。其信息流向为各地调（EMS）或厂、站（RTU）至调度中心（EMS），属于集中型业务，EMS/远动信息交换示意如图 2-2 所示。

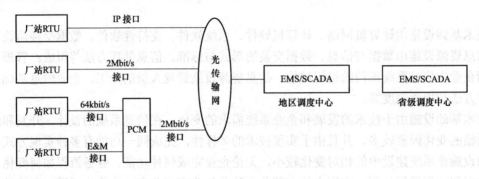

图 2-2　EMS/远动信息交换示意图

调度管理信息系统（DMIS）覆盖调度中心和各变电站，是各生产相关人员在各调度系统中查找数据、收发件的信息系统。DMIS 业务承载在综合数据网上，与企业管理业务虚拟专用网络（VPN）隔离，变电站可采用多业务传送平台（MSTP）数据通道实现综合数据网覆盖。

（2）电能量计量。主要利用安装在供用电现场的电能计量自动化终端和智能电能表，通过电能计量自动化系统对整个电网众多计量点数据进行自动传输、存储和处理，实现发、输、变、配、用各环节计量点电能信息采集，具备远程抄表、负荷控制、计量装置在线监测、线损统计分析、供售电量统计等功能，为用电营销系统、EMS、PAS、MIS 等相关系统提供准确、可靠的电量数据等基础数据，为电力用户有序用电、需求侧管理等业务提供先进的技术支撑。

电能计量自动化系统的主站设置在省级调度中心，所面对的计量对象包括 500、220、110kV 及直调电厂的电量结算关口计量点和网损、线损管理关口计量点以及根据管理需要所需采集的用户电量结算关口计量点等，其信息流向为各厂、站（RTU）至调度中心，传送方式采用定时传送（现运行为 15min）和随机召唤传送两种方式。其传输通道现状示意如图 2-3 所示。

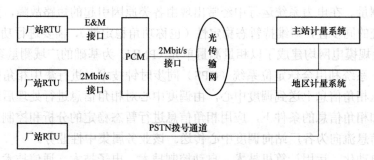

图 2-3　电能计量传输通道现状示意图

（3）继电保护。电力系统继电保护是电力系统安全、稳定运行的可靠保证。继电保护信号是指高压输电线路继电保护装置间和电网安全自动装置间传递的远方信号，是电网安全运行所必需的信号，电力系统由于受自然的（雷击、风灾等）、人为的（设备缺陷、误操作等）因素影响，不可避免地会发生各种形式的短路故障和不正常状态，短路故障和不正常状态都可能在电力系统中引起事故。为了减轻短路故障和不正常状态造成的影响，继电保护的任务就是当电力系统出现故障时，给控制设备（如输电线路、发电机、变压器等）的断路器发出跳闸信号，将发生故障的主设备从系统中切除，保证无故障部分继续运行。在电力系统中，对通信有要求的继电保护主要是线路保护，线路保护应用在输电线路上，包括 500kV、220kV和部分 110kV 线路。线路继电保护方式按原理分类主要有微机高频方向保护、微机高频距离保护、光纤电流差动保护等几种方式。光纤分相电流差动保护原理简单、动作可靠性高、速度快，所以得到了大范围的应用。目前新建的线路，只要具备光纤通道，则至少有一套主保护会采用光纤分相电流差动保护；如果线路长度较短，且有两路不同物理路由的光纤通道，则还会同时采用两套光纤分相电流差动保护作为主保护。线路保护业务的信息流向是从输电线路的一端送到另一端，属于相邻型业务，通道内一直有保护信号在传送，通信频度高，属于实时通信。线路保护的信息流量比较小，小于 64kbit/s，但对通道的可靠性和时延要求高。500kV 线路的保护动作时间一般要求小于 0.1s，220kV 线路的保护动作时间一般要求小于0.2s，除去保护装置的处理时间，信号的传输时间应该在 10ms 以内。

保护管理信息系统由主站、分站与子站三层结构构成，其主要功能是通过实时收集变电站的运行和故障信息，为分析事故、故障定位及整定计算工作提供科学依据，以便调度管理部门做出正确的分析和决策，来保证电网的安全稳定运行。其信息流向为主站/分站与子站之间双向传送，其中绝大部分信息流从子站向主站/分站传送，主站只有少量轮询信息向子站发送。子站向主站/分站系统上传信息的方式分为主动和被动两种。

（4）安全稳定。通过合理配置安全稳定控制装置，对电力系统受到较大扰动时进行合理保护和控制。安全稳定自动化系统是指由两个及以上厂站的安全稳定控制装置通过通信设备联络构成的系统，其主要功能是切机、切负荷，实现区域或更大范围的电力系统的稳定控制。安全稳定控制是确保电力系统安全稳定运行的第二道防线，其一般分为控制主站、子站、执行站。该业务系统信息流向为主站、控制子站、执行子站逐层传送，属于树型业务。

安稳管理信息系统主要管理主站对控制主站、控制子站检测和收集到的信息，子站对有关指令的执行情况和执行结果，子站及其执行站的装置及通信通道的正常、异常和故障情况进行分析。其信息流向为执行子站、控制子站、控制主站到管理主站。该业务属集中性业务。

（5）功角测量。在电力系统运行中经常出现由各类原因引起的短路故障，为了在此情况下维持电力系统的同步性，即维持暂态稳定性（也称功角稳定性），需要进行功角测量。近年来，省级及以上规模电网均建成了以相量测量单元（PMU）为基础的广域测量系统（WAMS）实现功角测量。系统利用全球定位系统（GPS）同步时钟技术，进行集中相角的监视和稳定控制，即将电压相角信息上送到调度中心，由调度中心对相角信息进行处理后进行相角的监视；以及在已知相角信息的条件下，应用相角信息进行暂态稳定的分析和控制，为电网稳定运行服务。其信息流向为各厂站向调度中心传送。该业务属集中性业务。

（6）配电自动化。运用计算机技术、自动控制技术、电子技术、通信技术及新的高性能的配电设备等技术手段，对配电网进行离线与在线的智能化监控管理，使配电网始终处于安全、可靠、优质、经济、高效的最优运行状态。

配电自动化系统一般由下列层次组成：配电主站、配电子站（常设在变电站内，可选配）、配电远方终端［包括馈线终端（FTU）、站所终端（DTU）、配电变压器终端（TTU）等］和通信网络。为了较好地实现配电自动化的功能，必须有较强的通信系统作为支持，必须拥有有效的通信网络来传递配电网调度主站到子站、子站到各开关站RTU、子站到各柱上开关FTU之间的控制信号和数据信号。因此配电自动化和管理信息系统的可靠性，在很大程度上依赖于配电网通信系统的可靠性。

（7）调度电话。其主要功能是为调度员提供调度电话联络，信息流向为各厂站与调度中心之间相互传送。要求极高的可靠性和强插强拆功能。属于集中性业务。

（8）水调自动化。其主要功能是及时掌握了解水库的水文气象情报，为水库调度工作提供可靠的依据。水调自动化系统一般由监测中心和监测站组成，系统的监测站及中继站负责准确地实时采集和传输水雨情信息，具备定时自报和人工置数功能；系统中心站负责实时接收有关数据，并对数据进行合理性检查和纠错处理，自动对接收到的数据进行分类并存入数据库。水调自动化系统信息分实时信息和非实时信息两种。其特点是信息量变动幅度大、采集周期较长。其信息流向为水电厂至调度中心。

（9）电力市场技术支持。提供电力交易服务，系统是基于计算机、网络通信、信息处理技术，并融入电力系统及电力市场理论的综合信息系统，主要提供电力交易等数据。电力市场数据主要包括电能量计量数据、现货交易数据、期货交易数据、市场其他信息等。其覆盖面广、信息量大、对可靠性性和安全性有很高的要求。其信息流向包括网调 EMS 与电厂 SCADA 系统之间实时交换的电网发用电情况、机组运行情况等，数据传输周期为3s/次；以及电厂发电报价系统向电力市场主站传送的机组报价信息，数据传送周期为30min/次。

（10）雷电定位监测。是以计算机网络系统为通信媒介，采用先进的网络技术、地理信息系统（GIS）和数据库技术，能方便广大用户在网上查询和分析雷电以及雷击事故的专家系统。其信息流向为雷电定位监测探测站至雷电定位监测控制中心站。

（11）变电站视频监视。依赖视频监控系统对变电站设备进行24h视频图像监视，监视变电站设备、环境等参数，实现无人值守。其业务流向为变电站到调度中心。业务流是24h均流业务，该业务属集中性业务。

（12）光缆监测。监测光缆运行状态并对故障预警。光缆自动监测系统是集成了目前成熟的计算机、通信、GIS 及光纤测量技术而成的一个光纤网络测量系统。该系统采用先进的光时域反射仪（OTDR）分析光纤的回拨信号，并结合 GIS，在计算机屏幕上以图形化的方式显示光缆的路由和故障位置并发出报警。其信息流向为监测站到监测中心。

（13）电能质量监测。对电能质量指标（如谐波、电压波动和闪变、三相电压不平衡度等）进行监测。电能质量监测系统利用安装在电网侧或用户侧的电能质量监测终端，通过网络将监测数据传回监测中心（监测主站或子站），实现对多个位置的同时监测，并发布电能质量相关信息，是电能质量监测和评估的有效手段。其信息流向为变电站到调度中心。

2. 管理业务

（1）管理信息。包括日常办公业务和信息化管理业务。日常办公业务主要包括 OA、移动办公、Internet、WLAN 等业务。信息化管理业务主要包括各种信息管理系统，如财务系统等。该业务主要在电力系统各部门之间流通，包括省公司与各地区供电局、地区二级单位及营业所、变电站之间，节点数量多，覆盖范围广。电网公司、供电局、二级单位等用户通信业务主要有行政办公信息系统、财务管理信息系统、营销管理信息系统、工程管理信息系统、生产管理信息系统、人力资源管理信息系统、物资管理信息系统、综合管理信息系统共 8 大业务系统。

（2）企业网站。建立一个对外公开的企业形象（门户）网站，提供电能表报装申请、投诉、电费查询、电力信息发布、企业宣传、电力咨询等服务。同时建立一个内部网站，提供企业内部宣传，发布公司管理规章制度，提供邮件信箱、信息发布、信息查询等服务。

（3）会议电视。是指两个或两个以上不同地方的个人或群体，通过传输线路及多媒体设备，将声音、影像及文件资料互传，实现即时且互动的沟通，以实现会议目的的系统设备。会议电视业务主要提供 H.323 会议电视系统服务。

（4）行政电话。其基本功能是实现管理中心与企业内部各单位之间（包括内部各单位之间）以及企业内部与公用电话交换网（PSTN）及其他专网连接，主要业务包括话音通信、电传及传真等，是实现电力系统现代化管理的重要技术手段之一。电力行政交换网络覆盖范围包括各级供电局、所属二级单位。系统内各单位的"行政"交换机，应具备既是电力专用通信网内的交换局，同时又是邮电公用网中的用户小交换机"双重作用"。因此必须同时具有电力专用网内的联网功能和用户小交换机功能，并且具备公用网和专用网中继线（汇接、限制、隔离）功能。

（5）其他业务。呼叫中心客户服务信息以及电子商务等。

随着智能电网与现代化建设的展开，电力业务应用特征发生了较大变化，除传统生产调度业务特征基本没有变化外，数据业务应用呈爆发式增长，对整体通信网带宽的贡献成为主流，占据主要位置。其主要表现为：一次设备智能化后，站与站之间仅传输数据量很小的保护及安全控制信息等传统电网生产调度业务，电网状态信息的实时交换、视频监控和多媒体交互信息管理等业务将更多的数据汇集到集控中心、调度中心和数据容灾中心，数据类业务成为电力通信网带宽的主要消耗业务。行政电话业务将向基于软交换的统一通信业务演进。

电力业务新的需求导致其在业务应用上发生新的变化，数据类业务成为今后坚强智能电网建设发展的主流，电力业务由传统的固定带宽、小颗粒、时分复用（TDM）业务应用向动态带宽分配、大颗粒、IP 业务应用方向转型。因此，电力业务应用的转型会给通信网在网络结构、网络覆盖范围等方面带来新的变化，这给电力通信网的规划带来了新的挑战。

2.1.2.1.2　按时延划分

除按业务属性分为生产调度业务和管理信息业务外，也常按照电力业务对时间的要求，按时延将电力业务分为实时业务和非实时业务，相应系统为电力实时系统和电力非实时系统。

1. 电力实时系统

所谓"实时"，是表示"及时"，而实时系统是指能及时（或即时）响应外部事件的请求，在规定的时间内完成对该事件的处理，并控制所有实时任务协调一致地运行的系统。按应用需求，电力实时系统可进一步分为电力实时控制系统和电力实时信息处理系统。

（1）电力实时控制系统。当把计算机用于生产过程的控制，以形成以计算机为中心的控制系统时，系统要求能实时采集现场数据，并对所采集的数据进行及时处理，进而自动地控制相应的执行机构，使某些（个）参数（如温度、压力、方位等）能按预定的规律变化，以保证产品的质量和提高产量。类似地，也可将计算机用于对电力生产、输送的控制。电力实时控制系统一般指用于实时数据采集、分析和预警、故障诊断、电网频率控制等对实时性要求较高的电力业务处理系统，如发电厂和变电站的 SCADA 系统、电网的广域测量和保护控制系统、配电自动化系统等，其信息传输需要极高的可靠性和极短的传输时延的技术支持。此外，随着大规模集成电路的发展，已制作出各种类型的芯片，并可将这些芯片嵌入到各种仪器和设备中，用来对设备的工作进行实时控制，这就构成了所谓的智能仪器和设备。在这些设备中也需要配置某种类型的、能进行实时控制的系统，可用于实现分布式智能。

（2）电力实时信息处理系统。通常，人们把用于对信息进行实时处理的系统称为电力实时信息处理系统。该系统由一台或多台主机通过通信线路连接到成百上千个远程终端上，计算机接收从远程终端上发来的服务请求，根据用户提出的请求对信息进行检索和处理，并在很短的时间内为用户做出正确的响应。典型的电力实时信息处理系统有电力用户缴费查询系统、视频会议系统、视频点播系统等。

与电力实时系统相关的概念还有实时任务。在实时系统中必然存在着若干个实时任务，这些任务通常与某个（些）外部设备相关，能反应或控制相应的外部设备，因而带有某种程度的紧迫性。可从不同的角度对实时任务加以分类。

1）按任务执行时是否呈现周期性来划分。

a）周期性实时任务。外部设备周期性地发出激励信号给计算机，要求它按指定周期循环执行，以便周期性地控制某外部设备。如发电厂和变电站的 SCADA 系统，自动发电控制（AGC）、自动电压控制（AVC）、配电自动化、需求侧响应、分布式电源调控等。

b）非周期性实时任务。外部设备所发出的激励信号并无明显的周期性，但都必须联系着一个截止时间。它又可分为开始截止时间（某任务在某时间以前必须开始执行）和完成截止时间（某任务在某时间以前必须完成）两部分。如电力系统的继电保护、安全稳定控制系统、故障录波等。

2）根据对截止时间的要求来划分。

a）硬实时任务。系统必须满足任务对截止时间的要求，否则可能出现难以预测的结果。如变电站、输电线路的短路故障使断路器跳闸，分布式电源的防孤岛装置动作。这类任务对信号时延和执行时间有严格的要求。

b）软实时任务。它也联系着一个截止时间，但并不严格，即使偶尔错过了任务的截止时间，对系统产生的影响也不会太大。如电费缴费、电费查询、视频传送、用电信息采集等，这类任务通常不用于实时控制决策。

电力实时系统需要进行实时数据采集和控制，是电力 SCADA 系统的主要任务。实时数据即当前的运行数据。电力系统中的发电厂、变电站和电网有大量设备，随之有海量运行数据供厂站自身监控和电网监控使用。对发电厂、变电站和电网实现有效的信息采集、监测和数据管理是确保电力系统的安全稳定，进而为发电厂、变电站和电网的运行控制提供决策依据的必要手段。为了确保电网安全稳定地运行并且提高效益，实时数据的采集必须快速、全面且准确。

电力系统需采集的实时信息包括电网中发电机和变压器的运行状态、发电出力和负荷变化、网络拓扑和潮流分布、电网的动态变化和事故情况等。实时信息通常被分为状态量（开关量）、模拟量、数字量和脉冲量四大类。

（1）状态量是以某相对应的触点开/合来表示的，故也称为开关量。包括断路器和隔离开关的开/合、发电机和变压器的投/停等具有两种状态的量，还有如变压器抽头位置、设备检修/冷备用/热备用/运行以及继电保护动作等具有多种状态的量。电网中许多设备带有高电压和大电流，难以直接采集其开/合、投/停及挡位等状态量，必须通过设备上相关的无电源的辅助触点间接地采集。这些触点可能会抖动、拒动、误动，在采集时要有判断和处理措施。

（2）模拟量指随时间变化的连续量。电网中的模拟量主要包括发电厂和变电站的发电机组、调相机组、变压器、母线、输电与配电线路的有功功率、无功功率、潮流和负荷，母线的电压和频率，大容量发电机组的功率角等。模拟量的采集方式有交流采样和直流采样等。

（3）数字量是指一次仪表以数字量输出的量，例如经微机变送器处理的输入量、水库水位经数字式仪表测得的水位数字量等。随着就地数字化技术的推广，某些模拟量已经由另外的设备转换成数字量输出。

（4）脉冲量指一次仪表以脉冲量输出的量，包括总发电量和厂用电量、联络线交换电能量等电能脉冲，用于累计电量。

实时系统的数据采集和控制用到四遥技术。"四遥"是对厂站设备的远方监视和控制，是电力系统最为重要和基础的自动化手段。四遥即遥信（YX）、遥测（YC）、遥控（YK）和遥调（YT）。

（1）遥信。用于远程监视电气开关和设备、机械设备的工作状态和运转情况。要求采用无源触点方式，即某一路遥信量的输入应是一对继电器的触点，或者是闭合，或者是断开。遥信功能通常用于测量下列信号：①开关的位置信号；②变压器内部故障综合信号；③保护装置的动作信号；④通信设备运行状况信号；⑤调压变压器抽头位置信号；⑥自动调节装置的运行状态信号和其他可提供继电器方式输出的信号；⑦事故总信号及装置主电源停电信号等。

（2）遥测。原指利用电子技术远程/远方测量中显示如电流、电压、功率、压力、温度等模拟量的系统技术。后来随着就地数字化的增多，遥测量包含了数字量。实际上，遥测量包含模拟量、数字量、脉冲量三大类。遥测往往又分为重要遥测、次要遥测、一般遥测和总加遥测等。

（3）遥控。远程控制或保护电气设备及电气机械化的分合或启停等工作状态。采用无源触点方式，要求其正确动作率不小于 99.99%。所谓遥控的正确动作率是指其不误动的概率，一般拒动不认为是不正确的。遥控功能常用于断路器和电容器的合、分以及其他可以采用继电器控制的场合。

（4）遥调。远程设定及调整所控设备的工作参数、标准参数。遥调常用于有载调压变压器抽头的升、降调节和其他可采用一组继电器控制、具有分级升降功能的场合。

计算机网络技术和数字视频通信技术的发展，为无人值班变电站实现远程图像监控（俗称"遥视"）系统提供了技术支撑。该系统为电网管理人员长上一只"千里眼"，使原有四遥不涉及的变电站环境（如防盗、防火、防爆、防溃、防水汽泄漏等）监控内容尽收眼底。加上原有的"四遥"系统的普遍应用，使得变电站实现了真正意义上的无人值守，也使变电站的运行和维护更加安全和可靠，并可逐步实现电网的可视化监控和调度，使电网调控运行更为安全、可靠。先进的变电站综合监控系统在传统"四遥"（遥信、遥测、遥控、遥调）信息的基础上，引入了视频、图像、声音等多媒体信息，已经形成了多类型信息的一体化传输格局。随着大量新兴业务如信息检索、电子邮件、Web 浏览、可视图文、多媒体会议等广泛接入变电站系统，各种实时和非实时信息的综合传输给网络资源带来了严重冲击。

2. 电力非实时系统

电力非实时系统是相对电力实时系统而言，指对及时性要求不高的系统，主要应用于电力企业的财务（资金）管理、营销管理、安全生产管理、协同办公、人力资源管理、物资管理、项目管理和综合管理等业务应用。在电力企业的业务应用中，主要包括电力市场运营系统、输变电生产管理系统、电力营销管理信息系统、企业资源规划（ERP）管理系统等。

随着智能电网的建设，电网业务朝如下方向发展：

（1）企业生产控制业务与管理信息业务融合。如能量管理系统与相关管理系统实现集成，为电网运行全过程一体化监控、风险预警与控制提供支持。这类业务主要有停电抢修、全景感知、电网决策支持、能效分析等。

（2）新业务或在传统电网业务上进一步扩展和衍生的增强型业务出现。随着新技术和智能化装备相继投入应用，出现的新业务或扩展业务主要有分布式电源接入与管理、电动汽车充电业务、需求侧管理、用电信息采集系统、输变电设备在线监测、环境监测等。

（3）智能电网下的各类企业管理信息业务之间深度集成。如企业资源规划系统、门户网站等。

2.1.2.2　智能电网业务

智能电网业务部署涉及电力供应、电力传输和电力消费等各个环节，整个业务系统利用分布于以上各环节的传感器对电网的运行数据进行采集，智能电网业务中心集中和聚合这些运行数据，进行各种有针对性的分析，将信息进行有效的呈现，供决策者或智能系统进行优化和决策，通过有效的控制使得各个环节更加优化地运行。该模型基本可分为前端-中心-分析-控制，其中从中心到控制会有电力专业人员参与决策和控制。智能电网的业务特点包括以下几个方面：

（1）信息全面完整。智能电网将现有的电网监控范围进一步扩大并采集全面而完整的数据，通过全面有效的分析并回馈到电网，更好地控制和优化电网的运行。作为我国智能电网的特色之一，其中特高压输电更加强调可靠性和安全性，需要部署传感器来感知输电线路和电塔的状况，如输电线路的垂度、晃动幅度、结冰厚度等信息。此外在配用电环节尤其是微电网的部署，信息的采集点将向用户侧延伸，用户家庭的用电信息和策略以及分布式能源与电网的双向交互和结算等信息也需要采集。

（2）信息整合共享。目前电网公司业务系统和通信网一般由各个不同部门负责，如生产部门负责电力调度监测和控制，并拥有自己的电力调度网和能量管理系统（EMS）或配电管理系统（DMS）等业务系统，而营销部门也有自己的 MIS 网和 ERP 系统等。智能电网将逐步打破部门间的信息壁垒，建立企业级层面的信息整合与共享，各个不同部门间根据各自业务需求来获取和订阅自己的相关信息，从企业级层面进行电网的分析和优化。

（3）信息流闭环。智能电网强调全面的信息采集，各类信息采集后通过有效分析，反馈到电网中并优化和控制电网的运行，而这整个过程是一个实时或准实时的闭环过程。例如未来自动计量管理（AMM）系统中用户用电信息被采集到系统中，综合各种因素确定电价，并反馈给用户，用户根据电价来调整自己的用电策略，从而实现整个电网的削峰填谷。

智能电网的业务分布如图 2-4 所示，各业务以通信信息平台为支撑，涵盖电力系统的发电、输电、变电、配电、用电和调度各个环节。典型业务如发电环节主要有新能源发电和大规模储能，输电环节有特高压/柔性/超导输电，变电环节主要有智能变电站，配电环节有高级配电自动化，电力设备/输电线路在线监测与状态检修，电网设备资产运行优化，电网全数字超实时仿真、模拟与分析覆盖全域，电网实时监测、风险预警与控制决策跨越输变配环节等。

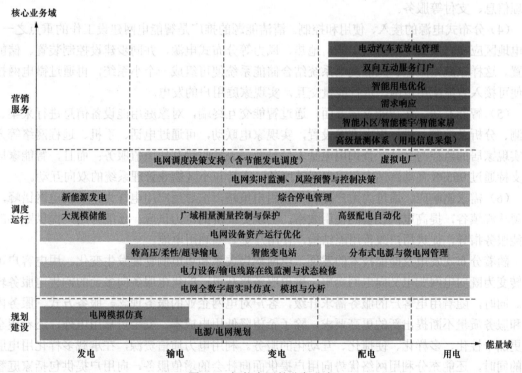

图 2-4　智能电网的业务分布

其中，智能用电是电力行业的最后一个环节，与电力用户关系最为紧密，也是智能电网的重要组成部分。智能用电是指通过对电力的智能化掌控和支配，以及通信技术支持下的电力信息的终端交互功能，从而实现电力的优化配置、节能环保，使人们的生活变得更加轻松、便捷。因大部分业务与配电联系紧密，有时也被称为配用电业务。目前，电力企业开展的典型智能用电新型业务有：

（1）智能用电双向互动服务。通过采用光纤复合电缆或电力线载波通信技术，建设用电信息采集通信网络，安装智能电能表、采集器等设备，实现用电信息采集、用户数据分析及数据共享等功能，实时获取用电信息并掌握用电规律。通过部署智能交互终端、自助用电服务终端等设备，结合规划建设的 95598 互动网站等实现双向互动服务。这些业务提供信息互动，如用电状况、缴费结算、用能效率、营业网点分布、电价政策、服务种类等信息查询服务；提供业务受理互动，受理用户的业扩报装、投诉、举报与建议等业务；提供用户缴费互动，提供智能化多渠道缴费服务；提供辅助服务互动，包括用能管理、能效诊断、需求侧管理、增值服务及分布式电源、电动汽车、储能装置等新能源新设备的接入与使用等服务。

（2）智能小区。通过居民区内建配用电自动化，将小区配电系统运行信息传送到公司配电自动化主站，实现供用电运行状况、电能质量监控、故障自动检测与自动隔离，并对故障进行迅速响应，从而实现小区配用电设备视频监控，实现与物业集中管理系统的集成，并支持电网企业与居住区物业公司的故障处理协同，提高电力故障响应能力和处理速度。

（3）电动汽车有序充电。在居民区内建成完善的电动汽车配套充电基础设施，形成科学合理的电动汽车充电桩布局，通过充电桩计量、控制装置，统计分析用户充电要求，合理调配用户的充电时段和充电容量，实现电动汽车的有序充电、身份认证、充放电控制、充电站地理信息、支付等服务。

（4）分布式电源的接入、使用和控制。清洁能源的推广是智能电网建设工作的重点之一，用电地区应视自然条件部署太阳能、地热、风力等分布式电源，并同步建设控制装置、储能装置。这样家庭太阳能、风能发电系统结合储能系统便可组成一个小系统，再通过微电网技术便可接入智能配用电网，进行能量交互，实现家庭用户的发电。

（5）智能家居。在智能家居方面，通过智能交互终端，对家庭用能设备信息进行采集、监测、分析及控制，进行用电方案设置，实现家电联动，可通过电话、手机、远程网络等方式实现家居的监控与互动，查询用电基本信息及三表抄收等其他增值服务；而且，智能家居还支持通过 95598 互动网站实现双向互动服务，支持与小区物业管理系统的双向互动。

（6）需求侧响应。通过为用户提供优化用电策略，引导用户用电行为，响应电网错峰，实现移峰填谷，提高电网设备的使用效率，实现更经济的电力供应；还能为用户提供贴心的用能服务指导，促进用户改善用能结构，使用户更好地利用电能。

随着分布式发电及储能技术的发展，电网购售关系和售电侧管理发生变化。用电客户可能转变为既向电网购电又向电网卖电，供电服务将从单一的售电服务向多元的购售电服务转变。同时，随着用电客户的服务需求升级，客户对电网企业的服务理念、服务方式、服务内容和服务质量不断提出新的更高要求，除了希望降低用电成本、安全可靠用电外，还希望享受更加个性化、多样化、便捷化、互动化的服务。利用电力通信资源，在承载多样化用电服务的同时，还能充分利用网络优势向用户提供面向社会的增值服务，向用户提供包括家庭智能用电、社区信息化服务、社会医疗社保、生活服务在内的多种增值业务，真正实现电力网、电信网、电视网、互联网的"多网融合"，形成电力业务新亮点，是智能电网中智能用电的重要内涵。

2.1.2.3　电力信息化历程

从使用第一台计算机起，电力企业信息化走完半个世纪以上的历程，电力信息化经历了三个阶段。

在初级阶段，电力信息化较为基础，主要是以计算机为基础的生产过程自动化，电力企业利用 IT 打基础，包括对基础局域网的搭建、计算机的使用普及，以及针对一些简单应用进行的初步系统开发等。

　　到了中级阶段，企业中各个部门、各个分公司已经建立了相应的信息中心，核心的企业主干网也已经搭建完毕，对于调度、生产、营销等相关专业领域也有了专业的业务系统支持。此时的电力信息化已经满足了电力企业的基础需求，是智能电网建设的起始基础状态。

　　随着电网的发展，各种新型业务不断涌现，旧的信息系统功能不断增强，跨业务的信息交换和应用需求强烈。信息化已经不能仅仅满足于提供基础支持，企业需要快速全面的信息来支持决策，需要简捷方便的信息流程重组来助力管理创新，企业已经不能满足于各个独立的业务系统，对整合平台的呼声也越来越高。该阶段是传统电网向智能电网的过渡阶段。

　　然而这种电力信息化发展阶段仅仅是客观历史的陈述，虽然常用却缺少指导意义。如果回顾电力信息化的发展历程，总结经验和教训，可以从电力信息化演进的角度更好地将信息化进程概括为"四化"，即专项业务自动化、信息集成标准化、业务处理流程化和管理决策智能化四个递进层次，如图 2-5 所示。由于新业务不断出现，使得各层次演进不容易给出严格的时间顺序，这种模式可看作增量迭代演进，例如当电网传统业务多数完成业务处理流程化时，属于专项业务自动化的需求侧自动响应才刚刚试点，其相关标准化工作也尚在进行中。

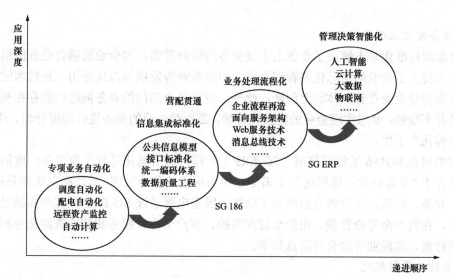

图 2-5　电力信息化演进

1. 专项业务自动化

　　该阶段主要实现专项业务的自动化，即通常所说的孤岛自动化。供电企业各部门根据自身业务需求，开发了多种适应自身应用的系统，主要包括生产过程自动化和管理信息化。生产过程自动化主要通过自动化设备和计算机自动控制系统完成采集、监控等，如调度自动化、配电自动化、配电变压器监测系统、负控系统、集抄系统等。企业管理信息化一般在企业组建完成、生产过程自动化系统稳定运行和管理制度基本形成的情况下实施。管理信息化主要管理企业内部的信息，常由在线生产系统传输和基层人员报送，主要系统有生产管理系统、配电地理信息系统、营销管理系统、物资管理系统、财务管理系统、办公自动化系统、标准化作业系统、可靠性系统、配电设备台账系统、线损管理系统、95598 客服系统等。

这些专项业务应用系统的建设涵盖了企业现有业务的各个方面，初步实现了信息化的从无到有，逐步丰富和完善，不同程度实现了机器代替人工，大大解放了人的体力。

2. 信息集成标准化

由于配电网涉及的设备、网络和用户数量巨大，而管理上部门间各自为政，导致所建设专项业务应用系统相互独立，各种对象的语义、编码体系、组织结构、数据源等不一致问题使信息系统的互通互联、信息共享难以实现。为此，需要从信息模型、接口的标准化、编码体系、数据质量校验等方面着手，解决信息集成标准化的问题。

2006 年国家电网公司提出在全系统实施"SG186 工程"的规划，全面拉开了信息集成标准化的大幕。SG186 工程着力建设一个"纵向贯通、横向集成"的一体化信息集成平台，实现企业信息交互和共享；建成满足管理需求的 8 大业务应用，增强企业管理能力；建立和完善 6 个信息化保障规范体系，推动信息化健康持续发展。平台建成后，可做到"一处录入，多方使用"，保障数据的真实性、一致性和完整性。平台可促进业务集成，整合已有应用，消除信息"孤岛"，在生产、经营和管理等环节实现信息共享，建立全局数据字典等。SG186 工程的实施从根本上扭转了信息化滞后的局面，有效满足了企业管理和电网发展的需求。

3. 业务处理流程化

信息集成标准化基本解决了企业上下级业务的纵向贯通、与企业紧耦合业务的横向集成问题，大大提升了企业的信息化和管理水平。但随着业务发展与深化应用、新技术的出现和应用，不断促使企业在管理体制上创新；此外，贯穿多个部门的业务流程仍然存在割裂，信息的流转并不顺畅。要想实现企业的精益化管理，必须对企业的业务进行深度分析，开展"业务处理流程化"工作。

国家电网在 SG186 工程后推出"SG-ERP"工程，对信息化进行了深度和广度的扩展，其核心就在于"业务处理的流程化"。它着眼于电力应用业务全过程，从数据采集到分析决策，在平台、业务、决策、安全等方面增强了功能。国家电网通过 SG-ERP 工程全面满足电网各环节需求，在资产全寿命管理、电能全过程监控、客户全方位服务和核心资源充分利用方面实现横向打通，实现业务融合与信息共享。

4. 管理决策智能化

管理的核心是"决策"，决策涉及智能，智能就是在巨大的搜索空间中迅速找到一个满意解的能力。管理决策智能化是企业高级应用系统的功能，主要完成高级分析、预警、决策支持方面的功能，将利用企业能够获得的一切数据为企业管理服务，减轻管理人员的脑力劳动负担，SG-ERP 的分析、辅助决策和决策智能便是管理决策智能化的开端，"大数据、云计算、物联网、移动互联、人工智能和区块链"技术的利用可以看作此方面深化应用的技术手段。未来脑机接口技术等的成熟有助于实现人机一体化决策系统。

然而，虽然国家电网经历了 SG186、SG-ERP，但是当前企业在"信息集成标准化"和"业务处理流程化"阶段的问题仍然突出，例如生产和营销是电网企业的两大核心业务，在精益化管理的要求下，其关联得以重视，营配贯通即是旨在解决营配一体化中存在的问题。只有这些属于前两个阶段的问题解决好了，更多的高级应用才能开发出来，才能充分利用企业的"大数据"，为管理者提供更好的辅助分析、决策支持服务。

2.2　数据驱动的智能电网业务

2.2.1　电力企业数据的分类

从数据的角度看，电力企业通常将来自多个数据源的数据，在信息通信技术的支持下按照一定的设计架构和解决方案开发出各种各样的信息系统，支撑智能电网的各种业务和场景应用，如图 2-6 所示。

开始源数据只用于支撑特定或有限的智能电网业务，后来随着数据规模的变大和来源的增多，企业发现这些数据可以共同支持开发更多的业务应用场景，随即更多的系统功能被开发出

图 2-6　数据驱动的智能电网业务

来。根据数据特征进行分类对于解决电力公司的业务和运营需求是必要的。表 2-1 中列举了 5 种基础数据类型。此外，必须对客户、企业、历史和第三方数据加以考虑。了解底层数据是后续将架构和解决方案与现在和未来业务需求相结合的关键。

表 2-1　　　　　　　　　　　　　　　　　5 种基础数据类型

数据类型	描　　述	功　能　特　征
遥测数据	对电网设备参数和其他电网变量的连续不间断测量	遥测允许电网传感器进行远程测量和报告。这种数据被用于控制或分析系统
示波数据	数据由可以创建图形记录的电压和电流波形样本组成	示波数据可以通过通信网络被连续地推送或者拉动。数据通常由其他系统消耗在收集点附近，或者可能被携带用于后处理
消费数据	通常指智能电能表数据，但是它可以包括测量使用数据的任何节点	消费数据有很多用途，包括满足计费和计算方面的需求。这种数据是以不同的时间范围从几秒到几天来收集和报告的
异步事件消息数据	具有嵌入式处理器的电网设备，可以在各种条件下生成消息，如响应和请求	就其本质而言，这种数据是突发性的。因为不确定突发速率，并且许多设备可能会响应同一个系统状态，所以这种类型的数据是具有挑战性的
元数据	用于描述其他数据的任何数据	电网元数据非常多样，可能包括传感器信息、位置数据、校准数据、节点管理数据和其他设备编码信息数据

数据的价值取决于它们的利用方式，智能电网具备重新利用数据的能力正是电力公司获得成效的关键。

与类型密切相关的是数据的时间特征，或称为时延，这和前面提到的实时性相关。时延是系统内数据移动的时间延迟，它受限于信息在系统上传输的最大速率以及在任何特定时间系统可能传递的最大数据量。不同的操作对时延具有不同的容忍度，所有的控制操作可能对高时延是敏感的。每个工作流程都会受到时延的影响，事实上，在特定的系统操作过程中可能会有多种类型的时延。考虑时延对于构建数据分析架构至关重要。无法有效控制时延会严重影响数据分析程序。所以必须规划数据存储方法并考虑时延，避免两者过度依赖形成瓶颈。

许多形式的电网数据可能有微秒的生命周期，它们可能永远不会被记录，或者可能在常

规频率下被覆盖。遥测数据和异步事件消息数据可以被存储在先入先出队列或循环缓冲器中，其他应用程序可以使用这些数据，当队列或缓冲区重新被填充时，将压缩原始数据。瞬态数据是非常普遍的，因为在管理电网状态方面只有最新的数据是有价值的。在许多电力公司中，只有已经并入商业智能应用程序或受监管档案期限影响的数据才有可能会被拉到数据存储库或仓库中。

没有固定的数据存储模型可以满足非常低时延的控制系统的需求，这需要根据具体情况进行设计。现在，随机的操作模式正在成为常态。对于涉及运营、能源交易、实时需求响应或资产管理的数据分析模型，假设必要的数据必须在一定时间内获取。

随着数据种类和时延要求的增多，电网从分层到分布式演进都创造出了非常复杂的数据处理和数据分析环境。需要多种方案和灵活的架构，以适应基于快速分析到远程规划的动作的即时触发，一些重要的新应用程序正在多个业务流程中利用这些数据。

数据为电网的智能化提供了基础。需要信息的人可以从所提供的信息中有效地理解、使用并采取适当的行动。要想将大数据分析转化为可操作的信息，特别是具有接近实时感知的复杂性和需求的信息，需要利用空间和视觉模式。可以实时处理各种格式和频率范围内的大量数据的电网运行系统正在成为现实，通过视觉和地理空间定位的方式来显示不同的数据类，运营商可以跨越空间和时间查看信息，方便他们监控、快速分析和操作。商业智能的一个重要工具是可视化，自动化是可视化的一个重要方面，没有自动化，数据可视化就无法规模化，系统就难以及时更新，从而失去可用性。

图 2-7 给出了电力公司现有数据的情况，从数据量和产生周期两个维度进行了展示。

为方便数据的存储和集成，按结构化程度分类也是一种常用的分类方式，分为结构化数据、半结构化数据和非结构化数据。

结构化数据是指可以用关系数据库表示和存储，表现为二维形式的数据。可以先有结构，后有数据，如电力企业多数业务系统数据和时序数据。

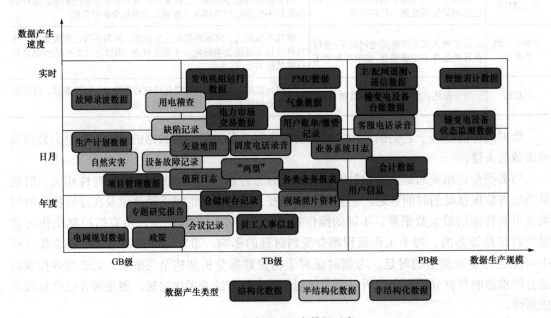

图 2-7　电力公司现有数据示意

非结构化数据是没有固定结构的数据。它不符合任何预定义的模型，因此它存储在非关系数据库中，并使用 No SQL 进行查询。它包括各种文档、图片、视频/音频等，如电力企业地图、地形，政府电力政策文件。

半结构化数据是一种特殊的结构化数据形式，该形式的数据不符合关系数据库或其他数据表形式结构，但又包含标签或其他标记来分离语义元素并保持记录和数据字段的层次结构，也称自描述的结构。可先有数据，后有结构。可用树、图表示，一般指百科类、网页类数据，如电力企业运行检修类数据。

2.2.2　电力企业的数据源

数据主要来源于电力企业业务和外接部分外部数据，因此可按来源分为企业内部数据和外部数据。

企业内部数据主要包括三类：

（1）电力企业的设备运行数据，主要包括电网设备实时监测数据、状态感知数据、故障停电数据、计量自动化数据等；

（2）电力企业的管理数据，主要包括跨单位、跨部门的电网企业职工数据、设备台账数据、资产管理数据、巡检记录、缺陷记录、试验记录、会议记录、财务数据等；

（3）电力企业的运营数据，主要包括客户信息、客户用电数据、电费数据等。

企业外部数据：

随着智能电网业务拓展（能源互联网）和高级应用开发，一些外部数据如经济、气象、用户分布式电源（风光储）、新型负荷（如电动汽车），以及水、冷热、燃气等数据也以多种形式接入电网数据平台。

理清数据源对于了解智能电网现有业务及确定其未来支持的业务至关重要，以下给出支持智能电网业务的数据来源的详细列表（传统电网业务数据不再列出）。

1.　智能电能表

智能电能表通常被认为是主要的消费设备，大多数可提供电力质量测量的功能，例如线路电压、电流和频率以及大于和超过间隔数据的时钟。通过这些功能，智能电能表可以在电网故障排除、维护、负荷规划及在智能电能表被设计成将信号传送到家庭设备的情况下以及在需求响应中发挥作用。

电能表数据收集在很大程度上是计量数据管理系统（MDMS）供应商的权限，许多供应商正在打破传统定义，推出具备数据分析功能的 MDMS，最常见的是断电通知和收益保护分析。MDMS 很自然地成为智能电能表数据分析的起点，因为它已经是消费数据的工作库，并且通常被设计为与计费、维护、预测和客户服务系统直接连接。

电能表到收费操作是电力公司最有价值和最受保护的功能之一。通过使用数据分析，智能电能表数据可以有力和有效地帮助电力公司处理以下几个业务问题：

（1）改进对需求侧管理（DSM）计划的采用。

（2）通过更好地中断响应和沟通，提高客户满意度评级。

（3）通过更好地识别盗窃来减少收益损失。

（4）改进负荷预测。

（5）提供新能源服务。

（6）制订新的费率计划，提供新的服务。

　　智能电能表数据分析可帮助改善能源客户关系，还可以通过帮助电力公司确定有缺陷的变压器，以及改善需求预测、收益保护和整体运营效率来提高盈利能力。利用 MDMS 数据库中存储的数据，电力公司可以通过分析电能表故障和读数来获得显著的收益。数据可以被共享到更大的数据分析平台中，使用一个预定的提取－转换－加载（ETL）过程或通过实时消息总线将数据传输到分析平台，这个平台可能驻留在企业中或云端。为了支持窃电检测、断电恢复、移动办公、电压/无功管理和预测负荷建模等功能，使来自电能表的数据快速进入系统至关重要。电能表数据融入一个电网范围的平台提供各种应用，包括可视化和地理信息系统（GIS）、停电管理系统（OMS）、配电管理系统（DMS）以及需求响应管理系统（DRMS），更深入的分析是对电网和客户行为的了解。

　　2. 传感器

　　虽然智能电能表可以并且确实能够充当传感器，但其他网络数据是从变压器电力线、电压检测装置和电能表负荷侧的 DSM 设备的传感器上收集的。所有这些数据都是解决业务和运营问题的关键。除了传感器之外，其他监控设备还为电网状况的完整视图提供了有关总体运行的参数信息。这些传感器可能是传统设备上最先进的数字节点设备或是对传统设备的改进，包括呼叫停止的改型设备和它们维持无线通信的设备。许多智能电网传感器含有一个转换器，将模拟信息转换成数字信息，还有一个中央处理单元（CPU）用于现场处理数据以及一个通信模块通过高速网络或无线收发器发送信息。当然，在分布式环境中，并不是所有的传感器都会将数据返回到电力公司，因为它们使用循环或先入先出缓冲器，并且被构建成能够自动响应某些输入。传感器为运营分析提供近实时的输入数据，可以被有选择性地存储，以帮助解决运行效率问题并支持资产管理。

　　相量测量单元（PMU）以 30 次/s 的速度测量线路状况，可帮助提高可靠性和避免高风险断电。由于分布式能源（DER）的快速增长以及连接的家庭电网和插电式电动汽车（PEV）的预期增长，人们对传感器的需求正在不断扩大。随着传感器技术在家庭和商业楼宇管理系统中的广泛应用，电力公司将有机会实现对需求方进行前所未有的可视化，包括在分立设备上减轻负荷，从而实现精确的负荷整形。

　　传感器是电力公司利益相关者的"眼睛和耳朵"。如果以通过特定的电网模型来分析数据，这些模型是不断增长的传感系统的大脑。传感器数据的可用性不断提高，这对于机智思考电网的运营则是有利的。一个最新使用传感器数据分析的示例，蜂窝基站是能源的重要用户，移动网络上高度可变的流量负荷直接构成基站负荷和功耗之间的关系。使用传感器来了解这种关系可以为电信供应商和电力公司提供协作的机会，以确定蜂窝接入网络内的能源效率。如果没有传感器数据和数据分析，这些机会将一直得不到实现。传感器数据与其他形式数据的整合将带来巨大、难以想象的机会，使我们的业务和生活环境更加智能、可持续和高效。

　　智能电网数字传感器技术还扩展了监控变电站功率流的条件并获得实时报告和数据分析功能，此外，对于故障分析也具有巨大价值。

　　3. 控制设备

　　像器官系统一样，一旦电网可以感知，它就可以被响应。有了智能电网，通信控制设备允许电网在用电紧张期间对负荷做出反应，保持电网稳定性以管理复杂的 DER，并且应对电网稳定性不可预测的挑战。完全实现智能电网控制的目标被称为"自愈电网"。实现这一点要结合传感器的可视性、自动控制设备的灵活性以及嵌入式分析软件快速自动检测和隔离故障的能力，快速（1～5min）重构配电网络，以最大限度地减少电网干扰的影响。在控制设备的一个应用中，配电馈线上的开关和重合器将隔离故障部分，并允许从备用馈线或发电源重新建立服务。控制设备还有助于电网协调管理可再生资源、太阳能和分布式发电。

控制设备的部署极大地改善了配电系统，尤其是动态负荷变化。在巨大的负荷系统中，许多配电开关由操作员或预设控制。当高级配电自动化领域的控制设备与监控数据相结合时，可以通过帮助运营商使优化系统中所必需的价值最大化来为改进决策提供电压无功支持。

控制设备对智能电网自动化的愿景至关重要，包括调整功率扰动、对设备进行远程维修，并从集中式系统提供命令和控制。虽然这种技术是现代化电网转型的关键，但仍然需要电力公司很好地了解在几分钟内检测、分析和纠正断电问题和其他问题的技术。

4. 智能电子设备

基于微处理器的智能电子设备（IED）通常作为电力系统中的电网控制器而被使用，具有现场功能特性，能够从网络上的传感器和其他电力设备接收数据，它们还可以基于接收到的数据发出控制命令。IED 的典型用途包括基于电压、电流或频率不规则的跳闸断路器，以及充当继电保护设备，例如，负荷抽头转换变压器、断路器、电容器组开关、重合器电压调节器。电网基础设施内 IED 的功能各不相同，包括保护、控制、监测和计量。保护功能涵盖许多种与故障电压、频率和热过载相关的大量的电网保护活动。控制特征可以是本地的或远程的，并且具有可以用于监视和监测各种状态的监视和监控功能（例如，电路、开关设备监视和事件记录）。IED 还提供电流、电压、频率、有功和无功功率以及谐波的计量测量。由于 IED 还能够双向通信，因此，可以将数据直接纳入分析的生命周期。

IED 数据对于追溯原因和故障排除分析极其重要，因为它在每次发生故障或事件时提供大量的信息，包括电流和电压波形示波、输入和输出触点的状态、各种系统元件的状态以及其他设置。总的来说，IED 数据的特性由于其丰富而冗余的测量值，提供了极好的可观察性和分析潜力，从而增强了事件数据的故障分析和可视化。

5. 分布式能源

DER 系统（包括可再生能源、微电网、EV 存储）在电网上的不断渗透，增加了从电压控制问题到供电间歇性干扰的可能性。将智能电网的数据分析应用于可再生能源的管理是高级建模的最强大用例之一，用来控制和监视 DER，确保其可靠性。为了在由 DER 创建的条件下成功监控电网，电力公司必须拥有实时信息和良好的情境智能、了解当前的天气状况以及能够整合这些数据以迅速做出明智的决定来管理频率控制、电能质量等运营参数。

DER 整合，特别是可再生能源需要比后处理故障或根本原因分析更深入和更直接的环境。成功的可再生能源的整合需要电力公司考虑风电、云层和其他环境变量对发电源本身的影响。这些因素可以瞬间变化，为了与容量相匹配，电力公司必须能够对其能源组合的预测具有高度的信心。预测不完善，即使是产能过剩的情况，也可能导致由于上游电力过剩而限电。

除实时天气数据外，管理 DER 的数据分析模型还需要电力线传感器数据，一次和二次馈线上的电流、电压，主次变压器的电流以及其他变压器参数，以提高安全可靠的电网运行的可预测性。除了协助运营商做出更快、更好的决策，DER 智能可以帮助勘探新的、适宜的发电场地，优化资产的发电和传输，并提高预测能力随时间变化的置信水平。

6. 用户设备

各种设备已经遍布整个电网，并打破了普通电能表构造的传统电网的格局，有效地将电网的广度直接扩大到家庭、商业建筑、校园和工业企业。爆炸式增长的 IP 处理设备已经广泛应用到衣服、手表、立体声、建筑物控制和智能家电中，这就是物联网（IoT）。从数据分析的角度来看，这相当于用大量的数据，描述建筑物和建筑物内部与耗能设备相互作用的行为。其中一些设备是专门为减少能源消耗和转变需求提供节省资金和能源的机会而设计的。

然而，任何可以测量消费的传感器都可以被分析、建模和利用，以为电力公司提供各种益处。

具有监控能力的需求侧设备收集和建模数据，是电力公司寻求与用户建立信任的杠杆点，并通过提供新产品和服务来减轻其核心业务模式的风险。

例如，随着时间的推移，间隔消耗数据的能量模型可以指示家电（如冰箱）什么时候处于失修状态以及什么时候将会出现故障。这种信息是非常有价值的，生活在拥有宽带的家庭的人对智能洗衣机、烘干机和空调的兴趣越来越大，连接宽带的设备为用户带来了便利。对电力公司来说，容易实现的目标是能够对智能家电实时确认负荷并调控负荷。

随着"互联家庭"的出现，电力公司将在提供附加值能源服务方面直接发挥什么作用是不清楚的。这些 IoT 设备是否将处于电力公司、用户或第三方控制之下也不清楚。然而，可以肯定的是，电信和有线电视供应商正在赶来争抢这个市场，它们致力于提供家庭控制、安全性甚至能源管理。到目前为止电力公司主要侧重于需求响应应用，以减少用电或降低峰值。试点已经很广泛，但上线的很少。电力公司正在了解并学习市场营销，并与已经在用户心中有一席之地的互联设备专家进行合作。

基于来自需求侧的数据分析可以帮助电力公司解决无数的业务问题，包括管理微电网和纳米电网的互联、性能监控、高度精细的设备级需求响应、动态定价程序和 PEV 管理。从消费数据中得出的分析结果将有助于电力公司扩大市场，并寻找新的方式来获取收益。此外，将这样的信息与可用于用户的大量数据源（包括人口统计数据、行为网络和社交数据、分配数据和财务记录）相结合，将为进一步预测电力公司应用计划的洞察力提供基础。

7. 历史数据

毫无争议的是，人们越来越需要保留数据并且能够方便地访问它们。然而，许多电力公司利益相关者担心，保留所有流入企业的数据在物理存储和管理方面的成本都是高昂的。事实上，将这些数据压缩在离线存档中限制了从中提取价值的能力，特别是在使用数据分析工作流程时。这个问题也衍生出两个难处理的问题：合规和隐私。合规与规定的报告要求相关，而隐私与政策和管理有关，即个人的信息能够被存储多长时间、以什么形式存储以及在什么条件下存储。

经过清洗和匿名处理汇总的数据大部分不受隐私条例的约束。然而，在解决电力公司与客户如何以及何时使用电力的业务问题的背景下，特别是在支持提高能源效率和需求响应方面，信息无法被使用。为了解决隐私问题，电力公司正在解释法律和规则，往往造成面对数据的不情愿和保守的立场出现。

历史数据的有效性直接取决于它的收集、组织和存储方式。因为使用数据的前提是要能够查询数据，过度归一化的数据限制了它在数据分析模型中的使用方式，限制了可能通过新的观点和用途获得的未来的洞察力，特别是预测性和规范性的应用程序。建立"能源数据中心"有助于缓解电力公司必须管理客户许可流程来共享数据的压力,同时,也可以通过提供对行业标准方法的洞察来整合和保护用户信息。对于正在认真考虑将未来战略转移到增强能源产品和服务的电力公司来说,它们可以将自身重新定位作为共享数据的障碍,并且可以从信息公开的研究和智慧中找到明确的方法,并从中获益。

8. 第三方数据

对历史数据的讨论自然会导致与电力公司分析程序中使用第三方数据相关的问题并关注。关于第三方数据的大部分讨论涉及共享由电力公司收集的客户信息,特别是计费和智能电能表消费数据。但是,从数据源的意义上,特别是对于预测分析,融合第三方数据,如天气、新客户的人口统计信息、社交图数据、财务记录、移动数据和具有内部来源的 GIS 数据信息,可以帮助电力公司处理多个业务问题,其中包括:

(1)客户细分。根据数据模式对客户进行细分。

(2)需求预测。通过更优的规划提高预测能力。

(3)欺诈识别。为财政收入漏洞提供更广泛的观点。

(4)程序优化。确定电力公司应该针对哪些客户应用程序以获得更好的程序采用和结果。

已经有分析公司瞄准关于电力公司应用预测性数据科学来满足这些需求的问题,它们正实实在在地从几百个数据源集成几千个数据点。由于电力行业各自为战的局面,电力公司不会为运营和业务利益而共享数据,所以数据集成商将介入。这些数据集成商将使用其专有的模型来分析大量的数据,并提供数据的见解。由于电力公司对可能有助于使第三方数据源产生效果的供应商进行评估,因此,通过共享来自许多电力公司的匿名数据的价值来改进数据分析结果也是值得考虑的,但这并不是长期有用的,因为电力公司的客户群、地理位置和技术具有独特的唯一性。然而,在许多情况下,共享数据可以大大加快电力公司对如何激励客户参与动态定价和需求响应程序的了解,以及通过将自身表现与同行相比来帮助电力公司改进自己的指标。

2.2.3　智能电网的信息化解决方案

图 2-8 是一个分层的智能电网的信息化解决方案示意。方案将源数据和信息通信技术精心组织,使其成为信息通信系统以支持智能电网的各项应用。

其中,应用集成采用面向服务的架构(SOA),SOA 是一个组件模型,它将应用程序的不同功能单元(称为服务)进行拆分,并通过这些服务之间定义良好的接口和协议联系起来。接口是采用中立的方式进行定义的,它独立于实现服务的硬件平台、操作系统和编程语言。这使得构建在各种各样系统中的服务可以以一种统一和通用的方式进行交互。

数据集成是解决方案的重要组成部分。数据集成是组合各种数据源和类型以使存储系统内数据融合的过程。因为缺乏功能需求,数据集成通常是统一系统的瓶颈。一般来说,系统的数据会经历收集、融合、分析、响应的过程。数据融合是在预测数据科学学科中处理许多数据集的核心能力,数据融合的作用是聚集复杂的数据源。数据融合技术和方法使不同的数据集合,并在结构化、非结构化和流式传输数据源之间管理和解决冲突,从而可以合理地应用数据分析模型和算法。数据融合可能比单独考虑的数据集含有更多价值信息,融合的过程可以是低、中或高级。低级数据融合可以组合几个原始数据源,以生成用于数据分析处理的全新原始数据集。高级数据融合考虑对象层面的数据,并将信息融合在这些对象之间的关系层中。电力公司已经熟悉高级数据融合,发电厂控制室就是一个功能齐全的融合中心,因为它管理着传感器数据、人类行为数据和网络上实时影响电网的物理对象之间的关系。

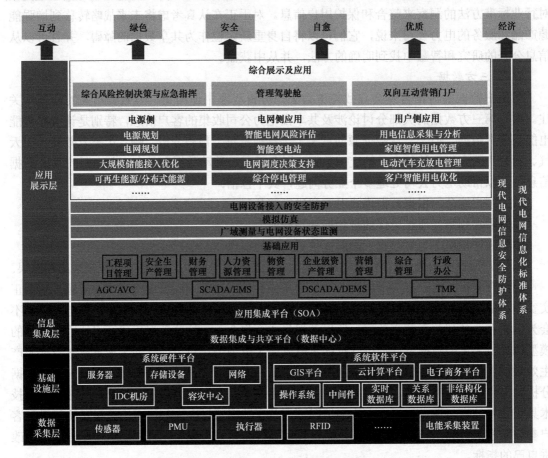

图 2-8　智能电网的信息化解决方案

数据融合是电力公司数据集成工作的关键过程。虽然它通常被认为是组合不同数据的一种方式，但也可以将其视为减少（甚至取代）数据量的一种方式——然而实际上增强的是信心。数据融合广泛应用于高级的数据集成项目，如 GIS、商业智能、无线传感器网络和性能管理等高级数据集成项目，是为高级分析应用准备原始和历史数据源的重要组成部分。

在大数据的范围内，集成随着数据的种类和数量的"爆炸"变得越来越困难。实际上，正是数据集成确保了大数据问题的技术解决方案支持业务需求。几个关键特征定义了一个成功的大数据集成解决方案，包括数据发现、清理、转换和数据从数据源到数据存储移动的方法。

在传统的数据库集成和存储方面，数据存储和数据处理之间已经有了明确的界限。但随着收集更快且针对数据集更多的需求以及为快速分析而优化的需求出现，数据的存储和处理界限开始模糊，它们可能处于同一"框架"下。Hadoop 是一个用于以低成本和大规模存储、处理和随后分析数据的开源框架，它允许人们在分布式服务器集群中存储大量数据，并允许用户在这些集群上运行分析应用程序。MapReduce 是一种在计算设备集群上使用并行分布式算法处理大型数据集的模型。虽然 MapReduce 是 Hadoop 中使用的编程模型，但 Hadoop 分布式文件系统（HDFS）就像其名字所暗示的那样，是其自己的文件系统。大数据可以快速访问许多不同形式的数据，包括非结构化和半结构化数据，大数据分析的价值主张可以在时间敏感的分析查询即时响应中被发现。

在获取和合并构成电力公司的大数据世界巨量数据的范畴内，需要新的数据集成方法。企业抛弃将数据集成作为渐进过程的思维方式，而转向面向框架和环境的思维，并将 ETL 原则整合到一个单一的解决方案中。这样，数据映射、数据加载和跨混合应用环境访问全企业数据将是真正有效的。随着数据流动的需求不断增加，集成过程逐渐将数据仓库、主数据管理系统以及自定义应用程序都融合到大数据环境中。

对融合后的数据进行分析主要用到 4 类分析模型和方法，见表 2-2。数据分析系统很少仅使用一类分析解决特定问题，4 类分析模型和方法通常对应四类功能模块。

表 2-2　　　　　　　　智能电网数据分析模型和对应功能模块

分析模型和方法	描　述	功能模块
描述性	发生了什么或正在发生什么	监测预警类
诊断性	它为什么发生了或它为什么正在发生	分析诊断类
预测性	接下来会发生什么，在各种条件下将会发生什么	预测评估类
规范性	未来如何做才能取得更好的效果	优化决策类

2.3　电网业务的通信需求

2.3.1　传统电网业务的通信需求

由于电网中的大多数操作不能在本地完成，因此需要通信进行传输，这样可以对即将发生的事件进行预警或者进行远程控制或网络化控制。然而增加设备会增加故障点，这是不利的一面。智能电网继承了传统电网的通信业务并在此基础上发展。

1. 生产调度业务

电网生产调度业务包括电网调度电话、电力系统专有业务、运行控制类业务和运行信息类业务。电网生产调度业务为汇聚型业务，各级电网的直调变电站、直调电厂、下级机构的电网生产调度类业务通过本级通信网向有关上级调度中心汇聚。业务主要承载在电力调度数据网上。

运行信息类业务覆盖范围广、通道可靠性要求高，通信误码率要求小于 10^{-6}，通道时延要求相对较低，一般允许几百毫秒以内。生产调度业务特性见表 2-3。

表 2-3　　　　　　　　　　生产调度业务特性表

业务大类	业务系统	传输时延（≤）	误码率（≤）	通信方式	通信特点	数据流向
生产调度业务	调度传统电话	150ms	10^{-6}	点对点	汇聚	被控站至各级调度中心
	调度软交换电话	150ms	10^{-6}	网络	汇聚	被控站至各级调度中心
	电力系统继电保护	10ms	10^{-8}	点对点	汇聚	保护变电站之间
	安全自动装置	50ms	10^{-8}	网络	汇聚	控制子站至调控主站/大楼

续表

业务大类	业务系统	传输时延（≤）	误码率（≤）	通信方式	通信特点	数据流向
生产调度业务	能量管理系统（EMS/SCADA）	100ms	10^{-8}	网络	汇聚	变电站至调度中心
	继电保护及故障信息管理系统（可远方控制修改定制）	100ms	10^{-8}	网络	汇聚	
	功角测量	50ms	10^{-8}	网络	汇聚	厂站至调度中心
	雷电定位	100ms	10^{-8}	网络	汇聚	
	配电自动化	100ms	10^{-8}	网络	汇聚	开关站至调度中心
	电能量计量系统	几百毫秒	10^{-6}	网络	汇聚	变电站至调度中心
	配电状态监测	几百毫秒	10^{-6}	网络	汇聚	开关站至调度中心
	继电保护及故障录波信息管理系统（无远方定制修改模块）	250ms	10^{-6}	网络	汇聚	变电站至调度中心
	调度管理信息系统（DMIS）	几百毫秒	10^{-6}	网络	汇聚	变电站至调度中心
	调度员培训系统（DTS）	几百毫秒	10^{-6}	网络	汇聚	变电站至调度中心
	输电图像视频监测	几百毫秒	10^{-3}	网络	汇聚	采集点至调控中心
	变电图像视频监控	几百毫秒	10^{-3}	网络	汇聚	
	配电图像视频监控	几百毫秒	10^{-3}	网络	汇聚	
	地理信息系统（GIS）	几百毫秒	10^{-3}	网络	汇聚	办公节点至局大楼

2. 管理信息化业务

管理信息化业务主要分为企业管理信息化业务、企业通信支撑业务、市场营销类业务。

企业管理信息化业务主要包括企业资源计划（ERP）、办公自动化（OA）等业务。企业信息化业务系统采用电网公司和省公司层面两级集中部署方式，用户通过管理信息网访问应用系统。企业管理信息化类业务对通信可用性、可靠性和安全性等要求高，对时延要求相对较低，一般运行几秒以内。

企业通信支撑业务主要包括行政电话、通信资源管理系统与通信支撑网，为企业提供语音、视频类业务及通信系统的集中管理维护。音视频业务要求通信时延在几百毫秒内，通信误码率不大于10^{-6}，需严格保证通信通道可用和服务质量（QoS）带宽。

企业管理信息化数据属于企业的敏感信息，在传输时延以及传输速率上没有特别的要求，但是对安全性和可靠性要求很高，必须提供可靠的路径和充分的带宽。管理信息业务特性见表2-4。

表2-4	管理信息业务特性表					
业务大类	业务系统	传输时延（≤）	误码率（≤）	通信方式	通信特点	数据流向
管理信息业务	地理信息系统（GIS）	几百毫秒	10^{-3}	网络	汇聚	办公节点至局大楼
	用电信息采集	几秒	10^{-3}	网络	汇聚	采集点→省局
	行政电话	150ms	10^{-6}	网络	汇聚	通信节点→各局大楼
	网管	几百毫秒	10^{-3}	网络	汇聚	

续表

业务大类	业务系统	传输时延（≤）	误码率（≤）	通信方式	通信特点	数据流向
管理信息业务	时钟同步	1ms	10^{-6}	网络	汇聚	通信节点→各局大楼
	通信资源管理系统	几百毫秒	10^{-3}	网络	汇聚	
	电视电话会议	几百毫秒	10^{-3}	网络	汇聚	
	生产管理系统	几百毫秒	10^{-3}	网络	汇聚	
	企业资源规划系统	几百毫秒	10^{-3}	网络	汇聚	
	财务管理	几百毫秒	10^{-3}	网络	汇聚	
	电力营销系统	几百毫秒	10^{-3}	网络	汇聚	
	综合管理系统（审计、法律、党政）	几秒	10^{-3}	网络	汇聚	
	协同办公系统（OA）	几秒	10^{-4}	网络	汇聚	
	Web 信息服务	几百毫秒	10^{-5}	网络	汇聚	
	信息通信及运行管理信息系统业务	几百毫秒	10^{-6}	网络	汇聚	

2.3.2　智能电网业务通信需求

伴随智能电网的推进，分布式电源和储能的大量接入，高级量测体系、智能充放电桩、智能缴费终端、智能用电、用户互动、视频监控等大量新型业务的出现，其实现必须依赖通信网络和系统。智能电网的实时业务总体可分为控制、采集两大类。在智能电网新业务中，控制类包含高级配电自动化、用电负荷需求侧响应、分布式能源调控等；采集类主要包括高级计量、智能电网大视频应用。

智能电网业务场景及通信需求见表 2-5。

表 2-5　　　　智能电网业务场景及通信需求

场景	电力业务	时延	带宽	可靠性（%）	安全隔离	连接数/km²
控制类	精准负荷控制	≤50ms	2Mbit/s	≥99.999	安全区 I	数十个
	用户负荷需求侧响应	≤200ms	2Mbit/s	≥99.999	安全区 I	数十个
	高级配电自动化	≤10ms	≥2Mbit/s	≥99.999	安全区 I	数十个
	配电网保护	≤10（15ms）	≥10Mbit/s	≥99.999	安全区 I	数十个
	分布式能源调控	控制≤1s，采集≤3s	≥2Mbit/s	≥99.999	安全区 I	数千个
	分布式新能源快速功率群控	控制≤100ms，采集≤500ms	≥2Mbit/s	控制≥99.99 采集≥99	安全区 I	数千个
	广域相量测量与保护	≤20ms	10Mbit/s	≥99.999	安全区 I	数个
	电力应急通信（控制）	≤20ms	4～100Mbit/s	≥99.999	安全区 III	数十个
信息采集类	用电信息采集	≤3s	1～2Mbit/s	≥99.9	安全区 III	数百个
	输变电状态监测	≤200ms	≥10Mbit/s	≥99.9	安全区 III	数十个
	电动汽车充放电桩/站	≤200ms（≤500ms）	2Mbit/s	≥99.9	安全区 III	数百个

续表

场景	电力业务	时延	带宽	可靠性（%）	安全隔离	连接数/km²
信息采集类	自助缴费终端	≤200ms	上行 2Mbit/s 下行 1Mbit/s	≥99.999	安全区Ⅲ	数百个
	输变电机器巡检	≤200ms	≥10Mbit/s	≥99.99	安全区Ⅲ	数十个
	电力应急通信	≤200ms（多媒体）	4～100Mbit/s	多媒体≥99.9	安全区Ⅲ	数十个
	高级计量	≤3s（公用变压器/专用变压器检测、低压集抄）	上行 2Mbit/s	≥99.99	安全区Ⅲ	数千个
	高级量测	≤500ms	2Mbit/s	≥99.9	安全区Ⅲ	集抄模式数百个，下沉到用户上万个
	无人机、自行机器人智能巡检（4K 视频）	≤200ms	≥10Mbit/s	≥99.9	安全区Ⅲ	数十个
	无人机、自行机器人智能巡检（传感器）	≤50ms	2Mbit/s	≥99.999	安全区Ⅲ	数十个
	高清视频监控（4K）	≤200ms	≥10Mbit/s	≥99.9	安全区Ⅲ	数百个
	在线资源评估与光伏群功率预测	≤1s	≥4Mbit/s	≥99	安全区Ⅲ	数十个
	公共建筑数据接入与监控	≤1s	10kbit/s	≥99.9	安全区Ⅲ	数万个
	智慧供应链	≤1s	10kbit/s	≥99	安全区Ⅲ	数十万个

智能电网应用场景及整体发展趋势见表 2-6。

表 2-6　　　　　　　　　　　　**智能电网应用场景及整体发展趋势**

业务类型	典型场景	当前通信特点	未来通信趋势
控制类	智能分布式配电自动化、用电负荷需求侧响应、分布式能源	1. 连接模式：子站/主站模式，主站集中，星型连接为主 2. 时延要求：秒级	连接模式：分布式点对点连接，与子站主站模式并存，主站下沉，本地就近控制 时延要求：毫秒级
采集类	高级计量、智能电网大视频应用（包括变电站巡检机器人、输电线路无人机巡检、配电房视频综合监控、移动式现场施工作业管控、应急现场自组网综合应用等）	1. 采集频次：月、天、小时级 2. 采集内容：基础数据、图像为主，单终端码率为 100kbit/s 级 3. 采集范围：电力一次设备，配电网计量一般采用集抄方式，连接数量百个/km²	1. 采集频次：分钟级，准实时 2. 采集内容：视频化、高清化，带宽在 4～100Mbit/s 不等 3. 采集范围：近期扩展到电力二次设备及各类环控、物联网、多媒体场景，连接数量预计至少翻一倍；中远期若产业驱动将下沉至用户，并深入到户内，连接数预计翻 10～100 倍

　　智能电网业务需要全面而完整的信息采集以及与用户交互，要实现这些数据传递必须要有可靠安全的通信信息网络的支撑，重点在以下几个方面：

　　（1）建立实用通信模型。基础电网物理架构的电压等级有特高压、超高压、高压、中压和低压等多个等级；区域覆盖有跨省的区域互联、省内电力输送、市到县到企业或小区配送；调度节点有发电侧升压变电站、多等级的高压变电站、中压配电变压器等；依存于电力架构的通信信息网涉及不同电压适配、不同区域传输、不同节点组网、不同组网成本等；不同环节所使用的通信网络技术也不尽相同，如光纤通信、无线通信、IP 通信、电力线载波通信、工业总线通信等。因而，每个电力环节需要有与其匹配且实用的网络建设模型，只有建立实用统一的通信网络模型才能更好地、规模地得到推广和应用。

（2）建立互通通信标准。智能电网是将智能化的二次设备 IED 的采集数据通过通信网络传送到控制中心进行分析和控制。在这里，通信网络首先要把智能化二次设备互联起来（可采用以太通信方式或工业总线方式），因此需要明确并制定网络设备和二次设备间的互通标准。另外，通信网络技术多样，标准或非标准的都有可能采用，如低压电力载波技术缺乏统一标准，在用电信息采集系统中集中器和采集器则必须使用同一厂商的设备，在一定程度上会限制该种技术的推广和应用。

（3）建立完善通信安全架构。智能电网的各个环节部署着大量的传感器和计量单元，使得网络安全环境更加复杂。首先是智能业务中心存在大量安全隐患的新建系统；其次是智能配用电领域大量智能终端的应用，给黑客提供了利用某些软件入侵的机会，操纵和关闭某些功能。原有的电力通信协议如 IEC 60870-5-104 等对安全考虑薄弱，新通信技术的采用如以太网无源光网络（EPON）、Wi-Fi、无线等也会引入安全风险。因此以上从中心系统、通信规约、终端仿冒和通信网络等多方面和整体考虑，形成满足智能电网新形势要求的、完善的通信安全架构，保证智能电网有序、安全的建设和运行。

（4）建立低成本、广覆盖的通信网络。智能电网的各个环节都需要信息的监测，因而对于覆盖电网的通信网络更需要考虑低成本和广覆盖，尤其是智能配用电环节。以一个中小城市为例，城市面积约 10km×10km，电力用户有 10 万户左右，配电变压器约 1000 个，开关站、环网柜及柱上开关等约有 100 个，需要采集的信息点达到 10 万个之多，覆盖整个城区。如何构建低成本、广覆盖的城市配电信息通信网络是必须考虑的问题，其中低成本的含义包括建设成本和运维成本。

2.4　智能电网的概念模型和架构

2.4.1　架构概述

智能电网的建设对信息和通信技术的需求和依赖越来越强，为实现电网的智能化提供了坚实的技术基础。但是，如果没有一个统一的关于电力系统的描述，那么不同的开发商、政府监管机构及电网公司将从各自的关注点对电力系统进行理解并参与电力系统的运行，从而使得系统的建设和运行受到遗留系统、私有协议和特殊接口的困扰，阻碍了新应用和新设备的使用和升级。直接的后果是电力系统受到"信息孤岛"的困扰，不能确保在大的区域内高效和安全地运行。智能电网涉及众多利益相关方，不同开发商提供的设备/系统（包括新设备/系统和既有设备/系统）将在庞大而复杂的系统内集成并协同工作，满足互操作性，因此体系架构的指导作用至关重要，进行电力系统架构的开发是解决上述问题的有效方法。

架构是关于一个系统的规范而正式的描述。根据 IEEE 的定义，架构是"对于一个系统在组件级别的规划，该规划可以用来具体指导系统的实现。它通常包含组件的总体构成结构、组件之间的关系，以及用来指导组件设计和组件在一段时间内演化的原则"。通俗地讲，企业架构从企业的营运策略和发展战略出发，从不同方面给出了一个企业的全局视图（也就是企业的蓝图），使得与该企业有关的人员都能够从自己的角度对企业有一个正确的认识。更重要的是，架构从基本技术和实现过程上提供了对业务实现的支持，也给出了实现这个蓝图的途径，可以协助参与企业建设的人员按照这个途径来实现企业建设目标。架构框架是一个用来指导架构开发的工具。它需要给出采用组件进行架构设计的方法和描述组件之间协同工作的方法。除了提供一组工具外，它还必须提供实现各组件的相关标准和技术产品的推荐。由于架构处于一个不断演化完善的过程，架构框架还需要提供对于整个过程的控制策略。通过架构的建立，至少可以在以下几个方面获得好处：

（1）因为架构是站在全局的高度提出的，所以它可以有效地指导整个系统基础设施的建设，避免系统的重复建设；同时，还可避免在以后的建设中采用不必要的私有系统和非标准的协议。

（2）从全局的高层角度去看整个系统，可以引入一些新的协作程序，打破原有系统之间的界限，从而实现高度的信息共享和互操作性；同时，架构的设计能够驱动系统按照统一的方式开发，从而能实现一些目前还处于设想中的系统管理功能。

（3）企业级的架构能够协调不同的标准，它对于将来的标准开发和集成非常关键。

（4）架构的开发同时考虑了企业的内外部环境，因此，能够系统地对可能出现的新需求做出适当的预期，并制定出应对需求变化的合理应对措施。

设计体系架构，应满足下述几个目标：

（1）帮助利益相关方理解智能电网组成元素及各元素之间的关系；

（2）描述智能电网中功能和目标之间的关系，这些目标由主要利益相关方确定；

（3）为设想的业务、技术服务、支持系统和程序提供一系列高水平、战略性的观点；

（4）提供跨领域、跨公司、跨产业集成系统的技术路径；

（5）指导组成智能电网的各种体系结构、系统、子系统和配套标准的建设和发展。

在智能电网的体系架构中，有两个重要的概念，即智能电网概念模型和智能电网参考架构。

综合能源及通信系统体系架构（IEC SA）就是一个关于电力系统架构的研究项目，它为我们描述的未来电力系统可以概括为：电力系统包含大量自动输电和配电系统，它们运行在一个高效、可靠且相互协调的模式下；系统能够以自愈的方式处理紧急状况，同时对能量市场和电力公司的业务需求能够给予快速响应；系统能够服务于数量巨大的用户，同时具备一个智能的通信基础设施以实现及时、安全、自适应的信息交换，从而保证为社会提供可靠而经济的能源。

智能电网概念模型是将智能电网按照专业技术和业务范围划分成不同的域，对域的主要功能和域之间的关联关系进行高层次、总体性的描述。NIST 提出的智能电网概念模型提供了一个高层框架，此框架定义了 7 个智能电网域，显示连接每个域的所有通信和能源/电力流及它们之间的关联关系。因为智能电网是一个不断演变中的、网络化的、由众多系统组成的系统，所以智能电网概念模型能为标准制定组织开发更为详细的智能电网视图提供指导。

软件系统的架构一般指对软件整体结构与组件的抽象描述，从不同的视角来看，可以分为系统架构、技术架构和应用架构。

系统架构指整体系统的组成架构。例如，将系统分成服务平台、管理门户、终端门户、ATM 门户、外部系统及接口、支撑系统等几个部分。将系统进行合理的划分后，然后再进行功能分类。例如，服务平台内部划分为系统管理、用户管理、账号管理、支付管理、接口层、统计分析等逻辑功能。总之，将整个系统业务分解为逻辑功能模块，并且科学合理，这些模块就形成了系统架构。

技术架构从技术层面描述，主要是分层模型，如持久层、数据层、逻辑层、应用层、表现层等，然后分别说明每层使用什么技术框架，如 Spring、Hibernate、Ioc、MVC、成熟的类库、中间件、WebService 等，要求这些技术能够概括整个系统的主要实现。

应用架构主要考虑部署。例如，不同的应用如何分别部署，如何支持灵活扩展、大并发量、安全性等，需要画出物理网络部署图。按照应用进行划分的话，还需要考虑是否支持分布式 SOA。

与软件系统的架构概念相似，智能电网参考架构也是一种表达方式，允许根据多种视角（如商业视角、功能视角）看待智能电网，这些视角可以兼顾智能电网的各利益相关方，可以反映电力系统的管理需求和互操作性需求。典型的智能电网参考架构是由欧盟 M/490 项目开发的智能电网架构模型（SGAM），实际上，这种参考架构把几个架构（业务架构、功能架构、信息架构、通信架构）综合到了一个框架中。

创造和使用智能电网参考架构的动机是可以有一个蓝图来开发将来的系统和组件，在产品投资组合中提供识别产品差距或产品缺失的可能性。该蓝图还可以用于理清某个智能电网领域的技术现状与功能需求，为与其他领域的互操作提供基础。开发智能电网参考架构的另外一个重要动机是确保通过一个适当的方法识别标准存在的缺失。

智能电网参考架构是从使用或设计的角度观察智能电网的概念结构和整体组织，智能电网参考架构体现了智能电网应用和系统设计时必须满足的主要原则和需求。

2.4.2　IEC SA

IEC SA 项目是由美国电力科学研究院（EPRI）资助的一项研究，从 2003 年初开始到 2004 年中期结束，历时 18 个月。项目由 GE 公司的开发中心主持，参与的公司除 GE 外，还包括 Lucent、UCI（Utilities Consulting International）、EnerNex、SISCO 和 Hypertek。项目的研究人员包括两类：一类是电力行业的业务专家，另外一类则是架构专家。除了来自上述公司的研究人员以外，在获取电力系统业务需求的过程中，还有许多电力行业的专家提供了有价值的意见和需求。

IEC SA 项目组将他们的工作成果定义为参考架构框架，是一个面向电力行业信息基础设施需求的架构框架，并进一步确定了其范围，包括业务需求、基于高层概念的策略视图、基于"与具体技术无关的技术"的战略途径、可用于电力行业的标准、技术及最佳实践、不同人员使用该框架的方法。

IEC SA 的主要工作是研究电力行业建设中可重用的组件，它是在公共通信体系架构（UCA）和 UCA2.0 基础上的后续性研究。UCA 项目始于 1986 年，在对电力行业的专家进行咨询并将他们的意见进行综合的基础上形成了电力系统通信架构。在 UCA 的实际应用过程中，进行了许多改进和澄清，并最终形成了 UCA2.0，该版本被提交给 IEC 并以此为基础形成了 IEC 61850 标准。UCA 项目的实践在很大程度上奠定了电力行业的发展方向，并引发了抽象建模和互操作性的需求。从 UCA 项目开始到现在，通信和计算机技术发生了巨大的变化（这种变化还在继续），而且自动化技术应用的深度和广度都已经超过了原有的电力行业规范和标准，因此，需要对这些新领域（例如信息技术、楼宇自动化甚至电子商务等）的标准和规范在电力行业的框架内进行整合，这也是 IEC SA 希望解决的问题。按照 IEC SA 项目组的提法，设计该架构的高层目标包括 4 个方面：

（1）开发出一个完整的电力行业的系统需求和企业架构文档，该架构能够支持自愈的电网和集成化的用户通信接口的实现。

（2）将项目的工作成果提交给相关的行业标准组织和行业协会，以推动关于行业基础设施的鲁棒而开放的标准的建立。

（3）将系统工程的观念引入到架构开发过程中，并将它贯穿于系统需求的提取和管理、需求的分析、架构的开发及架构设计的评估等过程。同时，采用标准化的行业符号来表示架构视图。

（4）探索电力系统和其他应用领域共享基础设施以及进行协作的可能性。

针对上述高层目标，项目组进行了以下 7 个方面的工作：

（1）确定项目需求涉及的范围（70 个高层业务活动和 400 个支撑业务活动）和相关人员。

（2）对行业及技术进行评估，列出为了满足需求可能需要采用的技术和标准，找出差距、矛盾及欠缺。

（3）进行需求收集，并按照 RM-ODP 工程化方法进行整理。

（4）对需求进行共性分析，抽象出数据对象、公用服务和通用接口。

（5）对业务用例进行提炼，确定可用的技术，采用规范的方式定义架构并以此为基础进行分析。

（6）评估现有标准。

（7）形成建议。

最终形成的结果就是 4 卷本的报告材料，同时还提供了对应的统一建模语言（UML）形式的电子文档。其研究成果包括以下内容：

（1）业务需求。主要归纳了电力系统的一些核心业务需求，并给出了这些需求的详细描述；同时，通过对需求进行分析，抽象出 20 种电力系统中常见的通信环境。

（2）策略视图。IEC SA 的策略视图反映了架构针对分布式计算基础设施的根本目标。策略视图的要素包括：

1）抽象建模技术，例如用 UML 表示的 RM-ODP 参考模型、基于 IEC 61850 和 IEC 61970 的对象模型和接口模型等，同时强调了抽象模型的自描述、自发现和与技术无关的实现等特性；

2）系统安全要素的考虑，主要考虑新的信息共享和控制共享可能带来的安全问题，从而引入安全评估等概念；

3）系统管理和网络管理，强调针对大的统一的系统，这些方面必须统一考虑管理接口和标准；

4）在系统数据管理方面，必须考虑数据的实时性、有效性和完整性，指出目前没有唯一的技术可以解决所有问题，应根据不同情况采用不同解决方案；

5）在互操作性实现方面，考虑统一的对象和服务建模，采用与平台无关的模型，综合利用元数据表示、协议网关、设备统一编号等技术加以实现。

（3）战术途径。IEC SA 架构的战术实现强调对公共信息模型（CIM）、公用服务和通用接口进行抽象，并在此基础上构造与平台无关的模型，然后针对该模型设计系统的实现方案和遗留系统迁移方案。

（4）技术及最佳实践。可用于电力系统标准化的技术及最佳实践。

（5）IEC SA 使用的方法论。介绍了不同的人员能够使用项目成果来干什么，以及应该怎样使用。例如：对于系统规划人员和项目工程师，可以用它来帮助定义系统需求；针对管理层，可以参考它来制定长期规划和系统迁移计划；对于系统架构师，可以依据它来制定本公司的架构等。需要指出的是，IEC SA 本身是一个支持平台的架构，在这个平台上能够实施许多原来不能采用的控制策略，例如高级配电自动化、广域状态监控和紧急状态处理等，从而将电力行业的自动化水平提升到一个新的水平。但是，IEC SA 的关注点并不在于某个具体的自动化应用，而在于为实现所有这些自动化应用（包括现有的应用和将来可能产生的新的应用）提供平台。其主要好处体现在以下几个方面：

1）新的系统应用能够使用已有的基础设施，而不需要针对每个应用配备单独的基础支撑平台，从而加快新系统应用的实施，同时减少费用。

2）采用可重用的组件来构造系统，使系统的可靠性提高，而大批量的采购也可以有效降低成本。

3）标准化带来的维护成本的降低。

4）易于采用增量建设的方式，以由点到面的形式升级和建设系统。

2.4.3　NIST 智能电网概念模型

NIST 智能电网概念模型由 7 个域组成，即发电域、输电域、配电域、用户域、市场域、运行域和服务域，如图 2-9 所示。每一个域及其子域都包含智能电网角色及相关的应用，它们通过接口连接。角色是通常的或期望的功能、性能或服务，角色由参与者扮演，一个参与者可扮演许多角色。

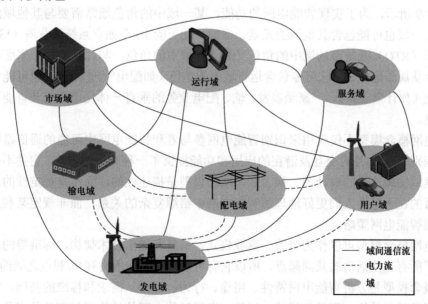

图 2-9　NIST 智能电网概念模型

参与者可以是一个人、一个组织或一个系统。参与者至少有一个角色来启动活动或与活动进行交互。参与者可以是设备、计算机系统、软件程序或者是拥有设备、计算机系统、软件程序的组织。参与者有能力做出决策，并与其他参与者通过接口交换信息。

应用是应角色要求而执行服务的自动化流程，有些应用由单个角色执行，而有些应用由几个参与者/角色共同完成，如家庭自动化、太阳能发电及储能、能量管理等。

域对角色进行分组，以发现定义接口的共性。一般来说，同一域中的角色具有相似的目标。同一域内的通信可能具有相似的特性和要求。域可以包含其他域或子域。在智能电网系统中有 7 个域，见表 2-7。基于当前及近期电网的视角，表 2-7 中表达的域是逻辑上的。将来，有些域可以合并，如输电域和配电域。一些域的名字可能会进化，如大规模发电域（在 NIST2.0中）现在已变成了发电域（在 NIST3.0 中），这是因为分布式能源和可再生能源日益扮演着越来越重要的角色。

表 2-7　　　　　　　　　　　　智能电网概念模型中的域

域	域中的角色和服务
发电域	为输、配电设备提供电源，既包括传统发电，又包括分布式发电
输电域	长距离输电，也可存储电能
配电域	向客户配送电能，也可存储电能
用户域	电力的终端用户。也可有小容量发电、储电及用电管理。按传统划分方法可划分成 3 种用户类型，即居民用户、商业用户和工业用户，每种均有其特有的用电特性
市场域	电力市场中的运营者和参与者
运行域	电力调度机构
服务域	向电力用户和企业提供服务的机构

如图 2-9 所示，为了实现智能电网的功能，某一域中的角色通常需要与其他域的角色进行交互。某一域也可能包含其他域的元素。例如，北美的 10 个独立系统运营商（ISO）与区域输电组织（RTO）既是市场域中的角色又是运行域中的角色。与此类似，一家配电企业通常也不完全从属于配电域，它可能包含运行域中的角色（如配电管理系统），也可能包含用户域中的角色（如计量表计）。一家涵盖发、输、配电业务的垂直一体化电力企业可能在多个域中都有角色。

智能电网概念模型不仅仅用来识别智能电网参与者和智能电网中可能的通信路径，同时也为我们识别领域内/外的交互及潜在的应用和功能提供了一种有用的方法。它并不是用来定义解决方案或实施途径的设计图。换言之，概念模型是描述性的，而不是规定性的。概念模型的主要目的在于帮助人们更好地理解智能电网中错综复杂的关系，而非规定某利益相关方该如何实施智能电网策略。

智能电网概念模型可以作为监管、商业模式、信息和通信技术架构、标准等的基础，因为它形成了所有这些活动的共同起点，所以它有可能确保上述所有视角/观点之间的一致性。智能电网概念模型是分析智能电网特性、用途、行为、界面、需求和标准的基础。它并不代表智能电网的最终结构，而是为描述、讨论、发展智能电网的结构提供有效的工具。智能电网概念模型适用于编制规划、发展要求及文档，还能支持将多样化、不断扩展的智能电网中相互关联的系统和设备组织在一起。

【扫二维码了解 NIST 智能电网概念模型 7 个域】

2.4.4　GWAC 互操作架构

NIST 智能电网概念
模型 7 个域

互操作是指两个或多个电网、系统、设备、应用或组件互通、交换并方便地应用信息的能力。其安全、有效、几乎没有或没有给用户带来不便。智能电网将是一个满足互操作的系统，也就是说，不同的系统应能够交换有意义的、可操作的信息，以支持电力系统安全、可靠和高效地运行。所交换的信息在这些系统中应有相同的含义，并能形成协议响应。智能电网之间信息交换的可靠性、准确性和安全性必须达到所需的性能水平。

复杂的大型集成系统需要由不同的互操作层组成，是从插座或无线连接到参与分布式业务交互所进行的兼容的过程或程序。下面采用了电网智能化架构委员会（GWAC）的高级分类方法。如图 2-10 所示，美国 GWAC 提出了分为 8 个层次的"GWAC 协议栈"，其重要特性是分层定义了清晰的接口——建立某一层的互操作性将提高其他层次的灵活性。"GWAC 协议栈"所示的 3 个类别 8 个层次代表了不同等级的互操作性要求，支持智能电网的各种互动和交易。物理设备层包含了用于编码与数据传输等的简单功能，一般定义在最底层。通信协议及应用定义在次高层，最高层用于商业功能定义。鉴于功能的复杂性与日俱增，"GWAC 协议栈"需要分层实现最终互操作性要求。每层通常依赖于其下的多个层次才能得以实现。最显著的例子是互联网：具有公共的网络互操作层，基础连接层可以是以太网、无线网或微波通信，但不同的网络可以以相同的方法进行信息交换。

图 2-10　美国 GWAC 提出的 8 个层次的"GWAC 协议栈"

关于系统与组件之间交互的互操作模型，GWAC 提出了分层互操作的思路，欧洲智能电网专家在其基础上做了进一步简化，分为业务层、功能层、信息层、通信层、组件层，如图 2-11 所示。

如果需要详细分析互操作层，可以仍按照 8 个互操作层类别。下面介绍聚合后的 5 个互操作性层次。

（1）业务层。业务层代表了与智能电网相关的信息交换的业务视图。智能电网参考架构可以用来映射监管和经济（市场）结构及政策、商业模式、市场参与各方的业务组合（产品和服务）。业务功能和业务流程也可以在这一层中表示。通过这种映射方式，可以帮助企

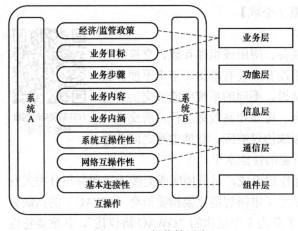

图 2-11　互操作性层次

的语义功能和服务，允许通过某种通信方式交换可互操作的信息。

（4）通信层。通信层的重点是在基本用例、功能或服务、相关信息对象或数据模型的上下文中，描述协议和组件间的互操作信息交换机制。

（5）组件层。组件层的重点是在智能电网背景下参与所有组件的物理分布。它包括系统参与者、应用、电力系统设备（通常位于过程和现场层）、保护和远动设备、网络基础设施（有线/无线通信连接、路由器、交换机、服务器）等。

2.4.5　IEEE P2030

IEEE P2030 标准从互操作架构的视点讨论了电力系统、通信系统和信息系统的愿景。提出愿景架构的目的是增强智能电网各系统之间的互操作。三个系统完成同一个公共目标，每个系统又有各自的特点。它是第一个全面的 IEEE 智能电网互操作性标准，提供了一个路线图，旨在建立一个 IEEE 国家和国际标准体系，该体系基于电力应用领域的交叉技术学科，并通过通信进行信息交换和控制。

三个互操作架构愿景（IAP）主要考虑电力系统、通信系统和信息系统接口的逻辑和功能，实现智能电网的互操作。三种愿景的摘要如下：

（1）电力系统互操作架构愿景（PS-IAP）。电力系统愿景强调的是发电、输电和用电，包括设备、应用和运行的理念。这个愿景定义了 7 个域，即发电、输电、配电、服务、市场、运行和用户。此概念在三个愿景中是相同的。

（2）通信技术互操作架构愿景（CT-IAP）。通信技术愿景强调的是在智能电网中，系统、设备和应用之间的通信连通性。这个愿景包括通信网络、介质、性能和协议。

（3）信息技术互操作架构愿景（IT-IAP）。信息技术愿景强调的是过程控制和数据管理。愿景包括信息数据的存储、处理、管理和控制。

每个愿景由域、实体和接口或数据流组成，所有内容都由智能电网互操作参考模型（SGIRM）定义。参考模型按照功能进行阐述，可以扩展，但不打算规定或限制。当智能电网技术和架构发展时，要求互操作是能够维护的。参考模型的灵活性保证了智能电网未来发展的先进性。

智能电网互操作性为组织提供了有效沟通和传递有效数据的能力，即使他们可能在不同的广泛基础设施上使用各种不同的信息系统，有时跨越不同的地理区域和文化。智能电网互操作性通常与以下几点相关：

（1）能够实现机器间相互通信的硬件/软件组件、系统和平台。

（2）数据格式，其中通过通信协议传输的消息需要具有定义良好的语法和编码。

（3）内容层面的互操作性，对所交换内容意义的共同理解。

智能电网的互操作性将允许公用事业、用户和其他利益相关者在市场上购买硬件和软件，并随时将其整合到智能电网的不同领域，使其与其他智能电网组件协同工作。旨在跨越整个电网使用不断发展的智能电网技术的多样性，对实现互操作性、业务流程、竞争、与合作伙伴的关系提出了重大挑战，不同的战略应该考虑互操作性的需求。

1. 电力系统的互操作

电力系统的互操作体现为保证电力供给的复杂系统，目的是为用户提供高可靠、高可用和高质量的电力，并使电力成为一种经济的能源。为了达到这个目标，电力系统的运行要确保每刻产生的功率（kW 或 MW）精确的等于消耗的功率。如果这个等式不平衡，电力系统会在瞬间发生问题。这些问题包括装置的损坏和用户的停电。同时，产生的无功功率和消耗的无功功率，也要在每处电站取得平衡。将来的智能电网会对现存的电力系统进行方案优化，并保持这些平衡。

电源的容量可以有很大变化，从几百瓦到几百兆瓦。有些电源通过系统调节，具有很好的可控性，而有些电源不具备这样的能力。这样的电源会有很大的波动，在最差的情况下，可以从满输出到无输出。

用户的电负载也有各自的特性，可能在不同等级快速变化。输电系统是一个从发电到负载的网络，具有冗余输送大电力的能力。输电系统中的电流通常是双向的。因为输电系统在电能传输方面的重要性，输电系统通常设计为具有最小损耗和高度的自动化，保持系统的每个部分都不失效。

配电系统以高效、可靠和经济的方式为用户提供电能。老式的配电系统，从变电站到用户的电流通常是单向的。很多配电系统具有或将有双向电流，因为存在本地配电系统设计拓扑或用户自备电站的发电超过负载的情况，所以需要具备这样的能力。当部分配电系统发生问题时，可以通过人工干预重启系统。

电力系统本身具有通过电流提供每处电力系统状态信息的能力，因为它就来自那些装置。因此，遵照指南和策略可以简化控制系统，在设备之间使用最小的通信量，保证电力系统具有良好的设计和运行。例如，没有外部通信时，一个"波动"的发电机会带来：频率高时产生低输出，频率低时产生高输出。考虑使用这种天然的状态信息和更先进的控制设备避免电源产生波动。

传统的方法可以保证电力系统能够很好的运行，方法如下：

（1）在发电有限不能提供足够电能时，安装新的可控发电装置，使电力系统具有足够可控的发电量，满足瞬时最糟的负载变化。

（2）装置等级足够大，可以应对最糟情况运行条件。

智能电网技术提供了使用新方法的机会，可优化电力系统的运行。这些方法包括：

（1）使用更多的可控发电、存储和负载，优化发电和负载的平衡。

（2）改变当前条件优化装置容量。条件可以包括室温、电流和维护等。

（3）使用本地控制的发电、存储和负载，减小装置容量变化和电源质量问题。

　　IEEE P2030 标准中 SGIRM 电力系统互操作架构愿景包括：IEEE P2030 标准中 SGIRM 的 PS-IAP 主要表现为一种传统的电力系统景象，CT-IAP 提供一种从一地到另一地得到数据的方法，IT-IAP 提供一种使用数据获得有用信息的方法。

　　PS-IAP 是主要实体的逻辑表示，描述了电力系统的功能。

　　图 2-12 显示了来自电力系统愿景的域、实体和接口。PS-IAP 的域（在所有愿景中相同）表现了一种接近于现存电力设施的划分方法。PS-IAP 的实体（在所有愿景中具有独特性）反映了电力系统的装置或功能。在电力系统愿景实体间的接口可以通过多个数据连接的多种数据流表示。例如，在配电站和运行中心的通信，在同一个接口可能有 SCADA、声音和视频多种信息。智能电网的部署可以覆盖一个小型地区、一个电力设施、一个控制区域或一个全国范围的系统。对于一个完成的部署，每个实体可以代表任何数量的物理或逻辑设备。

　　2. 通信系统的互操作

　　SGIRM 的通信技术视角支持宽泛的网络集合，图 2-13 提供了一个图形化的视图，为端到端的智能电网通信模型。这些通信架构映射到发电、输电、配电和用户的域上。每个特定通信块映射到特定划分域上的设施。

　　在某些情况下，同一功能子网可能使用多个名称。例如，用户驻地网（CPN）在规模和连接的设备上各不相同，通常被划分为家庭局域网（HANs）、建筑局域网（BANs）、工业局域网（IABs），并且这些网络与配电领域使用的网络有一个区分，某些通信路径位于同一域中的端点之间，而其他通信路径位于域之间，并且可能包括一系列子网。公共互联网提供了跨上述四个领域的通信功能，尽管实施者（例如电力公用事业公司或区域输电商）可能不希望使用公共互联网，或者监管机构可能选择不允许使用公共互联网，但它仍然是一种架构上的选择，用或者不用留给实施者。它还显示了端到端通信的安全和管理层，横跨了每个智能电网的通信域。通信安全和管理架构需要在 IEEE P2030 标准中 SGIRM 部分定义和规范。

　　IEEE P2030 标准 SGIRM 通信技术互操作架构愿景如下：

　　IEEE P2030 标准中 SGIRM 的 CT-IAP 通过图 2-14 表现出来，可以包括出现的新技术，也可以使用由开发者定义的目标架构。

　　CT-IAP（图 2-14）显示了通信系统愿景中的域、实体和接口。CT-IAP 域（所有的愿景都相同）划分出了 7 个部分，接近于现存的电力设施。这些域包括发电、输电、配电、用户、服务、运行和市场。

　　在每个域中或域之间（内部域），实体通过一个或多个接口相互连接。多个接口连接一个或多个实体表示了可用性（将来使用）和多种互连变化。如果在不远的将来需要增加新实体或接口，可以按这个方法加入。

　　通信实体可以是有线或无线网络系统，或相关的通信系统元件。接口要按照通用互连要求进行定义，建立两个或多个实体间最小等级的互操作。接口还要按照性能要求、安保等级、协议类型和其他需求进一步确定规范。实体的通信链路连接，通过两个实体间的线路来表示，因此，这个线路表现为在两个实体间的"接口"或"连接"。应该注意，两个实体间的单线不意味着仅有一个接口。这根线代表两个实体间接口的"集合"。这种方法简化了图形且容易阅读。

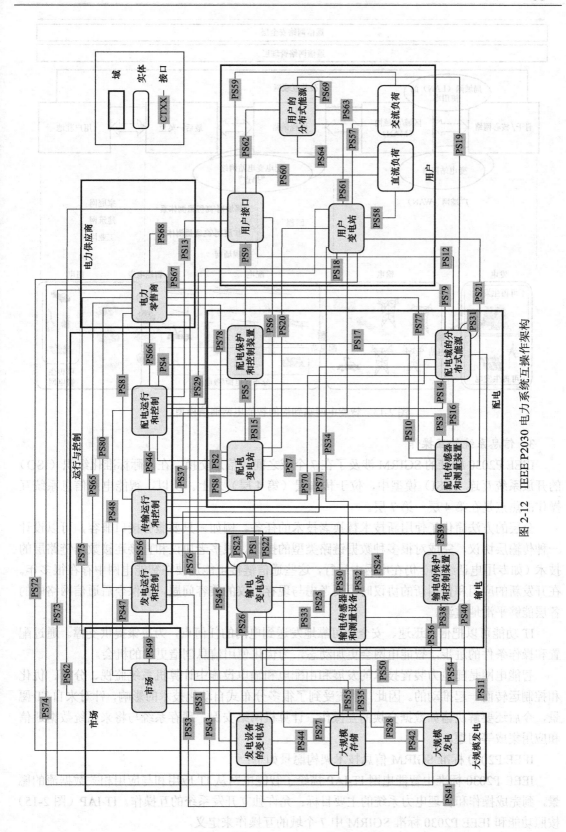

图 2-12 IEEE P2030 电力系统互操作架构

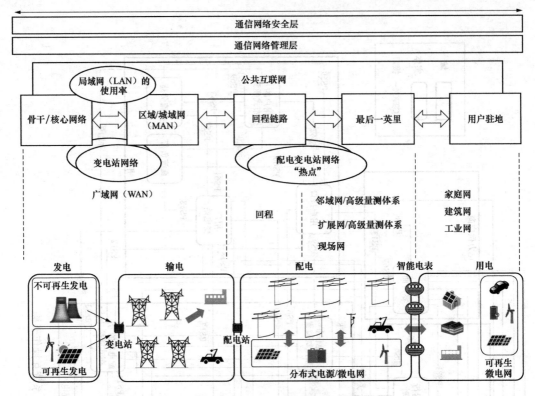

图 2-13　智能电网端到端的智能电网通信模型

3. 信息系统的互操作

IEEE P2030 标准的 SGIRM 涉及了在 7 个域之间的信息交换，在国际标准化组织（ISO）的开放系统互连（OSI）模型中，位于传输层（第 4 层）之上。所以，智能电网信息系统互操作的焦点是在第 4 层～第 7 层。

分层的方法简化了使用新技术替换老技术的任务。例如，只要服务接口兼容，可以设计一种传输层协议，完成对很多种数据链路类型的操作。很多老协议和直接连接数据链路层的技术（如专用电话线路）仍在电网中运行，这些通信链接可能还要在智能电网中存在很多年。在开发新的应用和使用新的协议时，要考虑与现存协议的兼容问题，确保今后通信网络中的各层能够平滑地过渡。

IT 功能可以把信息迅速、安全和可靠地发送到电网的任何点，为决策提供支撑。通过配置和操作条件的进步，智能电网会更加动态，为优化使用信息创造更多的机会。

智能电网是随电力装置技术的发展和由配电和输电设施中计算机系统监视、分析、优化和控制运转而一起推动的。因此，系统受到了很多分布式自动化技术的影响，针对来自 IT 愿景，今后还要解决诸如数据交换的互操作、计算机网络安保、现存系统与将来系统数据通信和应用集成等问题。

IEEE P2030 标准 SGIRM 信息技术架构愿景如下：

IEEE P2030 标准中智能电网 IT-IAP 描绘了智能电网从 IT 应用和与应用相关数据流的愿景，到完成操作和管理电力系统的主要目标：允许独立开发系统的互操作。IT-IAP（图 2-15）按照功能和 IEEE P2030 标准 SGIRM 中 7 个域的互操作来定义。

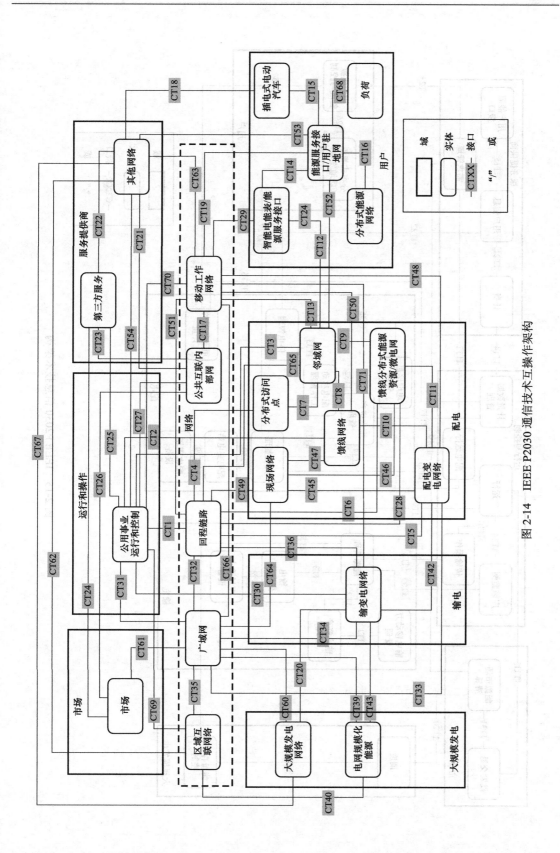

图 2-14　IEEE P2030 通信技术互操作架构

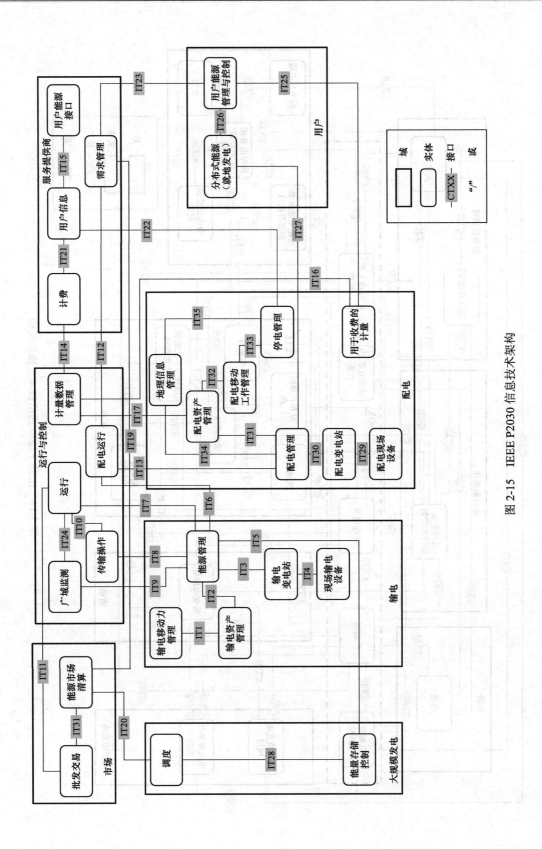

图 2-15　IEEE P2030 信息技术架构

目标不是定义新信息交换架构，而是与当前的最佳实践和技术一起工作，弥补在 7 个域之间信息交换的不足。为了在智能电网中确保一致性结构框架，要尽可能使用与 NIST 和 SGIP（智能电网互操作性专家组）相同的术语。

在 IT-IAP 中表示的一些实体是协议或数据库的集合，其他实体可以分布在多个域中，但应该放在最恰当的地方。连接实体所标出的线代表了数据流。在本书中，数据流在应用级定义，从数据的生产者到数据的用户。

2.4.6　SGAM

虽然智能电网的定义并不统一，但 21 世纪先进的电网概念，已经转移到了一系列的数字化计算与通信技术及服务与输电基础设施集成方向上。考虑到新需求的产生、新应用的开发和最新技术（特别是信息和通信技术）的集成，可以把智能电网看作是当前电网的进化。在一个安全、可靠、高性能和集成的网络中，把信息通信技术集成到电网，将提供扩展的应用管理功能。

电网的这种变化将形成一个具有多个利益相关方、多个应用及需要互操作的多个网络的新架构。开发智能电网（尤其是开发智能电网标准）时，只有依赖一组一致的模型，才能获得这种新的架构。这组模型就是参考架构。

智能电网参考架构旨在解决智能电网架构实施智能电网解决方案时面临的问题。对于任何参考架构，其目标是为电力公司提供指南，指导电力公司开发特定的智能电网架构、实现特定的功能。

前面已经说过，参考架构是一种表达方式，允许根据多种视角表达智能电网，这些视角可以兼顾智能电网的各利益相关方，可以把电力系统的管理需求和互操作性需求结合起来，从不同视角（从顶层到更详细的视图）描述智能电网。

典型的智能电网参考架构是由欧盟 M/490 项目开发的智能电网架构模型（SGAM），它由业务层、功能层、信息层、通信层和组件层构成。这 5 层是对 GWAC 互操作性类别的抽象和浓缩，GWAC 是 SGIP 下属的智能电网架构委员会。每一层都是一个智能电网平面，它的两个维度分别是电气过程的域和信息管理的区域，该平面跨越从发电到用户的输、配电链，以及电力系统从上至下信息管理的各个层级。该模型用来表达在电气过程的每个域中有哪些信息管理区域间发生了交互。

1. 参考架构的原则

定义智能电网参考架构的原则至关重要，SGAM 的原则是普遍性、可定位性、一致性、灵活性、可伸缩性、可扩展性和互操作性。

（1）普遍性。智能电网参考架构是一个模型，是用一个共同的、中立的观点来表达智能电网架构。该架构必须提供与解决方案和技术无关的模型，对现有的架构不能表现出任何倾向性偏好。

（2）可定位性。智能电网参考架构的基本思想是把实体分别放到智能电网平面和层次的适当位置。根据这个原则，一个实体及该实体与其他实体的关系可以用一个全面的、系统的视图来清楚表达。例如，一个给定的智能电网用例可以从架构的角度进行描述，即把它的实体（业务流程、功能、信息交换、数据对象、协议、组件）均包含在合适的域、区域和互操作层次。

（3）一致性。一个给定的用例或功能的一致性映射，意味着智能电网参考模型的所有层次都被一个合适的实体覆盖。如果有一层没有被覆盖，这意味着没有规范（数据模型、协议）或组件可用来支持这个用例或功能。这种不一致表明对于一个给定的用例或功能，需要规范或标准。当 5 层都被覆盖时，说明这个用例或功能可以用给定的规范/标准和组件实现。

（4）灵活性。为了允许用例、功能或服务的多种可替代，灵活性的原则可以应用于智能电网参考架构的任意一层。这一原则至关重要，可以保证智能电网未来用例、功能和服务的发展需求。此外，灵活性原则要求智能电网架构具有可扩展性、可伸缩性和可升级性。

通常来说，用例、功能或服务是与区域无关的。例如，一个集中式的 DMS 功能可以放置在调度区域；分布式 DMS 功能可以放在现场区域。

功能或服务可以嵌套在不同的组件中，对于具体案例应该具体分析。

为了满足特定的功能性和非功能性需求，一个给定的用例、功能或服务可以以多种不同的方式映射到信息层和通信层。例如，控制中心和变电站之间的信息交换，可以用 IEC 61850 在 IP 网络上实现，也可以用 IEC 60870-5-101 在同步数字序列（SDH）通信网络上实现。

（5）可伸缩性。从顶层看，智能电网参考架构覆盖整个智能电网。为了详细地研究给定用例、功能和服务，可以仅仅研究特定的域和区域，如智能电网参考架构可以缩小到仅仅关注微电网。

（6）可扩展性。智能电网参考架构反映了目前组织的域和分区，在智能电网的进化中，或许需要通过增加域和区域来扩展智能电网参考架构。

（7）互操作性。智能电网参考架构是一个互操作层次与智能电网平面的三维抽象展示。参与者、应用、系统和组件之间的交互，可以通过模型（信息层）、协议（通信层）、功能或服务（功能层）和业务约束（业务层）之间的连接或关联来表达。通常来说，实体（组件、协议、数据对象等）之间的联系通过接口建立。换句话说，一个满足互操作性、一致性的交互，可以在参考架构的层中表示为一系列一致的实体、接口和关联。

一致性和互操作性的原则构成了智能电网参考架构的连贯性。一致性确保这 5 层有着明确的联系，互操作性确保交互（接口、规范标准）条件在每个层都能得到满足。对于一个给定的用例、功能或服务，这两个原则都需要实现。

2. 智能电网参考架构的智能电网平面

在电力系统管理中，通常会区分电气过程视角和信息管理视角。电气过程视角是指电能转换链的物理域，信息管理视角是指对电气过程管理的分层区域。智能电网参考架构的区域见表 2-8。智能电网平面域和分层区域模型如图 2-16 所示。

表 2-8　　　　　　　智能电网参考架构的区域

区域	描　述
过程	包括能量的物理、化学或空间转换（电能、太阳能、热、水、风等）和直接参与的物理设备（如发电机、变压器、断路器、架空线、电缆、电气负载及任何类型的传感器和执行器，这些设备部分或直接连接到过程）
现场	包括保护、控制和监控电力系统过程的设备，如保护继电器、间隔控制器，以及任意类型的智能电子设备（IED），它们从电力系统获取过程数据
厂/站	代表对现场层次的区域聚合，如数据集中、功能聚合、变电站自动化、当地 SCADA 系统、工厂监控
调度	在各自的领域中进行电力系统控制操作，如配电管理系统、发电和输电系统中的能量管理系统、微电网管理系统、虚拟电厂管理系统（聚合多个分布式资源）、电动汽车收费管理系统等

续表

区域	描　述
企业	包括商业和组织的流程、服务和企业（公用事业、服务提供商、能源交易商等）的基础设施，如资产管理、物流、员工管理、员工培训、客户关系管理、计费和采购等
市场	反映了能量转换链中可能的市场操作，如能源交易、批发市场、零售市场等

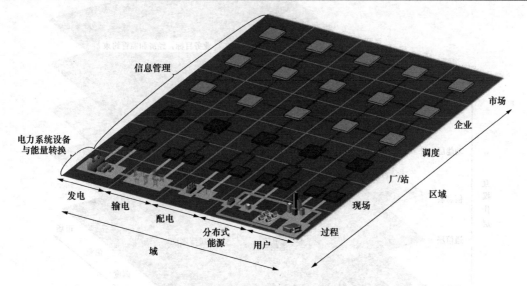

图 2-16　智能电网平面域和分层区域模型

智能电网架构模型的区域，代表了电力系统信息管理的层次。这些区域反映了分层模型，应用了电力系统管理中聚合及功能分离概念。

聚合概念考虑了电力系统管理的多个方面。

（1）数据聚合。为了减少调度要通信和处理的数据量，来自现场的数据通常聚合或集中到厂/站。

（2）空间聚合。将不同位置的系统或设备进行聚合。例如，将安排在不同间隔中的高压/中压电力设备聚合形成一个变电站；将多个分布式能源聚合成一个电厂；将客户端的分布式能源表计聚合为一个社区集中器。

功能分离概念导致了分区，不同的功能被分配到特定的区域。功能分离的原因通常是功能的具体性质，但也考虑了用户自身的逻辑。实时功能通常在现场和厂/站区（计量、保护、相角测量、自动化等），覆盖一个地理区域、多个变电站或电厂及城市区域的功能通常位于调度区（如广域监测、发电调度、负荷管理、平衡、区域电网监控、仪表数据管理等）。

3. 智能电网架构模型

智能电网架构模型融合了前面介绍的智能电网平面和互操作层的概念。这个融合产生了一个三维模型（图 2-17），它的 3 个维度分别是：①X：域（电气过程）；②Y：区域（信息管理）；③Z：互操作层。智能电网架构模型是一个三维模型，一个维度是 5 个互操作层（业务层、功能层、信息层、通信层和组件层），其他两个维度是智能电网的二维平面，即域（覆盖完整的电能转换链：发电、输电、配电、分布式能源和用户）和区域（代表电力系统层级的管理：过程、现场、厂/站、调度、企业和市场）。

　　欧洲智能电网协调工作组/参考架构（SG-CG/RA）选择了 4 个视角，即业务、功能、信息和通信。从体系结构的观点来看，参考架构应视为把几个架构综合到了一个共同的框架中，这几个架构分别是业务架构、功能架构、信息架构和通信架构。

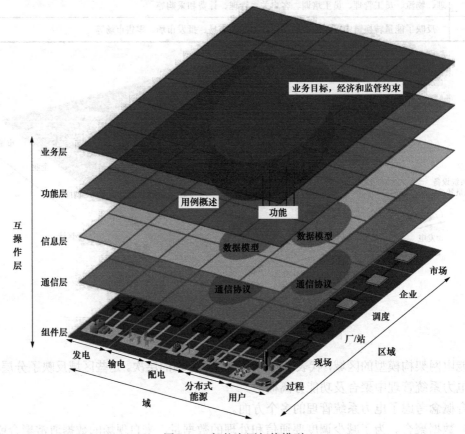

图 2-17　智能电网架构模型

　　业务架构是从方法论的角度表达，以确保选择何种市场或商业模式，以及确保以一致和连贯的方式开发正确的商务服务和基础架构。

　　功能架构提供了一个元模型，并给出了智能电网典型功能组的架构概览（旨在支持高层服务）。

　　信息架构表达了数据模型和接口的概念，以及这些概念是如何应用到智能电网参考模型中的。此外，它引入了逻辑接口的概念，旨在简化接口规范的开发，尤其是在多个参与者具有跨域的关系时。

　　通信架构处理智能电网的通信，用智能电网通用用例获取需求，考虑已有通信标准的充足性，识别通信标准与需求之间的差距。它提供了一组标准化工作建议，分析互操作性规范如何满足需求。

　　4. 智能电网参考架构在智能电网标准化中的应用

　　在智能电网电气域和电力信息管理层次结构的背景下，又考虑到互操作性，智能电网参考架构允许表达实体（实体指业务流程、功能、信息交换、数据对象、协议、组件）及它们之间的关系。智能电网参考架构旨在用一种架构方法，提供对智能电网用例设计的支持，允许以技术中立的方式表达互操作性视角，而不管这些用例反映的是当前电网的实施方式还是未来智能电网的实施方式。

由于智能电网参考架构组件涵盖了域、区域和互操作层 3 个维度，可以以多种方式应用智能电网参考模型，如下所述：

（1）智能电网参考架构使信息共享更容易。由于智能电网参考架构采用了共同模型和元模型，使得标准化前（如研究项目）和标准化过程中的不同利益相关者之间的信息共享更容易。相关的例子清楚地表明，元模型的观点提供了一个合适的方法，来表示各种标准化机构和利益相关者群体的已被开发的现有解决方案。

（2）利用智能电网参考架构，比较不同的智能电网解决方案。利用智能电网架构模型（即将已有架构映射到一个通用视图来分析智能电网用例）可以显示和比较不同的智能电网解决方案，这样就可以检测出各范式、路线图和观点之间的差异和共性。把用例所包含的功能、服务、序列图、功能性及非功能性需求等映射到智能电网架构模型中，通过这种映射或分解方法，更容易分析不同的架构方案，因为这样可以表达出技术和领域方面的问题，可支持用例实现。

（3）识别各个领域的标准缺失，分析智能电网已有标准的差距。智能电网参考架构提供了一个对已有标准归类和识别标准差距的好方法。找出已有标准的具体范围，一方面发现标准恰当的应用，另一方面发现/识别标准或模型的缺失和应该开发的标准。

图 2-18 表达了识别标准差距的过程。

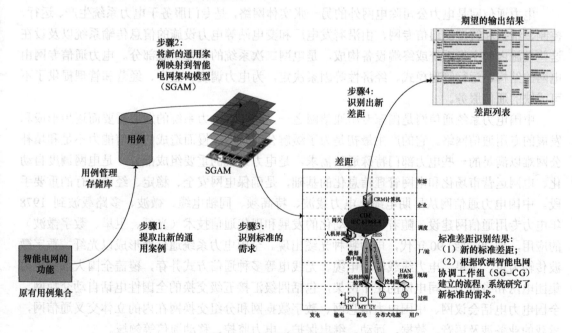

图 2-18　识别标准差距的过程

（1）通过研究原有用例集合，提取出新的通用案例。新的通用案例应该描述通用概念，而不是一个项目的具体实现。新的通用案例在用例管理存储库中存储和维护。

（2）将新的通用案例映射到智能电网架构模型。

（3）对于这个功能视图，必须调查具体每层的需求，并且与已存标准的能力做比较。

（4）如果系统/用例的一部分不存在标准或现有标准不满足要求，就识别出了智能电网架构模型中存在的差距。

2.5　中国电力通信网络

2.5.1　电力通信网及其结构

业务需求驱动了现代通信技术和通信网络的发展，这里所说的通信网是指由一定数量的节点（包括终端设备和交换设备）和连接节点的传输链路相互有机地组合在一起，以实现两个或多个规定点间信息传输的通信体系。也就是说，通信网是相互依存、相互制约的许多要素组成的有机整体，用以完成规定的功能。通信网的功能就是要适应用户呼叫的需要，以用户满意的程度传输网内任意两个或多个用户之间的信息。

传统通信网络由传输、交换、终端三大部分组成。其中传输与交换部分组成通信网络，传输部分为网络的链路，交换部分为网络的节点。随着通信技术的发展与用户需求日益多样化，现代通信网正处在变革与发展之中，网络类型及所提供的业务种类不断增加和更新，形成了复杂的通信网络体系。

与之相适应，满足电力系统业务需求的专用通信叫电力通信，也称为电力系统通信，指利用有线电、无线电、光或其他电磁系统，对电力系统运行、经营和管理等活动中需要的各种符号、信号、文字、图像、声音、数据或任何性质的信息进行传输与交换。

电力通信网是电力公司除电网外的另一张实体网络，是专门服务于电力系统生产、运行、控制、维护和管理的通信专网，由沿着发电厂和变电站等电力设施的信息传输系统以及设在这些设施内的交换系统或终端设备构成，是电网二次系统的重要组成部分。电力通信专网由电网的结构、运行管理模式、经济性等因素决定，为电力调度、生产、经营和管理提供了不可或缺的通信服务。

中国电力系统通信网是国家专用通信网之一，是随着电力系统的发展需要而逐步形成和发展的专用通信网络。它的产生最初是为了缓解公网发展缓慢而造成的通信能力不足和填补公网难以满足的一些电力部门特殊通信需求，是电力系统的重要组成部分，是电网调度自动化、电网运营市场化和电网管理信息化的基础，是确保电网安全、稳定、经济运行的重要手段。中国电力通信网从早期电缆、电力载波、特高频、同轴电缆、微波、多路载波到 1978年电力专用通信网建设。随着调度自动化的发展和现代通信技术（光纤、卫星、数字微波）的应用，到 20 世纪 90 年代，电力特种光缆出现。全国电力系统通信网形成以光纤、数字微波传输为主，卫星、电力线载波、电缆、无线电等多种通信方式并存，覆盖全国大部分电力集团电网和省电力公司电网的主干网架，包括四级汇接五级交换的全国性电话自动交换网、全国电力电话会议网、中国电力信息网、数字数据网和分组交换网在内的立体交叉通信网，承载的业务涉及语音、数据、远动、继电保护、电力监控、移动通信等领域。

如果从物理连接的水平描述来划分，电力通信网由骨干通信网和终端通信接入网组成，如图 2-19 所示。

骨干通信网涵盖 35kV 及以上电网，由跨区、区域、省、地市（含区县）共 4 级通信网络组成.终端通信接入网由 10kV 通信接入网和 0.4kV 通信接入网两部分组成，分别涵盖 10kV（含 6kV、20kV）和 0.4kV 电网。

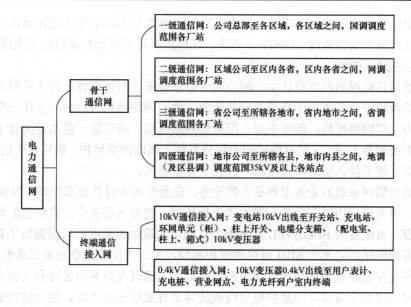

图 2-19　电力通信网组成

如果从功能上进行垂直描述，电力通信网分为应用、业务网和传输网。电力通信垂直分层网络总体结构如图 2-20 所示。

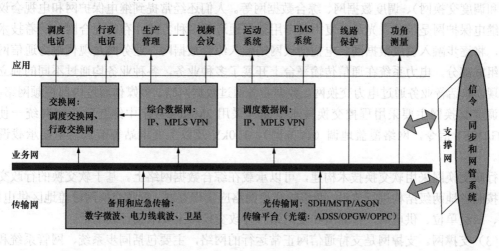

图 2-20　电力通信垂直分层网络架构

上层表示各种信息应用服务种类；中层表示支持各种信息服务的业务提供手段与装备；下层表示支持业务网的各种接入与传送手段和基础设施。这种垂直分层结构使得各种通信技术与通信网络有机地融合，并能清晰地显现各种通信技术在网络中的位置与作用。同时也避免了一种业务对应一种网络的传统描述法，体现了网络融合（尤其是业务融合）的思想。

（1）传输网。传输网又称为通信基础网，是通信网的基础设施。传输网是由传输介质和传输设备两部分组成的网络。电力通信传输介质主要有光纤、无线电和输电线，分别对应于光通信、微波通信和电力线载波通信等方式。

电力传输网主要采用光缆建设成环网，以适应继电保护、安全稳定控制系统、自动化等业务通道可靠性和独立性的总体需求。新建架空线路光缆及 110kV 以上电压等级线路光缆改造均应采用光纤复合架空地线（OPGW）光缆，其他情况可采用全介质自承式光缆（ADSS）、光纤复合架空相线（OPPC）或管道光缆。

在电力通信传输网的网络设计中，网络的业务承载能力与可靠性是两大重要因素，根据电力通信传输网络中业务需求的特点及业务流向，要对网络结构进行分层优化分析。本地传输网一般分为三层网络结构，即骨干层、汇聚层和接入层，骨干层一般指地区骨干网，汇聚层一般指县市级的骨干网。三层网络结构的划分有利于清晰网络结构，避免骨干层节点过多、增加汇聚节点，便于接入层双节点接入，有利于分层管理。

电力通信传输网承载的业务主要是实时业务，安全性和实时性要求较高。为保证 QoS 及安全可靠性，可考虑采用以太业务汇聚方式进行传输，将接入层各个站点信息汇聚到调度数据网的汇聚点，可配置为 EPL/EVPL 业务类型。因电力通信传输网要求很强的生存能力，电力传输网一方面应采用完善的 SDH 网络的保护机制，另一方面应采取设备冗余配置的策略。

此外，在充分整合电力专用通信网资源的基础上，通过充分利用公网和其他专网的通信资源，必要时采用数字微波、卫星和电力线载波等多种通信技术手段，因地制宜通过技术的组合使用以满足应急电力承载网对通信方式多元化和立体化的需求。

（2）业务网。业务网是构建在传输网上，在支撑网的协同下，利用系统资源为满足不同的业务需求而组建的应用网。目前，电力通信网的业务网主要包括电话交换网（包括行政交换网和调度交换网）、调度数据网、综合数据网等。人们还经常提到继电保护网和电视会议网等。继电保护网是以独立光纤、复用及专用数据通道等多种方式并存的混合网，随着技术的发展，将逐步融入调度数据网。电视会议网则融入综合数据网。业务网是现代电力通信网的主要组成部分，电力系统在通信传输平台上开展了多种业务，各种业务均通过不同的独立网络实现，如话音业务通过电力交换网、数据业务通过数据网络、多媒体通过内部视频网络等。

调度交换网主要采用程控交换技术组建，采用 2Mbit/s 数字中继互联，全网统一使用 Q.SIG/DSS1 信令，网络覆盖地调（含备调）、110kV 及以上变电站等节点，主要承载调度电话。

行政交换网采用软交换技术构建，可以承载在综合数据网络上。基于软交换的行政交换网络按照省地两级结构进行建设，两级软交换网络应实现互联。行政交换网覆盖地区供电局、县局、二级单位、供电所、营业所和变电站。行政交换网主要承载行政电话。

（3）支撑网。支撑网是支持通信网正常运行的网络，主要包括同步系统、网管系统和信令系统。同步系统为整个通信网提供同步时钟，可分为频率同步和时间同步；网管系统对通信传输网及其承载的业务网进行综合的监控和管理；信令系统主要是指语音交换设备间的交换信令方式及规范。

同步系统是电网可靠性的关键。目前，我国电力通信同步网以分布式多基准的方式进行组网，采用等级主从同步方式。在一、二级通信网建设由多套主基准时钟（PRC）为主的骨干网同步网，在三、四级及以下通信网建设多套区域基准时钟（LPR）和大楼综合定时供给系统（BITS）相结合的区域同步网，从而形成多基准时钟控制的混合数字同步网。

网管系统的开发与应用起步比较晚，相对于公用网和其他一些专用网都落后了一步。目前，在电力通信网中未见真正的规模比较大的网络管理系统，网络的运行管理主要依靠通信监控系统和一些随通信系统和通信设备引进的网元、网络管理系统。面对日益庞大和复杂的电力通信网，采用现代化的网络管理措施和手段是非常必要的。

信令系统是电话终端与交换机、交换机与交换机之间控制信息的总称，是电信网中各个组成部分之间的对话语言。信令系统把网络中的各交换局、用户终端、网管中心等连接起来，在网络的不同部件之间传递和交换必要的信息，使网络成为一个整体，有效地保障网络中任何两个用户之间高效、可靠、快速通信。因此，在建设电力通信网时，必须重视信令系统的开发工作，充分考虑信令网的构建，在开发交换机新业务时应该充分考虑与信令系统的配合问题。

传输网相当于交通网中的"高速公路"；业务网相当于交通网中的"车辆"，就像公交车、私家车载着电网生产的语音、数据、图像等；支撑网相当于交通网的"交通规则、电子监控"、服务区等设施。

2.5.2 电力调度数据网

世界各国电力系统都采用分层调度控制。全系统的调度控制任务分属于不同层次，下级调度除了完成本层的调度控制任务外，还要接受上层调度的命令并向其传达有关信息。采用分层控制的优点主要是：与组织结构相适应，系统可靠性得到提高，系统响应得到改善。我国电网调度机构分为国调、网调、省调、地调和县调五级，相应地，调度自动化系统分为五级，调度数据网也分为五级。

我国调度任务的分层大体是：枢纽变电站、换流站、特大型电厂归国调调度；大型发电厂、500kV及以上变电站由网调管理，中小型电厂、220kV变电站由省调调度，110kV及以下变电站和配电网由地调调度，县调主要针对农村电网运行。调度任务可分为系统监视、系统控制操作、调度计划、运行记录及其他调度管理业务。

调度电话由调度交换网承载，调度数据业务由调度数据网（现场也称为：SPD Net）承载。按照国家经贸委第30号令《电网和电厂计算机监控系统及调度数据网络安全防护规定》第五条的规定：建立和完善电力调度数据网络，应在专用通道上利用专用网络设备组网，采用专线、同步数字序列、准同步数字序列等方式，实现物理层面上与公用信息网络的安全隔离。电力调度数据网只允许传输与电力调度生产直接相关的数据业务。

调度数据网主要用于承载调度数据业务及配电自动化业务，主要包括：实时和准实时信息（远动信息、水调自动化信息、保护故障信息处理系统信息、相角监测信息、EMS之间交换的用于网络分析的准实时数据、电力市场实时信息交换、通信监测系统信息），以及非实时信息［电力市场数据（含电能量计量数据）、继电保护类信息（保护定值、保护告警和动作信息、故障录波信息）、安全稳定控制系统数据、运行方式类信息（设备的停复役、主变压器/线路参数、气象云图信息、水情信息）］，从而满足电力生产、电力调度、继电保护等信息传输需要，协调电力系统发、输、变、配、用电等组成部分的联合运转，保证电网安全、经济、稳定、可靠运行。

调度数据网主要采用IP over SDH技术构建，采用核心层、汇聚层和接入层三层结构建设。调度数据网核心层、汇聚层应采用高端路由器配置，通过PoS（Packet over SDH：通过SDH提供的高速传输通道直接传送IP技术）接口接入SDH网络。核心层是电力调度数据网的主干部分，由位于省调和地调的核心路由器组成，利用可靠的网络拓扑结构和高性能的网络设备实现网络报文的高速转发，并提供220kV及以上变电站和统调发电厂的网络接入功能；汇聚层由位于地调和部分县调、监控中心（集控站）的路由器组成，负责汇接和分发管辖范围内的所有接入层节点的信息。任意一个骨干节点都有两条不同的路由连接到核心层；接入层主要承担各调度节点的业务接入及数据汇入骨干层的作用，一般采用低端路由器配置，通过 E1 接口接入 SDH 网络。接入层节点根据现有通信情况采用一条或者两条路由接入到汇聚层或者骨干层站点中。

电力调度数据网作为专用网络，为了确保不同安全级别业务接入运行与管理的逻辑隔离，还可以采用多协议标签交换（MPLS）三层 VPN 技术划分为实时 VPN 和非实时 VPN（虚拟专网），分别承载不同安全级别的业务，实现各级调度中心之间以及调度中心与相关发电厂、变电站之间的互联。MPLS VPN 是目前世界电力行业公认的安全系数最高、稳定性能最为优良的技术体制，在世界范围内得到了广泛的推广与应用。同时，我国电力调度数据网技术研究机构结合本国电力输出与控制的实际情况，研发了虚拟局域网的技术体制，在国内大型电力调度数据网应用中发挥了优良的实用性能。

调度 SCADA 是 EMS 重要的信息采集子系统，其可靠性对电网的安全运行影响巨大。通常进行双网络设计和建设，双网在物理上是独立的，在技术体系上，采用 SDH 设备和光传送网（OTN）设备组网，确保信息传输的可靠性。在网络时延上，都要满足电力实时业务对时延的要求。有时也称双平面，即调度一平面和调度二平面。两个平面属于调度端和厂站端中间的通信通道。双平面是通过地调及以上的调度端路由汇聚起来的。通过不同等级的路由器进行数据划分传输，最终把数据全部汇集到两个平面里。直观理解就是一个 A 网，一个 B 网，互为主备关系，属于一种冗余策略，确保当其中一个平面完全崩溃了，另外一个平面依然可以正常工作。

对电力调度数据网的建设要求是高安全性、高可靠性、高实时业务保障、业务安全隔离、主备（部件、节点、链路）、负载分担、QoS、MPLS VPN、MPLS TE、端到端的安全保护。

2.5.3 电力综合数据网

电力综合数据网由电力信息网（现场也称为：SPI Net）和通信数据网（现场也称为：SPT Net）演变融合而成。传统意义上，电力信息网与通信数据网在功能上有明确的区分。电力信息网承载办公系统，通信数据网提供广域传输平台。归口部门分别是科技信息部和调度中心通信处。目前两者承载业务的界限日渐模糊，各个省建网情况不尽相同。大多数省份在体制上都是通信数据网处于附庸地位，为调度网和信息网服务。

电力综合数据网主要服务于省电力公司生产管理应用，主要承载生产管理信息业务及视频会议、软交换等网络。包括数据业务（计划、财务、营销、供电、人力、安全、辅助决策、OA 等管理信息系统、信息检索、科学计算和信息处理、电子邮件、Web 应用等应用功能）和实时多媒体业务（会议电视、可视图文、远程教育、IP 电话、会议电话、视频点播等）两大类，服务部署于生产管理区（安全区Ⅲ）和管理信息区（安全区Ⅳ）的应用系统，包括管理信息系统、通信网管系统、OA 系统、营销 MIS 系统等数据业务以及其他多媒体业务所组成的生产管理系统的各项业务，并为新增生产建设管理业务以及新一代的多媒体通信应用业务，如统一通信、视频会议等提供高效、可靠的运行平台。

电力综合数据网的特点有：

（1）覆盖全国，目前分级与电力调度网基本一致；

（2）省网目前在原有网络基础上进行改造；

（3）网络流量大，承载所有非生产数据，对性能、可靠、安全比较看重，并且追求各种新技术，全部采用 MPLS VPN 进行组网；

（4）纵向性和垂直力度都要弱于调度数据网，但近年来要求越来越高；

（5）电力综合数据网主要是建设单位是省公司、地市供电公司科技信息部、信通/电通，基本上是省公司统一规划。电力综合数据网的要求相对电力调度网要宽松。

综合数据网以光纤直连技术方式为主、以 IP over SDH 技术为辅，按照各节点重要性、所处地理位置以及对应其他节点之间的业务关系及流量，也按照核心层、汇聚层、接入层三层结构进行建设。不同安全级别的综合业务需逻辑隔离，采用 MPLS 三层 VPN 技术划分 VPN，保证不同业务的安全性。在业务接入节点则用 VLAN（虚拟局域网）技术实现逻辑隔离，并要求实现各种业务的安全隔离，为每一种业务建立一个单独的 VPN，在 VPN 内根据各业务的不同要求及重要性实现 QoS 服务保障。

2.5.4　中国电力通信网发展趋势

在智能电网发、输、变、配、用、调六个环节中，电力通信网作为保障智能电网"信息化、自动化、互动化"特征实现的重要技术手段，统一坚强智能电网的重要支撑，需满足智能电网各个环节的通信需求，充分利用并有效整合现有各类资源，建立一个全面统一、先进适用、安全可靠、灵活高效的通信平台。

可结合通信技术发展和电网规划，构建"技术先进、安全可靠、高速宽带、全方位覆盖"的电力通信网。【扫二维码了解新型体系结构】

新型体系结构

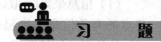

习　　题

2-1　电力实时系统用到的"四遥"指什么？

2-2　按业务属性电网业务如何划分？其分类内容如何？

2-3　业务系统和应用系统有何联系和区别？

2-4　电力信息化发展中，信息集成标准化阶段需要解决哪些问题？

2-5　讨论时延对电力业务的影响。

2-6　有别于传统电网的业务，智能电网业务有哪些？列举并说明其特点。

2-7　智能电网的数据源有哪些？说明其能够支撑的相关业务。

2-8　简述智能电网概念模型和参考架构的概念和作用。

2-9　智能电网的数据分析模型有哪些？

2-10　简述数据集成与数据融合的区别和联系。

2-11　简述 SGAM 的互操作层。

2-12　简述电力通信网网络架构。

2-13　为确保电网调度业务的高可靠通信，采取的措施有哪些？

第3章 智能电网信息通信技术与标准

3.1 概　　述

信息通信技术（ICT）是一个涵盖性术语，覆盖了所有通信设备或应用软件及与之相关的各种服务和应用软件，它是信息技术与通信技术相融合而形成的一个新的概念和技术领域。信息通信技术是实现电网智能化、互动化和大电网运行控制的重要基础。

信息技术侧重于信息的编码或解码，是有关信息的收集、识别、提取、变换、存储、传递、处理、检索、检测、分析和利用等的技术。通信技术是侧重于信息传播的传送技术，主要包含传输接入、网络交换、移动通信、无线通信、光纤通信、卫星通信、支撑管理、专网通信等技术。要适应智能电网与全球能源互联网的发展、信息通信技术的内容快速增长、信息通信技术的范围大幅扩张，就要对信息通信技术的安全性、实时性、可靠性要求更加严格，这迫切需要在信息通信技术领域有更大的创新和突破。信息通信技术领域及其关系如图 3-1 所示。

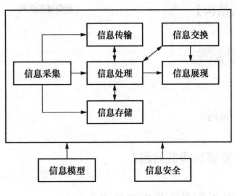

图 3-1　信息通信技术领域及其关系

（1）信息采集/获取。把分布在各部门、各处、各点的有关信息收集起来转化成信息系统所需形式。生数据是原始数据，熟数据是指原始数据经过加工处理后的数据，处理包括解压缩、组织，或者是分析和提出，以备将来使用。采集方式有人工录入（电话、问卷、面谈、会议等）、介质转入（硬盘、U盘、扫描识别等）、接口读取、网络爬取、传感器、监测终端等，涉及数据来源、数据分类等信息管理。

（2）信息传输/传递。从采集点采集的数据要传送到处理中心，经加工处理后的信息要送到使用者手中，各部门要使用存储在中心的信息等，这时都涉及信息的传输问题，系统规模越大，传输问题越复杂。过去依靠人工（烽火、驿马传令等），现在主要依赖现代通信（包括有线和无线通信、通信协议）。来自 IEC 61850 系列的抽象通信映射的公共通信映射概念，其根本目的是使统一的应用层数据帧能够映射到多种底层协议栈，对于专用实时数据通信，可通过极其简单的帧映射到底层的制造报文规范（MMS）、TCP/IP，以及 WAN、LAN、专线；而对于非实时的信息交换，可通过可扩展标记语言（XML）文本文件的方式直接加载到底层和通过公共对象请求代理体系结构（CORBA）等中间件加载到底层；若需要在应用层进行安全加密，可插入相应功能模块。

（3）信息处理/加工。对进入信息系统的数据进行加工处理，如对账务数据的统计、结算、预测分析等都需要对大批采集录入的数据做数学运算，从而得到管理所需的各种综合指标。以计算和比较两种基本操作为基础，可构造复杂的信息加工序列（算法）。信息处理的数学含义是：排序、分类、归并、查询、统计、预测、模拟以及进行各种数学运算。现代化的信息系统都是依靠规模大小不同的计算机来处理数据的，并且处理能力越来越强。

（4）信息存储。数据被采集进入系统之后，经过加工处理，形成对管理有用的信息，然后由信息系统负责对这些信息进行存储、保管。信息存储是将经过加工整理序化后的信息按照一定的格式和顺序存储在特定的载体中的一种信息活动。其目的是为了便于信息管理者和信息用户快速准确地识别、定位和检索信息。当组织相当庞大时，需要存储的信息体量是巨大的，这就得依靠先进的存储技术。信息有物理存储和数据的逻辑组织两个方面。物理存储是指将信息存储在适当的介质上；逻辑组织是指按信息的逻辑内在联系和使用方式，把大批的信息组织成合理的结构。信息存储要考虑的因素有容量、速度、易于管理、安全（容灾与备份）、可扩展性等。存储介质有纸介质、缩微胶片、磁介质和光介质等。存储设备有磁带、磁带库、磁盘、磁盘阵列，光盘、光盘塔和光盘库等。存储方式有传统存储，即直接存储（DAS）和网络存储，即网络连接存储（NAS）和存储区域网络（SAN）。

（5）信息交换。信息交换是指数据在不同的信息实体之间进行交互的过程，其目标是在异构环境中实现数据的共享，从而有效地利用资源，提高整个信息系统的性能，加快信息系统之间的数据流通，实现数据的集成和共享。它是用于解决理解和开发异构数据源间信息交换的理论基础，同时也是解决信息孤岛的强有力工具。在分布式网络环境下，信息交换为不同位置、平台和格式的数据以一种统一的交换标准展现给异构系统，以便其进行数据交换和系统集成，涉及信息编码（如 ASCII 码）、服务等。"进程通信"就是一种信息交换，可通过共享数据结构、共享存储器、共享文件（管道通信）和消息传递系统实现。电力系统各应用的信息交换由公共应用接入层提供标准的应用程序接口（API）支持，对于典型的客户/浏览器、浏览器/服务器结构的应用提供请求、应答服务原语；对于对等通信的基于连接方式，提供 Open/Close、Read/Write 基本服务原语，对于无连接方式（广播），提供 Send/Receive 服务原语；对于大批量的数据库访问，提供 GetDB/PutDB 服务原语。

（6）信息展现。信息呈现给人、供人接收的方式，有可视化［文字、图表、动画等，用到二维（2D）、三维（3D）、虚拟现实（VR）、增强现实（AR）、混合现实（MR）等可视化技术］、可触摸、可听和可嗅等技术。

（7）信息模型。有关从信息的角度如何描述客观对象，是一种用来定义信息常规表示方式的方法，是信息共享和信息集成的基础，涉及信息建模技术。信息模型是面向对象分析的基础。它的基本思想是描述三个内容，即对象、对象属性、对象之间的关系。对象之间存在一定的关系，关系以属性的形式表现。信息模型用两种基本的形式描述：一种是文本说明形式，包括对系统中所有的对象、关系的描述与说明；一种是图形表示形式，它提供一种全局的观点，考虑系统中的相干性、完全性和一致性。电力系统公共信息模型，以 IEC 61970 系列的 CIM 为基础，吸收 WG14 定义的配电网络模型、WG10-12 定义的变电站模型、WG07 定义的控制中心模型和发电厂模型、AH-WG05 定义的电力市场模型等，统一描述，综合而成。

（8）信息安全。一方面是物理安全，指网络系统中各通信、计算机设备及相关设施等有形物品的保护，使它们不受到雨水淋湿等物理损毁；另一方面是逻辑安全，包含信息完整性、保密性、可用性等。物理安全和逻辑安全都非常重要，任何一方面没有保护的情况下，网络安全就会受到影响，因此，在进行安全保护时必须合理安排，同时顾全这两个方面。信息安全和信息模型一样贯穿信息利用全过程，起基础性作用。

除图 3-1 所示的技术领域外，信息自身的管理也很重要，信息检索实质上是信息处理的一种特殊形式，主要利用"比较"这种操作。

（9）信息管理。一个系统中要处理和存储的数据量很大，如果不管重要与否、有无用处，盲目地采集和存储，那么将成为数据垃圾箱。因此对信息要加强管理。信息管理的主要内容是规定应采集数据的种类、名称、代码等，规定应存储数据的存储介质、逻辑组织方式，规定数据传输方式、保存时间等。

（10）信息检索。存储在各种介质上的庞大数据要让使用者便于查询。这是指查询方法简便，易于掌握，响应速度满足要求。信息检索一般要用到数据库技术和方法，数据库的组织方式和检索方法决定了检索速度的快慢。

信息通信技术未来的发展方向是宽带化、数字化、智能化、个人化、综合化。宽带化是指构建覆盖全球的高速宽带通信网，每单位时间内传输的信息越多越好，主要采用光纤技术。数字化是指实现全程数据化，即在通信网中的所有信息，不论是声音、文字还是图像都全部变成数字化信息以后再入网通信，网络中不再存在模拟信号。智能化是指通信网不仅能传送和交换信息，还能存储、处理和灵活控制信息，通过软件定义网络在各种条件下可以最优化的方式处理和传递信息。个人化则是指实现任何人在任何时候、任何地方都能自由地与世界上其他任何人进行任何形式的通信，需要大规模的网络容量和灵活智能的网络功能。综合化就是把各种业务和各种网络综合起来，"多网融合"就是重要的发展趋势，未来物联网和互联网的融合将实现更多综合业务承载。

3.2　电力系统和通信的关系

电力系统和通信的关系源于能量和信息的关系。

信息是应用层的概念，信号和数据分别是信息在物理层和链路层的描述。能量与信号都是电磁量，但在量级和功能上有很大的差异。能量一般指量级大的电磁量，主要为对负载做功所用；信号的电磁量级小，主要为系统运行时的通信和控制所用。能量流具有强度、分布和方向三要素。它不仅是时间的函数，也是空间的函数（一维时间、三维空间）；不仅可以双向流动，也可以多向流动；不仅可以沿着主电路器件和连接件传导，也可以在空间以辐射的形式传播（在高频、脉冲的条件下）。特别应该指出的是：能量流在传输变换过程中一定遵循能量守恒和能量不能突变的原则。信息流则表现出多元化的特点：有来自主电路电磁能量状态的传感信息，来自外部给定的指令信息，来自信号处理器中的分析计算输出信息等；既可以是单值脉冲信息，也可以是连续变化的模拟信息；既可以是实时信息，也可以是历史信息。最重要的信息流是主电路中半导体开关器件的开关控制信息，其他信息都是为开关控制信息服务的，开关控制信息的正确与否由其他信息的综合效应所决定。

能量与信息的互动关系决定了电力电子系统的有效可控运行。但是，由于硬件系统的"非理想"特性，形成了能量脉冲与信号脉冲之间的时延和畸变，能量与信息互动关系之间又存在许多的不可控"盲区"。

电力系统和通信系统的关系可以描述如下：

（1）二者有共同的科学基础。通信系统和电力系统是具有不同侧重点的相同领域，电磁学是它们共同的科学基础。

（2）二者可以结合，如电力线载波和无线电能传输。在电力线载波中，通信试图像电能一样沿着相同的导电路径传递。在无线电能传输中，电能试图像无线通信一样通过空间传送。

（3）二者相互需要。一个信息单元需要能量来产生、传输、路由和接收。能量单元需要信息生成和管理、路由保护和由消费者购买。如果我们扩大产生通信信号的功率，反而可能成为提供给消费者的能量。

（4）二者有不同的发展进度。电报的产生是为了交流，电力业务和电信业务是同一科学的产物，通信自电网产生那天起就已经成为其重要的部分。电报被用于抄表，紧接着电力线载波在 20 世纪初被用于抄表。电力线通信在 1918 年被用于语音通信。但后者在技术进步中的发展速度远远超过前者。当通信和网络快速发展时，电力系统却缓慢前进。有人说：贝尔无法认识今天的手机系统，而爱迪生仍然会认识今天的电网。

电网至少有两个关键特点制约了现代通信快速、广泛地部署于整个电网。两个特点分别为经济规模和安全性（极高的可靠性）。

1）经济规模意味着在大型系统中的巨额投资；这样的大型系统将生产大量成本低廉的电能。但是该系统一旦建成，它就被设计为保持原状运行数十年。因此，只是为了保持与每一个技术进步同步而移走并重新安装大量装备是不合适的。而通信技术进步神速。

2）大功率电气设备的安全性和可靠性是最重要的；任何能察觉到的漏洞都必须减少或者避免。因此，除非十分必要的地方，电网控制均被设计为实现就地控制，而不需要进行通信。事实上，也许在不知不觉中，电力系统工程师已经成为直接从电网的运行中提取通信信号并且开发一种自组织系统的专家。

（5）二者有不同的追求目标。电力系统和通信系统早已向不同方向发展，电力系统的重点在于优化电能传输，而后者的重点在于优化信息传输。尽管它们都传输能量，但通信系统追求消耗最小的能量、传递最多的信息内容。而电力系统追求采用最小的信息内容输送最大的能量。工程师们想知道当达到最优电能传输时的最小的通信成本。在通信领域中我们可以确定最佳信道容量和最佳压缩率。但是，电力系统的最优输电效率和通信之间的关系还没有搞清楚。

正如功率在基于信噪比的通信中所起的作用一样，从本质上我们应该逆向考虑，即多大功率的信息可以影响或控制电网。如电网中 1bit 信息影响或控制多少电力。然后，问题就变成了在电力系统和通信系统中代码被发送和接收的位置，即电力和通信网络的拓扑结构。

（6）二者有相似性。在电网中，电能传输与通信之间的另一个共同点是电网从相对统一和静态的电力管道转变为一个动态系统，其中的一点就是为用户提供高度灵活和个性化的服务。从这个方面来说，电网类似于一个主动通信网络。在主动通信网络中的信息包含可执行代码，可以通过可执行代码来修改通信网络的结构。控制在网络中广泛分布，了解它们与智能电网概念的关系是有益的。【扫二维码了解电网网络与通信网络】

电网网络与通信网络

3.3　智能电网信息技术

信息技术的发展和电力信息化时代的到来促进了电网的智能化发展，信息技术在智能电网各环节都有应用，涉及信息的采集、描述、存储、处理、交换、展示和安全等领域。以不同的视角或用途，形成了多种信息技术概念，这些概念涉及信息领域的一个或多个方面，如空间信息技术、流媒体技术、区块链技术同时涉及信息的描述、处理、存储等多个领域，而信息存储技术、电力信息建模技术、信息安全技术则相对分别集中于信息存储、描述和安全领域。

3.3.1　空间信息技术

空间信息技术是 20 世纪 60 年代兴起的一门新兴技术，是以获取、管理、分析和应用与地理位置相关的空间信息为主的信息技术的总称，主要包括全球定位系统（GPS）、地理信息系统（GIS）和遥感等的理论与技术，同时结合计算机技术和通信技术，进行空间数据的采集、量测、分析、存储、管理、显示、传播和应用等。空间信息技术为空间信息资源的获取、处理、网络服务和应用提供了有力的支持，在工业、农业、国防、交通、环保等众多领域得到广泛应用。

1. 地理信息系统

GIS 是对地球表面空间信息进行采集、处理、存储、查询、分析和显示的计算机系统，是以计算机图形图像处理、数据库技术、测绘遥感技术及现代数学研究方法为基础，集空间数据和属性数据于一体的综合空间信息系统。

电力 GIS 是将电力企业的电力设备、变电站、输配电网络、电力用户与电力负荷等连接形成电力信息化的生产管理综合信息系统，主要用于生产管理、监测显示、运营维护、计算分析、抢修指挥、电网规划等领域。它提供的电力设备信息、电网运行状态信息、电力技术信息、生产管理信息、电力市场信息与山川、地势、城镇、道路，以及气象、水文、地质、资源等自然环境信息集中于统一系统中。

GIS 主要包括三维、时态和网络三种。

（1）三维 GIS：现实化，可真实再现客观世界；某时刻快照，不考虑时间。

（2）时态 GIS：实用化，可支持辅助决策；考虑时间，也叫 TGIS。

（3）网络 GIS：广泛化，可快捷提供更多服务，也叫 WebGIS。

随着 GIS 应用的深入，三维 GIS 的大力研究和加速发展现已成为可能。电力三维应用主要是建立逼真的地理模型、建立重要建筑物模型、建立杆塔三维模型库、建立完整的电网模型并加强空间分析功能，在电网规划、输电网在线监测、应急指挥等方面逐步得到应用。

另外，进一步充分应用激光点云、大数据、云计算、移动互联、人工智能等现代信息技术，准确有效地模拟和再现输电线路走廊内的地形、地貌、地物，并可进行三维操作，结合输电线路相关运行规程对线路通道内交跨、树障、地质等进行分析，实现输电线路走廊三维可视化及无人机精细化巡检航迹规划，对数据进行有效统一的管理，实现一站式的数据处理服务，为电力生产运行提供充足有效的信息和数据支持。

2. 全球定位系统

GPS 是 20 世纪 70 年代由美国陆海空三军联合研制的新一代空间卫星导航定位系统。其主要目的是为陆、海、空三大领域提供实时、全天候和全球性的导航服务。GPS 由空间部分、地面控制部分和用户设备部分组成。

（1）空间部分。GPS 的空间部分由 24 颗工作卫星组成，它位于距地表 20200km 的上空，均匀分布在 6 个轨道面上（每个轨道面 4 颗）。此外，还有 4 颗有源备份卫星在轨运行。在全球任何地方、任何时间都可观测到 4 颗以上的卫星，提供时间上连续的全球导航能力。

（2）地面控制部分。地面控制部分由一个主控站、5 个全球监测站和 3 个地面控制站组成。监测站均配装有精密的铯钟和能够连续测量到所有可见卫星的接收机。监测站将取得的卫星观测数据初步处理后,传送到主控站。主控站从各监测站收集跟踪数据,计算出卫星的轨道和时钟参数,然后将结果送到 3 个地面控制站。地面控制站在每颗卫星运行至上空时,把这些导航数据及主控站指令注入到卫星,以保证导航精度。

(3)用户设备部分。即 GPS 信号接收机,主要功能是能够捕获到按一定卫星截止角所选择的待测卫星,并跟踪这些卫星的运行。当接收机捕获到跟踪的卫星信号后,即可测量出接收天线至卫星的伪距离和距离的变化率,解调出卫星轨道参数等数据。根据这些数据,接收机中的微处理计算机就可按定位解算方法进行定位计算,计算出用户所在地理位置的经纬度、高度、速度、时间等信息。

GPS 主要应用于工程测量、航空摄影测量、运载工具定位导航、工程变形监测、资源勘察、应急抢修、故障诊断等领域。

着眼于国家安全和经济社会发展需要,我国也自行研制、自主建设、独立运行了卫星导航系统,即中国北斗卫星导航系统(BDS)。2020 年 7 月 31 日上午,北斗三号全球卫星导航系统正式开通,也是继 GPS、GLONASS 之后的第三个成熟的卫星导航系统。BDS 可在全球范围内全天候、全天时为各类用户提供高精度、高可靠空间(定位、导航和测量)、时间(系统同步和授时)服务,并且具备短报文通信能力,已经初步具备区域导航、定位和授时能力,定位精度为分米、厘米级别,测速精度为 0.2m/s,授时精度为 10ns。

由于 GPS 具有精确定位和精确的时钟参数,在多个行业兴起应用 GPS 的热潮。电力系统对时间同步的要求是:继电保护装置、自动化装置、安全稳定控制系统、能量管理系统和生产信息管理系统要基于统一的时间基准运行,以此满足同步采样、系统的稳定性判别、线路故障定位、故障录波、故障分析以及故障反演时间一致性的要求,从而提高电网系统运行的效率。利用 GPS 和北斗卫星授时系统取得时间基准信号,并转换成各种自动化设备需要的时间信号输出,这就实现了各个自动化设备的时间统一。另外,在故障测距、系统运行功角实时监测、故障录波器时间同步、雷电定位系统等方面取得很好的应用效果。

3. 遥感技术

遥感(RS)技术是 20 世纪 60 年代兴起的一种探测技术,是根据电磁波的理论,应用各种传感仪器对远距离目标所辐射和反射的电磁波信息进行收集、处理,并最后成像,从而对地面各种目标物体进行探测和识别其属性与分布等特征的一种综合技术。遥感系统主要由信息源、信息获取、信息处理和信息应用四大部分组成。

利用卫星遥感数据,结合电网的需求,可以在防灾减灾、自动巡检、辅助规划等方面发挥重要的作用,如输电走廊山火监测、输电走廊覆冰预测、输电杆塔倾斜监测、输电走廊地质形变监测、输电走廊灾害应急响应、输电走廊选址规划、地区电力消费量估算、大型水利水电工程坝址论证和热电厂冷却水温度场分析等。

3.3.2 流媒体技术

流媒体技术是一种新的媒体传送方式,又称为流式传输,而不是一种新的媒体。流式传输方式将整个 A/V 及 3D 等多媒体文件经过特殊的压缩方式分成一个个压缩包,由视频服务器向用户计算机连续、实时传送。用户不必像采用下载方式那样等到整个文件全部下载完毕,而是只需经过几秒或几十秒的启动延时即可在用户的计算机上利用解压设备对压缩的 A/V、3D 等多媒体文件解压后进行播放和观看。这种对多媒体文件边下载边播放的流式传输方式不仅使启动延时大幅度地缩短，而且对系统缓存容量的需求也大大降低。

流媒体技术在互联网媒体传播方面起到了重要的作用，它方便了人们在全球范围内的信息、情感交流，其中视频点播、远程教育、视频会议、Internet 直播、网上新闻发布、网络广告等方面的应用更空前广泛。

在电力行业，流媒体技术可以用于电力生产过程的监控，如变电站、输电线路、施工现场等，IP 网络摄像头或者 NVR 设备接入流媒体服务器，流媒体服务器接入到公有或企业云管理平台后，实现信息共享和远程监控。流媒体技术也被广泛应用到电力行业的日常行政工作和职工娱乐方面，如远程在线培训课堂、远程在线交流、电力企业网络教育电视台、视频点播（VOD）、实时视频会议等。

3.3.3　电力信息建模技术

电力信息的存储和交换都需要模型的标准化构建。现实中往往由于业务部门不同、开发厂商不同、建设时期不同和运行平台异构等，导致数据重复录入、数据一致性差等问题，最终造成信息系统间数据交换困难，形成"信息孤岛"。

信息建模是一种数据处理和管理方法，它采用抽象的、与实现无关的模型来描述数据的结构，该结构可以由不同的技术来实现。文件格式、数据库模式和应用内部数据结构均可以来源于同一种模型。信息模型与数据模型既有联系又有区别。

1. 数据模型

数据模型是数据特征的抽象，它从抽象层次上描述了系统的静态特征、动态行为和约束条件，为数据库系统的信息表示与操作提供了一个抽象的框架。数据模型所描述的内容有三部分，分别是数据结构、数据操作和数据约束。数据模型按不同的应用层次分成三种类型，分别是概念数据模型、逻辑数据模型和物理数据模型。

（1）概念数据模型（CDM）表达的是数据整体逻辑结构，该结构独立于任何软件和数据存储结构，即它只是系统分析人员、应用程序设计人员、维护人员和用户之间相互理解的共同语言，并不针对具体的数据库平台（如 Oracle 或 SQL Server）和工具。CDM 所包含的对象通常并没有在物理数据库中实现。概念数据模型的内容包括重要的实体及实体之间的关系。在概念数据模型中不包括实体的属性，也不用定义实体的主键，通常 CDM 采用实体-联系图（E-R 图）来表示（"实体"和"联系"的概念）。E-R 图是 CDM 常用的一种表达方式。

（2）逻辑数据模型（LDM）反映的是系统分析设计人员对数据存储的观点，是对概念数据模型进一步的分解和细化。逻辑数据模型的内容包括所有的实体和关系，确定每个实体的属性，定义每个实体的主键，指定实体的外键，需要进行范式化处理。逻辑数据模型的目标是尽可能详细的描述数据，但并不考虑数据在物理上如何来实现。逻辑数据建模不仅会影响数据库设计的方向，还间接影响最终数据库的性能和管理。如果在实现逻辑数据模型时投入得足够多，那么在物理数据模型设计时就可以有许多可供选择的方法。概念数据模型和逻辑数据模型也常合并在一起进行设计。

（3）物理数据模型（PDM）是在逻辑数据模型的基础上，考虑各种具体的技术实现因素，进行数据库体系结构设计，真正实现数据在数据库中的存放。物理数据模型的内容包括确定所有的表和列，定义外键用于确定表之间的关系，基于用户的需求进行范式化等内容。在物理实现上的考虑，可能会导致物理数据模型和逻辑数据模型有较大不同。

2. 信息模型

要描绘一个系统或过程的数据模型，首先要抽象出问题域中元素的类型、类型的性质，就是所谓的元数据，即描述数据的数据，并且要选择某种数据描述语言来描绘元数据和元数据之间的相互关系，即模式，用来描绘具体的系统或过程的数据模型。所描绘的元数据和元数据之间的相互关系就是信息模型。可以把模式理解为数据模型的类型，而具体的数据模型或"数据库"，则是模型类型的实例。

任何一个应用软件都有其特有的信息模型，用来描绘所面对的业务领域。各个应用的开发目标不同，导致对业务领域进行抽象时的范围和角度不同，由此形成的信息模型自然也不同。而且，在应用系统的生命周期内，这个信息模型还会有所变化。信息模型的不同和不稳定使应用系统的后续维护和应用之间信息交流变得非常困难，从更高的层次和更广的范围将多个应用的不同的信息模型统一到一个统一定义的抽象层次较高的信息模型是可能的，也是必要的。

IEC TC57 的第 13 和第 14 工作组为此分别为 EMS 和 DMS 制定了 IEC 61970 和 IEC 61968 标准，其核心是公共信息模型（CIM）和组件接口规范（CIS）两方面内容。CIM 把电力系统资源（PSR）描绘成类、属性以及它们之间的关系，为电力系统管理与信息交换提供了一个良好抽象的公共信息模型，各个业务应用系统所需要的具体的信息模型大都可以作为它的一个特定视图。CIM 方便了实现不同能量管理系统（EMS）应用的集成，以及 EMS 和其他涉及电力系统运行的不同方面的系统，例如发电或配电系统之间的集成。

CIM 建模的关键技术包括：

（1）统一建模语言（UML）。采用面向对象的思想：对象是对现实世界客观实体的描述，由属性和相关操作组成，是系统描述的基本单位。CIM 主要用类图，是抽象模型，供系统开发实现时参照。具体地说，CIM 规范使用 UML 表达方法，它将 CIM 定义成一组包。在 UML 中，现实世界实体的类型被定义为"类"，实体类型的性质被定义为"类的属性"，实体类型之间的关系描述为"类之间的关系"，包括继承、关联和聚集等。

CIM 中的每一个包包含一个或多个类图，用图形方式展示该包中的所有类及它们的关系。然后根据类的属性及与其他类的关系，用文字形式定义各个类。

由于完整的 CIM 的规模较大，所以将包含在 CIM 中的对象分成了核心包、拓扑包、电线包、停电包、保护包、量测包、负荷模型包、发电包、电力生产包、发电动态包、域包、财务包、能量计划包、备用包、SCADA 包等。

（2）可扩展标记语言（XML）。XML 是标准通用标记语言（SGML）的一个子集。允许自己建立标记，标记描述数据的类型和特征，包含数据含义，创建标记语言的语言，是元语言。XML 设计用于离线存储和传输的数据。特点是：内容与形式分离；显示可用 CSS（层叠样式表）和 XSL（可扩展样式表语言）；易扩展，即个人、团体都可自行定义，数不胜数；易移植，可定义各种数据，文本、图像、声音等格式都可用 XML 表述。

XML 主要用于 EMS、DMS 等应用之间传递 CIM 数据。

（3）资源描述框架（RDF）。RDF 是一个 XML 模式，它通过定义 XML 节点间的关系，提供了一个 XML 格式数据的框架，一种简单声明资源间关系的方法。

RDF 用于 CIM 的静态实现，主要是电网的拓扑模型。XML 语言 CIM 标准中仅仅定义了系统的数据模型，而对于其实现并没有具体定义。RDF 以 XML 语言为载体，用 CIM Schema

定义了其 UML 关系,并以简单的 RDF 语法为描述规则来实现 CIM 电网静态模型是当前常用的方法,它能够反映电网某个断面的全部信息。

电力信息建模技术使得不同应用之间可以不依赖信息的内部表示即可交换数据,是繁杂多样的电力信息系统数据交换和信息共享的基础。

3.3.4　信息存储技术

信息存储技术是指跨越时间保存信息的技术,主要包括磁储存技术、缩微存储技术、光盘存储技术等。现代信息存储技术不仅使信息存储高密度化,而且使信息存储与快速检索结合起来,是信息工作发展的基础。存储、计算与网络一起构成云计算领域最重要的系统资源。

信息存储的相关指标包括容量、规模和每秒高性能的输入/输出(I/O)操作或每秒输入/输出操作次数(IOPS),对这些指标的要求并不都是直接的。例如,IOPS 的性能高度依赖系统配置、操作系统和无数其他因素。而当大量结构化、半结构化和非结构化海量数据的存储和管理,数据需要非常快的响应时间时,传统的方法无法应对,出现了以下存储技术。

1. 块存储

通过使用廉价的服务器和连接在单个系统中的存储来构建。环境中的存储单元通过直接存储(DAS)的方法被直接连接到服务器,即将存储设备通过 SCSI 接口直接连接到一台服务器上使用,其他主机不能使用这个存储设备。因为 DAS 不需要遍历网络以读写数据,所以它可被用于高性能环境中,它在存储层面提供冗余,因此如果任何设备出现故障,则立即发生对镜像单元的失效转移。为了更快地响应时间,除了快速磁盘之外,还可以实现闪存存储。DAS 存储也叫块存储,块存储简单理解就是在主机上能够看到的就是一块块的硬盘以及硬盘分区。从存储架构的角度而言,存储区域网络(SAN)也是一种块存储方式。

SAN 实际是一种专门为存储建立的独立于 TCP/IP 网络之外的高速的专用于存储操作的网络,一般由磁盘阵列(RAID)和光纤通道(FC)组成,这种以光纤通道构建的存储网络又称为 FC-SAN。SAN 将主机(管理服务器、应用服务器等)和存储设备链接在一起,能够为其上的任意一台主机和任意一台存储设备提供专用的通信通道。SAN 将存储设备从服务器中独立出来,实现了服务器层面上的存储资源共享,提供了一种新型的网络存储解决方案,能够同时满足吞吐率、可用性、可靠性、可扩展性和可管理性等方面的要求。

2. 文件存储

避开超大规模的技术操作可以选择使用网络连接存储(NAS)或集群系统进行共享存储访问。属于文件存储,即在文件系统上的存储,也就是主机操作系统中的文件系统。NAS 实际是一种带有瘦服务器的存储设备。这个瘦服务器实际是一台网络文件服务器。NAS 设备直接连接到 TCP/IP 网络上,网络服务器通过 TCP/IP 网络存取管理数据。NAS 作为一种瘦服务器系统,易于安装和部署,管理使用也很方便。NAS 集中管理和处理网络上的所有数据,将负载从应用或企业服务器上卸载下来,可以减少系统开销,有效降低总拥有成本,保护用户投资。NAS 为异构平台使用统一存储系统提供了解决方案。由于 NAS 只需要在一个基本的磁盘阵列柜外增加一套瘦服务器系统,对硬件要求很低,软件成本也不高,甚至可以使用免费的 Linux 解决方案,因此成本只比直接附加存储略高。

NAS 存在的主要问题是:

(1)由于存储数据通过普通数据网络传输,因此易受网络上其他流量的影响;

（2）由于存储数据通过普通数据网络传输，因此容易产生数据泄漏等安全问题；

（3）存储只能以文件方式访问，而不能像普通文件系统一样直接访问物理数据块，因此会在某些情况下严重影响系统效率，如大型数据库就不能使用 NAS。

3. 对象存储

随着互联网、Web 应用创建出数百亿的小文件；人们上传海量的照片、视频、音乐，Facebook 每天都新增数十亿条内容，人们每天发送数千亿封电子邮件。据统计，全球产生和存储的数据总量从 2009 年的 0.8ZB（万亿 GB）增加到 2018 年的 33ZB，并预计在 2025 年达到 175ZB。面对如此庞大的数据量，仅具备 PB 级扩展能力的块存储（如 SAN）和文件存储（如 NAS）显得有些无能为力。

对象存储（OBS）是一种新的网络存储架构，综合了 NAS 和 SAN 的优点，同时具有 SAN 的高速直接访问和 NAS 的分布式数据共享等优势，提供了具有高性能、高可靠性、跨平台以及安全的数据共享的存储体系结构。对象存储的核心是将数据通路（数据读或写）和控制通路（元数据）分离，并且基于对象存储设备（OSD）构建存储系统，每个对象存储设备具备智能、自我管理能力，通过 Web 服务协议［如表述性状态传递（REST）、简单对象访问协议（SOAP）］实现对象的读写和存储资源的访问。

对象存储系统包含两种数据描述，即容器和对象。容器和对象都有一个全局唯一的 ID。对象存储采用扁平化结构管理所有数据，用户/应用通过接入码认证后，只需要根据 ID 就可以访问容器/对象及相关的数据、元数据和对象属性。对象存储技术比 NAS 技术更新，可以以可靠的方式大规模扩展。然而，它也有缺点，主要是与较慢的吞吐量和建立数据一致性的时间有关。对象存储非常适合于那些不会快速变化的数据，如媒体文件和档案。

在电力信息系统中有很多重要的应用系统和数据，它们存在于多种异构平台及不同的数据库，由多种系统构建，不同的系统平台可能连接不同的存储平台，以及运行不同的数据库或应用，其需要的存储架构要符合实际，全面满足电力信息网络各种系统数据存储备份需求。随着云计算技术的蓬勃发展和智能电网的不断完善，要以云计算条件下的云存储为基础结合存储虚拟化和虚拟机技术把多种异构平台、多种系统构建、不同的数据库融合起来，并根据电力二次安全防护的有关要求，以及考虑在不同安全分区网络架构下，按照各个电力企业的实际情况结合 DAS、SAN、NAS 和对象存储架构特点，来实现全方位、多层次架构的电力信息网络数据存储系统。

3.3.5　网格与云计算技术

网格计算即分布式计算，是一种专门针对复杂科学计算的新型计算模式，研究如何把一个需要巨大的计算能力才能解决的问题分成许多小的部分，然后利用网络把这些部分分配给分散在不同地理位置的计算机进行处理，最后把这些计算结果综合起来得到最终结果。

每一台参与计算的计算机相当于一个"节点"，而整个计算由成千上万个"节点"组成的"网格"完成，所以该计算方式称为网格计算。从功能上来说，可以将网格分为计算网格和数据网格。与目前广泛利用的集群技术不同，网格计算能够共享异构资源。网格计算有两个优势，一个是数据处理能力强，另一个是能充分利用网上的闲置处理能力。未来电力市场交易的信息量大，需要强大的计算能力支撑，网格计算为其提供了一种可选方案。

云计算是指通过网络以按需、易扩展方式获得所需计算资源（硬件、平台、软件）的一种革新的 IT 资源运用模式。云计算将所有的计算资源（如网络、存储、服务器、软件系统）

集中起来，构成虚拟资源池，并实现自动维护和管理。这使得业务应用提供者能够更加专注于业务的本身，而无须了解所需使用资源的细节，有利于业务的创新和成本的降低。云计算通常有三种类型的服务，即基础架构即服务、平台即服务和软件即服务。

云计算中心的特点有：虚拟化；强大的计算能力；通用性和可扩展性；面向服务；高共享和协作性；整合资源，按需服务；高安全性；高可靠性。

电力行业的应用特点非常符合云计算的服务模式和技术模式。云计算就是将原本分散的资源聚集起来，再以服务的形式提供给受众，实现集团化运作、集约化发展、精益化管理、标准化建设。采用云计算，能够在保证现有电力系统硬件基础设施基本不变的情况下，对当前系统的数据资源和处理器资源进行整合，实现电力行业内数据采集和共享，最终实现数据挖掘，提供商业智能，辅助决策分析，大幅提高电网实时控制和高级分析的能力，促进生产业务协调发展，也可以帮助电网公司将数据转换为服务，提升服务价值，为智能电网的发展提供推动力。国家电网有限公司开发数据中台和业务中台，利用微服务，转变信息系统单体开发方式，挖掘数据资产价值，对于降本增值提效、保持开放扩展都有重要意义。

3.3.6　智能信息处理技术

智能信息处理就是模拟人或者自然界其他生物处理信息的行为，建立处理复杂系统信息的理论、算法和系统的方法和技术，利用计算机实现信息的智能化处理。智能信息处理主要面对的是不确定性系统和不确定性现象信息处理问题，从信息的载体到信息处理的各环节，广泛地模拟人的智能处理信息，将不完全、不可靠、不精确、不一致和不确定、非结构化、海量的知识和信息逐步改变为完全、可靠、精确、可查询、一致和确定的知识和信息。智能信息处理涉及信息科学的多个领域，是现代信号处理、人工智能和计算智能等理论和方法的综合应用。数据、算力和算法是人工智能行业飞速发展的保障和基础，深度学习、神经网络等人工智能技术的突破为人工智能应用打下了基础，互联网时代的大数据发展为深度学习提供了基本保障，而算力的进步为大数据的运算提供了支撑，人工智能算法的发展又反过来促进了大数据和算力的进步。随着数据量的爆炸性增长、计算能力的大幅提升以及深度学习算法的成熟，人工智能在第三次浪潮中迎来了"突破"，人工智能在图像识别、语音识别及自然语言处理等方面的应用开始大量兴起。

人工智能算法繁多，常见的经典算法有朴素贝叶斯、决策树、逻辑回归、支持向量机、深度学习、强化学习、遗传算法、蚁群算法、元学习等，这些算法依赖于不同的基本理论。

深度学习是机器学习的一种，概念源于人工神经网络的研究，含多个隐藏的多层学习模型是深度学习的基本架构。深度学习可以通过组合低层特征形成更加抽象的高层表示属性类别或特征，以发现数据的分布式特征表示。深度学习的实质，是通过构建具有很多隐藏的机器学习模型和海量的训练数据，来学习更有用的特征，从而最终提升分类或预测的准确性。深度学习利用大数据来学习特征，比传统的人工构造特征的方法更能够刻画数据的丰富内在信息，从而最终提升分类或预测的准确性。典型的深度学习模型有卷积神经网络（CNN）模型、深度置信网络（DBN）模型和自编码网络（AE）模型等，在计算机视觉、语音识别、自然语言处理、音频识别与生物信息学等领域取得了很好的效果。

深度学习模型是数据驱动的，足够且有质量的数据，才能让模型学到一定的知识，达到比较理想的效果。但在实际应用中，很多领域、特定问题没有足量数据，或者说训练任务和目标任务数据分布不一致。因此，需要一种类似的机器学习模型，在训练一些任务的同时获得一种学习新任务的能力，并且把这种学习的方法推广到其他任务之中，这样在训练样本较少的时候能够发挥作用，典型的有强化学习、迁移学习和元学习。

随着电力行业的大力发展，系统结构越来越复杂，各种数据越来越多，这就需要将人工智能技术应用在电力系统中，帮助人们解决复杂的问题。在"电力发展十三五规划"中着重强调，必须将人工智能技术与电力系统相结合，构建"智能电网"造福人民。人工智能与深度学习技术在电力系统智能调度与控制、能量管理和交易、负荷与可再生能源发电预测、设备管理与运维、信息通信系统等领域发挥越来越大的作用。

3.3.7 区块链技术

区块链是数据区块按照时间顺序以链条的方式组合成特定的数据结构，并通过密码学保证该数据结构不会被篡改和不可伪造。区块链是分布式数据存储、点对点传输、共识机制、加密算法等计算机技术的新型应用模式。所谓共识机制是区块链系统中实现不同节点之间建立信任、获取权益的数学算法。

狭义来讲，区块链是一种按照时间顺序将数据区块以顺序相连的方式组合成的一种链式数据结构，并以密码学方式保证的不可篡改和不可伪造的分布式账本。广义来讲，区块链技术是利用块链式数据结构来验证与存储数据、利用分布式节点共识算法来生成和更新数据、利用密码学的方式保证数据传输和访问的安全、利用由自动化脚本代码组成的智能合约来编程和操作数据的一种全新的分布式基础架构与计算方式。

区块链系统由数据层、网络层、共识层、激励层、合约层和应用层组成。其中，数据层封装了底层数据区块以及相关的数据加密和时间戳等基础数据和基本算法；网络层则包括分布式组网机制、数据传播机制和数据验证机制等；共识层主要封装网络节点的各类共识算法；激励层将经济因素集成到区块链技术体系，主要包括经济激励的发行机制和分配机制等；合约层主要封装各类脚本、算法和智能合约，是区块链可编程特性的基础；应用层则封装了区块链的各种应用场景和案例。该模型中，基于时间戳的链式区块结构、分布式节点的共识机制、基于共识算力的经济激励和灵活可编程的智能合约是区块链最具代表性的创新点。

智能电网中，分布式发电、分布式储能、电动汽车和智能用电设备等大量接入电网，用户也由单一的生产者或消费者向产消者转变，需要新的方法来完善电力的定价和分配，实现资源的优化和配置。而区块链技术能够通过算法建立分布式信任机制，非常适合于当前分布式电力系统的管理。区块链智能合约的强制执行能力（程序部署在区块链上，执行具有不可变、不可逆的属性），结合物联网的连接和感知能力，可实现连接设备自动监控、分析电网信息和自主决策的能力，构建起能源自主分配和交易的智能电网。

应用区块链技术实现在分布式能源架构下的自主交易。可交易能源的理念就是要在分布式的能源架构下实现生产者和消费者之间的自主交易，基于区块链智能合约技术可以使之成为现实：能源交易将以拍卖的形式进行管理，每一次的竞价都作为一个交易永久存储在区块链上，很难被篡改。能源拍卖以智能合约的形式通过透明的规则来定义，并以代码的形式存储在区块链上，对所有的参与方可见，智能合约通过机器执行，具有客观公正性和强制性。通过区块链的价值传输功能，结合中国人民银行的数字货币可以实现实时结算。可以看到，在能源交易的整个过程中，无须一个中心化的第三方干预，完全由分布式网络参与者自主决策完成，极大地提高了电网运营的效率。同时，电网中的每一笔交易对所有的参与者都是可见的，可以方便解决可能的争端、异常检测和欺诈。不仅于此，还可以挖掘能源的使用模式，为电网的智能化运营提供支持。

据相关资料统计，电力区块链在能源领域的 5 种典型应用包括：

（1）点对点交易（36%）：基于区块链来降低交易成本，较小的电力生产商可以出售自己多余的可再生能源给其他的用户。

（2）电网管理和系统运行（24%）：区块链技术使得电力网络更容易控制，作为智能合约将向系统发出信号何时启动特定交易，确保所有电源和存储流都受到控制以自动平衡供需。

（3）通过混合资产为可再生能源融资（12%）：提供有吸引力的平台降低交易成本，以及提高支付能力。

（4）可再生能源证书管理（11%）：用来提供证明消费的电力确实是可再生的。

（5）电动交通（11%）：区块链可协调电动汽车充电的平台，不需要任何集中的中介。

3.3.8 可视化技术

实验心理学家赤瑞特拉（Tmicher）通过大量实验证明，人类在接收的信息中，通过视觉获得的占 83%，听觉占 11%，嗅觉占 3.5%，触觉占 1.5%，味觉占 1%，这说明视觉是人们接收信息的主要通道。人们常说百闻不如一见，一图胜千言，有图有真相也体现了可视化的重要性。通常数据展现的方式有图、表格和文本。就数据展现而言：文不如表，表不如图。可视化技术可以将抽象的事物或过程变成利于被人们接受和认知的图形、图像，大大有利于知识的理解和传播。

电力系统的可视化需求来源于：

（1）电力系统包含数千个节点，快速、准确地掌握各种变量的特性，确定运行方式、潮流及输电能力对运行人员非常重要。

（2）电力系统的运行人员需要处理大量的信息，复杂性高，数据表达的效率低下，常常会导致信息过载并致使系统处理失当。

举例来说，EMS 需要可视化，以快速、准确地掌握系统的运行状况；电力系统监控的任务是高速、准确地找出不常发生的重要信号。显示画面是监控的关键。已经利用的可视化形式有：着色/闪光用于监视/报警/输入；动态/移动图用于监视/检查；等高图用于电压/相角差/电价/裕度/负荷表达；三维鸟瞰图用于监视；地理图用于规划/设计/配电/抢修；数据显示/操作模拟/虚拟电力系统用于培训。

数据驱动的智能电网更需要可视化技术，除了已经成熟应用的 2D、3D 可视化，虚拟现实（VR）、增强现实（AR）和混合现实（MR）技术正逐渐拓展应用。可视化技术为电力企业安全生产带来了前所未有的变革，越来越多的电力企业接受并采用数字化手段提升电力运维、安全、运行、检修等方面的水平。结合无人机倾斜摄影、三维激光 3D 建模、虚拟现实技术，利用先进的信息和网络技术对电网进行全过程仿真，实现交互式的、三维的、动态的实景的展现，在设备虚拟维修、设备虚拟操作、标准化工作流程培训、应急处置流程培训、辅助输变电工程设计、电力智能巡检等方面有广阔的应用前景。

3.3.9 信息集成技术

1. 概述

信息集成或集成平台是指系统中各子系统和用户的信息采用统一的标准、规范和编码，实现全系统信息共享，进而可实现相关用户软件间的交互和有序工作。标准化是信息集成的基础，主要包含通信协议标准化、产品数据标准化、电子文档标准化、交互图形标准化等。集成平台是信息集成的有力工具，这是面向对象的开放式集成技术，例如有若干需要交互的应用软件，只要把每个应用软件分别接到集成平台，就可在一组集成服务器的支持下，实现若干应用软件的集成，因而集成的复杂性由多个降到一个。集成平台技术正在逐步完善之中。

2. 中间件技术

为解决分布异构问题，人们提出了中间件的概念。中间件是位于平台（硬件和操作系统）和应用之间的通用服务，这些服务具有标准的程序接口和协议，可以帮助分布式应用软件在不同的技术之间共享资源。中间件屏蔽了底层操作系统的复杂性，使程序开发人员面对一个简单而统一的开发环境，减少了程序设计的复杂性，将注意力集中在自己的业务上，不必再为程序在不同系统软件上的移植而重复工作，从而大大减少了技术上的负担。

中间件的分类方法繁多，一般把中间件分为两大类：一类是底层中间件，用于支撑单个应用系统或解决单一类问题，包括事务处理中间件（TPM）、应用服务器（WAS）、面向消息的中间件（MOM）、通用数据访问（UDA）中间件等；另一类是高层中间件，更多的用于系统整合，包括企业应用集成（EAI）中间件、工作流中间件、门户中间件等，它们通常会与多个应用系统打交道，在系统中的层次较高，并大多基于底层中间件运行。

3. 电力信息集成技术

电力信息集成技术主要有三种：

（1）基于 CIM XML 的数据仓库技术。主要包括数据抽取、存储和管理、数据展现几个方面。基于 CIM XML 的数据抽取具有良好的交互性，能适应不同数据库逻辑结构的差异。只需提供基于 CIM XML 的接口，抽取程序不需要变化。

（2）电力企业集成总线技术。相对于传统的点对点集成模式，集成总线采用类似中间件的方式实现与其他系统的互操作。集成总线包括集成总线（UIB）和接口适配器两部分。这种集成适用于数据集成和应用集成，不适合 Web 环境。

（3）基于 SOA 的电力企业信息集成技术。SOA 是一种应用框架，以 XML 为基础，通过 Web 服务进行服务接口的定义和发布，方便集成遗留系统，标准化，松耦合，提高业务流程的灵活性。

在原有的应用系统基础上，通过信息集成技术和手段，建立既相互独立又能数据共享、有效协同工作的企业综合信息平台，最大限度利用各专业信息系统多年积累的数据，将这些数据转换成为企业创造价值的信息。完整统一的、数据实时传递的、信息充分共享的跨专业跨平台的综合信息系统是电力企业信息化的发展目标。

3.3.10　信息安全技术

国际标准化组织（ISO）将信息安全定义为：为数据处理系统建立和采取的技术和管理的安全保护，保护计算机硬件、软件和数据不因偶然和恶意的原因而遭到破坏、更改和泄漏，使系统能够连续、正常运行。随着信息安全行业的发展，信息安全的内涵不断延伸，从最初的信息保密性发展到信息的完整性、可用性、可控性和不可否认性，进而又发展为"攻（攻击）、防（防范）、测（检测）、控（控制）、管（管理）、评（评估）"等多方面的基础理论和实施技术。

其实现目标是：

（1）真实性：对信息的来源进行判断，能对伪造来源的信息予以鉴别。

（2）保密性：保证机密信息不被窃听，或窃听者不能了解信息的真实含义。

（3）完整性：保证数据的一致性，防止数据被非法用户篡改。

（4）可用性：保证合法用户对信息和资源的使用不会被不正当地拒绝。

（5）不可抵赖性：建立有效的责任机制，防止用户否认其行为，这一点在电子商务中是极其重要的。

（6）可控制性：对信息的传播及内容具有控制能力。

（7）可审查性：对出现的网络安全问题提供调查的依据和手段。

针对智能电网的信息安全需求，应在电力信息网络的物理安全、数据安全、网络安全和系统安全等方面进行全面系统信息安全防护技术部署。物理安全主要预防天灾人祸，需要用到数据备份和容灾技术；数据安全确保存储和传输等环节数据安全，主要用到加密和访问控制技术；网络安全主要阻止攻击，用到防火墙、防病毒和入侵检测等技术；系统安全主要针对操作系统和应用系统安全，用到权限限制和身份认证技术。

为了适用于新型网络系统的安全保护要求，贯彻落实《中华人民共和国网络安全法》，2019年5月13日正式发布了新的《信息安全技术网络安全等级保护基本要求》，标志着我国网络安全等级保护工作正式进入"2.0时代"。同时将基础信息网络（广电网、电信网等）、信息系统（采用传统技术的系统）、云计算平台、大数据平台、移动互联、物联网和工业控制系统等作为等级保护对象（网络和信息系统），在原有通用安全要求的基础上新增了安全扩展要求。安全扩展要求主要针对云计算、移动互联、物联网和工业控制系统提出了特殊安全要求，进一步完善了信息安全保护工作的标准。

为了加强电力监控系统的信息安全管理，防范黑客及恶意代码等对电力监控系统的攻击及侵害，保障电力系统的安全稳定运行，主管部门陆续发布了《电力监控系统安全防护规定》《电力监控系统网络安全防护导则》《电力监控系统网络安全评估指南》等安全管理规范，对于电力监控系统全生命周期的安全防护建设具有极强的指导意义。

3.3.11 数字孪生技术

数字孪生作为实现虚实之间双向映射、动态交互、实时连接的关键途径，可将物理实体和系统的属性、结构、状态、性能、功能和行为映射到虚拟世界，形成高保真的动态多维/多尺度/多物理量模型，为观察、认识、理解、控制、改造物理世界提供了一种有效手段。当前数字孪生备受学术界、工业界、金融界、政府部门关注。当前数字孪生的工业应用实例主要出现在制造业，涉及航空发电机、风力涡轮机、海上平台、暖通空调控制系统及智慧建筑等领域。在电力行业，随着电力电子器件、直流输电线路及新能源发电的不断接入，电网的动态特性逐步变化，在振荡或故障后将表现出更强的非线性和不确定性，而此时，数字孪生技术为增强对智能电网的认知和调控提供了新契机。通过构造数字智能电网，进而刻画出交直流互联电网的复杂潮流改变和多时间尺度动态过程，将帮助系统运营商发现电网薄弱环节、优化电网运行方式和改进系统规划设计方案。而随着智能电网的关键体系——高级计量基础设施的快速发展，一套涵盖高效量测、智能控制和快速通信等模块的网络处理系统日趋完善，形成了智能电网中能量流、信息流和业务流双向互动平台。大量智能电网数据被创造和采集，借助云计算、人工智能算法、并行计算技术和大数据分析技术，打造智能电网的数字孪生愈发成为可能。

数字孪生离不开物联网、3R（AR、VR、MR）、边缘计算、云计算、5G、大数据、区块链和人工智能等的支持，只有与信息新技术深度融合，数字孪生才能实现物理实体的真实全面感知、多维多尺度模型的精准构建、全要素/全流程/全业务数据的深度融合、智能化/人性化/个性化服务的按需使用以及全面/动态/实时的交互。

3.4　智能电网通信技术

智能电网将实现电网调度的信息化、数字化、自动化和互动化，实现电力生产的科学组织、精确指挥、前瞻指导和高效协调，实现管理标准化、控制自动化和决策智能化，全面提高电网安全经济运行水平，这就要求通信网在传输速率、可靠性和安全性等方面进一步提升，建成大容量、高速、实时、双向、具有时间同步能力与业务感知能力的下一代光传输网络。

3.4.1　光纤通信技术

光纤通信是利用光波作载波，以光纤作为传输媒质将信息从一处传至另一处的通信方式，被称为"有线"光通信。当今，光纤以其传输频带宽、通信容量大、抗干扰性强和信号衰减小等特点，而远优于电缆、微波通信等传输方式，已成为电力通信中最主要的传输方式。

自光纤问世以来，光纤通信的发展主要经历了 4 个发展时期。第一个时期是 20 世纪 70 年代初期发展阶段，主要解决了光纤的低损耗、光源和光接收器等光器件及小容量的光纤通信系统的商用化。1979 年，日本电报电话公司研制出损耗 0.2dB/km 的光纤，目前，通信光纤最低损耗为 0.17dB/km。

第二个时期是 20 世纪 80 年代的准同步数字系列（PDH）设备的突破和商用化。这个时期光纤开始代替电缆，数字传输体制取代模拟传输体制。由于 PDH 系统是点对点系统，没有国际统一的光接口规范、上下电路不方便、成本高、帧结构中没有足够的管理比特，具有无法进行网络的运行、管理与维护等缺点，中期出现了同步数字系列（SDH）。

第三个时期是 20 世纪 90 年代的通信标准的建立和 SDH 设备的研制成功及其大量商用化。1984 年初，美国贝尔通信研究所首先开始了同步信号光传输体系的研究，起草同步光网络（SONET）标准；1989 年，国际电报电话咨询委员会（CCITT）接受 SONET 概念，并制定了 SDH 标准，使之成为不仅适于光纤也适于微波和卫星传输的通用技术体制。

SDH 真正实现了网络化的运行、管理与维护。由于实现大容量传输、传输性能好，在干线上光纤开始全面取代电缆，SDH 中光只用来实现大容量传输，所有的交换、选路和其他智能都是在电层面上实现的；SDH 技术偏重业务的电层处理，具有灵活的调度、管理和保护能力，操作维护管理（OAM）功能完善。但是，它以 VC4 为基本交叉调度颗粒，采用单通道线路，容量增长和调度颗粒大小受到限制，无法满足业务的快速增长。

随着 IP 数据、话音、图像等多种业务传送需求的不断增长，以承载话音为主要目的的 SDH 网络在容量以及接口能力上都已经无法满足业务传输与汇聚的要求。多业务传送平台（MSTP）就是基于 SDH 平台，同时实现 TDM、ATM、以太网等多种业务的接入、处理和传送，进行统一控制和管理，提供统一网管的多业务节点，实现 SDH 从纯传输网转变为传送网和业务网一体化的多业务平台。MSTP 融合了多种技术的优点，如 IP 的灵活性、SDH 的自愈特性、ATM 的 QoS、以太网的廉价性、WDM 的大带宽等。

第四个时期是 21 世纪以来，波分复用（WDM）通信系统设备的突破和大量商用化。随着现代电信网对传输容量要求的急剧提高，利用电时分复用方式已日益接近硅和镓砷技术的极限：当系统的传输速率超过 10Gbit/s 时，由于受到电子迁移速率的限制，即所谓的"电子瓶颈"问题，电时分复用方式实现起来非常困难，并且传输设备的价格也很高，光纤色度色散和极化模色散的影响也日益加重。因此，如何充分利用光纤的频带资源，提高系统的通信容量，从而降低每一通路的成本，成了光纤通信理论和设计上的重要问题。

光波分复用是多个信源的电信号调制各自的光载波，经复用后在一根光纤上传输，使一根光纤起到多根光纤的作用，通信容量成数十倍、百倍地提高。采用 WDM 技术可以大幅度扩大通信容量，降低每话路成本。由于 WDM 技术的经济性与有效性，使之成为当前光纤通信网络扩容的主要手段。

普通的点到点波分复用通信系统尽管有巨大的传输容量，但只提供了原始的传输带宽，需要有灵活的节点才能实现高效的灵活组网能力，全光节点可以彻底消除光/电/光设备产生的带宽瓶颈，保证网络容量的持续扩展性；省去昂贵的光电转换设备，大幅度降低建网和运营维护成本；可以实现在波长级灵活组网的目的。光传送网（OTN）是继 PDH、SDH 之后的新一代数字光传送技术体制，是由 ITU-T G.872、G.798、G.709 等建议定义的一种全新的光传送技术体制，它包括光层和电层的完整体系结构，对于各层网络都有相应的管理监控机制和网络生存性机制。OTN 的思想来源于 SDH/SONET 技术体制（例如映射、复用、交叉连接、嵌入式开销、保护等），把 SDH/SONET 的可运营、可管理能力应用到 WDM 系统中，同时具备了 SDH/SONET 灵活可靠和 WDM 容量大的优势。它能解决传统 WDM 网络无波长/子波长业务调度能力、组网能力弱、保护能力弱等问题，可在光层及电层实现波长及子波长业务的交叉调度，并实现业务的接入、封装、映射、复用、级联、保护/恢复、管理及维护，形成一个以大颗粒宽带业务传送为特征的大容量传送网络。

OTN 技术是在目前全光组网的一些关键技术（如光缓存、光定时再生、光数字性能监视、波长变换等）不成熟的背景下基于现有光电技术折中提出的传送网组网技术。OTN 在子网内部通过可重构光分插复用器进行全光处理而在子网边界通过电交叉矩阵进行光电混合处理，现在的 OTN 阶段是全光网络的过渡阶段。

OTN 适合大容量、长距离传输，适用于大颗粒业务调度和传送，但 OTN 也是刚性通道，不合适处理小颗粒业务，OTN 一般定位于骨干核心层，分组传送网（PTN）正互补了 OTN 这一缺陷，定位于汇聚、接入层，灵活传送处理 10GE 以下小颗粒业务。

PTN 是基于分组交换、面向连接的多业务统一传送技术，不但能较好地承载以太网业务，而且兼顾了传统的 TDM 和 ATM 业务，满足高可靠、可灵活扩展、严格 QoS 和完善的 OAM 等基本属性。PTN 支持电信级以太网、时分复用和 IP 业务承载。PTN 作为 IP/多协议标签交换（MPLS）或以太网承载技术和传送网结合的产物，在 IP 业务和底层光传输媒质之间设置一个层面，针对分组业务流量的突发性和统计复用传送的要求，采用分组的、面向连接的多业务统一传送技术，其不但能够承载电信级以太网业务，而且兼顾传统的 TDM 业务；不但继承了传统传送网面向连接的特性，而且具备高效带宽管理功能。PTN 实现的两大技术体制是：多协议标签交换-传送子集（MPLS-TP）和运营商骨干网桥流量工程（PBB-TE）。从网元的功能结构来看，PTN 网元由传送平面、管理平面和控制平面共同构成。

PTN 将网络分为信道层、通路层、传输媒质层，其通过通用成帧协议（GFP）架构在 OTN、SDH 和 PDH 等物理媒质上。分组传送网分为三个子层：①分组传送信道（PTC）层，其封装客户信号进虚信道（VC），并传送 VC，提供客户信号端到端的传送（即端到端 OAM）、端到端的性能监控和端到端的保护。②分组传送通路（PTP）层，其封装和复用虚电路进虚通道，并传送和交换虚通路（VP），提供多个虚电路业务的汇聚和可扩展性（分域、保护、恢复、OAM）。③传送网络传输媒质层，包括分组传送段层和物理媒质。段层提供了虚拟段信号的OAM功能。

分组光传送网络（POTN）是近几年来发展起来的一种新型分组传送技术，通过PTN和OTN技术融合和优势互补，提升多业务的统一承载能力，增强线路侧端口容量和传输性能，有利于简化网络结构、节省网络的建设和运维成本，成为当前大数据时代传送网的热点技术。POTN作为一种多层的网络转发面技术，通过引入软件定义网络（SDN）的控制架构，可以实现智能化的业务控制和网络能力的开发。采用POTN作为转发面，实现分组和光的统一集中控制，可以减小SDN的控制层次。利用POTN的信道化能力实现网络资源的分片和虚拟化，可提升网络面向多租户的业务能力和资源利用率。另一方面，SDN将控制协议和转发面分离，有助于拓展POTN的应用范围。

随着网络业务向动态的IP业务的继续汇聚，一个灵活、动态的光网络是不可或缺的，自动交换光网络（ASON）使光联网从静态光联网走向动态交换光网络。ASON是在ASON信令网控制之下完成光传送网内光网络连接自动交换的新型网络，其基本思想是在光传送网络中引入控制平面，以实现网络资源的实时按需分配，从而实现光网络的智能化。因此可以说ASON是智能光网络的具体代表，或者说ASON是一种标准化的智能光网络。采用自动交换光网络技术之后，传统的多层复杂网络结构变得简单化和扁平化，光网络层开始直接承载业务，避免了传统网络中业务升级时受到的多重限制，可以满足用户对资源动态分配、高效保护恢复能力以及波长应用新业务等方面的需求。

ITU-T的G.8080和G.807定义了ASON的体系结构，总体包括三个平面，分别是传送平面、控制平面和管理平面。三个平面相互独立，任意一个平面的工作出现错误均不会影响其余两个平面的正常工作。

传送平面由一系列的传送实体（传输数据的硬件和逻辑）组成，在两个地点之间提供端到端用户信息传送，也可以提供控制和网络管理信息的传送。控制平面是ASON的核心部分，由网络的基础结构以及网络中用来控制建立连接和控制维护连接的分布式智能组成。控制平面通过使用接口、协议及信令系统，可以动态地交换光网络的拓扑信息、路由信息以及其他的控制信令，实现光通路的动态建立和拆除，以及网络资源的动态分配。控制平面具有四大功能，分别是邻居发现、路由（拓扑发现、路径计算）、信令和本地资源管理。管理平面由系统、协议和接口组成，负责对传送平面和控制平面以及整个系统进行管理，包括性能管理、故障管理、配置管理、安全管理、计费管理。管理平面主要面向网络运营者的管理需求。相对于传统的光网络管理系统，其管理功能部分为控制平面所取代，许多曾经不得不手动配置的业务由控制平面所完成，大大减轻了网络运营者的负担。因此，可以说管理平面所要完成的功能是更为纯粹的管理。

三个平面之间运行着数据通信网（DCN）——光网络中控制代理之间进行通信而使用的通信基础结构，为三大平面内部以及平面之间的管理信息和控制信息提供通路，主要承载管理信息和分布式信令消息。

ASON三个平面之间可通过三类接口实现信息的交互，控制平面和传送平面之间通过连接控制接口（CCI）相连，管理平面通过网络管理接口（NMI-A和NMI-T）分别与传送平面和控制平面相连。通过这些接口实现了三大平面的分离。

网络结构元件是用来描述网络功能结构的一些通用基本元件。ASON主要由以下4类网络结构元件构成：

（1）请求代理。其主要逻辑功能是通过与光连接控制器协商请求接入传送平面内的资源。

（2）光连接控制器。其逻辑功能是负责完成连接请求的接受、发现、选路和连接功能。

（3）管理域。其逻辑功能包含的实体不仅处于管理域，也分布在传送平面和管理平面。

（4）接口。其主要功能是完成各网络平面之间和功能实体之间的连接。

ASON 带来的主要好处是：简化网络和节点结构，优化网络资源配置，提高带宽利用率，降低建网初始成本；实现规划、业务指配和维护的自动化，从而降低运维成本，并且可以解决实时、准确维护传输网资源的难题；具备网络和业务的快速保护恢复能力。

SDH/MSTP 设备对其工作环境要求较高、带宽利用率较低、施工难度较大、成本较高，不适用于配电网自动化系统。EPON 和光纤工业以太网是配电网常见的光纤通信技术。EPON（以太网无源光网络）是基于 IEEE 802.3ah 标准的新一代宽带无源光综合接入技术，将以太网和 PON 技术结合，在物理层采用 PON 技术，在数据链路层使用以太网协议。采用 EPON 组网的配网通信网络一般传输距离小于 20km，与馈线供电半径匹配，具有可靠性高、网络延时小、施工简单、成本低廉、性能优越、便于管理等优点，缺点是老城区光缆敷设难度大。

工业以太网是在以太网和 TCP/IP 技术的基础上开发出来的一种工业用通信网络，其物理层与数据链路层采用 IEEE802.3 规范，主要应用于工业控制领域，光纤工业以太网传输距离一般小于 100km，可在主干链路上组单环网、双环网，提高了实时性、可靠性，在分支链路上可直接点对点接入，组网灵活。其不足也明显：设备价格高，系统造价较高。

3.4.2 无线通信技术

无线通信是利用电磁波信号在自由空间中传播的特性进行信息交换的一种通信方式。无线通信技术自身有很多优点，成本较低，无线通信技术不必建立物理线路，更不用大量的人力去铺设电缆，而且无线通信技术不受工业环境的限制，对抗环境的变化能力较强，故障诊断也较为容易，相对于传统的有线通信的设置与维修，无线网络的维修可以通过远程诊断完成，更加便捷；扩展性强，当网络需要扩展时，无线通信不需要扩展布线；灵活性强，无线网络不受环境地形等限制，而且在使用环境发生变化时，无线网络只需要做很少的调整，就能适应新环境的要求。下面介绍几种常用的无线通信网络与技术。

1. 电力无线专网

我国行业无线专网通信技术呈现宽带化发展趋势。政务网、公共安全，以及电力石油等大型行业对宽带业务、集群业务以及多媒体集群业务需求强烈。无线专网的典型宽带业务主要包括移动视频监控、多媒体集群指挥调度、基于地图信息的协同作业、城市应急联动等。电力无线专网是由电力公司主导建设、专用于电力业务，采用广域无线接入技术的数据通信网络系统。电力无线专网的需求包括精准负荷控制、配电自动化、用电信息采集、电动汽车充电站/桩、分布式电源、输变电状态监测、配电所综合监测、输配变机器巡检、电能质量监测、智能家居、智能营业厅、电力应急通信、视频监控、开关站环境监测、移动 IMS 语音、移动作业、仓储管理等业务。主要有 LTE 230MHz、LTE 1800MHz 两种技术体制。

2015 年 2 月，工业和信息化部《关于重新发布 1785～1805MHz 频段无线接入系统频率使用事宜的通知（65 号文）》提出 1785～1805MHz 中 20MHz 规划用于交通（城市轨道交通等）、电力、石油等行业专用通信网和公众通信网。2018 年 9 月，工业和信息化部发布《工业和信息化部关于调整 223～235MHz 频段无线数据传输系统频率使用规划的通知》（工信部无〔2018〕165 号），明确调整 223～226MHz 和 229～233MHz 频段（已分配的专用频率除外）的频率使用规划，将该频段用于采用时分双工方式载波聚合、动态频谱感知、软件无线电等技术的新型宽带无线接入系统。意味着 230MHz 频段最大可申请 7MHz 频率，供电力企业作为遥测、遥控、数据传输等业务使用的频段，信道间隔 25kHz。

在标准方面，国家电网已经发布了电力无线专网规划设计技术导则、可行性研究内容深度规定等十余项标准，印发试行管理制度 3 项。在实验室认证方面，开展电力无线专网终端、基站、核心网、网管全环节设备检测工作，已完成十余家厂商 230MHz 及 1800MHz 设备检测。国家电网还联合华为、普天等开展联合创新工作。

2. 近程无线通信技术

近程无线通信技术有很多种，从传输距离上可以分为两类：一类是短距离通信技术，如 ZigBee、Wi-Fi、蓝牙等；另一类是广域通信技术，一般定位为低功率广域网（LPWAN）。广域通信技术按照工作频率又可以分为两类：一类工作在非授权频段，如 LoRa、Sigfox 等，这类技术大多是非标准、自定义的；另一类是工作在授权频段的技术，如 NB-IoT、LTE 及 5G 技术，由 3GPP 等国际标准组织进行标准定义。

（1）ZigBee。ZigBee 是基于 IEEE 802.15.4 标准而建立的一种短距离、低功耗的无线通信技术。其特点是距离近、功耗低、成本便宜、速率低、短时延、响应速度较快等。主要适用于家庭和楼宇控制、工业现场自动化控制、农业信息收集与控制、公共场所信息检测与控制、智能型标签等领域，可以嵌入各种设备。

（2）蓝牙。蓝牙能够在 10m 的半径范围内实现点对点或一点对多点的无线数据和声音传输，其数据传输带宽可达 1Mbit/s，通信介质为频率为 2.402～2.480GHz 之间的电磁波。蓝牙技术可以广泛应用于局域网络中各类数据及语音设备，如 PC、拨号网络、笔记本电脑、打印机、传真机、数码相机、移动电话和高品质耳机等，实现各类设备之间随时随地进行通信。蓝牙技术被广泛应用于无线办公环境、汽车工业、信息家电、医疗设备、自动控制等领域。

（3）超宽带（UWB）。UWB 是一种无载波通信技术，利用纳秒至微秒级的非正弦波窄脉冲传输数据，其传输距离通常在 10m 以内，使用 1GHz 以上带宽，通信速度可以达到每秒几百兆比特以上，UWB 的工作频段范围为 3.1～10.6GHz，最小工作频宽为 500MHz。UWB 技术具有系统复杂度低、发射信号功率谱密度低、对信道衰落不敏感、截获能力低、定位精度高等优点，尤其适用于室内等密集多径场所的高速无线接入，是一种常用的无线个人局域网（WPAN）通信技术。

（4）Wi-Fi。Wi-Fi 是一种基于 802.11 协议的无线局域网接入技术，主要工作频率为 2.4GHz 和 5GHz。Wi-Fi 技术突出的优势在于它有较广的局域网覆盖范围，其覆盖半径可达 100m 左右。相比于蓝牙技术，Wi-Fi 覆盖范围较广，传输速度非常快，其传输速度可以达到 11Mbit/s（802.11b）、54Mbit/s（802.11.g）、600Mbit/s（802.11n）、3.5Gbit/s（802.11ac）或者 10Gbit/s（802.11ax），适合高速数据传输的业务；无须布线，可以不受布线条件的限制，非常适合移动办公用户的需要。在一些人员密集的地方，如火车站、汽车站、商场、机场、图书馆、校园等地方设置"热点"，可以通过高速线路将互联网接入上述场所。用户只需要将支持无线网络的终端设备放于该区域内，即可高速接入互联网；健康安全，具有 Wi-Fi 功能的产品发射功率低、辐射小。

Wi-Fi 技术的优点在于传输速度高，覆盖范围广；客户可通过运营商提供的有线通道转无线自建热点，部署灵活方便，投入成本低。但作为非运营级网络，Wi-Fi 可管可控性较差，安全性较低，信号稳定性差。目前已在部分变电站场所部署 Wi-Fi 接入终端，引入无线接入技术，用于变电站移动巡检、无线环境监测、无线视频监测、移动终端办公等。

（5）近场通信（NFC）。NFC 是一种新的近距离无线通信技术，其工作频率为 13.56MHz，由 13.56MHz 的射频识别（RFID）技术发展而来，它与目前广为流行的非接触智能卡 ISO14443 所采用的频率相同，这就为所有的消费类电子产品提供了一种方便的通信方式。NFC 采用幅移键控（ASK）调制方式，其数据传输速率一般为 106kbit/s、212kbit/s 和 424kbit/s 三种。NFC 的主要优势是距离近、带宽高、能耗低，与非接触智能卡技术兼容，其在门禁、公交、手机支付等领域有着广泛的应用价值。

（6）LoRa。LoRa 是一种把扩频通信和 GFSK 调制融合到一起的无线调制与解调技术，采用 1GHz 以下的通信载波，主要面向低功耗和远距离的应用场景。

LoRa 最大的特点是在同样的功耗条件下比其他无线方式传播的距离更远，实现了低功耗和远距离的统一，传输距离长达 15～20km；用户不依靠运营商便可完成 LoRa 网络部署，不但布设更快，而且成本低；终端和集中器/网关的系统可以支持测距和定位，定位精度可达 5m（假设 10km 的范围）。LoRa 典型应用于智慧城市、智能水电表、智能停车场、行业和企业专用场所。

（7）窄带物联网（NB-IoT）。NB-IoT 是 IoT 领域基于蜂窝的窄带物联网的一种技术，支持低功耗设备在广域网的蜂窝数据连接，可直接部署于 GSM 网络、UMTS 网络或 LTE 网络，以降低部署成本、实现平滑升级。NB-IoT 使用授权频段，只消耗约 180kHz 带宽，可采取带内、保护带或独立载波等三种部署方式。下行速率：大于 160kbit/s，小于 250kbit/s；上行速率：大于 160kbit/s，小于 250kbit/s，传输时延 6～10s。主要特点：覆盖广且深，能实现比 GSM 高 20dB 的覆盖增益；海量连接，NB-IoT 一个扇区能够支持 10 万个连接；超低功耗，NB-IoT 引入了 eDRX 省电技术和 PSM 省电模式，进一步降低了功耗，电池寿命长达十年；低成本，目前单个模块成本不会超过 5 美元。

2017 年 12 月 13 日，随着工信部无线电管理局发布《微功率短距离无线电发射设备技术要求（征求意见稿）》，以及我国完成了 IMT-2020（5G）候选技术方案的完整提交，NB-IoT 技术被正式纳入 5G 候选技术集合。2019 年 11 月 28 日，工业和信息化部发布的《微功率短距离无线电发射设备目录和技术要求》（2019 年第 52 号文）进一步规范了微功率短距离无线电发射设备的网关功率、生产、进口、销售和使用事项，对现有 LoRa 技术发展多了限制。

NB-IoT 非常适合应用于无线抄表、传感跟踪、智能井盖、共享单车智能锁等领域，通过物联网技术在这些领域的实施，可以大大降低管理成本，让网络管理者可以随时掌握各种运营数据。

（8）微功率无线通信技术。微功率无线通信技术是工作在免费公共计量频道 470～510MHz，采用 GFSK 调制方式，利用极强衍生特性的蜂窝状无线自组织网络链路进行数据实时交互的通信技术。

微功率无线通信技术的特点如下：

1）采用 Mesh 网状网络，具有自我路由修复功能，能够适应各种复杂、多变的现场环境。当集中器要抄一个表时，可以有多条路径实现，当其中一条路径受阻时，会自动产生第二条路径，因此可以达到覆盖区内 100% 的成功抄表。

2）微功率无线方案在组网时采用了 7 级 8 跳的自动路由，每个蜂窝小区的现场有效覆盖半径达到 500（城区楼宇密集区域）~2500m（农村半开阔区域），较好地解决了网络覆盖盲区问题。

3）频分复用、动态跳频。微功率无线的工作频率有 40MHz 带宽，支持 32 组 64 个信道的频分复用。相邻台区所使用的信道组互不相同，可以有效地抑制同频干扰。特别是可以很好地解决多台变压器供电的用电环境。微功率无线方案的集中器模块会自动选择一个工作频道组，采用频道组内的跳频技术，保证了通信的安全，也起到了扩频的作用。可以有效跳开深度衰弱区，提高抗扰能力。

4）自组网、自适应。无线通信网络采用信标组网方式，实现了全网节点场强数值完整收集。蜂窝接入中心（CAC）启动组网后，后续的组网过程自动完成，不需要人工干预，最终形成一个全路由、健壮性的网络。可瞬间实现自我路径修复，分布式接入单元（DAU）实时入网、实时更换、实时删除，操作简单方便。并且网络本身具有维护机制，自适应性好。

微功率无线通信技术是在智能电网配用电侧具有巨大应用需求和发展前景的通信技术之一，也是当前国际通信技术研究的热点。微功率无线通信可以实现低压电力用户用电信息汇聚、传输、交互，其网络覆盖范围小，子节点位置固定，通信链路相对稳定，是一种近距离、低功耗、低复杂度、低成本的通信网络；并具有工程安装便利、易维护、组网灵活、传输速率快、信号穿透力强等特点。

（9）增强型机器类通信（eMTC）技术。eMTC，基于 LTE 演进的物联网接入技术，与 NB-IoT 一样使用的是授权频谱，为了更加适合物与物之间的通信，也为了更低的成本，对 LTE 协议进行了裁剪和优化。eMTC 基于蜂窝网络进行部署，其用户设备通过支持 1.4MHz 的射频和基带带宽，可直接接入现有的 LTE 网络。

NB-IoT 与 eMTC 相比，在成本上 NB-IoT 比 eMTC 划算；在覆盖上 NB-IoT 比 eMTC 大 30%，eMTC 覆盖比 NB-IoT 差 9dB 左右；容量上 eMTC 无法满足超大容量的需求，但在速率和移动上，eMTC 比 NB-IoT 更具优势，支持上下行最大 1Mbit/s 的峰值速率，延时更低（100ms 级，NB-IoT 为秒级），另外 eMTC 支持小区切换、定位、VoLTE 语音通信等。eMTC 多应用于涉及与人频繁交互的动态场景，如车联网、智能穿戴、物流跟踪等。

（10）公众无线通信。公众无线通信网络是运营商为大众用户通信需求提供服务的网络，并随着大众用户的需求变化而演进升级，先后经历了 1G、2G、3G、4G，目前运营商 4G 正向 5G 系统升级。

LTE 已经成为史上发展速度最快的移动通信技术。2013 年 12 月中国移动、中国电信和中国联通获得 4G/TD-LTE 牌照，我国 4G 开始商用。2014 年 6 月，中国电信、中国联通又启动 TD-LTE 和 LTE FDD 混合组网试验。伴随全球 4G 商用发展，LTE 标准继续向 LTE-Advanced（简称 LTE-A）演进，以实现更高峰值速率和系统容量。LTE-A 是由一系列基于 LTE 的增强技术构成的，包括载波聚合、增强多天线、多点协作传输（CoMP）、中继（Relay）、下行控制信道增强、物联网优化、终端直通（D2D）、垂直波束赋形（3D-MIMO）、基于 LTE 的热点增强（LTE-Hi）等技术。

在电力通信业务需求数量逐渐增加的今天，为了满足老旧站点的基本业务要求，一般都会采用租用公网实施通信的方式。租用电路可以降低总投资额，也可以满足基础生产要求，但是租用电路地处偏僻、运行稳定性差、传输容量小，无法满足电网安全运行与业务发展。4G 无线通信技术是集合 3G 和 WLAN 的最新移动通信技术，作为成熟的通信技术，在各大公网有着极其广泛的应用，为电力通信发展提供了借鉴。4G 技术的覆盖面极广，而且可以实现永久在线，具有接入速度快、安全保密性好、建设费用低、支持大数据量传输等优点，既可以解决老旧站点的通信问题，也可以提供更多的通信增值服务。

移动互联网推动人类信息交互方式的再次升级，将为用户提供增强现实、虚拟现实、超高清（3D）视频、移动云等更加身临其境的极致业务体验，将带来移动数据流量超千倍增长；移动医疗、车联网、智能家居、工业控制、环境监测等将会推动物联网应用爆发式增长，数以千亿的设备将接入网络，实现真正的"万物互联"，将创造出规模空前的新兴产业。为了满足这些需求，新一代移动通信系统 5G 性能将会大幅提升，用户体验速率将达 100Mbit/s～1Gbit/s，峰值传输速率每秒可达几十吉比特，支持的连接数密度可达数百万连接/平方千米，端到端时延低至毫秒级，每平方千米流量密度每秒可达几十太比特，支持 500km/h 以上高速移动下的用户体验。为了实现可持续发展，5G 还需要大幅提高网络部署和运营效率。其中，频谱效率将比 4G 提高 5～15 倍，能源效率和成本效率也将提升百倍以上。5G 通信技术带来的不仅仅是高速、安全的网络，更多的是带来全球化网络的无缝连接，5G 的兼容性给电力通信行业带来了一个新的平台。

5G 网络将融合多类现有或未来的无线接入传输技术和功能网络，包括传统蜂窝网络、大规模天线阵列、认知无线网络、无线局域网、无线传感器网络、小型基站、可见光通信和设备直连通信等，并通过统一的核心网络进行管控，以提供超高速率和超低时延的用户体验和多场景的一致无缝服务。一方面通过引入软件定义网络（SDN）和网络功能虚拟化（NFV）等技术，实现控制功能和转发功能的分离，以及网元功能和物理实体的解耦，从而实现多类网络资源的实时感知与调配，以及网络连接和网络功能的按需提供和适配；另一方面，进一步增强接入网和核心网的功能，接入网提供多种空口技术，并形成支持多连接、自组织等方式的复杂网络拓扑，核心网则进一步下沉转发平面、业务存储和计算能力，更高效实现对差异化业务的按需编排。

5G 网络架构可大致分为控制、接入和转发平面，其中，控制平面通过网络功能重构，实现集中控制功能和无线资源的全局调度；接入平面包含多类基站和无线接入设备，用于实现快速灵活的无线接入协同控制和提高资源利用率；转发平面包含分布式网关并集成内容缓存和业务流加速等功能，在控制平面的统一管控下实现数据转发效率和路由灵活性的提升。

构建以数据中心为基础的统一物理网络，将硬件资源池化，包括部分接入网络设备及核心网络设备，从而实现资源的最大共享，改变传统的一个应用一个硬件的"烟囱"架构。并在统一的物理网络基础上通过端到端的切片技术为不同的业务提供逻辑隔离的虚拟专用切片网络，使运营商能够大大降低支撑专有业务的网络建设复杂度。

5G 技术的通信特征与电力系统的特征与需求之间还具有互补性，5G 的主要特征包括增强移动宽带（eMBB），低时延、高可靠通信（URLLC）和低功耗大连接海量机器类通信（mMTC）。对电力系统来说，5G 在万物互联、精准控制、海量量测、宽带通信、高效计算等方面都具有广泛的应用。

3. 卫星通信

卫星通信是指利用人造地球卫星作为中继站来转发无线电信号，从而实现在多个地面站之间进行通信的一种技术，它是地面微波通信的继承和发展。卫星通信系统通常由两部分组成，分别是卫星端、地面端。卫星端在空中，主要用于将地面站发送的信号放大再转发给其他地面站。地面端主要用于对卫星的控制、跟踪以及实现地面通信系统接入卫星通信系统。

　　卫星可分为同步卫星和非同步卫星，同步卫星在空中的运行方向和周期与地球的自转方向及周期相同，从地面的任何位置看，该卫星都是静止不动的；非同步卫星的运行周期大于或小于地球的运行周期，其轨道高度"倾角"形状都可根据需要调整。

　　卫星通信的特点是覆盖范围广、工作频带宽、通信质量好、不受地理条件限制、成本与通信距离无关等，其主要用在国际通信、国内通信、军事通信、移动通信和广播电视等领域。卫星通信的主要缺点是通信具有一定的延迟，如打卫星电话时，不能立即听到对方回话，主要原因是卫星通信的传输距离较长，无线电波在空中传输有一定延迟。

　　目前无线通信领域各种技术的互补性日趋鲜明。这主要表现在不同的接入技术具有不同的覆盖范围、不同的适用区域、不同的技术特点、不同的接入速率。3G/4G/5G 可解决广域无缝覆盖和强漫游的移动性需求，WLAN 可解决中距离的高速数据接入，而 UWB 可实现近距离的超高速无线接入。

　　在电网电力系统通信中仍然以具有高传输率、高带宽、高可靠性等特性的光纤通信为主，但随着电网对灾难应急、配电自动化、办公智能化等需求的提出，无线通信将以其迅速部署、不受地面限制等特点寻求到在电力系统通信中的应用。因此，无线通信可以成为电力系统通信的一个重要补充手段，为电力系统构建综合通信网提供非常重要的部分。

3.4.3　电力线载波技术

　　（1）电力线载波通信概述。电力线通信或电力线载波（PLC）通信，是指利用高压电力线（在电力载波领域通常指 35kV 及以上电压等级）、中压电力线（指 10kV 电压等级）或低压配电线（380/220V 用户线）作为信息传输媒介进行语音或数据传输的一种特殊通信方式。

　　PLC 技术起源于 20 世纪 20 年代，经历了早期高压 PLC、配电网超窄带 PLC、窄带 PLC、宽带 PLC、跨频带 PLC 等几个发展阶段。目前，中低压电力线载波通信技术得到快速发展和应用，PLC 技术在业务支撑能力、通信速率、传输距离等多个方面均实现了重要革新。中压 PLC 应用于配电自动化、用电采集上联通信等，作为光纤通信的延伸和补充；在低压配用电方面，已广泛应用于用电信息采集、配用电智能化、新能源接入、电动汽车充电站、智能楼宇/小区/家居等领域，国内超过 70% 的低压抄表采用了 PLC 技术采集用户电能表数据。

　　目前常用的 PLC 技术包括窄带 PLC、宽带 PLC、跨频带 PLC、工频载波通信等。窄带 PLC 的工作频率范围通常为 9～500kHz，通信速率从每秒几十比特到几十万比特。宽带 PLC 的工作频率范围通常为 2～30Mbit/s，通信速率可高达每秒几百兆比特，主要应用于智能家居、宽带接入等领域；用于电力抄表等自动化业务的低压宽带载波技术近几年得到重大突破，在宽带 PLC 技术上，通过降低通信速率提高传输距离，并通过自动中继组网技术实现台区的全覆盖。2017 年国家电网公司颁布了《低压电力线宽带载波通信技术规范》系列标准，2019 年颁布了《低压电力线高速载波通信互联互通技术规范》系列标准，宽带 PLC 使用频段 2～12MHz，2018 年根据最新的频谱管理规定，进一步优化了宽带 PLC 技术，使用频段主要集中在 700kHz～3MHz。跨频带 PLC 的工作频率范围覆盖了窄带、宽带 PLC 的频率范围，最大通信速率约 10Mbit/s，支持 PLC 节点在线根据实际信道条件选择最佳的工作频率和参数，可应用于配电自动化、新能源接入、电动汽车充电站等领域。工频载波通信通过在电压/电流过零点处发送脉冲来实现数据传输，可应用于跨变压器的长距离用电信息采集等应用，近几年，该技术拓展应用在低压台区用户变压器识别、相线识别、变电站-线路-变压器-用户的拓扑识别应用等。

国内已开发出速率从每秒几十比特至几百兆比特的窄带、宽带系列化 PLC 产品。尤其是针对用电信息采集系统本地通信，PLC 芯片已经完全国产化，通信模组及系统的电磁兼容、传输性能均能满足国家电网公司及国家相关标准。截至 2019 年，国家电网公司已安装智能表计超过 4.5 亿只，其中 70%本地通信采用 PLC 技术，最新的高速宽带电力线技术芯片已经大规模推广超过 1 亿户。

（2）电力线载波通信系统构成。传统的电力线载波通信系统主要由电力线载波机、电力线路和耦合设备构成，如图 3-2 所示。

耦合装置包括线路阻波器 GZ、耦合电容器 C、结合滤波器 JL（结合设备）和高频电缆 HFC，与电力线路一起组成电力线高频通道。

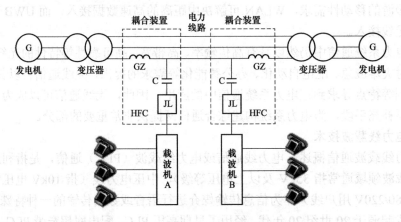

图 3-2　电力线载波通信系统构成

电力线载波机主要实现调制和解调。耦合电容器 C 和结合滤波器 JL 组成一个带通滤波器，其作用是通过高频载波信号，并阻止电力线上的工频高压和工频电流进入载波设备，确保人身、设备安全。线路阻波器 GZ 串接在电力线和母线间，其作用是通过电流，阻止高频载波信号漏到变压器和电力线分支线路，以减小线路对高频信号的介入损耗和衰耗。结合设备连接载波机和输电线，提供高频信号通路。传统的 PLC 主要利用高压输电线路作为高频信号的传输通道，仅仅局限于传输话音、远动控制信号等，应用范围窄，传输速率较低，不能满足宽带化发展的要求。

（3）窄带电力线通信技术。电力线载波频率使用范围为 40～500kHz，美国 FCC 规定为 100～450kHz，欧洲电气标准委员会（CENELEC）的 EN 50065-1 规定为 3～148.5kHz；通信速率一般为每秒几百比特～几万比特，调制技术包括移频键控（FSK）、二进制相移键控（BPSK）、扩频、正交频分复用（OFDM）调制、工频过零调制等。窄带电力线通信适用于侧重低成本、高可靠性而只需要窄带控制或者低带宽数据采集的场合，可以作为智能监控的手段应用在工业领域，例如智能电能表、智能家居能源管理、楼宇监视、路灯控制、用电信息采集、配电网监控、远程读表和负荷控制系统。目前，窄带电力线通信技术已经有行业联盟协议（IEC 61334、PRIME、G3）和调制方式（FSK、S-FSK、OFDM）可以使用。同时，电子行业的两大国际标准委员会（ITU-T、IEEE）也在制定电力线通信的国际标准，其中 ITU-T G.hnem 基于 PRIME；IEEEP1901.2 基于 G3。

（4）宽带电力线通信技术。宽带电力线通信技术是在低压电力线上进行数据传输的一种通信方式，工作频段一般为 1~100MHz，通信速率 1Mbit/s 以上，物理层速率最大为 200Mbit/s，TCP/IP 层速率可达 80Mbit/s 以上；调制解调技术采用各种扩频通信技术、OFDM 技术等。对传统的低速窄带电力线载波技术而言，宽带电力线通信技术具有带宽大、传输速率高的特点，可以满足低压电力线载波通信更高的需求。

华为 PLC-IoT 是基于 HPLC/IEEE 1901.1 结合华为特有技术的，面向物联网场景的中频带电力线载波通信技术。其工作频段范围在 0.7~12MHz，噪声低且相对稳定，信道质量好；采用 OFDM 技术，频带利用率高，抗干扰能力强；通过将数字信号调制在高频载波上，实现数据在电力线介质的高速长距离传输。PLC-IoT 应用层通信速率在 100kbit/s~2Mbit/s，通过多级组网可将传输距离扩展至数千米，基于 IPv6 可承载丰富的物联网协议，使末端设备智能化，实现设备全连接。

宽带电力线载波可广泛应用于各行各业，如物联网、智能家居、智能电能表、四表抄收、远程监控、数据采集、能源管理、汽车充电管理、智能楼宇等。

3.4.4　电力特种光缆

利用电力系统特有的线路杆塔资源架设的光缆称为电力特种光缆，最新的标准 IEC 60794-4 称为沿电力线路架设的光缆。电力特种光缆安装在不同电压等级的各种电力杆塔上，与电力网架结构紧密结合在一起建设，具有经济、可靠、快捷、安全的特点。相对于普通光缆，对其电气特性、机械特性和光纤特性（如抗电腐蚀、电压等级、档距、材料、张力、覆冰、风速、外部环境、酸碱性等）均有特殊的要求。

沿电力线路架设的光缆按敷设方式和应用场合可分为三类，即电力线附加型、杆塔添加型和电力线复合型。电力线附加型是采用缠绕、捆绑或悬挂方式安装在地线或相线上的非金属光缆，主要有地线缠绕光缆（GWWOP）和捆绑式光缆（ADL）；杆塔添加型是安装在电力塔（杆）身主材上某一合适位置并满足电气安全可靠要求的光缆，主要有全介质自承式光缆（ADSS）和金属自承式光缆（MASS）；电力线复合型是指在传统的电力线中复合光纤单元，实现电力传输和防雷功能的同时进行光纤通信，主要有光纤复合架空地线（OPGW）、光纤复合架空相线（OPPC）、光纤复合低压电缆（OPLC）、光电混合缆（GD）等。【扫二维码了解电力特种光缆】

电力特种光缆

我国目前在 110~500kV 线路主干网上广泛采用 OPGW、ADSS 进行通信，对于一些难以选用 OPGW、ADSS 光缆的线路，OPPC 就是 OPGW、ADSS 光缆的补充产品。

OPLC 是将光纤光缆承载在低压输电缆上的一种新型接入方式，配合无源光网络技术，承载用电信息采集、智能用电双向交互、多网融合等业务。通过 OPLC 接入的光纤到户工程，也称为"电力光纤到户（PFTTH）"。OPLC 主要有额定电压 0.6/1kV 及以下配电网用光纤复合电缆和额定电压 300/500V 及以下入户用光纤复合电缆两种类型。配电网用光纤复合电缆主要用于智能小区或办公楼等配电网分支，由管道、隧道或直埋等接入光-电分线箱。入户用光纤复合电缆主要用于用户接入，可垂直或水平布线，引入智能电能表和光器件终端。

接入网用光电混合缆（optical and electrical hybrid cables for access network）俗称综合光缆，GD 是通信用光电缆的代号，它集光纤、金属线对和馈电线于一体，可以同时传输光信号、电信号或电能，是一种适用于通信接入网系统的新型接入方式，可以一次性同步解决宽带接入、设备用电、信号传输的问题。

随着接入网技术和市场的快速发展，光纤通信开始进入新一轮高速增长阶段，移动通信、数字电视（中间转换）、宽带接入、FTTx、农村村村通工程等将通信光缆和设备不断地向用户延伸，远端基站、通信机房、用户接入点等设备开始大量应用，而设备的供电却成为通信运营商十分棘手的问题，为解决此问题，中国通信标准化协会发布了 YD/T 2159—2010《接入网用光电混合缆》，为该产品的设计和应用提供了理论基础和规范。

3.4.5 IP 接入网技术

随着 Internet 的发展，现有电信网越来越多地用于 IP 接入，不但可利用的传输媒介和传输技术多种多样，而且接入方式也有很多种。IP 网络是无连接的网络，以路由器转发为中心，相对于传统的接入网，IP 接入出现了许多新的概念，包含了许多新的内涵，增加了许多新的功能。

1. 接入网的定义与功能模型

在接入网络领域，ITU-T SG13 制定的 IP 接入网的新建议 Y.1231《IP 接入网络结构》，对 IP 接入网的定义、位置、功能模型及其接入方式的分类都作了定义。IP 接入网是指"在 IP 用户和 IP 业务提供者 ISP（互联网服务提供商）之间为提供所需的、接入到 IP 业务的能力的网络实体"，参考模型如图 3-3 所示。IP 用户和 ISP 是指终接 IP 层和/或与 IP 有关功能的逻辑实体。

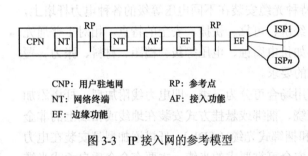

CNP：用户驻地网   RP：参考点
NT：网络终端   AF：接入功能
EF：边缘功能

图 3-3 IP 接入网的参考模型

IP 接入网位于 IP 核心网与用户驻地网（CPN）之间，IP 接入网与用户驻地网和 IP 核心网之间的接口是参考点（RP），而不是传统的用户网络接口（UNI）和业务节点接口（SNI）。参考点 RP 是指逻辑上的参考连接，在某种特定的网络中，其物理接口不是一一对应的。

与 IP 接入网相对的 IP 核心网即提供 IP 业务的网络，可包含一个或多个 ISP。某些网络中，网络终端（NT）、IP 接入网、IP 核心网可以是分离开来的。各方框和圆框的连线代表双向连接，两个方向的比特流可以是不对称的，也可采用不同传输媒质。

接入网传送功能与 IP 业务无关，主要包括物理层和数据链路层功能。IP 接入可以采取多种传输机制，包括公用电话交换网（PSTN），综合业务数字网（ISDN）（BRA 或 PRA），B-ISDN 接入系统、xDSL、PON、SDU、HFC 等光纤系统，无线和卫星接入系统，LAN/WAN。各种传输机制具有不同的性能，可支持不同范围的业务，有不同的帧封装结构。对电信运营商来说，PSTN/ISDN 接入、B-ISDN 接入、ADSL 接入、LAN 接入等几种传输机制较为常用。

IP 接入功能指的就是动态 IP 地址分配、NAT、AAA 和 ISP 的动态选择。实现这些功能通常需要用到一个著名的接入协议：点到点协议（PPP）。PPP 是一个成熟的 IP 接入协议，支持多协议封装，实现简单，易于与现有 ISP 配合。它具有链路层和网络层协议配置和协商功能，可方便地自动分配域名和 IP 地址，支持 AAA 和加密功能，支持 QoS 和多业务类别，尤其适于拨号接入和 ADSL 接入用户。PPP 本身也是一个数据链路层协议，它可以采用不同的传输机制传送。根据所用传输机制的不同，PPP 下面可配备不同的基本数据链路层协议，常用的有 HDLC、ATM 和以太网。其中，HDLC 封装 PPP 广泛应用于拨号接入，后两种情况分别称为 PPP over AAL5 和 PPP over Ethernet。

IP 接入网与用于接入传统电路交换型业务的接入网相比存在一些明显的差别。和现有的电信接入网相比，IP 接入有一些特殊的功能要求：

（1）动态 IP 地址分配功能。在许多情况下，IP 用户和网络终端并没有固定的对应关系，IP 用户的地址是不固定的，需要在每次接入时由网络动态分配。有时，接入网还需提供网络地址翻译（NAT）功能，例如在拨号上网情况下，提供动态 IP 地址与电话终端号码（E.164 号码）之间的翻译。

（2）认证、授权和计费（AAA）功能。这是开放式的 IP 网和封闭式的电信网之间的一个很大的不同之处。在电信网中，终端位置是固定的，其权限是在业务申请和开通时预先确定的。在 IP 网中，必须在每次接入时对用户进行认证、授权和记账。其中，认证指的是用户合法性验证，授权指的是确认用户有权使用哪些业务，计费则是根据各种准则确定用户使用业务的费用。

（3）ISP 选择功能。根据 IP 网开放性和竞争性的要求，应允许用户自由选择 ISP。

（4）不对称接入功能。IP 接入连接也是双向连接，但在许多情况下双向比特率是不对称的，甚至双向采用不同的传输媒体。

（5）QoS 功能。在 IP/电信网融合环境下，IP 网不仅要提供传统的数据业务，还要能提供实时的音频和视频业务，因此，IP 接入网也应能提供对不同类别 QoS 的支持。这是 IP 接入网更进一步的功能要求。

上述功能要求决定了 IP 接入网可有不同的实现方式，每种实现方式包含不同的层功能和相应的网络部件（如复用器、路由器、第三层交换机等）。

2．IP 接入网的接入方式

ITU-T 建议 Y.1231《IP 接入网结构》给出了 IP 接入网的 5 种 IP 接入方式。

（1）直接 IP 接入方式。用户经 PPP 直接接入 ISP，下层传送系统可以由若干段不同传送机制串接组成。这种方式最为简单，广泛应用于拨号 IP 接入。

（2）PPP 隧道接入方式。来自用户的 PPP 分组到达接入复用点后被重新包装，在它的外面再加上一层封装，封装后的分组作为净荷装入 IP 包，然后再经第二层链路（如 ATM 或 FR）传送到 ISP。这种在 PPP 分组外面再加上一层封装的处理就称为隧道封装，封装协议称为隧道协议。IETF 定义了 3 种 PPP 隧道协议：PPP 隧道协议（PPTP）、第二层转发协议（L2FP）和第二层隧道协议（L2TP）。

（3）IP 安全协议接入方式。与 L2TP 方式的不同之处在于：一是用 IP 安全协议（IPSec）取代 L2TP 进行封装，将用户分组转送至远端 ISP；二是 PPP 协议终止于接入网内部节点（复用点），复用点打开 PPP 分组，执行 PPP 协议，取出其中的 IP 包，然后再装进 IPSec 分组中。因此，IPSec 隧道传送的不是第二层 PPP 分组，而是第三层的用户 IP 分组，所以也可称 IPSec 为第三层隧道协议。

这种方式的特点是 IPSec 定义了完备的加密和认证机制，可以确保远程 ISP 接入的安全性。同时，由于协议机制的统一性，可以保证不同厂商产品的互通。而 PPP 隧道方式，由于 L2TP 并未规定采用何种加密和认证机制，因此可能会造成不同厂商的产品不能互通。

（4）IP 路由器接入方式。属于第三层选路方式。接入网内部节点含路由器功能，将用户 IP 分组转发至 ISP，PPP 协议则终结于内部节点。这一方式相当于边缘路由器外移至接入网，用户可方便地在多个 ISP 中选择接入某一个 ISP。同时，路由器移入接入网，相当于将 IP 网向用户侧推进，采用 IP 网的 QoS 机制后，意味着 QoS 控制引入接入网，有助于端到端 QoS

的实现。路由方式包括基于 ISDN 的连接和基于 FR 及租用专线的连接，支持 FR、IP/IPX、PIP/RIP2、OSPF、IGRP 等协议。

（5）MPLS 接入方式。MPLS 是核心网中的 IP/ATM 集成技术，旨在利用 ATM 网络的优异性能，快速传送多业务 IP 数据包。该接入方式实际上也是一种路由器方式，只是用 MPLS 技术实现 IP 分组的选路和转发，因此也能有效地支持多个 ISP 的动态选择和 QoS 机制。

在这种方式中，PPP 协议终结于接入网内的 MPLS 交换机节点，该节点打开 PPP 分组，执行 PPP 协议，取出其中的 IP 包贴上标签，然后装入 ATM 信元转发到 ISP。从这点来说，也相当于是一种 IP 隧道方式。MPLS 技术不仅支持 ATM，还支持 FR 等其他第二层面向连接技术传送 IP 数据包，当用于 IP/ATM 结合时，标签就是 ATM 中的 VPI/VCI，此时协议栈中的标签实际上是空的。

在上述接入方式中，第 1～2 种方式 PPP 协议终结于 ISP，可称为 PPP 隧道方式；第 3～5 种方式 PPP 协议终结于接入网内部，可称为 PPP 终接方式。不论 PPP 连接终结于 ISP 还是接入网内部，AAA 功能总是由 PPP 终结点完成的。为了具有良好的可扩展性，一般网络设置集中的 AAA 服务器，此时，PPP 终结点内装备 AAA 客户功能，通过特定的协议与集中设置的服务器交互，提供所需的 AAA 功能。

3.5　物联网技术

1. 物联网概念与体系架构

物联网（IoT）是指通过信息传感设备，按约定的协议，将任何物体与网络相连接，物体通过信息传播媒介进行信息交换和通信，以实现智能化识别、定位、跟踪、监管等功能。

物联网典型体系架构分为三层，自下而上分别是感知层、网络层和应用层。感知层实现物联网全面感知的核心能力，是物联网中关键技术、标准化、产业化方面亟需突破的部分，关键在于具备更精确、更全面的感知能力，并解决低功耗、小型化和低成本问题。网络层主要以广泛覆盖的移动通信网络作为基础设施，是物联网中标准化程度最高、产业化能力最强、最成熟的部分，关键在于为物联网应用特征进行优化改造，形成系统感知的网络。应用层提供丰富的应用，将物联网技术与行业信息化需求相结合，实现广泛智能化的应用解决方案，关键在于行业融合、信息资源的开发利用、低成本高质量的解决方案、信息安全的保障及有效商业模式的开发。

物联网把新一代 IT 技术充分运用在各行各业之中，把感应器嵌入和装备到电网、铁路、桥梁、隧道、公路、建筑、供水系统、大坝、油气管道等各种物体中，然后将"物联网"与现有的互联网整合起来，实现人类社会与物理系统的整合，对整合网络内的人员、机器、设备和基础设施实施实时的管理和控制，在此基础上，人类可以以更加精细和动态的方式管理生产和生活，达到"智慧"状态，提高资源利用率和生产力水平，改善人与自然间的关系。

2. 电力物联网

电力物联网，就是围绕电力系统各环节，充分应用"大云物移智"（大数据、云计算、物联网、移动互联网、人工智能）等现代信息技术和先进通信技术，实现电力系统各环节万物互联、人机交互，具有状态全面感知、信息高效处理、应用便捷灵活特征的智慧服务系统。电力物联网是电力工业技术与物联网技术深度融合产生的一种新型电力网络状态，通过电网设备间的全面互联、互通、互操作，实现发、输、变、配、用各环节的全面感知、数据融合和智能应用，满足电网精益化管理需求，支持能源互联网快速发展。

电力物联网系统可以分为感知层、网络层、平台层、应用层。感知层是信息采集的关键环节，利用包括传感器、信号采集设备等在内的各种手段，采集物体的状态，如温度、湿度、电流、设备运行状态等，同时还可以将上层发来的指令传递给设备执行机构，做出指定的动作。感知层主要解决数据采集问题，负责感知外界信息和响应上层指令，是这四层结构的基础，通过各类终端完成数据的统一标准化接入。

网络层包含核心网和接入网，核心功能是通过电力无线专网、电力通信专网、互联网、移动通信网、卫星通信网等基础网络设施实现信息的传送网络层接驳感知层和平台层，具有强大的纽带作用。

平台层依托于超大规模的终端统一物联管理，构建全业务统一数据中心，实现信息的汇总、存储、检索、权限管理等，做到数据打通、标准打通，形成大中台结构数据中心（或数据中台等），挖掘海量数据采集价值，提升数据高效处理和云雾协同的能力。

应用层是电力物联网的用户接口，位于架构的最顶端，应用层接收平台层传来的信息，并对信息进行处理和决策，再通过平台层和网络层向下发送信息以控制感知层的设备终端，从而实现智能化的控制、决策和服务，如电网可视化监控平台、变电站智能管控、智能热点监测、能源交易/电力营销应用等。

电力物联网可以满足智能电网在全面感知、敏捷连接、实时业务、数据优化、应用智能、安全与隐私保护等方面的关键需求。根据智能电网体系架构，探索基于全面感知、可靠传输和智能处理的电力物联网关键技术，实现对智能电网中大量传感器、智能设备、多重数据的协同控制、并行处理与分析，从而快速得出运行决策，以满足智能电网中设备及用户的快速响应需求，为智能调度、智能检修、智能用户响应、主动配电等高级应用提供支撑。

3.6　信息通信技术国际标准

发展智能电网的关键是制定全球通用标准、实现互操作性的最大化和降低设备成本。NIST（美国国家标准与技术研究院）、IEC（国际电工委员会）、IEEE（电气和电子工程师学会）、ANSI（美国国家标准学会）、ITU（国际电信联盟）等许多行业组织，创造了大量持久影响电力系统和信息通信的标准，EPRI（美国电力科学研究院）与 CIGRE（国际大电网委员会）虽然不发布标准，但是确实深度影响并参与许多标准的制定。

随着我国电力体制改革的不断推广和区域联网的不断增强，不同电网应用间的互操作性要求日益增强。如果多个互联电力系统之间没有一个统一的通信规约，则不可能在一个 IT 架构基础之上有效地选择不同的自动化设备、远动系统及数据采集装置等供货商。为此，IEC TC57 制定了统一的通信系统体系，使得电力系统运营商和供货商都可以从这些标准中获益。图 3-4 为 IEC TC57 制定的无缝通信系统体系，从现场设备到远动通信介质服务，再到前置和后台应用，TC57 工作组实现了信息从现场到后台再到其他系统的一个全过程信息集成。本节重点介绍几个应用较多的相关标准。

3.6.1　IEC 60870

随着计算机、网络、通信等技术的不断发展，电力系统调度运行的信息传输要求不断提高，信息传输方式已逐步走向数字化和网络化。国际和国内使用的远动规约多种多样，即使是对于同一种规约，其传输格式也会因不同国家、不同生产厂家而不同。为了统一这种混乱局面，实现远动规约的标准化，IEC TC57 制定了一系列远动规约的基本标准，解决了远动系统长期以来协议繁多、互补兼容的问题。

远动设备和系统标准 IEC 60870 分为三个部分，其中 60870-1～60870-4 部分描述了一些远动传输的基本原则，60807-5 部分描述了现场设备与控制中心间远动传输的传输协议，60870-6 部分描述了控制中心和控制中心间远动传输的传输协议。

1. 60870-5 部分

60870-5 系列远动规约是电力系统 RTU 或现场自动装置与主站之间的远动通信规约。它遵循了 OSI 七层参考模型，规定了物理层、链路层及应用层三个层次之间的通信标准。在 IEC 60870-5 的基础上，制定了 IEC 60870-5-101、IEC 60870-5-102、IEC 60870-5-103 三个通信规约，分别适用于远动、电能计量、继电保护设备通信。我国基于 IEC 60870-5-101/104 规约，于 1998 年 5 月制定了 DL/T 634—1997《基本远动任务的配套标准》，非等效采用 IEC 60870-5-101，并根据国情做部分选择和补充。IEC 60870-5-101 采用工厂自动化用以太网（EPA）模型。EPA 模型由国际标准化组织（ISO）定义的计算机间通信标准 OSI 七层参考模型简化而来。为了提高通信的实时性，采用了只有物理层、数据链路层、应用层三层的增强性规约结构（EPA），应用层直接映射到数据链路层，加强了信息的实时性。IEC 60870-5-104 在 IEC 60870-5-101 的基础上增加了 TCP/IP 协议层次，以满足广域数据网络上两点之间进行对等通信的需要。

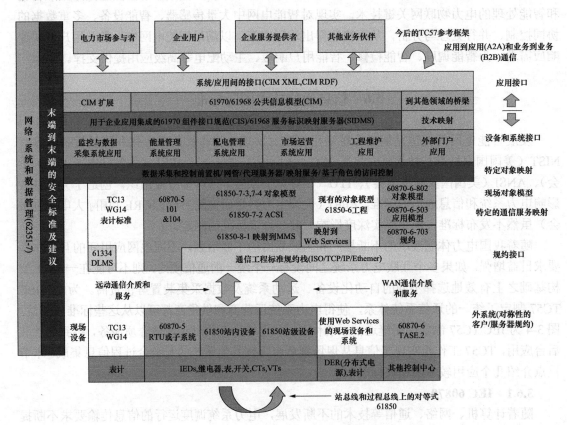

图 3-4　电力信息通信标准体系

2. 60870-6 部分

省地调 SCADA/EMS 之间数据实时、准确、高速交换，对实现智能电网高效调度至关重要。IEC 制定的 60870-6 TASE.2 可以作为 EMS 间通信的协议，在美国也称为控制中心间通信协议或 ICCP，实现通过局域网和广域网无缝交换时间关键型数据。TASE.2 包括三个文档，IEC 60870-6-503 服务和协议、IEC 60870-6-702 应用程序简介、IEC 60870-6-802 对象模型。TASE.2 协议基于工业自动化系统制造报文规范（MMS），对对象即关系的描述均基于 MMS，具体的网络交换过程及报文格式均由底层的协议实现。在实现时仅需告诉 MMS 需要传送哪些信息以及相应的传送参数即可，这是 TASE.2 协议与目前传统的远动传送方法间的本质区别。目前使用的远动传送方法自定义应用层协议常常基于网络层或传输层，实现时，不仅需要考虑网络连接的维护，还必须处理具体的报文格式和高低字节等问题，而且绝大多数自定义应用层协议未考虑异构的软硬件环境之间的互联，因而只能适用于极少数 EMS 之间的通信。

相对传统的协议而言，TASE.2 协议主要具有以下优势：提高 EMS 之间通信的安全性；降低组件、安装和运行成本；缩短规划、设计和安装的时间；简化设备和系统的选择；提高互操作性和跨平台的能力；降低培训成本；提高操作资源的利用率。

3.6.2 IEC 61850

1. 产生背景

随着变电站自动化技术的快速发展，国内外厂商相继推出了多种变电站自动化系统，这就需要在各种自动化系统内快速、准确地集成、合并和传播实时信息。不同厂家的产品进行互操作时，没有一个统一的信息接口，实现难度很大。需要在不同系统之间加装网关设备，实现对不同的通信规约进行转换。随着系统里规约的种类越来越多，所需要的网关也就越多，数据经过多次转换后，极有可能导致部分数据错误且实时性变差。

为适应变电站自动化的迅速发展，1995 年，IEC TC57 为此成立了 3 个工作组（WG10/11/12），负责制定 IEC 61850 标准。3 个工作组有明确的分工：第 10 工作组负责变电站数据通信协议的整体描述和总体功能要求；第 11 工作组负责站级数据通信总线的定义；第 12 工作组负责过程级数据通信协议的定义。

2. 组成部分

IEC 61850 标准共分为 10 个部分：①IEC 61850-1《基本原则》，包括 IEC 61850 的介绍和概述；②IEC 61850-2《术语》；③IEC 61850-3《一般要求》，包括质量要求（可靠性、可维护性、系统可用性、轻便性、安全性），环境条件，辅助服务，其他标准和规范；④IEC 61850-4《系统和工程管理》，包括工程要求（参数分类、工程工具、文件），系统使用周期（产品版本、工程交接、工程交接后的支持），质量保证（责任、测试设备、典型测试、系统测试、工厂验收、现场验收）；⑤IEC 61850-5《功能和装置模型的通信要求》，包括逻辑节点的途径、逻辑通信链路、通信信息片（PICOM）的概念、功能的定义；⑥IEC 61850-6《变电站自动化系统结构语言》，包括装置和系统属性的形式语言描述；⑦IEC 61850-7-1《变电站和馈线设备的基本通信结构——原理和模式》；IEC 61850-7-2《变电站和馈线设备的基本通信结构——抽象通信服务接口（ACSI）》，包括抽象通信服务接口的描述、抽象通信服务的规范、服务数据库的模型；IEC 61850-7-3《变电站和馈线设备的基本通信结构——公共数据级别和属性》，包括抽象公共数据级别和属性的定义；IEC 61850-7-4《变电站和馈线设备的基本通信结构——兼容的逻辑节点和数据对象（DO）寻址》，包括逻辑节点的定义、数据对象及其逻辑寻址；⑧IEC 61850-8《特殊通信服务映射（SCSM）》，到变电站和间隔层内以及变电站层和间隔层之间的通信映射；⑨IEC 61850-9《特殊通信服务映射（SCSM）》，即间隔层和过程层内以及间隔层和过程层之间通信的映射；⑩IEC 61850-10《一致性测试》。从 IEC 61850 通信协议体系的组成可以看出，这一体系对变电站自动化系统的网络和系统做出了全面、详细的描述和规范。

3．标准特点

IEC 61850 是关于变电站自动化系统的第 1 个完整的通信标准体系。与传统的通信协议体系相比，在技术上 IEC 61850 有如下突出特点：

（1）使用面向对象建模技术。对象模型涵盖了变电站内所有智能装置，契合用户的需求，方便功能的自由分配。数据对象自我描述，简化了数据管理和维护工作，解决了按点号定义数据含义不明的问题。

（2）使用分布、分层体系。从逻辑和物理概念上将变电站的功能分层，使得变电站自动化的模型更加合理，各层间的接口更加清晰。

（3）使用抽象通信服务接口（ACSI）、特殊通信服务映射（SCSM）技术，使通信和规约分离。解决了标准的稳定性与未来网络技术发展之间的矛盾，以后网络技术发展了只需要改动 SCSM，而不需要修改具体应用，保证了应用的长期稳定性。

（4）使用 MMS 技术。规范了具有通信能力的智能传感器、智能电子设备（IED）、智能控制设备的通信行为，使出自不同制造商的设备之间具有互操作性，使系统集成变得简单、方便。

（5）互操作性和面向未来的、开放的体系结构，减少了工程和维护工作。相同的通信接口、标准的配置语言和配置文件，为来自不同厂商的智能电子设备之间的互操作性奠定了基础。一致性测试，最大限度的保证了不同厂家对标准理解和实现的一致性。开放的系统降低了生命周期的总体拥有成本，减少了工程和维护的工作量。

IEC 61850 标准的特点也正是其难点所在：

（1）IEC 61850 标准本身非常复杂，导致不同厂商的理解不尽一致；

（2）IEC 61850 标准给予生产厂商较大的自由度，这给不同厂商之间实现互操作增加了不小难度。

4．变电站自动化系统接口模型

IEC 61850 按照变电站自动化系统所要完成的控制、监视和继电保护三大功能，从逻辑上将系统分为 3 层，即变电站层、间隔层和过程层，并定义了 3 层间的 9 种逻辑接口。IEC 61850 给出的变电站自动化系统接口模型如图 3-5 所示。

过程层主要完成开关量 I/O、模拟量采样和控制命令的发送等与一次设备相关的功能。过程层通过逻辑接口④和接口⑤与间隔层通信。间隔层的功能是利用本间隔的数据对本间隔的一次设备产生作用，如线路保护设备或间隔单元控制设备就属于这一层。间隔层通过逻辑接口④和接口⑤与过程层通信，通过逻辑接口③完成间隔层内部的通信功能。

变电站层的功能分为两类：一是与过程相关的功能，主要指利用各个间隔或全站的信息对多个间隔或全站的一次设备发生作用的功能，如母线保护或全站范围内的闭锁等，变电站层通过逻辑接口⑧完成通信功能；二是与接口相关的功能，主要指与远方控制中心、工程师站及人机界面的通信，通过逻辑接口①、⑥、⑦完成通信功能。

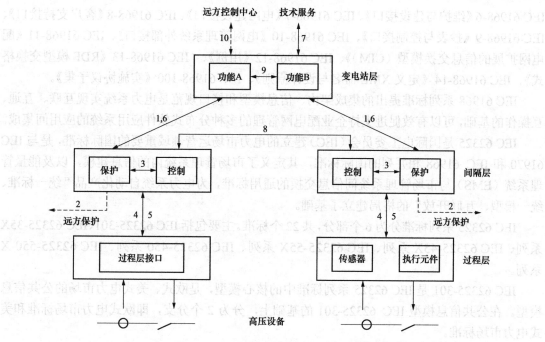

图 3-5 变电站自动化系统接口模型

在变电站层和间隔层之间的网络采用抽象通信服务接口映射到制造报文规范（MMS）、传输控制协议/国际协议（TCP/IP）以太网或光纤网。在间隔层和过程层之间的网络采用单点向多点的单向传输以太网。IEC 61850 标准中没有继电保护管理机，变电站内的智能电子设备（IED，测控单元和继电保护）均采用统一的协议，通过网络进行信息交换。除此之外，每个物理装置又由服务器和应用组成。由 IEC 61850 来看，服务器包含逻辑装置，逻辑装置包含逻辑节点，逻辑节点包含数据对象、数据属性。这种分层，需要有相应的抽象服务来实现数据交换，这就是 IEC 61850 的另一个特点，即抽象通信服务接口（ACSI）。

3.6.3　IEC 61968/61970/62325

IEC 61970 是国际电工委员会制定的《能量管理系统应用程序接口（EMS-API）》系列国际标准。对应国内的电力行业标准 DL 890。20 世纪 90 年代初，美国电力科学研究院（EPRI）成立了课题组，研究和开发控制中心应用程序接口（CCAPI），以期实现控制中心"即插式"应用。随后 IEC TC57 WG13 工作组开始制订能量管理系统应用程序接口（EMS-API）标准，即 IEC 61970 标准。

IEC 61970 系列标准定义了能量管理系统（EMS）的应用程序接口（API），目的在于便于集成来自不同厂家的 EMS 内部的各种应用，便于将 EMS 与调度中心内部其他系统互联，以及便于实现不同调度中心 EMS 之间的模型交换。

IEC 61970 主要由接口参考模型、公共信息模型（CIM）和组件接口规范（CIS）三部分组成。接口参考模型说明了系统集成的方式，公共信息模型定义了信息交换的语义，组件接口规范明确了信息交换的语法。

IEC 61968 是"电力企业应用集成——配电管理系统接口"的通用标准集合，主要包括 15 个部分的内容，IEC 61968-1《接口体系与总体要求》、IEC 61968-2《术语》、IEC 61968-3《电网运行接口》、IEC 61968-4《台账与资产管理接口》、IEC 61968-5《运行计划与优化接口》、

IEC 61968-6《维护与建设接口》、IEC 61968-7《电网建设接口》、IEC 61968-8《客户支持接口》、IEC 61968-9《抄表与控制接口》、IEC 61968-10《电网管理系统外部接口》、IEC 61968-11《配电网扩展的信息交换模型（CIM）》、IEC 61968-12《用例》、 IEC 61968-13《RDF 模型交换格式》、IEC 61968-14《定义 XML 命名与设计原则》、IEC 61968-100《实施协议子集》。

IEC 61968 系列标准提出的集成架构、信息模型和接口规范是电力系统实现互联、互通、互操作的基础，可以有效促进支持企业配电网管理的多种分布式软件应用系统的应用间集成。

IEC 62325 是国际电工委员会（IEC）建立的电力市场运营领域重要的国际标准，是与 IEC 61970 和 IEC 61968 相并列的国际标准，其定义了市场管理系统内的信息建模，以及能量管理系统（EMS）与市场管理系统间信息交换的通用标准，为电力系统自动化产品"统一标准、统一模型、互联开放"的格局建立了基础。

IEC 62325 系列标准分为 6 个部分，共 22 个标准。主要包括 IEC 62325-301、IEC 62325-35X 系列、IEC 62325-45X 系列、IEC 62325-55X 系列、IEC 62325-450 系列、IEC 62325-550-X 系列。

IEC 62325-301 是 IEC 62325 系列标准中的核心模型，是欧式、美式电力市场的公共信息模型。在公共信息模型 IEC 62325-301 的基础上，分为 2 个分支，即欧式电力市场标准和美式电力市场标准。

欧式电力市场标准主要包括 3 个部分：欧式电力市场子集 IEC 62325-351、欧式电力市场主要业务模型 IEC 62325-451-X 系列，以及欧式电力市场主要业务信息交互文件 IEC 62325-551-X 系列。欧洲电力市场建立模型的主要特点是：电力市场交易的开展基于市场成员间信息的规范化交换，以市场文档为核心；对于电力市场中每一个业务流程，给出一个特定的业务模型文档集。目前，初步形成了合同、计划、结算、输电能力分配、备用资源安排、信息发布等主要业务模型文档（分别对应建立了一类标准），结合业务需要，后续可能进一步扩展。

美式电力市场子集主要包括 3 个部分：美式电力市场子集 IEC 62325-352、美式电力市场主要业务模型 IEC 62325-452-X 系列，以及美式电力市场主要业务信息交互文件 IEC 62325-552-X 系列。美式电力市场建立模型的主要特点是：考虑电网运行物理模型和安全约束，其定义了一个市场运营的公共全集；对于实际运营的电能、辅助服务、容量市场、输电权市场等不同市场品种，再分别定义对应的业务模型子集。目前，初步规划了日前市场、实时市场、容量市场、输电权市场等主要业务模型子集。

中国也已开展标准转化工作，目前已完成 IEC 62325-301 的行业标准转化工作，并已启动 IEC 62325-351 和 IEC 62325-352 行业标准的转化工作。此外，在继承 IEC 62325-301 的基础上，针对中国电力市场分级运营，多方合同、结算等市场特点，进行了相应扩展，发布了国家电网公司企业标准《电力市场交易运营系统业务数据建模标准》，并以此为基础，编制国家电网公司企业标准《电力市场交易运营系统标准数据模型》。随着中国电力市场改革的深入推进、全球能源互联网战略的启动，以及国家电网公司全国统一电力市场交易平台的进一步推广应用，可以预见，未来几年，IEC 62325 系列标准将具有更为广阔的应用前景。

3.6.4　IEC 62351

基于 IEC 61850 标准协议建立起来的通信网络体系结构在上层协议上是一致的，而且也大大提高了变电站内设备的互操作性和互换性，但是协议的开放性和标准性却带来了协议的安全性问题；同时，智能化变电站内由于各种智能电子设备的大量应用，变电站内运行、状态和控制等数字化信息都通过传输控制协议/网际协议（TCP/IP）网络进行传送，也将面临着传统 TCP/IP 网络的安全风险与隐患。因此，智能化变电站的信息安全问题已日益成为国内外较为关注的焦点问题。IEC 62351 标准是国际电工委员会第 57 技术委员会第 15 工作组（IEC TC57 WG15）为电力系统安全运行，针对有关通信协议（IEC 60870-5、IEC 60870-6、IEC 61850、IEC 61970、IEC 61968 系列和 DNP3）而开发的数据和通信安全标准。

变电站二次系统内部通信协议主要包括制造报文规范（MMS）、面向通用对象的变电站事件（GOOSE）、采样测量值（SMV）等。其中，MMS 协议安全强化涉及开发系统互联（OSI）七层模型中的传输层和应用层，传输层的安全强化通过传输层安全（TLS）协议完成，应用层安全强化通过扩展 MMS 关联请求报文和响应报文完成。GOOSE/SMV 协议安全强化仅涉及 OSI 七层模型中的应用层，使用原始报文的保留位以及增加尾部认证字段实现。

IEC 62351 标准第 4 部分定义了 MMS 协议的安全机制，分别是传输层安全和应用层安全。传输层安全通过基于 TCP/IP 的 TLS 协议对安全服务要求进行设计。应用层安全在应用层定义了安全服务要求，引入了关联控制服务单元（ACSE）的 ACSE 请求和 ACSE 响应来建立一个安全的 MMS 关联，主要针对安全认证、数字证书。

MMS 协议改造主要分为两个部分，一是基于 TCP/IP 集上的安全改造；二是 MMS 在应用层上，客户端与服务器之间在关联过程中的认证。

IEC 62351 标准第 6 部分定义了 GOOSE/SMV 防止非法入侵及防重放攻击的方法。通过利用 GOOSE/SMV 报文协议格式中的保留字段和扩展协议来实现 GOOSE/SMV 安全改造目标，具备防止非法入侵操作攻击及防止重放攻击的能力。

3.6.5　IEC 62541（OPC UA）

工业控制领域用到大量的现场设备，硬件与应用软件耦合较大，底层变动对应用影响较大。硬件设备厂商较多，不同设备之间的通信及互操作困难。在工业控制系统应用程序间通信的接口标准（OPC）出现以前，软件开发商需要开发大量的驱动程序来连接这些设备，即使硬件供应商在硬件上做了一些小小改动，应用程序也可能需要重写。同时，由于不同设备甚至同一设备不同单元的驱动程序也有可能不同，软件开发商很难同时对这些设备进行访问以优化操作。

为了消除硬件平台和自动化软件之间互操作性的障碍，建立了 OPC 软件互操作性标准，开发 OPC 的最终目标是在工业控制领域建立一套数据传输规范，就是 OPC 标准。OPC 标准是以微软的 OLE（对象连接与嵌入）（现在的 Active X）、COM（组件对象模型）和 DCOM（分布式部件对象模型）为技术而开发出的一整套接口、属性和方法的标准集，用于过程控制和制造业自动化系统。OPC 采用典型的 C/S 模式，提供统一的 OPC 接口标准的 Server 程序，软件厂商只需按照 OPC 标准接口编写 Client 程序就可以访问 Server 程序进行读写。有了 OPC 就可以使用统一的方式去访问不同设备厂商的产品数据。简单来说，OPC 就是为了用于设备和软件之间交换数据。OPC 基金会前前后后规定了不同的接口定义，如 OPC DA（data access）用于实时数据交换、OPC A&E（alarms & events）用于报警和事件交换、OPC HDA（historical data access）用于历史数据交换、OPC XML DA（XML-based data access）用于 XML 实时数据交换，统称为 OPC。

OPC UA（OPC 统一架构）是下一代的 OPC 标准，通过提供一个完整的、安全和可靠的跨平台的架构，实现原始数据和预处理的信息从制造层级到生产计划或 ERP 层级的传输。OPC

UA 已在 IEC 标准化，为 IEC 62541 系列标准。通过 OPC UA，所有需要的信息在任何时间、任何地点对每个授权的应用，每个授权的人员都可用这种功能独立于制造厂商的原始应用，编程语言和操作系统。OPC UA 是目前已经使用的 OPC 工业标准的补充，提供平台独立性、扩展性、高可靠性和连接互联网的能力。OPC UA 不再依靠 DCOM，而是基于面向服务的架构（SOA），OPC UA 的使用更简便。现在，OPC UA 已经成为独立于微软、UNIX 或其他的操作系统企业层和嵌入式自动组建之间的桥梁。OPC UA 独立于制造商，应用可以用他通信，开发者可以用不同编程语言对他开发，不同的操作系统上可以对它支持。OPC UA 弥补了已有 OPC 的不足，增加了如平台独立、可伸缩性、高可用性和互联网服务等重要特性。

OPC UA 接口协议包含了之前的 A&E、DA、OPC XML DA 或 HDA，只使用一个地址空间就能访问之前所有的对象，而且不受 Windows 平台限制，因为它是从传输层以上来定义的，导致了灵活性和安全性比之前的 OPC 都提升了。

为了使 OPC UA 规范具有普遍的适应性，OPC 基金会使用了抽象的概念和术语形成 UA 规范，其中核心规范有 6 部分，访问类型规范由 6 部分组成，如图 3-6 所示。UA 服务器和客户端开发除了依赖于 UA 十三个规范的需求性指导以外，还需要合适的技术作为开发 UA 服务器和客户端功能模块的基础。因此，具体的开发过程，需要分析相关规范，并结合具体的实践环境，确定合适的技术手段。

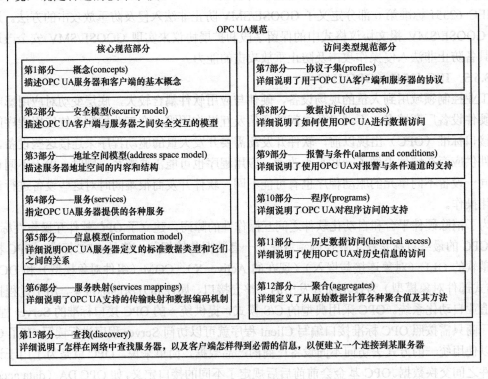

图 3-6　UA 规范组成

3-1　电网和信息通信的共同基础是什么？

3-2　能量和信息如何联系?

3-3　空间信息技术领域的"3S"是指哪三个系统? GIS 的五项主要功能是什么?

3-4　全球定位系统(GPS)在电力系统中的主要应用有哪些? 遥感(RS)系统的组成及在电力系统中的主要应用是什么?

3-5　什么是信息模型? IEC 61970 CIM 的作用是什么?

3-6　服务器的外置存储方式有哪几种? 各有什么特点和区别?

3-7　什么是云计算? 云计算服务模型、部署模型和关键技术有哪些?

3-8　什么是人工智能? 人工智能的经典算法有哪些?

3-9　什么是区块链? 给出两种区块链在电力系统中的应用模式。

3-10　信息安全的目标是什么?

3-11　电力信息集成有哪些技术?

3-12　可视化技术有哪些? 列举智能电网可视化应用。

3-13　数字孪生的概念与其他信息新技术的关系是什么?

3-14　光纤通信系统的基本组成是什么? 常用的光通信传输网络的技术体制有哪几种?

3-15　什么是电力特种光缆? 常用的有哪几种?

3-16　电力无线专网的技术体制有哪两种? 电力无线专网通信系统的组成有哪些?

3-17　国际标准化组织 3GPP 定义的 5G 的三大应用场景是什么?

3-18　传统的电力线载波通信系统的构成有哪些?

3-19　什么是物联网? 物联网的架构分为几层? 每一层的作用是什么?

3-20　什么是电力物联网? 电力物联网的架构分为几层? 每一层的作用是什么?

第4章 新能源发电信息通信技术

4.1 概 述

发电从技术角度可分为直流发电和交流发电，从接入电网的角度分为离网式发电和并网式发电，从规模角度分为集中式发电和分布式发电，从能源角度分为传统能源发电和新能源发电。不管如何划分，发电都要考虑功率和电能质量，确保发电功率与负荷的实时平衡，满足运行安全约束和电能质量要求。此外，电力系统一个重要的优化目标是提高发电以及电能传输的效率。

另外，储能和发电边界模糊，通常将两者放在一起讨论。储能包括电能转换成其他形式的能量来进行存储，如化学能、动能及潜在的其他能量，同时这些转换后的能量以损耗最小的方式再转换回电能。

产生电能的方式有很多种，包括煤、核能、天然气、石油、水等。随着传统化石燃料资源的日趋紧张，以及 CO_2 大量排放造成的温室效应和对环境的破坏，人们对可再生能源的应用要求越来越强烈，能源结构的变革势在必行。可再生能源包括生物质能、太阳能、风能、水能、地热能及海洋能等，它们资源丰富，可以再生，清洁干净，是最有前景的替代能源，将成为未来世界能源的基石。新能源发电主要是指利用风能、太阳能、生物质能、海洋能和地热能等各种新型可再生能源进行发电。国外的新能源发电以分散接入的方式为主，我国的新能源发电具有大规模集中接入的特点。与常规电源相比，大多数新能源发电方式提供的电力具有显著的间歇性和随机波动性。

由于 DG 本身的不稳定性，使其对传统配电网产生了很多不良影响，包括使得线路调压、无功补偿复杂化；继电保护选型和配置困难；电网短路容量增大；对电能质量有较大干扰；接受电力系统调度困难，这些因素都会给 DG 的监控、通信带来挑战。因此，DG 的大量应用对电力系统规划、电能质量和系统运行的安全可靠性都有很大的影响。DG 单机接入成本高，很多 DG 的功率输出具有随机性和波动性等问题。因此，大系统往往采取限制、隔离的方式来处理 DG，以期减小其对大电网的冲击。为协调大电网与 DG 间的矛盾，充分发掘分布式能源为电网和用户所带来的价值和效益，进一步提高电力系统运行的灵活性、可控性和经济性以及更好地满足电力用户对电能质量和供电可靠性的更高要求，可利用可再生能源"即插即用"式接入的能源互联网（EI）系统。能源互联网系统通过有效的控制策略，解决了 DG 接入所产生的问题，减少了 DG 对大电网产生的各种扰动。

为了实现新能源发电的并网及安全、稳定和经济运行，监控必不可少。每种能源的发电设备都将采用 SCADA 系统进行通信，同集中式大规模传统发电厂一样，SCADA 系统是新能源发电厂管理与控制的基础，不同的是，多类新能源的分散接入使优化控制的模型维度大大增加，而新能源（如风能、太阳能）本身特有的随机性又要求优化控制更加快速。同时，新能源的接入也为优化控制带来更加多样化的需求。SCADA 系统虽然并不是智能电网的技术，但关于集中式发电控制的知识可以延伸到智能电网中，因为被证明是成熟、安全和可稳定运行的信息通信技术会被优先采用。

　　工业通信包括一系列硬件及软件，保证实时操作中对昂贵的危险设备的控制，使其稳定可靠地运行。典型地，工业通信结构是分层的，并且人机交互界面在最顶层，允许人对系统进行操作和控制。如图 4-1 所示，在人机交互的下一层（中间层）是可编程逻辑控制器。可编程逻辑控制器是通过非实时通信互联的。最底层是与可编程逻辑控制器互联的现场总线来执行工作，如传感器、制动器、开关、阀门以及其他设备，这部分属于运营技术（OT）范畴。

　　图 4-1 框架旨在应对覆盖广泛区域的集成环境中预期的通信复杂性，同时还深入到系统的实时运行中。这起源于 20 世纪 80 年代的工厂过程自动化，电网及其相关的通信网络只是应用于发电、管理和传输的过程自动化的一个例子。现今电力企业网络分为 OT 域和 IT 域两个技术领域。OT 域要求数据通信具有较强的实时性和可靠性，传输关键流。IT 域要求数据通信量大，带宽高，传输 BE 流。

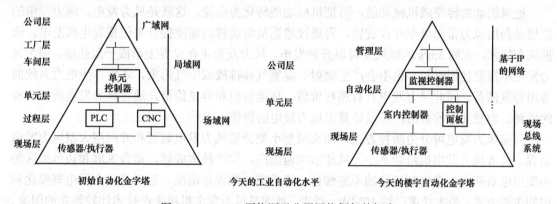

图 4-1　SCADA 网络源于分层网络框架的概念

　　工业自动化应用的 OT 网络与信息技术（IT）也不同，IT 是以无线技术和以太网为核心的。人们认识到，如果将 IT 和工业自动化结合起来会很完美。然而，由于需求不同，开发环境也不一样：工业自动化需要实时通信控制，也就是说，小分组低延迟；IT 注重的是高带宽、大数据的传输，并不需要对延迟有严格的限制。同样，IT 技术发展得更加迅速，而工厂自动化需要在较长时间内保持与大量昂贵设备的兼容性。OT 系统往往使用大量各种技术设计的硬件和通信协议，因此对许多企业而言，更多的是解决企业升级过程中，如何支持老系统和设备，以及众多厂商异构的网络和标准等问题。

　　在 OT 网和 IT 网融合的需求背景下，时间敏感网络（TSN）被提出，试图将 OT 和 IT 两个域中的数据融合在一起，共享同一个物理媒体。为了保证关键流和 BE 流都能满足各自的 QoS 需求，可以一种 TSN 模式的确定性数据服务实现，它以最好性能（BE）分组网络为基础，但发送器的带宽限定在某一范围内，网络为关键流量预留带宽和缓冲资源，并提供有界时延和零拥塞丢失。对同一类型流的分组进行排序，沿多个路径传输。到达目标节点后，再把重复接收的分组删除掉。

　　将智能电网 ICT 单纯看作 IT 和通信技术的结合是不恰当的，因为工业自动化通信也是其中的一部分。例如，发电厂和 DG 将在未来持续利用现场总线协议，一个趋势是现场总线协议逐渐向国际标准靠拢；另一个趋势是，现场总线技术融合了计算机网络和通信技术。

　　可以预见，TSN 同时可满足原来需要 IT 和 OT 网络分别提供数据服务的需求，在新能源发电领域将提供一种效费比较高的通信方案。

4.2　风力发电监控系统

4.2.1　风电概述

风能是空气流动所产生的动能，是太阳能的一种转化形式。由于太阳辐射造成地球表面各部分受热不均匀，引起大气层中压力分布不平衡，在水平气压梯度的作用下，空气沿水平方向运动形成风。风能资源的总储量巨大，一年中技术可开发的能量约为 5.3×10^{13} kWh。风能是可再生的清洁能源，储量大、分布广，但它的能量密度低（只有水能的 1/800），并且不稳定。据估计，到达地球的太阳能中虽然只有大约 2%转化为风能，但其总量仍是十分可观的。全球的风能约为 1300 亿 kW，比地球上可开发利用的水能总量还要大 10 倍。

把风的动能转变成机械动能，再把机械动能转化为电能，这就是风力发电。风力发电的原理是利用风力带动风车叶片旋转，再通过增速机将旋转的速度提升来促使发电机发电。依据风车技术，大约 3m/s 的微风便可以开始发电。风力发电正在世界上形成一股热潮，因为风力发电不需要使用燃料，也不会产生辐射、温室气体排放或空气污染，还可作为电力系统的备用容量储备。因此风力发电具有燃料价值、环境价值和容量价值，通过风力发电所能节省的燃料、容量和排放费用，可以计算出风力发电的价值。

目前风力发电可分为两种方式，即离网型小型分散风力发电装置和并网型大型风力发电装置。前者风力发电机组功率小，风速适应范围广，生产技术成熟，适合家庭和边远地区的小型用电负荷点。考虑到风能的不连续性，通常需要配置蓄电池。后者是风力发电规模化利用的主要方式，最大功率已达 10MW。丹麦、德国是风力发电机组生产技术比较领先的国家。

风力发电所需要的装置，称作风力发电机组。风力发电机组包括风轮机（风力机）、传动变速机构和发电机三个主要部分。其中风轮机是发电装置的核心，风轮机大体上分为两种：桨叶绕水平轴转动的翼式风轮机和桨叶绕垂直轴转动的风轮机两种。实际上，目前并网发电的风轮机主要是三叶式绕水平轴转动的翼式风轮机。水平轴的翼式风力发电装置主要由叶轮（也称风轮）、偏转机构和风向标、传动机构、塔架、发电机、风速仪和控制器等组成。

目前应用最多的并网型风力发电机组是三叶片、上风向、水平轴的风力发电机组。变速恒频风力发电系统中应用较为广泛且较有发展前景的主要是双馈式和永磁直驱式，正逐步取代基于普通异步发电机的恒速风力发电机组，成为当前的主流机型。永磁直驱式风力发电系统是未来风力发电系统发展的一个重要方向。

随着越来越多的风力发电机组并网运行，风力发电对电网的影响也越来越受到人们的广泛关注。风力发电原动力是不可控的，它的出力大小决定于风速的状况。从电网的角度看，并网运行的风力发电机组相当于一个具有随机性的扰动源，会对电网的电能质量和稳定性等方面造成影响，主要影响有电压波动和闪变、谐波污染、对电网稳定性的影响。改善风力发电并网性能需要一些其他措施，如配置静止无功补偿器（SVC）改善系统电能质量和提高系统的稳定性；也可采用超导磁蓄能（SMES）装置实现有功、无功综合调节，降低风电场输出功率的波动，稳定风电场电压，提高系统的稳定性。

4.2.2　风电的接入与组成

并网风力发电系统是指风力发电机组与电网相连，向电网输送有功功率，同时吸收或

者发出无功功率的风力发电系统，一般包括风电场/机组、线路、变压器等，其结构如图 4-2
所示。

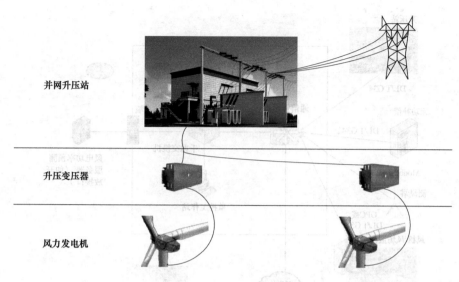

图 4-2　风电场组成示意图

　　风电场可通过直流或交流的方式接入电网。典型集中式风电场交流并网电气接线示意图
如图 4-3 所示。风力发电机组出口电压为 0.69kV，在风力发电机组出口位置配备箱式变压器
（升压变压器），将机端电压升至 35kV，经过机端箱式变压器升压后的多台风力发电机组的电
能分组汇集到一起，经过 35kV 输电线路送到 110kV 升压站，统一升压后接入电网。

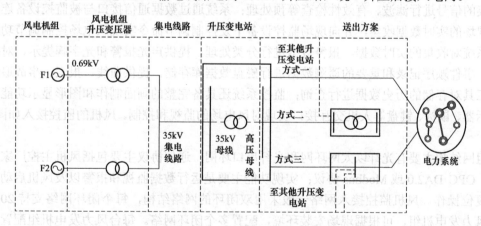

图 4-3　典型集中式风电场交流并网电气接线示意图

4.2.3　风电场监控系统

　　风电场监控系统主要由风机监控系统、箱式变压器监控系统、升压站监控系统、风电功
率预测系统、功率控制系统和风电场远程监控系统组成，如图 4-4 所示。
　　风电场综合（中央）监控系统可实现升压站、箱式变压器和风机统一监视控制功能，
控制风力发电机组的启动/停止/复位，控制升压站一次设备，以及实现升压站防误操作（五
防）、历史数据查询、曲线显示、报表生成，图形化监视、报警提示，AGC/AVC，风电功率

预测，远动，与风电远程监控中心通信功能等。风电场综合（中央）监控系统一般设置在升压站内。

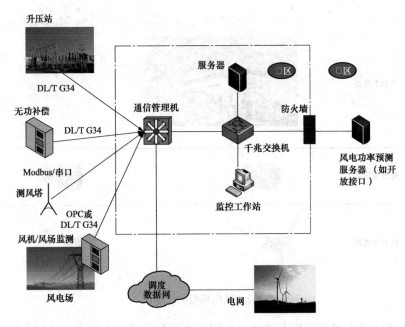

图 4-4　风电场监控系统

1. 风机监控系统

风机监控的对象是风力发电设备，它实现对风机主机开关量和模拟量的数据采集，并且对采集的信号进行滤波、有效性检查等预处理；系统通过数据通信接口与被监控设备连接实现对现场的实时数据收集，并向现场监控设备下发控制调节命令实现风电场控制调节功能；监控系统对收集的实时数据、报警数据进行分类处理，提供声光报警和光字牌提示，对报警信息、事件顺序记录和重要的遥测数据进行磁盘数据库存储，提供曲线、报表、事故追忆等查询工具对存储的历史数据进行查询；监控系统还具备完整的画面制作和图形显示功能，通过显示器、鼠标、键盘等人机交互接口实现对风电场的监视和控制。风机的监控接入如图 4-5所示。

组网结构主要有光纤以太网环网和光纤串口环网；通信协议主要包括风机主控厂家私有协议、OPC DA2.0 或 Modbus 协议；实现功能主要是运行数据监视和报警以及风机启动、停止和复位操作。风机监控接入网络一般采用双闭环的网络结构，每个闭环网络支持 20～50台的风力发电机组，可根据现场安装环境，配置多个闭环网络。每台风力发电机组配置一台工业级交换机。在服务器机柜中，每个闭环网络也需要配置一台工业级交换机，其型号和每台风力发电机组配置的交换机相同，风机控制器和工业交换机之间采用双绞线网络。

2. 箱式变压器监控系统（塔基柜）

箱式变压器监控系统主要是对箱式变压器内部设备的模拟信号和开关信号进行采集和控制，并上传到当地的监控后台和升压站的自动化系统中。风电场一般地处人迹稀少、环境复杂的山坡、戈壁、岛屿、滩涂、近海等地，对箱式变压器的巡视和维护相对困难，配置箱式变压器保护测控装置来监控箱式变压器是必要的。箱式变压器监控组网如图 4-6 所示。

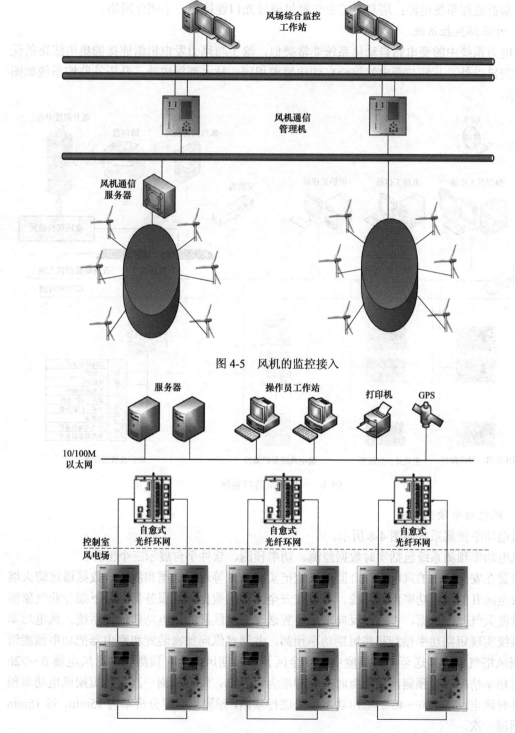

图 4-5 风机的监控接入

图 4-6 箱式变压器监控组网

组网结构以光纤以太网环网单独组网和接入风机监控系统光纤环网为主；通信协议主要有电力系统 IEC 60870-5-104 协议和 Modbus 协议；实现功能主要是运行数据监视和报警、箱式变压器负荷开关分合闸操作；塔基柜监控系统部分主要为一台工业级交换机；交换机电源来自塔基柜监控系统电源；塔基柜工业交换机通过光口连接为一个闭环网络。

3. 升压站监控系统

与电力系统中的变电站自动化系统非常类似，除了与风力发电机组连接的集电线路的保护有些差异以外，其他与变电站综合自动化要求相同，技术都很成熟。升压站监控系统如图4-7所示。

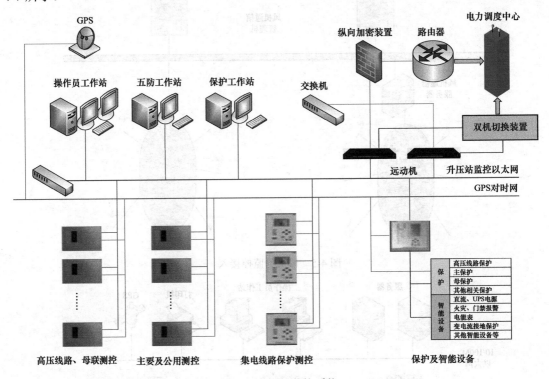

图 4-7　升压站监控系统

4. 风电功率预测系统

风电功率预测系统如图 4-8 所示。

风电功率预测系统包括实时数据监测、功率预测、软件平台展示三个部分。

布置在安全区Ⅰ的风电场综合监控系统把实时功率等运行数据和测风塔数据通过防火墙送至安全区Ⅱ的风电功率预测系统。布置在安全区Ⅲ的数据采集服务器主动下载专业气象部门的数值天气预报数据，并通过反向隔离装置送至安全区Ⅱ的风电功率预测系统。风电功率预测系统实现短期功率预测和超短期功率预测，并通过纵向加密装置和路由器把功率预测结果和测风塔气象数据送至电力调度中心安全区Ⅱ。短期风电功率预测能够对风电场 0~72h 的输出功率情况进行预测，预测点时间分辨率为 15min，每天预测一次；超短期风电功率预测能够对风电场未来 0~4h 的输出功率情况进行预测，预测点时间分辨率为 15min，每 15min 滚动预测一次。

5. 功率控制系统

风力发电运行控制主要包括风力发电的有功功率控制和无功功率控制。风力发电有功功率控制，也叫自动发电控制（AGC），参与电网频率调节；风力发电无功功率控制，也称自动电压控制（AVC），参与电网电压调节。调控组成如图4-9所示。

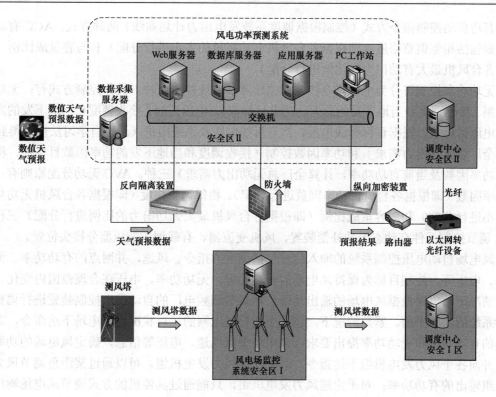

图 4-8 风电功率预测系统

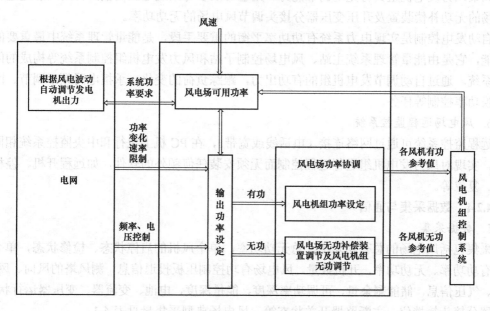

图 4-9 风电场调控示意

风力发电有功功率控制和无功功率控制由电网调度控制中心（能量管理系统）主站、风电场控制中心子站（中央控制的一部分，在升压站内）和风电场控制对象（风电机组、无功补偿装置、主变压器分接头）通过通信网共同完成。

有功功率控制可分为有功指令控制（控制根据调度系统有功控制指令）和发电计划曲线

控制有功自动控制指令方式（控制根据调度系统发电出力计划曲线）两种方式。AGC 有功分配原则包括相似调整裕度（即根据各台风机有功裕量的大小进行分配）和与容量成比例（即根据各台风机最大有功出力的比例进行分配）。

无功功率控制可分为电压指令控制和电压考核曲线控制两种。具体控制方式有：无功功率控制（接收调度和当地下发的总无功功率目标值），电压控制［接收调度和当地下发的高压母线电压目标值，根据目标母线电压、当前母线电压及系统阻抗（通过自学习法辨识得到），计算全厂总无功出力需求］和功率因数控制（接收调度和当地下发的功率因数目标值，根据目标功率因数及当前有功功率，计算全厂总无功出力需求）三种。AVC 无功分配原则有：相似功率因数（即根据各台风机功率因数进行分配）、相似调整裕度（即根据各台风机无功裕量的大小进行分配）和与容量成比例（即根据各台风机最大无功出力的比例进行分配）三种。AVC 调节控制元件有动态无功补偿装置、风机变流器、有载调压变压器分接头位置。

风电场自动电压控制系统的输入信号包括调度的指令、风速，并网点的有功功率、无功功率、电压等。控制目标为保持风电场的有功功率、无功功率、电压在合理范围内变化。在正常情况下，电网根据风电场的输出功率，对某些调频电厂的自动发电控制装置进行调整，保持系统的功率平衡。紧急情况下，调度中心根据电网的运行状况向风电场下达命令，对风电场的有功功率和无功功率提出要求，风电场根据风速、电压等信息，确定风电场的功率输出，并向各个风力发电机组下达指令。对于变速风力发电机组，可以通过桨距角调节风力发电机组输出的有功功率；对于定速风力发电机组，只能通过其停机的方式调节风电场输出功率。如果风力发电机组具有无功调节能力，则也可以参与系统电压调整，否则只能通过调节风电场的无功补偿装置及升压变压器分接头调节风电场的无功功率。

自动发电控制是实现电力系统有功功率平衡的重要手段，是能量管理系统中最重要的控制功能，它是由能量管理系统主站、风电场控制子站和风力发电机组控制系统等构成的闭环控制系统。通过自动调节发电机组的有功出力，跟踪负荷的变化，承担电网频率调节、区域间交换功率控制等任务。

6. 风电场远程监控系统

远程监控系统可通过网络连接（电话线或宽带），在 PC 机上执行和中央监控系统相同的功能，实现对风力发电机组进行远程控制而无须安装任何额外的软件，如远程开机、停机、偏航、复位等。

4.2.4 数据采集与通信

1. 数据采集

采集包括风电场的总有功功率、总无功功率，单个风机的启停状态、检修状态，单个风机的有功功率、无功功率，开机数量，风电场有功控制压板投退信息，测风塔的风向、风速、气温、气压信息，储能剩余量，可调功率深度、能量深度，电池、变流器、变压器运行状态，变压器分接头接挡位，主断路器开关状态等。风电场典型采集量见表 4-1。

表 4-1   风电场典型采集量

信息类别		信 息 内 容	上传方式	上传途径
电气	升压站	集电线、主变压器、母线、并网点的 P、Q、I、U、挡位；事故总信号、断路器、隔离开关状态	遥测、遥信	安全区 I 区

信息类别		信息内容	上传方式	上传途径
电气	风机	P、Q、I； 投退信号； 运行状态（正常发电、限功率、待机、停运、通信中断）	遥测、遥信	安全区 I 区
气象	测风塔	轮毂高度、测风塔最高处的风速和风向； 风电场温度、气压、湿度	遥测	安全区 I 区
	风机	风速、风向、温度		
预测	短期	未来 3 天的风场预测结果	IEC 60870-5-102 规约或消息邮件	安全区 II 区
	超短期	未来 15min～4h 的风场预测结果		

风电机组 SCADA 数据采集频率较高，多是按 1 次/s 采集，而且采集点较多，一台风机会涉及 1000（至少 300）～2000 个测点，因此，一台风机一天会产生 200MB 数据，一个大型风电场在 200 台风机左右，一个风电场每秒会产生 30 万个测点数据。

2. 通信系统

电力调度中心（主站）与风电场的通信通过标准的电力规约，经远动通道下发命令，到达风场的通信管理机（监控中心，子站），管理机再根据电网公司下发的指令控制风电场控制对象，实现整个风电场的控制。

风电场的通信包括：

（1）风机监控系统通信也称内部通信，指控制器与变桨、变流、智能传感器的数据交换，主要实现运行数据监视和报警以及风机启动、停止和复位操作等功能。风机单元（包括箱式变压器）采用风机主控厂家私有协议，提供 OPC DA2.0 或 Modbus 协议。一般风机主控制器应支持多通信接口，即 RS-485、Profibus，Canopen，Ethernet，主控制器和变距系统间、主控制器和变流器间采用现场总线进行通信。现场总线可选 CANopen、DeviceNet、Profibus、Modbus、Profinet。组网可采用光纤以太网环网、光纤串口环网。

升压站监控系统与电力系统中的变电站综合自动化系统类似，一般采用以太网。

（2）外部通信是指主控与远端数据服务器、多个风机控制器之间的数据传输，通常使用 Ethernet、TCP/IP（局域网络）实现。

中央监控系统组网通常采用光纤以太网环网或光纤串口环网，通常采用双闭环网络结构，每个闭环可连接 20～50 台风力发电机组。系统支持更多数量的闭环网络，可根据现场安装环境，配置多个闭环网络。光纤连接可采用直埋铠装光缆或架空电力光缆（如 ADSS）。风机间组成自愈式光纤冗余环网，单节点故障时能在 20ms 内恢复。

3. 风力发电监控的标准化

风电场监控系统基于 IEC 61400-25，IEC 61400-25 是 IEC 61850 标准在风力发电领域内的延伸，专门面向风电场的监控系统通信，国际标准 IEC-61400-25 系列定义了风电场监测与控制的通信方式，即定义了风电场内智能电子设备信息交换模型的服务。信息交换模型包括：所有能够访问信息的类的层次模型；对于这些类的信息交换服务；与每项信息交换服务相关的参数。但是，该系列标准只涉及风电场构成之间的通信，如风机与操作人员之间的 SCADA 系统，而各部分内部的通信不在标准涉及范围之内。

风机建模：系统遵循 IEC 61400-25 标准并参考相关风机控制器（日本恒河、奥地利巴赫曼）建立风机模型。以风机的主要部件建立风机模型，主要包括塔筒、机舱、发电机、变压器、变频器、轮毂、传动系统、偏航、转子、叶片；再建立风电场表、风机参数表。

（1）风机控制器与风机制造商 SCADA 系统之间的通信。目前风电场所采用的风力发电机组都以大型并网型机组为主，各单个机组有各自的控制系统（多数是可编程逻辑控制器）。风机制造商 SCADA 系统能同时与多台风电控制器通信，两者通过交换机与光纤环网相连接，采用 Modbus（或 TCP/IP）规约、OPC 协议以及风机厂家私有协议等，不能保证信息交换的标准化，目前厂家的风机控制器多采用私有协议，逐步过渡到 IEC 61400-25 协议。风机制造商 SCADA 系统通过各个机组的专用通信接口（可编程逻辑控制器实现）与每台风力发电机组进行数据交换。

（2）风机制造商 SCADA 系统到风电站级集控系统的通信。风机制造商 SCADA 系统一般支持 Modbus（或 TCP/IP）规约、OPC 协议向站级集控系统通信，逐步过渡到 IEC 61400-25 协议。

（3）风电站级集控系统与区域远程集控系统之间的通信。采用 100/1000M 自适应双以太网结构，2 台工业以太网交换机将各个设备连接起来，增加系统的可靠性。通过以太网与互联网连接，将风电场的实时运行数据和参数通过互联网发送到远程的区域集控中心，通信协议一般推荐 IEC 60870-5-104 或者 WebService 接口与其他系统交互信息，例如与 ERP 系统或者调度系统等。

4.3　光伏发电监控系统

4.3.1　光伏概述

太阳能发电的方式主要有两类，一类通过热过程，有"太阳能热发电"（塔式发电、抛物面聚光发电、太阳能烟囱发电、热离子发电、热光伏发电、温差发电等）；另一类不通过热过程，有"光伏发电""光感应发电""光化学发电""光生物发电"等。

其中，以光伏发电应用最为广泛。光伏发电是利用太阳能电池组件将太阳能直接转变为电能的装置。在广大的无电地区，该装置可以方便地实现为用户照明及生活供电，也可以与区域电网并网实现互补。

太阳能光伏发电的主要优点是：结构简单，体积小且轻；易安装，易运输，建设周期短；容易启动，维护简单，随时使用，保证供应；清洁，安全，无噪声；可靠性高，寿命长；太阳能无处不有，应用范围广；降价速度快，能量偿还时间有可能缩短。

太阳能光伏发电的主要缺点是：能量分散，占地面积大；间歇性大。除了昼夜这种周期变化外，太阳能光伏发电还常常受云层变化的影响。小功率光伏发电系统可用蓄电池补充，大功率光伏电站的控制运行比常规火电厂、水电站、核电厂要复杂；地域性强。

光伏发电系统的形式主要有独立光伏发电系统和并网光伏发电系统两种。独立光伏发电也叫离网光伏发电，由光伏阵列、光伏控制器、蓄电池组、逆变器、监控系统和负载组成。独立光伏电站包括边远地区的村庄供电系统，太阳能户用电源系统，通信信号电源、阴极保护、太阳能路灯等各种带有蓄电池的可以独立运行的光伏发电系统。

并网光伏发电就是太阳能组件产生的直流电经过并网逆变器转换成符合市电电网要求的交流电之后直接接入公共电网，可以分为带蓄电池的和不带蓄电池的并网光伏发电系统。带有蓄电池的并网光伏发电系统具有可调度性，可以根据需要并入或退出电网，还具有备用电源的功能，当电网因故停电时可紧急供电，常常安装在居民建筑上；不带蓄电池的并网光伏发电系统不具备可调度性和备用电源的功能，一般安装在较大型的系统上。

并网光伏发电系统是主要的发展方向，并网光伏发电中集中式大型并网光伏电站一般都是国家级电站，主要特点是将所发电能直接输送到电网，由电网统一调配向用户供电。但这种电站投资大、建设周期长、占地面积大。而分散式小型并网光伏，特别是光伏建筑一体化光伏发电，投资小、建设快、占地面积小、政策支持力度大，是并网光伏发电的主流。

4.3.2　光伏发电系统的接入与组成

太阳能光伏发电系统分为两种，一种是集中式；一种是分布式（以不大于 6MW 为分界）。

1. 20MW 集中式光伏电站

集中式光伏电站接入电网示意如图 4-10 所示。

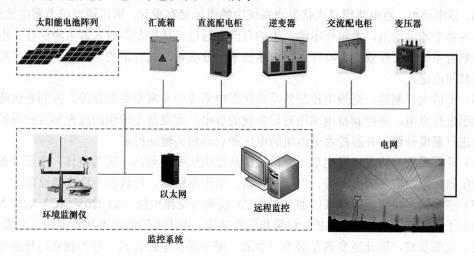

图 4-10　集中式光伏电站接入电网示意图

2. 分布式光伏电站（居民屋顶光伏）

分布式光伏一次系统接入电网示意如图 4-11 所示。

统购统销（接入公共电网）的光伏电站，装机容量 5kW（8kW 及以下），采用单相接入，公共连接点为公共电网 220V 配电箱，然后汇流至升压变压器，接入 10kV 线路。

光伏发电系统由太阳能电池阵列，汇流箱，直流配电柜、逆变器，交流配电柜，升压系统、太阳跟踪控制系统、光伏发电监控系统等组成。如为带蓄电池的系统，还有蓄电池组和充放电控制器，其部分设备的作用是：

（1）太阳能电池阵列。单一组件的发电量是十分有限的，在实际运用中，是单一组件通过电缆和汇线盒实现组件的串、并联，组成整个的组件系统，

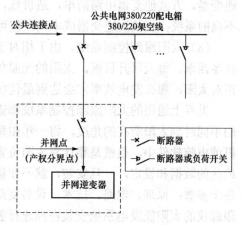

图 4-11　分布式光伏一次系统接线示意图

称为光伏阵列。典型光伏电站配置如

下：20MW 地面光伏电站一座，其中包括多晶硅光伏组件 8 万块、500kW 并网逆变器 40 台、1000kVA 升压变压器 20 台；建设配套设施开关站 3330m²，其中包括办公室、配电室、SVG 变压器及消弧线圈等设施，年均上网电量 2299.4 万 kWh。

光伏组件由 6×10 块电池组成（每块功率 270W，电压 30.7V，电流 8.8A），光伏阵列由 22 块光伏组件组成，每 16 个光伏阵列合并进入 1 个汇流箱，270×16×22，约 95（kW），每 5 个汇流箱集电接入 1 台逆变器，每 2 台逆变器（500kW×2）经 1 台升压变压器接入 35kV 电网。

（2）光伏阵列汇流箱。将多路小电流光伏阵列直流输出汇集成一路或多路大电流直流输出的装置，其输出可再汇集到下一级同类装置或直接接入逆变器，具有过流、逆流、防雷等保护和监测功能。以下简称汇流箱。

（3）直流/交流配电柜。将直流/交流开关设备、测量仪表、保护电器和辅助设施组装在封闭或半封闭金属柜内，成套配置以便于管理。以下简称配电柜。

（4）蓄电池组。蓄电池组是光伏发电系统中的电能储存单元，可以通过单节蓄电池的串、并联组成整个的电池组，太阳能电池产生的直流电通过光伏控制器进入蓄电池储存。电池的特性影响着系统的工作效率和特性。蓄电池技术十分成熟，其容量的选择受负载功率和连续无日照时间而定。

（5）充放电控制器。充放电控制器是光伏发电系统中非常重要的部件。控制光伏阵列对蓄电池组进行充电，并控制蓄电池组对后负载的放电，实现蓄电池组的过充和过放保护，对蓄电池进行温度补偿，并监控蓄电池组的电压和启动相关辅助控制。

（6）升压系统。将光伏发电单元交流输出从低电压变换到高电压的整体，主要设备包括升压变压器、断路器、隔离开关、电流互感器、电压互感器、母线和无功补偿设备等。

（7）逆变器。将直流电能（例如 12V DC）变换为交流电能（如 220V AC）后馈入电网的电力电子装置，具有变换、保护、记录和监控功能。由于太阳能电池和蓄电池是直流电源，而负载是交流负载，因此逆变器是必不可少的。逆变器按运行方式可分为独立运行逆变器和并网逆变器。独立运行逆变器用于独立运行的太阳能光伏发电系统，为独立负载供电；并网逆变器用于并网运行的太阳能光伏发电系统。逆变器按输出波型可分为方波逆变器和正弦波逆变器。方波逆变器电路简单，造价低，但谐波分量大，一般用于几百瓦以下和对谐波要求不高的系统；正弦波逆变器成本高，但可以适用于各种负载。

（8）太阳跟踪控制系统。由于相对于某一个固定地点的太阳能光伏发电系统，一年春夏秋冬四季、每天日升日落，太阳的光照角度时时刻刻都在变化，如果太阳能光伏板能够时刻正对太阳，那么发电效率才会达到最佳状态。

世界上通用的太阳跟踪控制系统都需要根据安放点的经纬度等信息计算一年中的每一天的不同时刻太阳所在的角度，将一年中每个时刻的太阳位置存储到可编程逻辑控制器、单片机或电脑软件中，也就是靠计算太阳位置以实现跟踪。采用的是理论数据，需要地球经纬度地区的数据和设定，一旦安装，就不便移动或装拆，每次移动完就必须重新设定数据和调整各个参数；原理、电路、技术、设备复杂，非专业人士不能够随便操作。把加装了智能太阳跟踪仪的太阳能发电系统安装在高速行驶的汽车、火车，以及通信应急车、特种军用汽车、军舰或轮船上，不论系统向何方行驶、如何调头和拐弯，智能太阳跟踪仪都能保证设备的要求跟踪部位正对太阳！

光伏发电监控系统指采用数据采集、通信传输和计算机等技术的综合系统，该系统通过对光伏发电系统或相关设备进行连续或定期的监测来核实系统或设备功能是否被正确执行，并在系统或设备发生工作状况变化的情况下，人工或自动执行必要操作或控制使其适应变化的运行要求。光伏发电监控系统监控整个系统的运行状态、设备的各个参数，记录系统的发电量、环境等数据，并对故障进行报警。

此外，还有通信接口机（与汇流箱、逆变器、环境监测仪、升压系统测控保护装置和外部设备或系统等直接进行通信，部署在逆变器室或间隔层，上送信息到站控层或接收站控层控制命令），逆变器室（位于光伏阵列场内，安装了配电柜、逆变器柜、升压系统柜组、通信接口机柜和风冷等辅助设备的独立小间），电能质量监测装置（监视和记录逆变器输出经过升压后或经过无功补偿后输入交流电网的电能质量，为监控系统提供信息）等设备。

4.3.3　分布式光伏监控系统

光伏监控系统主要包括主站、子站和通信网络，其中子站可以是单个光伏发电系统或多个光伏发电系统汇集而成的系统。系统架构如图 4-12 所示。

主站宜配置数据库服务器、前置服务器、应用服务器、工作站、卫星对时设备等。主站功能有：数据信息接收、数据信息处理、数据库管理、人机界面、运行分析、报表处理、防误闭锁、系统时钟对时、远程控制、信息管理、权限管理，以及远程监控主站与电网调度交互等。子站宜配置服务器和通信接口装置等。子站功能有数据采集、有功/无功控制和就地监视和启停。网络设备宜配置网络交换机、路由器、硬件防火墙、隔离装置、纵向认证加密设备等。通信网络实现子站内部通信、主站和子站之间通信。

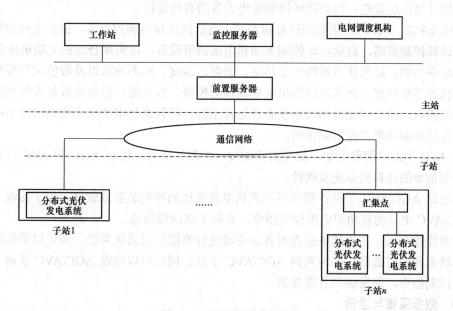

图 4-12　光伏监控系统架构

4.3.4　光伏电站信息交互体系

光伏电站信息交互体系如图 4-13 所示。

SVC/SVG 装置：SVC 是静止动态无功补偿装置，能够输出感性和容性无功，在一定范围内连续可调；SVG 是静止无功发生器，是采用由全控型电力电子器件组成的桥式变流器来进行动态无功补偿的装置，可从感性到容性连续调节。

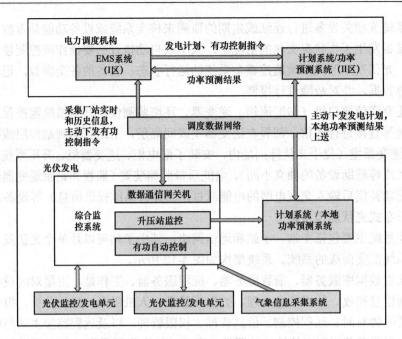

图 4-13 光伏电站信息交互体系示意图

自动发电控制（AGC）：指利用计算机系统、通信网络和可调控设备，根据电网实时运行工况在线计算控制策略，自动闭环控制发电设备的有功输出。

自动电压控制（AVC）：指利用计算机系统、通信网络和可调控设备，根据电网实时运行工况在线计算控制策略，自动闭环控制无功和电压调节设备，以实现合理的无功电压分布。

光电功率预测：以光伏电站的历史功率、光照、温度、地形地貌以及数值天气预报、逆变器运行状态等数据建立光伏电站输出功率的预测模型，以光照、温度等数值天气预报数据作为模型的输入，结合逆变器的设备状态及运行工况，得到光伏电站未来的输出功率；预测时间尺度包括短期预测和超短期预测。

AGC/AVC 主站：简称主站，指设置在调度（控制）中心，用于 AGC 和 AVC 分析计算并发出控制指令的计算机系统及软件。

光伏电站 AGC/AVC 子站：指运行在光伏电站就地的控制装置或软件，用于接收、执行调度 AGC/AVC 主站的有功和电压控制指令，并向主站回馈信息。

逆变器监控系统：在光伏电站内对各逆变器进行监控的自动化系统，其可以采集各逆变器的运行状态和实时数据，并转发到 AGC/AVC 子站；同时可以接收 AGC/AVC 子站下发的有功无功控制指令，并发送到各逆变器。

4.3.5 数据采集与通信

1. 数据采集

光伏发电监控系统应能实现数据采集和处理功能，采集对象包括太阳能电池方阵、并网逆变器、升压站及站用电等，内容包括模拟量、开关量、电能量和来自装置的记录数据等。模拟量的采集应包括交直流电气参数如电压、电流、有功功率、无功功率、功率因数、频率等信号。开关量的采集应包括直流开关、交流断路器、隔离开关、接地开关的位置信号，设备投切状态，交直流保护和安全自动装置动作及报警信号、变压器分接头位置信号等。电能量的采集应包括各种方式采集到的交直流有功电量和交流无功电量数据，并实现分时累加、电能平衡计算等功能。光伏电站采集和管理的数据见表 4-2。

表 4-2　　　　　　　　　　　　　　光伏电站采集和管理的数据

基础信息	光伏电站名称，所处区域的经纬度范围、海拔范围；自动气象站的经度、纬度、海拔，以及站址变更信息；光伏电站的装机容量、组件类型、组件安装倾角、逆变器类型、跟踪方式；光伏发电单元信息应包括但不局限于组件面积、组件数量、I-U 曲线、P-U 曲线等组件特性曲线
实时运行数据的采集	光伏电站实时运行数据应包括但不限于并网点有功功率、开机容量、逆变器工作状态、组件温度、光伏发电单元故障记录等；调度端光伏发电功率预测系统应通过电力调度数据网从光伏电站端获取电站实时运行数据；电站端光伏发电功率预测系统应从光伏电站计算机监控系统获取电站实时运行数据；数据的时间分辨率应为 5min
实时气象信息	应包括但不局限于总辐射、气温、相对湿度、风速和风向，宜包括直接辐射、散射辐射、气压等。调度端光伏发电功率预测系统应通过电力调度数据网从光伏电站端获取，数据的时间分辨率应为 5min
历史运行数据	光伏电站历史运行数据应包括但不局限于并网点有功功率、开机容量、逆变器工作状态、组件温度、光伏发电单元故障记录等；应包括光伏电站投运后上述全部历史数据，其中有功功率、开机容量、组件温度数据应为时间分辨率 5min 的平均值
自动气象站历史监测数据	历史监测数据应包括但不局限于总辐射、直接辐射、散射辐射、组件温度、气温、相对湿度、气压、风速及风向；应包括自动气象站建站后的全部历史监测数据；数据的时间分辨率为 5min
数值天气预报	数值天气预报辐射数据的类型至少应包括水平面总辐射辐照度、水平面太阳散射辐射辐照度、垂直于太阳入射光的直接辐射辐照度以及风速、风向、气温、相对湿度、气压等气象要素预报值。每日预报次数不少于 2 次，单次预报的时段应至少为次日 0～72h，时间分辨率为 15min。数值天气预报宜包括预报区域次日常规天气预报（天空总云量、累计降水量等），预测数据时间分辨率不低于 3h
发电功率预测	短期光伏发电功率预测应能预测次日 0～72h 的光伏电站输出功率，时间分辨率为 15min。超短期光伏发电功率预测应能预测未来 15min～4h 的光伏电站输出功率，时间分辨率为 15min。光伏发电功率预测的最小单位为单个光伏电站。调度端的光伏发电功率预测系统应能实现调度管辖范围内单个或多个光伏电站的有功功率预测

2. 通信技术

（1）光纤通信。结合各地电网整体通信网络的现状及规划，可选用 EPON 技术、工业以太网技术、SDH/MSTP 技术等多种光纤通信方式。

（2）中压电力线载波。在光伏电站拟接入变电站侧配置主载波机，光伏电站侧配置从载波机，主载波机依据线路结构对下进行载波组网，并通过载波通信方式将终端数据汇聚至主载波机，将数据上传。载波组网通信采用一主多从的方式组网，即一个主载波机和多个从载波机组成一个载波通信网络，主载波机和从载波机之间采用问答方式进行数据传输，从载波机之间不进行数据传输。

（3）无线专网。在部署电力无线专网通信系统的地区，一般在变电站或主站位置建设有无线网络的中心站，部署有高性能、高安全、带热备份的中心电台或基站。在电力无线专网覆盖区域，可在光伏电站设置无线终端设备，通过 RS-485/232 串行接口或以太网接口连接终端设备，将光伏电站的通信、自动化等信息接入系统，形成光伏电站至系统的通信通道。由于分布式光伏电站的布点范围广，因此通信方式普遍采用光纤通信和无线通信两种方式。光纤通信的优点在于通信速度高，通信质量可靠。然而在实际项目建设中，对位置比较偏远、无变电站或距离变电站较远的地区，专门架设光缆接入电网公司的调度数据网络成本较高，因此采用租用通信运营商的光纤专用通道成为目前广泛采用的方式。只要所租用公网光纤专用通道符合电网公司通信安全的有关要求，符合调度控制实时性的要求，通信设备选型符合所辖地区电网公司现有通信设备的技术要求,确保通信网络的互联互通和可管理性,就可以采用租用的方式。这不仅减少了建设周期,还节约了光伏发电项目的通信部分投资。

3. 光伏监控的标准化

光伏电站并网已经成为一种趋势,出于运行和控制的需要,对并网光伏发电系统的监控必不可少,并网光伏发电系统与电网的信息互操作需求也日益迫切。传统光伏发电监控系统中二次设备的功能和接口规范缺乏统一,各生产厂商多利用私有规约,通信标准的采用缺乏一致性,依赖于具体的通信协议和网络类型,导致互操作问题成为其长期维护和运行的巨大障碍,也不利于未来系统的扩展。IEC 61850 第二版的 IEC 61850-7-420 部分对分布式能源部分单元设备进行了建模,其中包括了光伏发电。

4.4 储能站监控系统

4.4.1 储能概述

在智能电网被创造出来之前能量存储系统就已经长期存在;然而,它们往往是独特的、专业的系统,而且没有标准方法连接到电网或操作和控制。事实上,存储系统已经被当作使用过程中的黑盒子,它取决于存储系统供应商提供的专有的安装及通信和控制机制。智能电网的一个目标是标准化储能系统的操作,使得它们成为一个更自然和不可分割的组成部分。

事实上,储能适用于电力系统的发电、输电、变电、配电、用电和调度多个环节,实现可再生能源发电改善、调峰调频、需求侧响应、交直流微电网等多种应用。不同类型的能量存储系统具有不同的特点,适合电网特定的应用。能量存储系统在过去与间歇发电相结合作为辅助电源,以平滑电力输出。例如,可周期性地重新充电用于微电网作为一个比较小的、局部能量电池,类似的概念也适用于从间歇性的可再生能源输出平滑的动力。因此,从通信的角度来看,能量存储是可以类似于补偿电力系统随机行为的缓冲器。另一个潜在的应用是可以使用低功率的传输线;在电力线的末端设置储能装置以连续地充电,允许负荷消耗的功率短时间内超过电力线额定承载的功率。

储能应用需要考虑的指标有功率和能量密度、寿命、充电时间、动态响应、维护成本和往返效率。储能技术在指标方面差异较大,其选用要匹配存储要求。

储能技术的主要种类有电化学储能(电池);压缩空气储能;机械储能(飞轮);抽水储能等。目前,全球累计运行的储能项目主要以抽水蓄能、蓄热/蓄冷储能和电化学储能为主。其他的储能方式由于经济可行性不高,应用并不广泛。其中,以锂离子电池为主的电化学储能具备放电时间长、响应速度快、转换效率高、不受自然条件制约、便于规模化应用等特点,是储能技术的主要发展方向。目前发电的成本仍然比存储便宜,并且输配电容量很大,可处理更多的发电、输电和配电要求。当大规模储能成本降低及发电和输电成本增加时,将开启储能应用的门槛。如某地测算在峰谷电价差达 0.7 元以上时,运营储能可获利。

建设电网侧储能系统可以满足新能源消纳需求,是提升电网安全稳定水平、解决电力设施重过载、电网削峰填谷、调压调频、应急供电保障的有效手段。

4.4.2 储能站的接入和组成

典型的储能单元所发电力经升压接入配电网母线,再经配电母线接入升压变电站接入电网,如图 4-14 所示。储能站由多个预制舱式储能单元组成,每个预制舱是单独的电池系统。

1．电池系统架构

电池预制舱储能系统从上至下划分为电池系统、电池簇、电池插箱、电池模组、电池单体。电池系统的结构设计具有下述特点：

（1）电池系统由若干（如 3 个）电池簇组成。每组电池簇包含若干（如 20 个）电池插箱，每个电池插箱由若干（如 12 个）单体电池串联组成，每组电池簇的电池插箱之间为串联关系；

（2）电池柜内部设计有热管理通风道以及散热风机，可以利用空调冷热风对电池进行热管理；

（3）电池插箱内部单体电池之间为串联关系，电池插箱之间通过前面板的航空插头使用动力电缆串联连接；

（4）电池插箱前面板集成 1 个 BMU，通过 BMU 可采集单体电池的电压和温度；

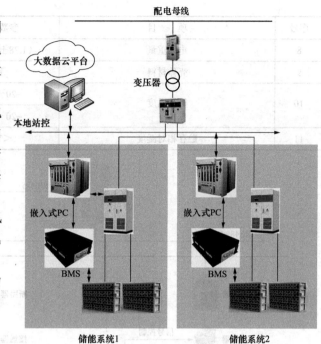

图 4-14　储能站的接入示意

（5）电池簇高压箱内配置总正接触器、总负接触器、预充回路及风扇冷却回路，所有接触器应能够接受电池管理系统控制。

2．电源系统拓扑图

5MW/10MWh 储能系统中，1MW/2MWh 电源系统配置两个 500kW-PCS，0.5MW/1MWh 电源系统配置一个 500kW-PCS，高压箱内包含 BMS 主控单元和电气元件，用于对整个电池簇运行状态的管理与保护。储能单元原理如图 4-15 所示。

3．电池主要参数

某储能电站电池技术参数见表 4-3。

表 4-3　　　　　　　　　　　　电 池 技 术 参 数

序号	项　目		参数说明	备注
1	额定容量		72Ah	标准放电
2	最小容量		72Ah	标准放电
3	工作电压		2.5～3.65V	
4	内阻（AC.1kHz）		≤1mΩ	新电池、30% SOC
5	充电时间	标准充电	～4h	参考值
		快速充电	～1h	
6	推荐 SOC 使用窗口		SOC：10%～90%	
7	工作温度	充电温度	0～45℃	
		放电温度	−20～55℃	

续表

序号	项　目	参数说明	备注
8	电池重量	（1.78±0.1）kg	
9	壳体材料	铝	
10	贮存温度	−20～25℃	标准贮存温度
		−20～45℃	绝对贮存温度
11	贮存相对湿度	＜70%	

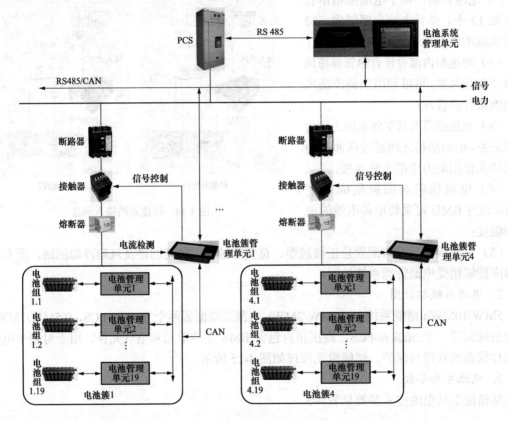

图 4-15　储能单元原理图

　　电池预制舱的主要作用是将电池、功率模块、环境监控、通信等设备有机地集成到一个标准的单元中，该标准单元拥有自己独立的温度控制系统、隔热系统、阻燃系统、火灾报警系统、安全逃生系统、应急系统、消防系统等自动控制和安全保障系统。

4. 电池管理系统（BMS）

　　储能电池组管理系统是根据大规模储能电池阵列的特点设计的电池管理系统，如使用锂电池为储能单元的储能电池阵列，完成电池阵列状态监控、保护、报警等功能。

5. 系统架构

　　电池管理系统总体架构如图 4-16 所示，电池管理系统架构设计以高电压隔离、高精度采集、实时性传输、可靠性监测、安全性保护控制以及集成方便、扩容简单为原则，分三层控制架构设计，包括电池管理单元（BMU）、电池簇管理单元（BCMS）和电池系统管理单元

（BAMS）。

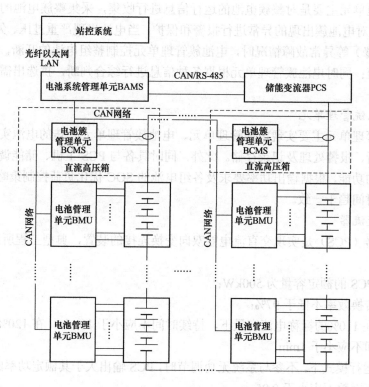

图 4-16 电池管理系统总体架构

6. 系统通信方案

系统通信方案主要包含监控系统与 BMS 间的通信及 BMS 的内部通信两类。

（1）监控系统与 BMS 间的通信。为了能全面监视电池的运行状态，同时为高级应用准备数据源，BMS 传递电池组信息［单体电池电压、端电压、充放电电流、电池的荷电状态（SOC）、模块箱温度及蓄电池充放电控制相关参数等］及告警等必要信息至监控系统，并接收监控系统下达的电池运行参数保护定值、报警定值设置等必要信息。BMS 管理服务器采用 Modbus 通信规约，采用 RJ45 网络接口。

（2）BMS 的内部通信。BMS 管理服务器通过 CAN 通信方式，接收电池管理子系统的所有信息，包括电压、温度、电流等信息，并进行显示分析。同时，电池簇管理单元通过 CAN 总线接收采集单元上传的相关数据并进行管理分析，并控制电池采集均衡模块对单体电池进行均衡维护。

7. 电池管理系统功能分析

电池管理系统（BMS）是储能电站的重要组成部分，对维持储能电站安全稳定运行、延长电池寿命起到重要作用。

8. 电池管理单元

电池管理单元是电池管理系统的基本组成单位，与电池紧密结合在一起。其在完成对单体电池（电压、温度等）信息进行实时监测外，还具有热管理、双向主动均衡管理等功能，并通过 CAN 总线接口与电池簇管理单元进行实时通信。

9. 电池簇管理单元

电池簇管理单元主要是对整簇电池的运行信息进行收集，采集整簇电池的各单体信息、总电压和电流，对电池簇出现的异常进行报警和保护；当电池出现严重过压、欠压、过流（短路）、漏电（绝缘）等异常故障情况时，电池簇管理单元控制整组电池的开断，避免电池被过充、过放和过流；同时电池簇管理单元根据各种信息进行综合判断，挑选出需要进行均衡维护的单体电池。

10. 电池系统管理单元

电池系统管理单元主要实现电池管理单元、电池簇管理单元上传的电池实时数据的数值计算、性能分析、报警处理及记录存储。此外，同时具备与 PCS 主机、储能调度监控系统等进行联动控制的功能，根据输出功率要求及各组电池的 SOC 优化负荷控制策略，保证所有电池组的总运行时间趋于一致。

11. 储能变流器

储能变流器（PCS）是实现交直流电能双向变换连接的装置，典型工程所选 PCS 满足以下要求：

（1）单台 PCS 的额定容量为 500kW；

（2）最大转换效率不低于 97%；

（3）PCS 在 110% 的标称电流容量下，持续时间不应小于 10min，在 120% 的标称电流容量下，持续时间不应小于 1min；

（4）并网运行模式下，不参与系统无功调节时，PCS 输出大于其额定功率的 50% 功率时，超前或滞后功率因数不应小于 0.95；

（5）PCS 应具有完善的保护功能；

（6）具有多种通信接口，如标准 RS-232/RS-485、以太网或通用无线分组业务（GPRS）。

4.4.3　电化学储能系统接入配电网监控系统

1. 系统结构

储能监控系统主要由储能系统监控主站、储能系统监控子站（可选）、储能系统监控终端和通信网络组成，系统体系结构如图 4-17 所示。

储能系统监控主站实现数据处理/存储、人机联系和各种应用功能，并通过信息交互总线与其他相关应用系统互联，在涉及电力企业生产控制大区和管理信息大区之间的信息传递时，应满足电力二次系统安全防护相关规定要求。

储能系统监控子站是主站与终端的中间层设备，一般用于实现通信汇集。

储能系统监控终端实现储能系统就地信息采集与控制，并通过通信网络上传监控信息。

通信系统是连接储能系统监控主站、监控子站和监控终端之间实现信息传输的通信网络。

（1）站内监控系统宜由站控层、间隔层两部分组成，并采用分层、分布、开放式网络系统实现连接；

（2）站控层宜由计算机网络连接的系统主机/操作员站、历史数据服务器、远动工作站、应用服务器（可由主机兼任）、工程师站（选配）等设备构成，为站内运行提供人机界面，实现间隔层设备的控制管理，形成全站的监控和管理中心，并可与各级监控中心通信；

（3）间隔层由间隔层监控单元、间隔层网络设备和通信接口等设备构成，完成面向单元设备的监测控制。

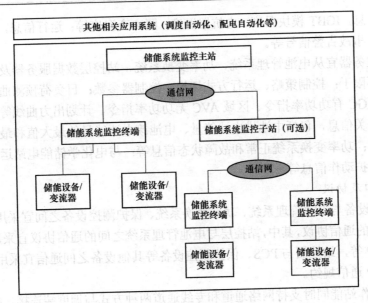

图 4-17　储能系统监控系统体系结构

2. 网络结构

（1）监控系统宜采用星形网络（共享式或交换式以太网），功率 1MW 或容量 1MWh 以上的电化学储能电站宜采用双网冗余配置，其余电化学储能电站可采用单网。

（2）电池管理系统、功率变换系统宜单独组网，并以储能单元为单位接入站控层，充分考虑站内电池堆、功率变换系统的配置方案，保证信息交换的可靠性与实时性。

（3）功率变换系统应能通过电池管理系统获取电池堆的状态信息，以便电池堆的高效、可靠运行。

（4）应用服务器具备与站控层网络通信的功能，同时可接收电池管理系统及功率变换系统数据，提供优化的控制策略及服务。监控系统采用双以太网结构时，功率变换系统宜通过双以太网接入应用服务器。

（5）监控系统与上级监控管理系统的纵向连接以及监控系统内部各系统的横向连接应符合电力二次系统安全防护的要求。

4.4.4　数据采集与通信

1. 监控系统数据采集和处理

（1）监控系统应能通过测控单元及功率变换系统、电池管理系统进行实时信息的采集和处理。

（2）监控系统应设置通信接口与电池管理系统连接，接收和处理的信息宜包括但不限于：电池模块的电压、温度、电池能量；电池簇的电流、电压、功率、电池能量、可充可放电量、累积充放电电量，以及最高、最低单体电压及其电池编号；电池堆可充可放电量、累积充放电电量；各种故障告警和保护动作信号；液流电池除上述信息外，还应增加电堆正/负极泵出口压力、电解液罐、阀门状态等信息。

（3）功率变换系统上送信息宜包括但不限于：开关量信息，直流侧与交流侧接触器、断路器的状态；运行模式（并网、离网）、运行状态（充电、放电、待机等）、就地操作把手的状态等；模拟量信息，直流侧电压、电流、功率，交流侧三相电压、电流、有功功率、无功功率；非电量信息，IGBT 模块温度、电抗器温度、隔离变温度等；运行信息，功率变换系统保护动作信号、事故告警信号等。

（4）应用服务器宜从电池管理系统、功率变换系统、站控层数据服务器及主机等设备获取以下信息但不限于：控制策略、运行方式切换、控制器参数；日负荷预测曲线、日负荷实测曲线、区域 AGC 有功功率指令、区域 AVC 无功功率指令、计划出力曲线等运行控制相关信息；电池堆相关信息，包括电池堆电池能量、电池簇电池能量的最大值和最小值、电池簇的电流和电压等；功率变换系统正常和故障状态信息等；与电化学储能电站运行密切相关的断路器状态及保护动作信息等。

2. 通信接口及协议

（1）站控层设备与电池管理系统、功率变换系统、保护测控设备之间宜采用以太网连接，宜采用基于网络的通信协议，其中，站控层与电池管理系统之间的通信协议宜采用 IEC 61850、Modbus、TCP/IP 等，站控层与 PCS、保护测控设备等其他设备之间通信宜采用 IEC 61850、Modbus、TCP/IP 通信规约。

（2）远动工作站能同时支持网络通道和专线通道两种方式与调度端连接，并可根据需要灵活配置。专线通道宜支持 DL/T 634.5101 规约，网络通道宜支持 DL/T 634.5104 规约。

（3）电能计量系统与调度端通信规约宜采用 DL/T 719。

（4）监控系统应支持接入站内其他规约设备，与其他装置的接口可采用串口或以太网口连接。

（5）监控系统宜预留与站内其他系统或设备通信的接口，包括但不限于：电能计量系统；电能质量监测系统；视频及环境监控系统；交直流电源系统；火灾自动报警系统。

习　题

4-1　新能源发电有哪些类型？其特点如何？

4-2　新能源 SCADA 相比传统发电 SCADA 有哪些新需求？

4-3　IT 网络和 OT 网络有何不同？

4-4　IT 网络和 OT 网络的融合趋势如何？

4-5　简述风力发电监控的对象及内容。

4-6　风力发电通信组网方式和应用的通信技术有哪些？

4-7　简述光伏发电监控的对象和内容。

4-8　光伏发电通信组网方式和应用的通信技术有哪些？

4-9　简述储能在电力系统的作用。

4-10　简述储能监控的对象和内容。

4-11　储能通信组网方式和应用的通信技术有哪些？

第5章　智能输变电信息通信技术

5.1　概　　述

通常发电厂位于人口较少的区域，由输变电系统从发电机获取大量的电力并将电力（通过很长的距离）传输到配电系统。输变电指电厂向电网输电，输变电系统可以简单地分为输电线路和变电站两个主要部分。发电厂发出来的电压一般比较低，如果不经过升压，就会大部分损失在导线上，且导线的热量越高对导线的危害也就越大。为避免以上不利影响需建设升压站，一般从电厂出来的电首先经过升压变电站（低压进，高压出）。变电站一般有升压站、降压站，电压等级从小到大一般是35、110、220、500、1000kV。变电站是电力系统的一部分，其功能是变换电压等级、汇集配送电能，主要包括变压器、母线、线路开关设备、建筑物及电力系统安全和控制所需的设施。变电站一般按电压等级来划分所能服务的范围，电压等级越大的变电站服务范围越大。我国已拥有了具有自主知识产权的世界上唯一正在商业运行的交流1000kV电压等级的变电站，500kV变电站已经普及。

输电展示了网络的力量，具体地说是电网的力量。随着信息通信技术的进步，独立电网已无法满足人们的日常生产生活需要，互联电网应运而生。高度互联电网的主要优点是规模经济、负荷因素改善以及汇集发电储备能力强。由于输变电网络覆盖地理范围较大，往往跨越山川河流等，地质环境恶劣、人类生产活动等都会给电网运行安全带来威胁，因此电网继电保护、安全稳定、计量、监测、控制等需要高度生产自动化乃至智能化，这对信息通信技术提出较高要求。

输变电网络类似于通信系统的骨干网，变电站就是网络中的节点，连接各个节点的就是输电线路，输电线路包括杆塔、电力线（电缆和架空线）、金具等。输变电系统包括控制中心、变压器、电容器、继电器、变电站和逆变器等。传统的输变电网络通常将这些组件设计为在本地感测和控制，通过网络控制则被认为是智能电网的一个重要方面。这些组件的物理组成正在发生变化，大功率固态器件正逐步替代这些相对简单的机械部件，另外这些组件的智能分析技术也很重要，是电网运行以及发展所必要的，智能分析需要的输入数据往往需要通信来提供，并且分析结果可能需要传到远端地点。因此了解信息通信的需求和要求，有助于设计和实现更好的信息通信系统以支持电网运行。

输变电系统是坚强智能电网的基础，是连接发电、配用电等环节的纽带，具有至关重要的作用。智能输变电系统以坚强电网为依托，以先进的信息化、自动化和管理技术为基础，灵活、高效、可靠地满足电力系统对电网提出的各种要求，达到提高电网安全性、可靠性、灵活性和资源优化配置水平的目标。

5.2　智能变电站信息通信技术

5.2.1　变电站的智能化演进

在整个电网管理与控制结构中，变电站是直接"访问"电网的节点。从变电站的角度出发，无论对电网的管理与控制可分为多少层，都可简化为电网层与变电站层两层。

变电站内的重要设备包括互感器、开关设备等。互感器用以采集电压、电流等信息；开关设备用以隔离故障设备以及改变网络拓扑结构。基于这些设备可以实现很多重要的就地功能或远动功能。就地功能是指仅依赖变电站站内的信息即可完成的功能，典型的如继电保护功能，而诸如自动发电控制、经济调度、稳定控制等功能，则必须收集来自全网的数据，然后在调度中心进行综合分析、处理，最后才能通过远动功能完成控制。但即使对于远动功能，其必要的信息收集和控制等环节也要通过变电站完成。综上可见，变电站的作用不仅在于对电能进行变换和分配，而且在电网管理和控制中也扮演了极为关键的角色。

变电站自动化系统（SAS）是保证变电站就地功能和远动功能得以完善的重要保证，但其在发展过程中始终受到通信瓶颈的制约。初期，通信瓶颈主要来自尚不成熟、不可靠的通信技术和较低的通信带宽；如今，通信瓶颈主要来过多的、互不兼容的通信协议，这导致设备和系统之间缺乏互操作性。为解决这个问题，国际电工委员会（IEC）制定了面向对象的变电站通信网络与系统标准 IEC 61850，以构成变电站无缝的通信体系。IEC 61850 的革命性不仅在于制定了一套信息交换标准，还在于建立了一套面向对象的变电站自动化系统信息模型。IEC 61850 为数字化变电站奠定了标准化基础，与常规变电站相比，数字化变电站的最大特点是基于现代非常规互感器技术和智能开关技术，实现了过程层的数字化，从而实现了全变电站的数字化和网络化。数字化变电站既是常规变电站的数字化升级，又是智能变电站的基础，而智能变电站则是数字化变电站的发展趋势。

常规变电站采用电磁型电流、电压互感器进行信息采集，其二次系统采用单元间隔的组织形式，装置之间相对独立、功能分散，缺乏整体协调和功能优化，输入信息不能共享、接线比较复杂、系统扩展复杂。数字化变电站是将信息采集、传输、处理、输出过程数字化的变电站，其取消了大量控制电缆，整合监控、远动、五防、在线监测等功能，使自动化水平有了较大幅度提升，并大量减少了运行维护的难度和工作量。智能变电站是采用先进、可靠、集成、低碳、环保的智能设备，以全站信息数字化、通信平台网络化、信息共享标准化为基本要求，自动完成信息采集、测量、控制、保护、计量和监测等基本功能，并可根据需要支持电网实时自动控制、智能调节、在线分析决策、协同互动等高级功能的变电站。其中，高可靠性的设备是智能变电站坚强的基础，综合分析、自动协同控制是智能变电站智能的关键，设备信息数字化、功能集成化、结构紧凑化是智能变电站的发展方向。常规变电站、数字化变电站和智能变电站的对比如图 5-1 所示。

变电站一般分为过程层、间隔层和站控层三层。站控层主要是厂站级的监控，例如变电站中的监控系统、子站系统等，站控层设备主要指监控主站、工程师站、信息子站等。间隔层包含继电保护与测控、录波等。过程层指数字化变电站中的智能一次设备，如智能开关的替代设备智能终端、电子式互感器的合并单元等。

常规变电站的二次设备已经数字化，但仍使用电缆连接。数字化变电站是指用数字通信技术实现设备间信息交换的变电站。数字化变电站以计算机网络为基础，以以太网作为通信网络，采用光纤网线连接设备。

智能变电站则采用的是智能化一次设备和网络化二次设备，以 IEC 61850 通信协议为基础分层构建，实现智能设备信息共享与操作。

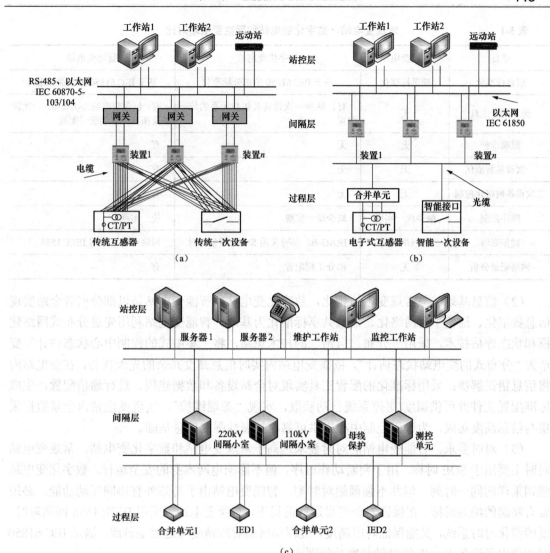

图 5-1　常规变电站、数字化变电站和智能变电站的对比

(a) 常规变电站；(b) 数字化变电站；(c) 智能变电站

对常规变电站、数字化变电站与智能变电站定位、功能、管理等方面进行全方位对比，可将其差异总结为以下五个方面。

（1）一次设备智能化。智能变电站一次设备智能化主要体现在其状态监测功能，它应自动采集设备状态信息，具备综合分析设备状态，能与其他相关系统进行信息交互，并逐步扩展设备的自诊断范围，提高自诊断的准确性和快速性，有利于一次设备运行维护。譬如，智能变电站开关设备内部的电、磁、温度、机械、机构动作状态监测有助于判断开关运行的状况及趋势，安排检修和维修时间，实现设备状态监测，但常规变电站与数字化变电站并不具备该功能。常规变电站关键一次设备（断路器、变压器）增设相应状态监测功能单元，而数字化变电站一次设备的智能组件增加一次设备状态监测等功能，从而实现一次设备智能化改造。常规变电站、数字化变电站和智能变电站对比见表 5-1。

表 5-1   常规变电站、数字化变电站和智能变电站对比

项目	常规变电站	数字化变电站	智能变电站
信息标准化	缺乏标准化	基于 IEC 61850 的部分标准化	基于 IEC 61850 的全面标准化
统一配置工具	无	有，缺少一次设备及拓扑关系的统一配置	有，包含变电站二次设备、一次设备及拓扑关系的统一配置
源端维护	无	无	有
一次设备智能化	无	无	有
二次设备网络化控制	无	无	有
顺序控制	缺少统一实现	缺少统一实现	统一实现
同步对时	非网络对时	IRAG-B，部分采用 SNTP 网络对时	网络对时，采用 IEEE 1588
网络记录分析	无	部分工程配置	有

（2）信息基础。与常规变电站相比，数字化变电站、智能变电站是以部分或者全站实现信息数字化、通信平台网络化、信息共享标准化为基础。智能变电站利用先进分布式网络建模和状态评估技术，采用"分布、自治"的技术思路，将"集中式的控制中心状态估计"变革为"分布式的变电站状态估计"，依靠变电站内实时信息高度冗余的先天优势，在变电站内将信息错误解决；采用标准化的配置工具实现对全站设备和数据建模，进行通信配置，生成标准配置文件并可供调度/集控系统自动获取，实现"源端维护"，实现变电站内全景数据采集与信息高度集成，为远程控制中心提供可靠、扩展性强的信息基础。

（3）对时要求。智能变电站的对时要求远高于常规变电站和数字化变电站。常规变电站对时主要用于 SOE 时标，用于判断动作时序，但不影响电网本身的安全运行。数字化变电站强调采样的同一时刻，但并不强调绝对时刻。智能变电站由于与站外有协同互动功能，必须要有精确的绝对时标。在保证安全可靠运行前提下，智能变电站可采用 IEEE 1588 网络对时，既能简化对时系统，又能保证对时精度，过程层网络对时精度可达亚毫秒级，满足 IEC 61850 对智能电子设备 $T_1 \sim T_5$ 的时钟精度功能要求。

（4）高级应用。与常规变电站、数字化变电站相比，智能变电站的高级应用功能体现在：①实现全站告警信息的分类告警、信号过滤、基于逻辑推理的智能告警，提出事故及异常处理方案；②实现电压/无功协调连续控制、变压器经济运行、电能质量控制；③支持设备信息和运行维护策略，与调度中心/集控中心实现全面互动，实现基于设备状态的全寿命周期管理；④实现自适应保护功能，在电网紧急运行状态下，与相邻变电站和调度中心/集控中心协调配合，可动态改变继电保护和稳定控制的策略及参数。

多智能体系统（MAS）作为实现智能变电站高级应用功能的技术支撑，能有效解决传统监视控制的灵活性与自适应性差等缺点。对由变电站自动化、分布的继电保护、就地无功补偿、其他智能控制共同组成的传统监视控制方式，其应用系统和装置基于 SCADA 体系结构，存在协调性较差、故障隐藏、适应性差等问题。特别是在紧急状态下，基于离线研究"事先整定、实时动作"的分布执行装置往往不适应系统的变化。随着计算范型从以算法为中心转移到以交互为中心的发展趋势，具有反应性、自治性、交互性、协作性、自适应性及实时性特征的 MAS 应运而生。MAS 主要研究智能体行为的协调，在一群自治的智能体之间如何通

过协调知识、目标、技能和相互规划来采取行动或解决问题。MAS 的分布协调理念将能广泛应用于各级 EMS、DMS、变电站自动化系统之间的分布协调控制，实现系统高风险时主动解列、灵活分区等分布控制功能。

（5）辅助系统。由视频监控系统、环境监测、辅助电源等构成的辅助系统虽然有丰富的信息资源，但在常规变电站或者数字化变电站的实际运行中形成了以纵向层次多、横向系统多为主要特征的"信息孤岛"，存在视频监控规约繁杂、信息杂乱、系统联调复杂等问题。智能变电站辅助系统实现远程视频监控终端、站内监控系统以及其他辅助系统在设备操控、事故处理时协同联动，能及时准确跟踪事故点，同时远传到集控中心，从远端实现及时掌控；实现辅助电源一体化设计、一体化配置、一体化监控以及远程运行维护；实现辅助系统优化控制，对空调、风机、加热器的远程控制或与温湿度控制器的智能联动。

5.2.2　智能变电站自动化系统

1. 变电站自动化

变电站自动化技术是指为了在变电站中实现遥控、遥测、遥信、遥调以及遥视等自动化功能而采用的计算机、电子、通信和信号处理等现代信息技术的总称。

1997 年 8 月，国际大电网会议（CIGRE）WG34.03 工作组在《变电站内数据流的通信要求》中分析了变电站自动化需要完成的 63 种功能，并将这些功能分为以下 7 个功能组：

（1）远动功能。传统的"四遥"功能（遥测、遥信、遥控、遥调）。

（2）自动控制功能。如有载调压变压器分接头和并联补偿电容器的综合控制、电力系统低频减载、静止无功功率补偿器控制、备用电源自动投入以及配网故障隔离/网络重构等。

（3）计量功能。如三相智能式电子电费计量表等。

（4）继电保护功能。

（5）保护相关功能。如小电流接地选线、故障录波、故障测距等。

（6）接口功能。如与微机防误操作、继电保护、计量仪表、全球定位系统（GPS）以及站内空调、火警等其他智能电子装置或系统的接口。

（7）系统功能。如当地监控、调度端通信等功能。

2. 智能变电站

智能变电站能够完成比常规变电站范围更宽、层次更深、结构更复杂的信息采集和信息处理，变电站内、站与调度、站与站之间、站与大用户和分布式能源的互动性更强，信息交换和融合更加方便快捷，控制手段更加灵活可靠。智能变电站设备具有信息数字化、功能集成化、结构紧凑化、状态可视化等主要技术特征，符合易扩展、易升级、易改造、易维护的工业化应用要求。

智能变电站在基于 IEC 61850 实现常规变电站自动化功能的基础上，更加突出一次设备状态检测、智能评估及预警，以设备为对象的智能节点信息采用 IEC 61850 协议接入智能变电站系统。【扫二维码了解变电站基于 IEC 61850 的通信网络与系统】

变电站基于
IEC 61850 的通信
网络与系统

智能变电站监测对象有变压器（油色谱分析、油温、变压器铁芯接地、局部放电、变压器套管介质损耗等）、断路器（六氟化硫气体监测、绝缘、断路器触头动作速度和行程等）和避雷器（漏电流检测）。

智能变电站的特征有：①一次设备智能化，智能开关、电子式互感器等应用；②全站信息网络化、数字化，贯穿于采集、传输、处理、输出等环节；③信息共享标准化，IEC 61850 统一标准、统一建模；④高级应用自动化、互动化，实现各应用互联、互通、互动；⑤坚强可靠的变电站，具备自诊断、自愈功能。

智能变电站的技术特点有全站信息数字化、通信协议标准化、监测功能模块化、信息共享平台化、系统架构网络化、设备状态可视化、监测目标全景化、信息展现一体化。

智能变电站的发展目标是实现电网运行数据的全面采集和实时共享，支撑电网实时控制、智能调节和各类高级应用，实现变电设备信息和运行维护策略与电力调度全面互动。智能变电站对智能电网的支撑作用主要体现在以下几个方面：

（1）可靠性。可靠性是变电站最主要的要求，具有自诊断和自治功能，做到设备故障早预防和早预警，自动将供电损失降低到最低程度。

（2）信息化。提供可靠、准确、充分、实时、安全的信息。除传统"四遥"的电气量信息外还应包括设备信息、环境信息、图像信息等，并具有保证站内与站外的通信安全及站内信息存储及信息访问安全的功能。

（3）数字化。具备电气量、非电气量、安全防护系统和火灾报警等系统的数字化采集功能。

（4）自动化。实现系统工程数据自动生成、二次设备在线/自动校验、变电站状态检修等功能，提高变电站自动化水平。

（5）互动性。实现变电站与控制中心之间、变电站与变电站之间、变电站与用户之间和变电站与其他应用需求之间的互联、互通和互动。

（6）资源整合。通过统一标准、统一建模来实现变电站内外的信息交互和信息共享。将保护信息子站、SCADA、五防、PMS、DMS、WAMS 等功能应用或业务支持集于一身，优化资源配置，减少重复浪费现象。

5.2.3 智能变电站辅助控制系统

随着我国电网调度自动化的提高，无人值守变电站的运行得到普及，很多变电站在传统"四遥"基础上增加遥视功能，对变电站现场和设备进行实时视频监控，使电网运行更安全、可靠。视频监控系统的大量投入积累了大量的数据，单靠人工发现或事故后调取不能充分发挥系统应有的作用，而对监控视频进行智能分析可提高电网安全性。

智能变电站辅助控制系统主要功能有安全防护（通过门禁、电子围栏实现）、环境监测与控制（温度、湿度、水浸、空调控制、灯光控制、风机控制）、火警监测（烟雾、相关设备控制）和图像监控（现场图片远程控制、告警联动录像、画面切换）等。

变电站巡检机器人主要应用于室外变电站代替巡视人员进行巡视检查，除此之外，该机器人系统还可以携带红外热像仪等有关的电站设备检测装置，以自主和遥控的方式代替人对室外高压设备进行巡测，以便及时发现电力设备的内部热缺陷、外部机械或电气问题。

5.3　输电线路在线监测系统

随着电网规模不断扩大，在复杂地形条件下的电网建设和设备维护工作也越来越多，输电线路的巡检和维护越来越表现出分散性大、距离长、难度高等特点，因此对输电线路本体、周边环境以及气象参数进行智能化远程监测成为智能电网改造的重要工作。输电线路在线监测系统是智能电网输电环节的重要组成部分，建设输电线路在线监测系统，可实现对重要输电走廊、大跨越、灾害多发区的环境参数和运行状态参数的集中实时监测和灾害预警，是实现输电线路状态运行、检修管理、提升生产运行管理精益化水平的重要技术手段。

利用输电线路的视频监控等技术，可实现对输电线路环境参数的全天候监测，使管理人员及时了解现场信息，有效地减少由于导线覆冰、洪水冲刷、不良地质、火灾、导线舞动、通道树木长高、线路大跨越、导线悬挂异物、线路周围建筑施工、塔材被盗等因素引起的电力事故；输电线路在线监测系统利用电子测量、数字视频压缩技术、低功耗技术、无线通信、太阳能应用及软件等技术，将监控现场的拍照图片、视频以及温度、湿度等环境参数通过通信网络传输到监控中心，从而实现对导线覆冰、导线温度、导线弧垂、导线微风振动、导线舞动、次档距震荡、导线张力、绝缘子串风偏（倾斜）、杆塔应力分布、杆塔倾斜、杆塔振动、杆塔基础滑移、绝缘子污秽、环境气象、图像（视频）、杆塔塔材被盗等状况的实时在线监测，预防电力线路重大事故灾害的发生。输电线路在线监测系统主要监测内容如图 5-2 所示。

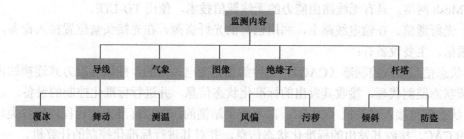

图 5-2　输电线路在线监测系统主要监测内容

5.3.1　监测装置电源系统及通信

1. 监测装置电源

监测装置电源系统示意图如图 5-3 所示，主要有太阳能供电系统、风光互补供电系统、电压互感取电系统，根据各个地区的差异可配置不同类型蓄电池，包括高性能特种镁基电池、铅酸卷绕电池、锂电池、铅酸胶体电池等。

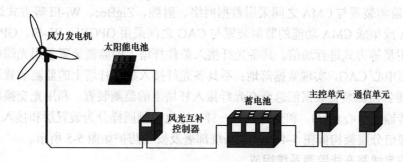

图 5-3　监测装置电源系统示意图

监测装置采用太阳能对蓄电池浮充的方式进行供电，对日照照射相对较弱地区也可同时采用太阳能及风能对蓄电池进行充电的方式进行供电。

（1）监测装置安装于铁塔上，安装较为困难，因此减小设备体积及质量成为监测装置设计首要考虑的因素。监测装置采用超低功耗技术。

（2）安装在导线上的监测装置采用以下两种方式进行供电：

1）特种高能电池。采用进口特种高能电池进行供电，体积小、质量轻、耐高低温，使用寿命达 8 年以上。

2）感应取能对蓄电池充电。采用高能感应线圈取电及对蓄电池进行浮充的方式进行供电，取电效率高、通信模块可实时在线。

2. 监测装置通信技术

通信方式有无线通信技术、光纤通信技术等，用于实现图像和视频远程传输和设备管理。

（1）无线通信方式。主要有以下几种方式：

1）4G、5G 网络能够覆盖的地区，适合利用公网构建通信系统。

2）卫星通信。公网难以覆盖的区域，利用卫星通信实现信息传输。

3）北斗系统。主要用于短报文业务。

4）高通量卫星。中星 16 号卫星，可提供宽带通信业务。

5）Mesh 网络。具有无线路由能力的无线通信技术，使用 TD-LTE。

（2）光纤通信。在输电线路上，利用已有的光纤资源，在光接头盒位置接入设备，实现远距离通信。主要设备有：

1）状态信息接入控制器（CAC）。一种部署在变电站内的，能以标准方式连接站内各类传感器或状态监测代理，接收其发出的标准化状态信息，并进行标准化控制的设备。

2）状态信息接入网关机（CAG）。部署在主站侧的，能以标准方式远程连接各类状态监测代理的 CAC，接收其发出的标准化状态信息，并对其进行标准化控制的计算机。

3）状态监测代理（CMA）。也称综合监测单元，一种安装于线路上或变电站内的，能在局部范围内集中线上或站内各类传感器采集的状态监测数据，并集中与 CAC 或 CAG 进行标准化数据通信的统一代理装置。CMA 可跨专业和跨厂家采集各类状态信息。

（3）各场景通信方式选择。

1）数据采集单元（导线温度、导线舞动、导线张力、导线弧垂等）与塔上监测装置之间采用射频、ZigBee、Wi-Fi 等方式进行通信，通信距离 1～3km。

2）塔上监测装置与 CMA 之间采用数据网络、射频、ZigBee、Wi-Fi 等方式进行通信。

3）CMA 或集成 CMA 功能的监测装置与 CAG 之间采用 OPGW、Wi-Fi、GPRS/CDMA/3G/4G/5G、卫星等方式进行通信。具备光纤接入条件杆塔上的监测装置采用光端机将杆塔上的数据传输至中心 CAG，实现数据落地；不具备光纤接入条件杆塔上的监测装置通过无线网络（Wi-Fi）将各监测装置数据汇总至有光纤接入杆塔上的监测装置，利用光交换机将无线监测装置数据传输至中心 CAG。和变电监测一样，输电监测同样分为装置层和接入层，再接入主站。系统通信分层架构如图 5-4 所示、系统部署及安全防护如图 5-5 所示。

5.3.2 输电线路在线监测系统组成

1. 输电线路微气象监测装置

由于地形复杂、山岭纵横、海拔悬殊，气象变化显著，小气候特点突出，邻近气象台站的观测记录不能满足微地形地段线路的设计、维护需求。对微地形、微气象的认识不足，对沿线风口、峡谷、分水岭等高山局部特殊地段的气象资料掌握不够，是 500（330、220、110）kV 线路频频发生倒塔、断线事故的主要原因。

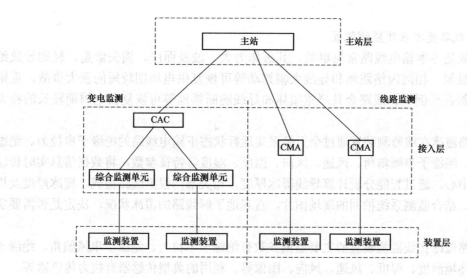

图 5-4　系统通信分层架构

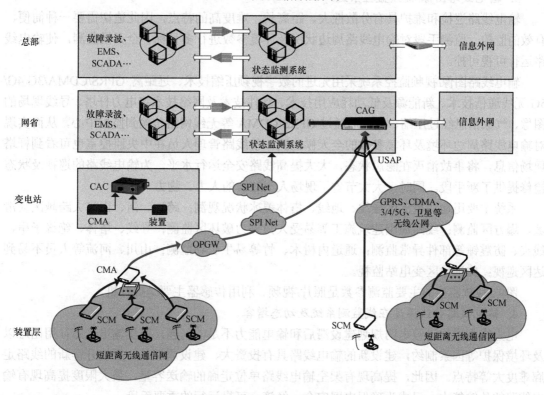

图 5-5　系统部署及安全防护

输电线路微气象监测装置主要用于监测电力通道内的环境温度、湿度、风向等气象参数，经过大量的数据积累，可应用采集气象参数为线路规划设计提供依据，为线路维修、维护提供参考。

微气象监测装置的主要监测参数有温度、湿度、风速、风向、雨量和大气压、日照。利用的典型传感器有超声波风速、风向传感器，机械式风速、风向传感器，日照传感器，雨量传感器等。

2. 输电线路覆冰在线监测装置

覆冰事故是冬季输电线路常见事故，其破坏力大、波及面广、损失惨重，轻则导致绝缘子串冰闪跳闸、相间闪络跳闸和导线大幅舞动等可恢复供电周期较短的重大事故，重则导致杆塔倾斜甚至倒塌、线路金具严重损坏和导线脆断接地等可恢复供电周期较长的特大事故。

输电线路覆冰在线监测装置通过全天候采集运行状态下输电线路的绝缘子串拉力、绝缘子串风偏角、绝缘子串倾斜角、风速、风向、温度、湿度等特征参数，将数据信息实时传输到分析处理中心，通过智能分析计算导线覆冰厚度。相关部门根据线路荷载、覆冰厚度及周边气象环境，结合监测系统拍回的现场图片，直观地了解线路的覆冰状况，决定是否需要实施预防措施。

输电线路覆冰在线监测装置的主要监测参数有绝缘子串拉力、绝缘子串风偏角、绝缘子串倾斜角、环境温度、湿度、风速、风向、图像等。利用的典型传感器有拉力传感器等。

3. 输电线路图像/视频监控系统

输电线路巡检和维护具有分散性大、距离长、难度高的特点，因此迫切需要一种简便、有效的监控、监测手段对输电线路周边状况及环境参数进行多目标、全天候监测，使输电线路运行可视可控。

输电线路图像/视频监控系统采用先进的数字视频压缩技术、远距离 GPRS/CDMA/3G/4G/5G 无线通信技术、新能源及低功耗应用技术、软件技术及网络技术将电力杆塔、导线现场的图像、气象信息经过压缩、分组后通过 GPRS/CDMA 等无线网络传输到监控中心，从而实现对输电线路周边环境及环境参数的全天候监测，使线路管理人员在中央监控室也可看到杆塔现场信息，将事故消灭在隐患状态，大大提高线路安全运行水平，为输电线路的巡视及状态检修提供了新手段。同时，大大节省了现场人工巡检的人力、物力。

系统主要用途：覆冰区导线、地线、塔体覆冰状况观测；跨江、河、山等大跨越区易滑坡、塌方区监测；线路周围建筑施工等易受人为外力破坏区监测；导线、塔体、绝缘子串、线夹、防震锤等部件异常监测；通道内树木、竹等易生长物监测；山川、河流等人员不易到达区巡视；偏远地区变电站监视。

图像/视频监控的主要监测参数是照片/视频。利用传感器主要是摄像机。

4. 输电线路导线温度在线监测系统及动态增容

电力需求增加导致电网规划建设滞后和输电能力不足的问题，而受输电走廊征用困难以及环境保护等因素制约，建设新的输电线路具有投资大、建设周期长、征地开辟新的线路走廊难度大等特点。因此，提高现有架空输电线路单位走廊的输送容量，最大限度提高现有输电线路的传输能力，已成为确保电网安全、经济、可靠运行的重要手段。

输电线路常年运行在户外，受外界环境腐蚀、老化、振动等因素，导致导线接头、线夹等部位容易发热。电力部门采用定期巡视测温、特巡测温等方式获取导线易发热点部位温度，但由于周期性漏失或不能及时反映导线的温升情况进行预警，导致导线温升过高造成大量的电力事故。

输电线路导线温度在线监测系统实时监测输电线路导线温度、导线电流、日照、风速、风向、环境温度等参数。该系统主要由测温单元、塔上监测装置、通信基站和分析查询系统 4 部分组成。体积小、质量轻的测温单元安装在输电线路导线或金具上，用于实时采集导线及金具温度，并通过 ZigBee 或射频模块将数据无线上传至铁塔上的监测装置；塔上监测装置同时对本塔所在微气象区的日照、风速、风向、环境温度等参数进行实时采集，将所有数据通过 SMS/GPRS/CDMA1X 等通信方式传往监测中心，当各温度监测点温度超过预设值时即刻启动报警。

输电线路动态增容是在充分利用现有输电设施、通道状况的基础上，引入输电线路在线监测与计算分析工具，根据实际气象环境、设备数据，如环境温度、风速、风向、日照以及导线型号、导线发射率、导线吸收率、导线最高温度阻值等详细的导线数据，计算输电线路当前的稳态输送容量限额，为调度和运行提供方便、有效的分析手段。通过输电线路导线温度在线监测系统进行实时增容，可有效发挥输电线路的输送能力。

导线温度在线监测系统的主要监测参数为导线温度，利用传感器为温度传感器等。

5. 输电线路杆塔倾斜在线监测系统

输电线路走廊地质、气象环境复杂，近年由于线路杆塔倾斜倒塌引起的电力事故呈上升趋势。引起杆塔倾斜的原因主要有以下几方面：①长期定向风舞引起杆塔受力不均；②自然地质灾害；③杆塔周围建筑施工；④杆塔本体异常、导线断裂；⑤导线、地线覆冰；⑥拉线、塔材被盗；⑦采煤、采矿区地陷、滑移等。杆塔倾斜一般发展缓慢，大多数事故可提前预防。

输电线路杆塔倾斜在线监测通过测量杆塔、拉线的倾斜角度，并测量环境的风速、风向、温度、湿度等参数，将测量结果通过 GPRS/GSM 发送到接收中心。接收中心软件可及时显示杆塔的倾斜状况，并可显示杆塔的倾斜趋势、倾斜速度，在倾斜角度到达某值时以短信、界面、警笛等方式发出报警信息，以预防事故发生。

杆塔倾斜在线监测系统的主要监测参数有杆塔的顺线倾斜角、横向倾斜角、环境温度、风速、风向等。利用传感器主要有三维倾角传感器等。

6. 输电线路微风振动监测系统

导线、地线的微风振动是由微风引起的一种高频率、小振幅的导线运动，是引起导线、地线疲劳断股等事故的主要原因。微风振动研究的问题包括振动机理、防振理论、振动试验、防振装置、防振导线等方面。超高压架空线路均设计应用了各种防振技术措施，有效地抑制了微风振动，减轻了对线路的危害。但由于微风振动的机理极其复杂，通过理论计算或试验研究的结果与现场实际往往差别很大。

现行微风振动测量方法是在一段时间内使用测振仪器进行现场安装测量并记录相关数据。但因现场测试时间有限、测振仪器本身条件和现场工作环境等问题，测量结果代表性不高，缺乏实时性。

输电线路微风振动监测系统通过在导线及 OPGW 线夹出口 89mm 处安装振动监测单元，采用加速度传感器或光纤传感器进行测量。振动监测单元实时测量导线的振动加速度、振幅、频率、导线温度，并通过 ZigBee 或射频模块将数据无线上传至铁塔上的监测装置。监测装置同时对本塔所在微气象区的风速、风向、环境温度等参数进行实时采集，将所有数据通过 SMS/GPRS/CDMA1X 等通信方式将数据传往监测中心，中心系统根据 IEEE 和 CIGRE 方法判断导线、地线和 OPGW 的危险程度，预测疲劳寿命，根据测量数据评估防振措施的有效性，并及时做出修正。

微风振动监测系统的主要监测参数有导线（地线）的振动加速度、频率、振幅、环境温度、风速、风向。

7. 输电线路反外力破坏监测系统

输电线路具有面广、线长、高空、野外的特点，极易遭遇外力破坏。随着经济的快速发展，输电线路的运行环境日益恶化，输电线路走廊内的树木、房屋、道路、城镇建设、采石挖矿、施工对线路的破坏大量增加，对线路和安全运行构成了很大的威胁。输电公司一方面加强巡视力度，缩短巡视周期，做到对隐患早发现、早上报、早消除；另外还继续加强特巡、夜巡，对施工场所进行看护、制止野蛮施工。但由于巡视人员少、距离远，并且90%以上的事故具有短期内的突发性特点，难以通过加强巡视解决。据统计由于外力破坏引起的线路故障已占总线路总故障的60%以上，并且造成的故障具有停电时间长、不易重合闸、经济损失大的特点，且呈逐年上升趋势。

输电线路反外力破坏监测系统由安装在杆塔上的高清夜视摄像机、智能视频监视及分析装置组成。当有人靠近铁塔或攀爬，工程施工车辆靠近铁塔，超高车辆越限等造成撞线或对导线有威胁时，智能分析单元立即启动预警功能，并启动摄像机图像连拍功能，将抓拍图像传输至监控中心，同时启动现场语音告警。监控中心具有报警信息、图像的及时显示及存储功能，并以语音、短信等方式进行告警，监测中心还可立即进行远程喊话，重大偷盗行为发生时可与110联动出警，确保线路安全运行。

反外力破坏监测系统的主要监测参数有杆塔周边及本体图像。

8. 输电线路导线对地距离（弧垂）监测系统

高压线路运行过程中，由于负荷增加、环境温度过高等引起导线弧垂增加，因而造成导线对地、对物距离减小，一方面引起电力接地、短路等重大事故，另一方面也限制了导线的输送能力。

输电线路导线弧垂监测装置安装在导线的弧垂最低处或需要监测的部位，采用高能电池或导线感应取能技术，实时测量导线对地距离的变化情况，可及时发现导线弧垂的变化，并可实时监测线下树木、建筑物等与导线之间的距离，避免接地事故发生。监测装置集成了导线温度测量功能，可实时监测导线的温度变化情况，及时发现导线、接点温度异常，还可选装夜视摄像系统，对导线弧垂进行现场拍照，远程查看弧垂情况，与测量数据对比，增加测量及报警可靠性。系统针对导线弧垂实时数据进行计算分析，并可结合导线的温度和气象数据对导线预期弧垂进行计算，建立预警机制，确保线路运行和被跨越设备的安全。同时，系统可结合环境的气象参数、导线温度、导线特性等数据，依据专家分析、计算系统计算出导线载流量，提高导线输送能力。

导线弧垂监测系统利用雷达测距技术，能够准确地测量导线对地、对物的距离，相比其他测量方法具有直观、精确度高的特点，可广泛应用于35~1000kV的交直流输电线路。

导线弧垂监测系统的主要监测参数有导线对地距离、导线温度、环境温度、环境湿度、风速、风向、图像等。

9. 输电线路走廊火灾预警系统

森林火灾不仅给人类的经济建设造成巨大损失，破坏生态环境，威胁人民生命财产安全，还会对电网安全稳定运行造成威胁，轻则引起可恢复的线路跳闸等临时事故，重则造成烧毁铁塔，引起长时间的不可恢复的重大电力事故，给电力安全运行带来重大隐患。

为防范山林火灾对输电线路安全运行的影响，各电力公司要求各单位经常性开展防范山火引发输电线路跳闸的专项检查工作，加大输电线路巡查频度，重点检查火灾多发地区、清明祭扫区附近的线路走廊，及时发现隐患，防止火灾影响输电线路运行安全。以上手段虽能有效减少火灾对电力安全的影响，但由于巡视只能是间歇性巡查，加上线路走廊人员难以到达，给巡视工作造成很大的困难。大多数事故是由于巡视不到位引起的，因此对线路走廊火灾的实时监测、监控尤为重要，应做到提前预防、提前发现、提前处置，以使火灾消失在萌芽状态或使火灾引起的损失减小到最少。

基于火焰探测技术的输电线路走廊火灾预警系统，利用先进的传感器技术、新能源技术、无线通信技术、软件技术实现对高压线路走廊火灾的监测预警。系统利用新型的火焰探测传感器，探测铁塔周围的零星火焰，先进传感器能够发现 300m 外直径为 30cm 的火焰团，探测精度高、可靠性高，已广泛地应用于油田、隧道、航天发射场等监测领域。该系统可同时监测现场环境的温度、湿度、风速、风向、图像数据，将上述数据压缩后通过 GPRS 通信网络传输到监测中心，监测中心软件首先对接收到的火灾报警信息进行现场及短信报警，其次值班人员通过上送的图像数据进行分析观测，确认警情，做出相应的决策。监测中心软件具备强大的智能分析处理能力，能够对一段时间采集的环境温度、湿度、风速、风向数据进行分析处理，对隐性由于气候干燥引起的火灾进行趋势预警，提前做好防灾准备。通过该系统的应用，可对隐性火灾提前预警，对零星火灾进行及时告警，减少人工巡视成本，提高火灾预警能力，减少由于火灾引起的重大电力事故的发生。

走廊火灾预警系统的主要监测参数有火焰、环境温度、湿度、风速、风向、图像、降雨量等。

10. 输电线路绝缘子雷击闪络/污闪双检测装置

高压/特高压输电线路绝缘子的雷击闪络和污闪（含雾闪及冰闪）是引起事故跳闸的两大主要原因。线路闪络跳闸后，变电站的故障录波装置能指出闪络点的可能区段，但不能确定发生闪络的具体杆位，需要运行人员巡线查找；另外，部分瓷绝缘子串和复合绝缘子在闪络后，被电弧烧伤的痕迹在地面借助望远镜仍难以发现，常需要逐基登杆检查，耗费大量人力、物力和时间，影响安全运行，给供电企业和用户造成损失。

输电线路绝缘子雷击闪络/污闪双检测装置是新一代绝缘子闪络指示器，将其安装在铁塔主材上，当铁塔因雷击发生绝缘子闪络或正常运行情况下绝缘子发生污闪、雾闪或冰闪时，监测装置会通过 GSM 短消息将闪络的类型及时间、杆塔号发送到监测中心，也可同时发往相关人员手机，监测中心会以界面、声光、短信等形式报警，同时进行报警信息的存储，以便巡线人员了解闪络杆位，并确定闪络性质（雷击闪络或工频闪络），为事故分析提供依据。

绝缘子雷击闪络/污闪双检测装置由雷击及闪络传感器、监控主机、太阳能电池板、蓄电池、通信装置等部件构成。将电流传感器套装在铁塔的一根主材的适当高度位置上，每基杆塔一个。其监测原理如下：

（1）正常运行情况下，流过杆塔一根主材的电流仅为绝缘子的泄漏电流和架空地线中工频感应电流的分流电流，为毫安级到安级。指示器不会动作，无任何报警信息。

（2）当雷直击杆塔时，威胁线路安全运行、流经杆塔入地的雷电流为几万安，当雷电流大于设定值时，电流传感器中感应的雷电流信号经信号处理器处理后，向雷击触发电路输出信号，高速采集电路便会采集到该信号，同时向中心发送高幅值雷击告警信息。

（3）当雷直击杆塔且雷电流超过杆塔的耐雷水平发生反击时，一相绝缘子闪络，会有几千安至几万安的工频短路电流流过杆塔，电流传感器中感应的工频短路电流信号经信号处理器处理后，向闪络触发电路输出信号，高速采集电路便会采集到该信号，同时向中心发送雷击、闪络告警信息。

（4）在无雷击、正常运行情况下，当绝缘子发生污闪、雾闪或冰闪时，工频短路电流流过杆塔，电流传感器中感应的工频短路电流信号经信号处理器处理后，向闪络触发电路输出信号，高速采集电路便会采集到该信号，同时向中心发送闪络告警信息。

5.4　输变电生产管理系统

5.4.1　概述

随着电力系统的发展，我国地区电网规模日益扩大，各种电力设施日新月异，电力企业需要维护的生产运行数据也日益庞大。电力企业生产和管理迫切要求对这些数据信息建立分类清晰、资料完整的相关信息资料库，并对这些客观数据进行统计分析，从而对实际生产进行指导和科学化调度管理。利用计算机网络技术，综合现有的计算机生产管理数据，形成一套管理电力企业生产运行实时数据的系统，以便更加有效地作出分析决策。

输变电生产管理系统实现了电力企业生产工作的信息化、自动化、专业化管理。它从输变电日常工作着手，面向班组收集原始数据，不仅可以帮助电力运行部门处理日常工作，而且可自动生成所需报表，提高各级运行、管理人员的工作效率，使各部门的工作更加协调、有序、高效。输变电生产管理系统主要用于电力企业变电运行、变电检修、送电运行、送电检修等专业的日常管理工作。

输变电生产管理系统通过对电力生产调度、变电、输电、修试、通信、自动化、信息等电网企业主要生产业务实行全过程流程管理，实现了电力公司输变电生产过程的动态统计分析和监管，满足了电网生产全过程分级管理的要求。

5.4.2　系统结构组成

输变电生产管理系统是电力运行部门生产管理的工作平台，涵盖了省地县三级业务部门，系统采用分布式数据库技术，构建了省地县三级应用体系，形成了省地两级数据中心。输变电生产管理系统业务层次如图5-6所示。输变电生产管理系统层次如图5-7所示，其包含运行层、管理层、决策层3个层次。

（1）运行层。负责输变电设备的日常运行管理，包括变电运行、变电修试、输电管理及调度管理等。

（2）管理层。针对日常运行管理中的各种规范、标准以及异常的管理，包括安全监督管理和生产技术管理。

（3）决策层。在日常输变电管理的基础数据上，对输变电设备运行状态进行针对性的分析和挖掘，实现管理流程、管理方法的改进提高。

5.4.3　子系统及功能

1. 变电运行子系统

（1）设备管理。以变电设备为核心，对变电设备、变电运行进行统一管理，实现设备终身履历管理、设备资产管理。包含运行日志管理、变电巡检管理、工作票管理、操作票管理、线损电压管理等。

省局级
省电力公司及
相关单位
省局相关部门
地市数据
处理中心
地市数据
处理中心
…
地市局供电公司
地市局供电公司
地局级
输电部门
修试部门
变电部门
调度、通信、自动化
部门
…
县局数据处理层
…
县局级
…
县输电部门
县修试部门
县变电部门
县调度、通信、
自动化部门

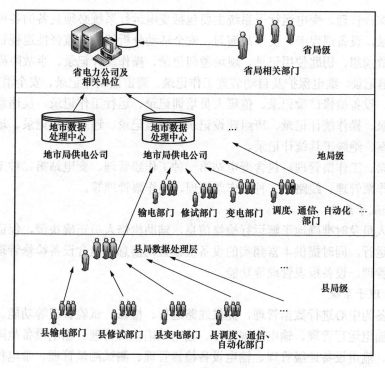

图 5-6 输变电生产管理系统业务层次

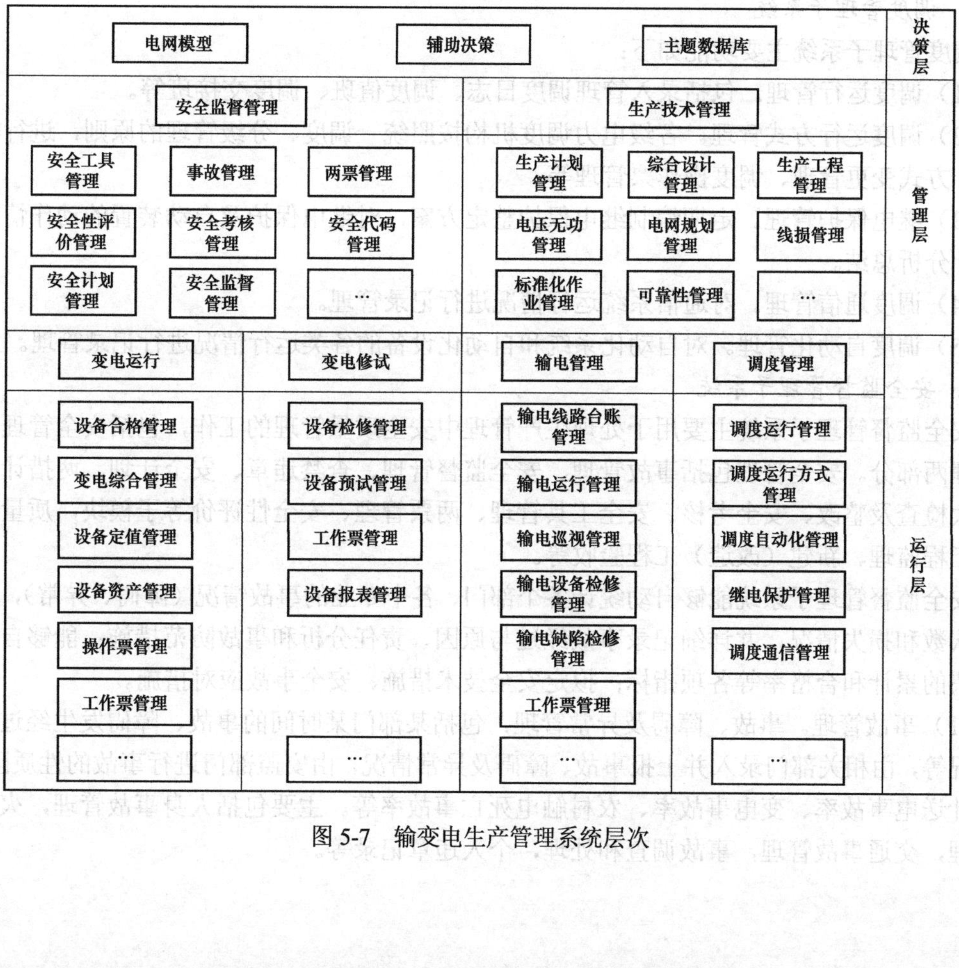

电网模型
辅助决策
主题数据库
决策层
安全监督管理
生产技术管理
安全工具管理
事故管理
两票管理
生产计划管理
综合设计管理
生产工程管理
安全性评价管理
安全考核管理
安全代码管理
电压无功管理
电网规划管理
线损管理
安全计划管理
安全监督管理
…
标准化作业管理
可靠性管理
…
管理层
变电运行
变电修试
输电管理
调度管理
设备合格管理
设备检修管理
输电线路台账管理
调度运行管理
变电综合管理
设备预试管理
输电运行管理
调度运行方式管理
设备定值管理
工作票管理
输电巡视管理
调度自动化管理
设备资产管理
设备报表管理
输电设备检修管理
继电保护管理
操作票管理
输电缺陷检修管理
调度通信管理
工作票管理
工作票管理
…
…
…
…
运行层

图 5-7 输变电生产管理系统层次

（2）变电综合管理。变电运行子系统主要包括变电运行系统必须具备的各种记录，如值班运行工作记录、设备巡视卡、反事故演习、安全活动分析记录、监督性巡视记录，如运行分析记录、事故预想、钥匙使用记录、现场考问记录、操作统计记录、事故障碍及异常运行记录、设备缺陷记录、继电保护及自动装置工作记录、避雷器动作记录、安全消防用具记录、设备定级记录、设备检修试验记录、值班人员培训记录、运行工作记录、反违章检查记录、蓄电池测量记录、操作统计记录、班组建设记录、测温记录、违章违纪记录、培训记录、个人安全技术档案、绝缘工具统计记录。

（3）操作票、工作票管理。包含变电站第一种工作票管理、变电站第二种工作票管理、线路第一种工作票管理、线路第二种工作票管理、操作票管理等。

2. 变电修试子系统

帮助检修人员及时准确地了解运行检修信息，辅助检修人员正确决策，保证设备正常稳定安全可靠地运行，同时提供丰富翔实的设备检修查询信息。包含设备检修管理、设备预试管理、工作票管理、设备报表管理等功能。

3. 输电管理子系统

以线路设备为中心进行数据管理，提供线路运行、检修、试验管理等功能。包含输电线路台账管理、输电运行管理、输电巡视管理、输电缺陷检修管理、输电设备故障管理、输电设备验收管理、输电设备评级管理、输电设备检修管理、测试测量管理、带电作业管理、工作票管理、线路分析等。

4. 调度管理子系统

调度管理子系统主要功能如下：

（1）调度运行管理。包括录入管理调度日志、调度值班、调度交接班等。

（2）调度运行方式管理。各级电力调度机构按照统一调度、分级管理的原则，进行检修管理、方式变更管理、调度操作票管理等。

（3）继电保护管理。定期编制继电保护整定方案，对继电保护及自动装置的动作情况进行统计分析总结。

（4）调度通信管理。对通信系统运行情况进行记录管理。

（5）调度自动化管理。对自动化系统和自动化设备的各类运行情况进行记录管理。

5. 安全监督管理子系统

安全监督管理子系统主要用于处理生产管理中安全质量管理的工作，包括安全管理和质量管理两部分。安全管理包括事故管理、安全监督管理、查禁违章、安全计划、两措计划、安全大检查及整改、安全考核、安全工具管理、两票管理、安全性评价等子模块，质量管理包括工程监理、新建（改造）工程验收等。

安全监督管理子系统能够自动统计各个部门、各个专业的事故情况（障碍、异常），以及轻伤次数和损失情况，并详细记录事故经过与原因、责任分析和事故防范措施；能够自动计算两票的累计和合格率等各项指标；拟定安全技术措施、安全事故应对措施。

（1）事故管理。事故、障碍及异常管理，包括某部门某时间的事故、障碍发生经过及处理情况等，由相关部门录入并上报事故、障碍及异常情况，由安监部门进行事故的性质区分，并统计送电事故率、变电事故率、农村触电死亡事故率等。主要包括人身事故管理，火灾事故管理，交通事故管理，事故调查和处理，个人违章记录等。

（2）安全监督管理。主要包含两票合格率管理、两票检查、反事故措施和安全措施管理、五种工作人员管理、安全教育培训、安全网络管理、安全工具管理。

（3）安全性评价管理。各设备、各专业、各二级单位的安全状况和评价工作信息。

6．生产技术管理子系统

生产技术管理子系统以完整的生产设备信息为核心，以生产设备的安全、稳定、正常运行为目标，以设备的检修、试验为保证，加强对生产计划和生产运行设备实时信息的调整和管理，建立完善的设备维护、测试及设备完全运行体制，以达到科学、合理、有效的安排生产。生产技术管理子系统覆盖固定资产管理、线损管理、电压合格率管理、电能平衡率管理、无功管理、设备可靠性管理、技术监督管理等事务处理业务，并为上述管理提供信息支持，同时利用其他信息管理系统功能，实现设备基础参数管理、生产计划管理、设备评级管理、设备缺陷管理、生产事故管理等流程的操作。

生产技术管理子系统包括固定资产管理、设备基础参数管理、生产计划管理、线损管理、电压合格率管理、电能平衡率管理、电压无功管理、设备可靠性管理、技术监督管理、设备评级管理、设备缺陷管理、生产事故管理等。

习　　题

5-1　简述常规变电站、数字化变电站和智能变电站的联系和区别。

5-2　基于 IEC 61850 的变电站通信和网络系统有何优点？

5-3　输电线路状态监测的内容有哪些？用到哪些传感器？

5-4　如何解决输电线路在线监测系统监测装置的取电问题？

5-5　输电线路在线监测系统常用的通信技术有哪些？

第 6 章　智能配用电信息通信技术

6.1　概　　述

智能电网正在为配用电系统的发展带来新的机遇和动力。用户端的分布式和可再生发电、自愈保护机制以及配电自动化等都对配用电系统的发展有影响。通常来说，自动化从变电站开始，通过高级量测体系（AMI）向外扩展到用户和智能仪表，其也可能会从变电站到馈线继而延伸到用户系统。此外，需求响应、虚拟电厂、智能台区等各种类型业务也大大促进了配用电系统的智能化、互动化，并在配用电侧形成智能配电网和电力物联网两个网络。

配电系统是智能电网中的关键部分。配电系统是用户与电网之间的媒介，也是发电和输电对用户产生影响的部分。配电系统若发生故障，应使尽可能多的用户保持长时间的供电，并且需要重点考虑对可能接触到的物体和动物的保护，即尽量减少电气故障带来的影响。

智能配电主要指在配电系统中更大程度地实现自动化。短期配电自动化的愿景是实现配电系统的高度自动化，使配电系统拥有灵活的电气系统架构并支持开放架构的通信网络。配电自动化系统应该是一个多功能的系统，并能够利用电力电子、IT 和系统仿真等新功能，应用实时状态估计工具来执行预测模拟和持续优化性能，包括需求侧管理、效率、可靠性和电能质量等。配电自动化还应整合其他发展中的智能电网系统，如分布式发电（DG）和高级量测体系（AMI），由于这几种系统在配电系统中具有独特的重叠性，因此配电系统是唯一能迅速发展并受益于智能电网进步的系统。配电自动化将通过构建集成的智能电网系统和应用程序，发展出全新的、尚未被定义的自动化系统和应用程序。

智能电网用电可以被认为是电网的扩展管理，即通过用户来管理各个负荷，这种负荷调度方式在使用户满意的同时，也能使负荷以最有利于电网的方式运行。

需求响应（DR）旨在激励用户做出最有利于当地经济的选择，也是对电网最有利的选择。用户在理想情况下购买和消耗电力，从而降低峰值需求和流经最佳输配电线路电流，利用可再生能源，甚至可能影响有功或无功功耗，整个过程应全自动化，并且能够实时发生，从而允许市场力量以最优的方式来平衡供需。这需要所有有关方之间的双向通信，即用户、发电机和电力运营商共同作用。

另一方面，动态需求要求电子设备监控自己的交流频率，并根据频率进行调节。因频率与电力供需有关，当需求开始超过供应时，频率将开始下降。电子设备只需要监视频率，决定什么时候最好安排其活动以帮助将频率保持在其标称值。如果所有的电子设备都这样做，负荷本身的许多微小的自动调整可以显著地帮助降低峰值功耗。在这种情况下不需要数字通信，通信隐含在变化的频率之中。

配电管理系统涉及许多不同的应用程序，这些应用程序监测和控制着整个配电系统。配电管理系统通常将这些应用程序合并成一个统一的平台，在这个平台上它们的外观和感觉一致。这样做的目的是提高可靠性和服务质量，减少停电时间，保证电能质量（包括频率和电压水平）。配电管理系统的应用包括故障检测、隔离和恢复（FDIR），集成电压无功控制（IVVC）、拓扑分析，配电潮流，负荷建模/负荷估计（LE），最优网络重构，事故（应变）分析，开关顺序管理，短路分析，继电保护协调和最佳电容放置/最佳电压调节，甚至各种模拟器。这些应用程序开始独立地作为 SCADA 系统的扩展，从输电系统扩展到配电系统。因为这些应用程序都是独立的系统，所以操作人员不得不面对许多不同的、潜在的接口和控制。随着配电系统在整体电网中的重要性不断提高，将这些不同的应用程序集成到一个通用包中意义重大。通过 AMI 和 DR 以及 HAN 上的家庭 EMS，监控和数据采集继续延伸到用户，给电网提供更高的分辨率，更多的"微小"的数据。假设更高分辨率的数据能够改进优化，继续与其他系统进行整合，包括地理信息系统、停电管理系统和计量数据管理系统等。随着更多的 DG 以及用户与电力生产商进行联网，FDIR 需要得到更多优化，并且配电网的配置变得更加复杂，从放射状网络拓展到网状拓扑结构。IVVC 和电压优化将逐步改善。随着用户行为越来越难以预测，LM/LE 将会改变。随着用户对价格信号的回应，关于电力消费模式的原假设可能不再有效。所有配电管理系统应用程序可能会得到更频繁的使用，并逐渐进入到用户的住所中。DG 和电动汽车将增加这些应用程序的复杂性。为了支持所有更改，将会有更多的可视化和仪表量测，会有更多的配电管理系统应用程序之间的交互，新的应用程序很可能通过利用现有应用程序的组合出现。智能电网不仅要做更好的事情，而且要发现新的可能性。随着应用程序的开发，共享信息通信基础设施、填补产品空白并利用现有技术在更大程度上实现更大的协同效应。鉴于配电管理系统的广泛应用，对其进行标准化是至关重要的。

信息和通信技术是电能价值链从发电、输电、配电，直到终端消费设备的决策和行动相关功能的基础。通过安全连接，电力系统可以更好地集成先进的数字功能，变得更加灵活和富有弹性。此过程中，需要克服的挑战包括庞大的数据量，与专有系统的接口，公用事业资产和新的连接设备之间不同的生命周期时间尺度，以及有效地集成到电力系统中。在配用电侧，大量分布式能源的接入使原有单向潮流的电网运行方式变得异常复杂，点多面广的配电网变化更加快速和多样，对信息通信技术在采集、传输、存储、处理、分析等方面带来巨大的挑战。智能电网的信息化、自动化、互动化特性都体现在信息通信技术方面的要求。信息化、自动化贯穿于智能电网各个环节，而互动化主要体现在配用电侧。互动化不仅仅是技术方面的事情，更关乎管理，如需求侧响应本质是传统电力供应链的扩展，用户作为企业资源的一部分加以考虑，纳入资源优化，减少或延缓企业的投资。互动化的实现离不开信息通信技术。

6.2　配　电　系　统

电力系统包含发电、输电、配电和用电等环节，其中从输电网（或本地区发电厂与分布式电源）接受电力，就地或逐级向各类用户供给和配送电能的电力网称为配电网。配电网设施（又称配电元件）主要包括变电站、开关站、配电所（室）、配电线路、断路器、负荷开关、配电变压器等。配电网与配电网二次系统（包括保护、控制与自动化以及计量设备等）组成的整体系统称为配电系统，习惯上称为供电系统。输电系统的作用是远距离传递电能，而配电系统的作用是让用户可以使用电能，即把电能分配到每个用户。

对配电系统的基本要求：安全性好、供电可靠性与电能质量满足用户要求、接纳分布式电源能力强、资产利用效率高、电能损耗小、运行维护成本低、配电设施与周围环境相协调等。

6.2.1　配电网及一次设备

根据所在地域或服务对象的不同，配电网可分为城市配电网与农村配电网；根据配电线路类型的不同，可分为架空配电网络、电缆配电网络、架空线与电缆混合配电网络；根据电压等级的不同，可分为高压配电网、中压配电网、低压配电网。

我国高压配电网的电压一般采用 110kV 与 35kV，东北地区采用 66kV，一些负荷密度大的大城市采用 220kV；中压配电网的电压采用 10kV（个别地区采用 20kV，大用户企业配电系统有时采用 6kV）；低压配电网的电压一般为三相四线制 380/220V，或单相二线制 220V。

国际上许多国家把高压配电线路叫作次输电线路，而把高压/中压变电站、中压配电网和低压配电网这三个部分称为配电网。而我国由于高压配电网与中低压配电网一般分属不同的部门、机构管理，习惯上把包括高压/中压变电站在内的高压配电网部分划至变电环节，而所谓的配电网实际上指的是中低压配电网。本书内容中，除特殊说明外，配电网均指中低压配电网。

变压器划定了输电、配电一次系统、配电二次系统的界限。一般情况下，通常用封闭结构的变电站作为输电系统和配电系统的界限。在变电站与配电一次系统之间传输几十千伏电压的电力线被称为馈线，在配电系统中馈线的工作是对从变电站到用户的潮流流动进行安全的延伸拓展。从变电站开始，馈线通常起始于变压器和开关设备，变压器实现降压并由断路器提供保护，防止任何可能沿馈线发生的严重故障，但馈线也被进行保护的自动重合闸装置划分成若干分段。

配电系统一次设备

配电一次系统主要由电力线路、配电变压器、断路器、负荷开关、隔离开关、开关柜等组成。【扫二维码了解配电系统一次设备】

6.2.2　配电二次系统

配电二次系统是配电系统重要的组成部分，完成配电网的保护、测量、调节、控制功能。配电二次系统与配电一次设备配合，使配电网安全、可靠、经济地运行，以保证对用户的供电质量。

配电二次系统主要包括继电保护系统、控制系统、配电自动化系统。

1. 继电保护系统

继电保护系统的作用是在配电网中的电力元件（如线路、配电变压器等）发生故障或出现异常运行状态时，向相关的断路器发出跳闸命令或者发出告警信号，切除故障元件或消除异常运行状态，以保证配电网安全运行，避免或减少故障引起的停电。自动重合闸装置检测到沿馈线部分的故障电流，可以自动断开连接，并尝试清除瞬时性电力故障。

2. 控制系统

主要指电压无功与电能质量控制系统。利用有载调压变压器、无功补偿设备以及有源滤波器、静止同步补偿器（STATCOM）、动态电压恢复器（DVR）等柔性配电设备对电能质量进行控制，保证配电网电压幅值与波形符合要求。

3. 配电自动化系统

指配电网运行自动化系统。由安装在现场的终端装置、通信系统与位于控制中心的主站3 部分构成，完成配电系统监控和数据采集（DSCADA）、自动故障定位、隔离与恢复供电等功能。配电终端装置主要有馈线终端（FTU）、配电变压器终端（TTU）、站所终端（DTU）和用户设备监控终端。FTU 主要安装在 10kV 配电网架空线路上的柱上开关和电缆线路上的环网柜、分支箱等处。DTU 主要安装在配电线路的开关站（开闭所）、配电所（室）和箱式变电站内。

6.2.3　配电系统的特点

配电系统直接面向用户，是保证供电质量与用户服务质量、提高电力系统运行效率的关键环节，其特点主要表现在以下几个方面：

（1）配电系统对供电可靠性水平有着决定性的影响。配电网一般采用放射式或开环供电方式，且相当一部分电网不满足"$N-1$"要求，因此一旦故障就会引起用户供电中断，而配电网的故障率又比较高，因此用户停电绝大部分是由配电网故障引起的。据英国电力燃气监管委员会（OFGEM）2008/2009 财政年度的服务质量报告，该年度用户平均停电时间中，90%是由中低压配电网引起的，132kV 次输电网（中国称为高压配电网）的原因占 2%，超高压输电网的原因占 8%；用户平均停电次数中，97%是由中低压配电网引起的，132kV 次输电网的原因占 1%，超高压输电网的原因占 2%。对我国近年停电情况的调查表明，中低压配电网引起的停电时间占用户总停电时间的比例超过 88%。

（2）电能质量问题主要由配电系统造成。配电网供电电压受负荷变化影响大，特别是一些距离比较长的配电线路，电压质量得不到保证，白天的高峰时刻末端用户往往电压偏低，而夜间靠近变电站侧的用户往往电压偏高。配电网故障多发，每一次故障都会导致一定范围的用户遭受电压暂降。此外，随着大功率冲击性负荷、非线性负荷的大量应用，配电系统电压波动问题日渐突出，谐波危害严重。

（3）电力系统整体电能损耗大部分产生在配电系统。根据 2006 年中国网损统计结果，配电网（包括高压配电网）的损耗占系统总网损的比例为 69%，中低压配电网的损耗占系统总网损的比例为 43%。

（4）从投资和运营成本角度讲，配电系统在电力系统中具有举足轻重的位置。发达国家配电系统与输电系统的投资比例约为 1.5。中国配电系统与输电系统投资比例比较低，20 世纪 90 年代初中国配电系统与输电系统的投资比例不到 0.6，2000 年后比例增加，但与发达国家相比仍有较大的距离。配电系统运营成本大于输电环节与发电环节的成本，根据美国对电价成本的统计结果，扣除燃料费用后，配电成本占一半，发电成本占 40%，而输电成本不到 10%。

配电系统服务于一个地区，不像输电系统那样跨区域甚至跨国界互联，因此其一般采用放射式或环网开环运行的供电方式，结构相对比较简单。输电网故障有可能影响整个电力系统的安全稳定运行，而配电网发生故障时一般仅造成所供负荷停电。通常情况下，配电网保护、控制装置的配置相对简单，对其功能、性能的要求也相对较低，例如允许继电保护装置延时动作切除配电线路末端的故障。另外，配电系统的作用、系统构成、运行环境与输电系统均有很大区别，因此，配电系统及其管理与输电系统相比有其独特的复杂性与管理难度。

（1）配电系统元件众多，星罗棋布。一个城市的配电元件数量达数十万甚至上百万，是同地区输变电元件的数十倍，设备的标准化程度比较低，管理维护工作量巨大。

（2）配电网络接线形式种类多，运行方式多变。

（3）受城乡市政建设、发展的影响，配电系统元件与网络结构变动频繁，异动率高。

（4）配电系统是城乡市政设施的组成部分，分布在人类活动频繁的区域，易受外界干扰、人为破坏，故障率高，是输电线路故障率的数十倍甚至上百倍。

（5）配电系统管理业务综合性很强，不像输电系统管理那样有着很细的专业分工。

随着分布式电源的大量接入，传统的只是被动地接受主网电力的配电网转变为功率双向流动的有源网络，但也带来一系列需要解决的新问题。而智能电网的提出，对配电系统的安全性、供电质量、运行效率以及与用户的互动水平提出了更高的要求，配电技术的发展面临着重大的机遇与挑战，配电系统的功能特征、技术内容、系统构成以及保护控制与运行管理方式将发生根本性变化。

6.2.4 配电拓扑

输电系统被设计为双向网络结构，根据负荷和可用的发电机容量，功率可以通过传输系统沿任何方向流动。而配电系统一般被设定为放射状结构，即电流通过传输线流入变电站并分成若干支路为用户供电，放射状配电拓扑结构如图 6-1 所示，功率沿变电站的树状结构向外辐射。变电站是树的根，而树的分支远离变电站并且电压逐步降低。放射状配电拓扑结构的缺点是隔离故障后，系统也会停止对所有的下游客户的供电。

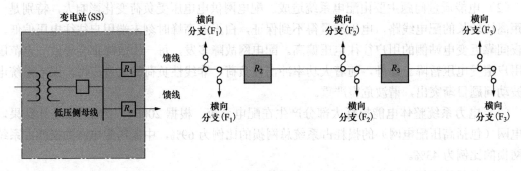

图 6-1　放射状配电拓扑结构

放射状配电拓扑结构由一个变电站表示。低压侧母线连接着变压器和熔断器，并向两条有继电保护器的馈线供电，分支线随着有继电保护装置保护的馈线延伸来保护馈线的各个部分。

除放射状配电拓扑结构外，还有环/网状配电拓扑结构，该结构实质上是一种在树的分支之间附加额外运行电力线的放射状系统。放射状配电拓扑结构的核心是建立一个类似于网状的通信网络，其通过允许多条路径接入网络来增加系统可靠性。在网状拓扑输电网络中，系统可以在隔离故障的同时允许其他路径保持为供电用户输电。

最后，闭环系统需要在冗余性成本和可靠性之间做出权衡。在如图 6-2 所示的环形配电拓扑网络中，两个馈线通常由联络开关相连。联络开关常开，以保持馈线相互隔离，如果电力线上馈线发生故障，联络开关将闭合，允许功率通过馈线向相反方向流动，使故障孤立，为尽可能多的用户提供电能。

环形配电拓扑网络由两个变电站来表示，每半个环形网络是放射状的拓扑。然而，环网中还有一个常开联络开关，必要时可以闭合，以便使变电站馈线给其他变电站的馈线供电。这一过程被称为故障发生后的恢复过程。

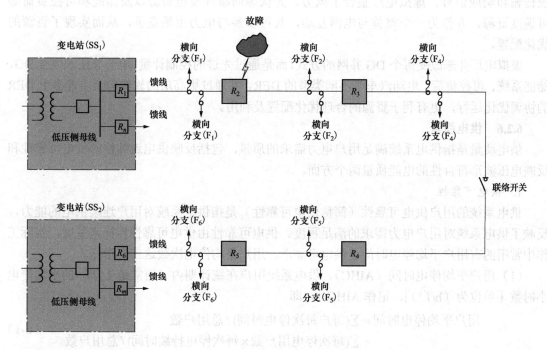

图 6-2　环形配电拓扑网络

6.2.5　配电系统的形态

配电系统的架构可能有三种发展趋势，即主动配电网、微电网、虚拟电厂。

1. 主动配电网

主动配电网允许系统在正常运行时双向调整功率。首先，主动配电网的演进可以从简单地控制发电机输入到主动电网中的功率开始。然后，可以对所有分布式发电源进行控制，并且实现协调调度系统和电压分布优化。最后，主动配电网发展为一个高度互联的系统，可以实现自我管理，并可与主动配电网中的其他部分进行信息交流。

2. 微电网

微电网是一个独立的发电和配电系统，能够在不连接主电网的情况下运行。微电网即微网，是指由分布式电源、储能装置、能量转换装置、负荷、监控和保护装置等组成的小型发配电系统，是一个能够实现自我控制、保护和管理的自治系统，既可以与外部电网并网运行，也可以孤立运行。

3. 虚拟电厂

为了解决单独的分布式能源接入电网造成的不利影响，提出了以虚拟电厂（VPP）作为对分布式能源接入电网进行有效管理的重要形式。虚拟电厂通过分布式电力管理系统将配电网中大量的分布式能源、可控负荷和储能装置聚合成一个虚拟的整体，从而参与电网的运行和调度，协调大电网与清洁分布式能源之间的矛盾，充分体现分布式能源为电网和用户所带来的价值与效益。特别是在提出全面建设能源互联网后，虚拟电厂成为分布式能源实现广域合作的有效途径。虚拟电厂对一组包括可再生能源发电机在内的分布式发电机进行管理和控制，这样分布式发电机的集合就成为了用户的一个单一工具，虚拟电厂可单一协调系统传输和响应信号。虚拟电厂整合了风力、光伏等间歇性发电资源以及储能和可控负荷等可调度资源，并作为一个整体与电网互动，其可以参与电力市场竞争，从而实现了资源的优化配置。

虚拟电厂并未改变每个 DG 并网的方式，而是通过先进的控制计量、通信等技术聚合 DG、储能系统、可控负荷、电动汽车等不同类型的 DER，并通过更高层的软件构架实现多个 DER 的协调优化运行，更有利于资源的合理优化配置及利用。

6.2.6　供电质量

供电质量是指供电系统满足用户电力需求的质量，包括反映供电连续性的供电可靠性和反映电压波形符合性的电能质量两个方面。

1. 供电可靠性

供电系统的用户供电可靠性（简称供电可靠性）是指供电系统对用户连续供电的能力，反映了供电系统对用户电力需求的满足程度。供电可靠性由供电可靠性指标来量度，实际工作中常用的有用户平均停电时间、供电可靠率、用户平均停电次数这三个指标。

（1）用户平均停电时间（AIHC）。供电系统用户在统计期内（通常是 1 年）的平均停电小时数［单位为（h/户）］，记作 AIHC-1，即

$$用户平均停电时间 = \sum(每户每次停电时间) / 总用户数$$
$$= \sum(每次停电用户数 \times 每次停电持续时间) / 总用户数 \tag{6-1}$$

若不计用户受外部影响停电时间，用户平均停电时间记作 AIHC-2（h/户）；若不计系统电源不足限电的影响，记作 AIHC-3（h/户）。

（2）供电可靠率（RS）。在统计期内，用户有效供电时间总小时数与统计期间小时数的比值，记作 RS-1，即

$$供电可靠率 = (1 - 用户平均停电时间 / 统计期间时间) \times 100\% \tag{6-2}$$

若不计外部影响，供电可靠率则记作 RS-2；若不计系统电源不足影响，则记作 RS-3。

（3）用户平均停电次数（AITC）。供电系统用户在统计期内的平均停电次数，记作 AITC-1（次/户），即

$$用户平均停电次数 = \sum(每次停电用户数) / 总用户数 \tag{6-3}$$

若不计外部影响，用户平均停电次数记作 AITC-2；若不计系统电源不足影响，则记作 AITC-3。

在以上三个指标中，AIHC 与 RS 反映的都是用户经历的停电时间，只是表达的形式有所不同，而 AITC 反映的则是停电事件的频率。AIHC 与 AITC 之间有一定的相关性，但没有必然的联系。例如，一个系统的故障停电次数较多，但由于故障修复速度比较快，最后的 AIHC 不一定高。对于同样的 AIHC，如 AITC 不同，所反映的系统性能与对用户的影响也不同。一般来说，AITC 越大，用户损失越大，其不满意程度也就越高。

供电可靠性指标是采用统计方法计算的。在进行供电可靠性统计时，关于"一个电力用户"的含义，不同的国家和区域有不同的理解。我国以中压配电线路上的公用变压器作为用户统计单位来进行统计（35～110kV 高压大用户另作一类统计分析），而国际上发达国家大多是以每个装有电能表的终端受电用户作为统计单位。以上讨论的供电可靠性指标反映的只是历时比较长的持续停电，并不考虑历时在数秒或数分钟之内的短时停电。

2. 电能质量

为了保证用户用电设备正常工作，除保证供电不间断外，还要使供电电压波形符合要求，因此提出了电能质量的概念。电能质量指供应到用户受电端电能的品质，通常指供电电压幅值及其波形的质量。电能质量是由一系列指标来量度的，电能质量指标包含电压偏差、频率偏差、电压波动与闪变、谐波、三相电压不平衡、电压暂降等方面的指标内容。

（1）电压偏差。指某一时段内电压幅值（指电压有效值）缓慢变化而偏离额定值的程度，以电压实际值与额定值之差或其百分比值来表示，即

$$\Delta U = U - U_{N} \text{或} \Delta U\% = \frac{U - U_{N}}{U_{N}} \times 100\% \tag{6-4}$$

式中：U 为检（监）测点的电压实际值，V；U_{N} 为检（监）测点系统电压额定值，V。

电压偏差超过一定范围，用电设备会由于过电压或过电流而损坏。电网电压过低或无功功率远距离流动，会使电网线损（有功功率损耗）增加，导致电网运行的经济性降低。我国对电压偏差的规定如下：

1）供电电压与额定电压的允许偏差：35kV 及以上的供电电压，正负允许偏差的绝对值之和小于 10%的额定电压。

2）10kV 及以下的用户端三相供电电压，允许偏差为额定电压的±7%。

3）220V 单相用户端供电电压，正负允许偏差为额定电压的+7%与−10%。

（2）频率偏差。指电力系统实际频率与额定频率的差值或其差值与额定值的百分比，即

$$\Delta f = f - f_{N} \text{或} \Delta f\% = \frac{f - f_{N}}{f_{N}} \times 100\% \tag{6-5}$$

式中：f 为电力系统运行实际频率，Hz；f_{N} 为额定频率，Hz。

如果频率过高或过低，则动力设备的转速将随频率的高低而改变，会影响对速度敏感的工业产品的质量；系统内一些与频率有关的损耗也将升高，影响运行的经济性。我国规定频率允许偏差为±0.2Hz；系统容量较小时，允许偏差为±0.5Hz。中国大区域电力系统实际运行频率正负偏差均小于 0.1Hz。

（3）电压波动与闪变。指某一段时间内电压急剧变化而偏离额定值的现象。通常电压变化速率大于每秒 1%时，即为电压急剧变化。电压波动以电压急剧变化过程中相继出现的电压最大值与最小值之差或其与额定值的百分比来表示，即

$$\delta_{U} = U_{max} - U_{min} \text{或} \delta_{U}\% = \frac{U_{max} - U_{min}}{U_{min}} \times 100\% \tag{6-6}$$

式中：U_{max} 与 U_{min} 分别为某段时间内电压波动的最大、最小值，V。

电压波动与电压偏差概念不一样，电压偏差主要指电压有效值的缓慢变化，而电压波动反映的是电压有效值的快速变化。电压波动通常是由配电网中冲击性大负荷引起的。我国对电压波动允许值的规定如下：

1）10kV 以下系统为 2.5%。

2）35～110kV 系统为 2%。

如果电压有效值波动呈周期性，将会引起照明灯、电视机闪烁，造成人眼视觉主观感觉不舒适，这种现象称为闪变。日光灯和电视机等设备对电压波动的敏感程度远低于白炽灯，因此，一般选白炽灯的工况作为判断电压波动是否被接受的依据。

（4）谐波。在理想情况下，电力系统供电电压波形应是正弦波形，但由于配电系统中存在大量的具有铁芯结构的电力设备、电力电子设备和整流装置或电弧炉等，即存在大量的谐波源，实际供电波形已不再是理想的正弦波，这种现象称为电压正弦波形畸变。根据傅里叶分析原理，一个畸变的正弦波形可以分解为基波和若干个频率是基波频率整数倍的谐波之和。电压正弦波形畸变程度以电压正弦波形的畸变率 DFU 表示。

$$DFU = \frac{\sqrt{\sum_{n=2}^{\infty} U_n^2}}{U_1} \times 100\% \qquad (6\text{-}7)$$

式中：U_n 为第 n 次谐波的电压有效值，V；U_1 为基波电压有效值，V。

谐波的存在将使配电系统中的功率损耗增加，配电设备过热、寿命缩短；会引起系统内某些继电保护误动，造成供电中断；使电动机损耗增加、效率下降，运转发生振动而影响工业产品的质量；此外，还影响电能表（主要是感应式电能表）的准确计量。为避免或减少谐波的不良影响，需要对允许的谐波含量作出规定。

（5）三相电压不平衡。在理想的三相交流系统中，三相电压值应相同，且相位按 A、B、C 相的顺序互成 120° 相角，这样的系统叫作三相平衡（或对称）系统。但由于故障（如断线）、负荷不对称等因素的影响，实际电力系统并不是完全平衡的。三相电压不平衡意味着存在负序分量，这将使电动机产生振动力矩并发热，严重时会引起继电保护误动。

电力系统三相电压不平衡的程度用不平衡度来表示，其值用电压负序分量与正序分量的均方根值百分比 ε_{U} 表示，即

$$\varepsilon_{\mathrm{U}} = \frac{U_2}{U_1} \times 100\% \qquad (6\text{-}8)$$

式中：U_1 为三相电压的正序分量的均方根值，V；U_2 为三相电压负序分量的均方根值，V。

我国规定电力系统公共连接点正常电压不平衡度允许值为 2%，短时不得超过 4%。

（6）电压暂降。指供电电压的有效值短时间暂时下降的现象，又称电压骤降。引起电压暂降的原因主要是电网发生短路故障。一些用电设备（如电动机）起动或突然加荷，也会造成电网电压短时下降。实际系统中，电压暂降发生的频率非常大，往往数倍于停电事件。与停电时间相比，电压暂降具有发生频率高、经历时间短、事故原因不易觉察的特点，处理起来也比较困难。

电压暂降会引起敏感控制设备跳闸，造成计算机系统失灵、自动化控制装置停顿或误动、变频调速器停顿等；引起接触器跳开或低压保护启动，造成电动机、电梯等停顿；引起金属卤化物类光源（碘钨灯）熄灭，造成公共活动场所失去照明。因此，电压暂降会给工商业带来很大的经济损失，甚至会危害人身及社会安全。

3. 供电质量损失

供电质量损失指供电质量扰动给社会造成的经济损失，包括用户的损失和供电企业的损失。供电质量扰动包括供电可靠性扰动与电能质量扰动，因此，供电质量损失又分为供电可靠性损失与电能质量损失。由于供电可靠性反映的是用户停电的情况，因此，一般把供电可靠性损失称为停电损失。电能质量损失包括电压偏移、频率偏移、电压不平衡、电压波动与闪变、谐波以及电压暂降引起的损失，其中电压暂降与谐波引起的经济损失比较大，也是电能质量损失研究的主要内容。

6.3　配电自动化系统

6.3.1　概述

配电自动化（DA）是利用现代计算机及通信技术，将配电网的实时运行、电网结构、设备、用户以及地理图形等信息进行集成，构成完整的自动化系统，实现配电网运行监控及管理的自动化、信息化。近年来，配电自动化已成为电力自动化技术的一个热点，国内外供电企业纷纷试点或大面积推广配电自动化技术，以提高供电可靠性、供电质量、用户满意度以及管理效率。

对配电网的运行过程进行监视、控制与管理是配电自动化系统的基本功能，由于中压配电网的设备规模远远大于变电站和输电网，因此配电自动化系统的监控信息量一般来说要高出变电站自动化系统和调度自动化系统 1～2 个数量级。

配电自动化系统的监控信息量虽然很大，但是不同的应用需求对于配电信息处理的实时性要求是不一样的。一般来说，与故障处理以及监控相关信息的操作对实时性要求很高，而与负荷管理以及电能量采集的信息对于实时性的要求不高，这就要求配电自动化系统的通信系统设计和监控系统配置要分别对待和处理。配电自动化系统模型如图 6-3 所示，该模型表达现实世界中的功能模块及其相互关系，针对配电网不同信息的采集和处理要求不同，配电自动化系统可以分为实时监控处理和准实时监测处理。

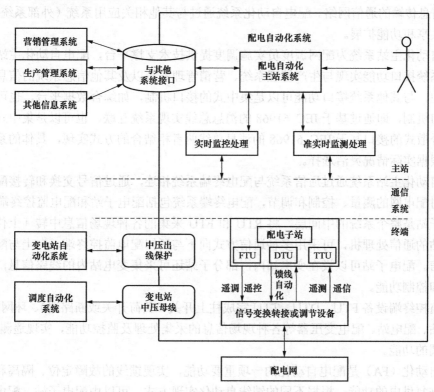

图 6-3　配电自动化系统模型

实时监控处理是针对通过专用的通道（光纤、音频电缆、电缆屏蔽层载波等）接入的各类配电站的实时数据采集和监控系统。这些专用通道通信响应及时，处理时间能满足实时监控的需要，另外网络安全等级也较高。实时监控处理的接口服务器完成对外数据接口，根据定义的接口标准实现配电自动化主站系统的实时监控功能。

准实时监测处理是针对通过公共无线网络（如 GPRS、CDMA 或其他方式）接入的各类配电站的准实时数据采集与监测系统。这些公共通道的通信响应不能满足实时监控的需要，但是可以满足准实时监测的需要。准实时监测处理只负责数据采集不进行遥控，且数据采集是准实时的，根据定义的接口标准实现配电自动化主站系统的准实时监测功能。

配电自动化系统与变电站自动化系统的边界在变电站的中压出线保护，中压出线保护信息需要和馈线自动化配合。

配电自动化系统与调度自动化系统边界在中压母线，中压出线断路器的控制权属于调度 SCADA 的权限，但是其故障信息要送到配电自动化系统中，馈线自动化的非故障区域自动恢复功能在实现时需要自动控制中压出线断路器合闸。

6.3.2　配电自动化系统组成

如图 6-3 所示，配电自动化系统主要由配电主站、配电子站、配电终端和通信通道组成。其中，配电主站实现数据采集、处理及存储、人机联系和各种应用功能；配电子站（可选）是主站与终端之间的中间层设备，根据配电自动化系统分层结构情况选用，配电子站一般用于通信汇集，也可根据需要实现区域监控功能；配电终端是安装在一次设备运行现场的自动化装置，根据具体应用对象选择不同的类型；通信通道是连接配电主站、配电子站和配电终端，实现信息传输的通信网络。配电自动化系统通过与其他相关应用系统（外部系统）互连，实现数据共享和功能扩展。

配电自动化主站系统为配网调度员实施调度提供技术支撑平台，配电自动化主站系统通过与其他系统接口功能实现与生产管理系统、营销管理系统以及其他信息系统的信息交换与共享。其中，与其他系统接口功能可以是集中式的接口机制，如综合数据平台，也可以是分散式的接口机制，即通过基于 IEC 61968 的消息总线实现系统互联，也可以是集中式综合数据平台和分散式的接口基于 IEC 61968 的消息总线两者相结合的方式实现，具体的系统接口方式可以根据实际情况灵活选择。

配电自动化主站系统通过通信系统与配电终端系统相连，通过信号交换和转接配电终端系统实现对配电网的测量、控制和调节，配电终端系统包括配电子站和配电监控终端设备。

配电子站是整个系统的中间层，将 RTU 和 FTU 采集的各种现场信息中转（上传下达）给配电主站的通信处理机，可采用多种通信方式向下与所属配电监控终端、向上与配电自动化主站通信。配电子站可以设在变电站内，部分子站还可采集变电站内的线路信息，可实现当地监视和控制功能。

配电监控终端设备 FTU、DTU、TTU 完成柱上开关（负荷开关或断路器）、环网开关柜、箱式变电站、配电站、配电变压器等各种现场信息的采集处理及监控功能，实现遥测、遥信、遥控和遥调的功能。

馈线自动化（FA）是配电自动化的一项重要功能，实现馈线的故障定位、隔离和非故障区域自动恢复供电的功能。根据不同的馈线自动化实现方式，可以由配电子站、配电监控终端以及配电主站来实现。

配电主站功能分为公共平台服务、配电 SCADA 功能、馈线故障处理、网络分析应用和智能化功能。这些功能又可以归类为基本功能和扩展功能。基本功能包括数据采集、数据处理、事件顺序记录、事故追忆/回放、系统时间同步、控制与操作、防误闭锁、故障定位、配电终端在线管理和配电通信网络工况监视、与上一级电网调度自动化系统（一般指地调 EMS）互连、网络拓扑着色等；扩展功能包括如下部分：

（1）馈线故障处理。与配电终端配合，实现故障的自动隔离和非故障区域恢复供电。

（2）与其他应用系统互联及互动化应用。通过系统间互联，整合相关信息，扩展综合性应用。

（3）配电网分析应用。包括网络拓扑分析、状态估计、潮流计算、合环分析、负荷转供、负荷预测等。

（4）智能化功能。包括配电网自愈（快速仿真、预警分析）、计及分布式电源/储能装置的运行控制及应用、经济优化运行以及与其他智能应用系统的互动等。

6.3.3 配电自动化系统

配电自动化系统功能可分为配电网运行自动化（也称配网自动化）、配电网管理自动化两部分，配电网运行自动化指配电网实时监控、自动故障隔离及恢复供电、自动读表等功能，而配电网管理自动化指离线的或实时性不强的设备管理、停电管理、用电管理等功能。

1. 配电网运行自动化功能

（1）监控和数据采集（SCADA）。远动四遥（遥测、遥信、遥控、遥调）功能的深化与扩展，使调度人员能够从主站系统计算机界面上，实时监视配电网设备运行状态，并进行远程操作和调节。

SCADA 是配电自动化系统的基础功能，配电系统的 SCADA 也称为 DSCADA。针对配电网不同信息的采集和处理要求不同，配电自动化系统可以分为实时监控处理和准实时监测处理。

1）DSCADA 实时监控处理。DSCADA 系统的前置机提供的前置处理服务包括通信与规约处理两方面。通信服务完成数据传输功能，通过相应的通信系统实现与配电终端的遥测接口和遥控接口交互通信，根据 DSCADA 系统的配置需要也可以通过配电子站实现数据收集与转发，配电子站也可以根据子站的监控处理完成配电子站监控范围内的控制与数据采集处理。前置机的规约处理服务完成通信规约解析，将远动码字解码成 SCADA 生数据，完成对 SCADA 数据远动码字编码组帧以及实现通信规约转换，并将规约处理得到的 SCADA 生数据发往 DSCADA 实时处理服务器进行数据处理。

2）DSCADA 准实时监测处理。DSCADA 系统的准实时监测主要针对配电系统中的配电变压器的信息采集、大用户的负荷管理以及配电的电能量集中抄表的信息收集，主要有 3 类终端与之相对应，分别为配电变压器监测终端（TTU）、负荷管理终端以及电能量集抄终端。其通信系统一般采用无线通信方式，参与准实时信息处理的主要角色有 DSCADA 准实时处理服务器、前置机、调度员工作站、配变终端、负荷管理终端和电能量集抄终端的遥测接口。

DSCADA 的准实时监测处理的前置处理服务与 DSCADA 实时监控处理的类似，只是没有遥控功能，一般来说也不需要配电子站进行中转。前置机提供的前置处理服务包括通信与规约处理两个方面，配电变压器监测终端、负荷管理终端和电能量集抄终端的遥测接口通过通信系统与前置机实现通信，通信服务完成数据传输功能，规约处理服务完成通信规约解析。

（2）故障自动隔离及恢复供电。国内外中压配电网广泛采用"手拉手"环网供电方式，并利用分段开关将线路分段。在线路发生永久性故障后，配电自动化系统自动定位线路故障点，跳开两端的分段开关，隔离故障区段，恢复非故障线路的供电，以缩小故障停电范围，加快故障抢修速度，减少停电时间，提高供电可靠性。馈线自动化的形式通常有以下几种：

1）集中智能式 FA 模式。建立在 DSCADA 实时监控基础之上，由配电子站或者配电主站实现信息的收集与处理，完成集中智能式 FA 处理功能，根据收集的配电网故障信息进行自动故障定位，并将 FA 控制系列指令下发到配电终端的遥控接口，完成故障的隔离和恢复供电。FA 的处理结果送给调度员工作站供调度员使用。

2）半自动 FA 模式。同样建立在 DSCADA 实时监控基础之上，由配电主站实现信息的收集与处理，半自动 FA 处理服务根据收集的配电网故障信息进行自动故障的定位，而故障的隔离和恢复由调度员根据故障的定位结果，人工将系列控制指令下发到配电终端的遥控接口，完成故障的隔离和恢复供电。

3）分布智能式 FA 模式。不需要配电主站和配电子站处理，由配电终端根据相邻的终端以及自身采集的故障信息进行判断，并直接发出 FA 控制指令完成故障的隔离和恢复，故障的处理结果发送到调度员工作站供调度员查阅。

4）重合器 FA 模式。不需要通信系统，直接由带重合器的断路器根据一定的时序依次跳开，完成故障的隔离和非故障区域恢复供电功能。

（3）电压及无功管理。配电自动化系统通过高级应用软件对配电网的无功分布进行全局优化，自动调整变压器分接头挡位，控制无功补偿设备的投切，以保证供电电压合格、线损最小。由于配电网结构复杂，并且不可能收集到完整的在线及离线数据，实际上很难做到真正意义上的无功分布优化，因此更多的是采用现场自动装置，以某控制点（通常是补偿设备接入点）的电压及功率因数为控制参数，就地调整变压器分接头挡位，投切无功补偿电容器。

（4）负荷管理。配电自动化系统监视用户电力负荷状况，并利用降压减载、对用户可控负荷周期性投切、事故情况下拉路限电三种控制方式削峰、填谷、错峰，改变系统负荷曲线的形状，以提高电力设备利用率，降低供电成本。

传统的负荷管理主要是供电企业控制用户的负荷，随着需求侧管理（DSM）概念的诞生，供电企业不再单方面地管理用户负荷，而是调动需方积极性，根据用户不同用电器的特性、用电量，并结合天气情况及建筑物的供暖特性，依据市场化的电价机制，如分时电价、论质电价等，对用户负荷及其经营的分布式发电资源进行直接或间接控制，供需双方共同进行供电管理，以节约电力、降低供电成本、推迟电源投资、减少电费支出，形成双赢局面。随着电力市场化进程的发展，DSM 已引起广泛地重视。

（5）自动抄表。自动抄表（AMR）是通过通信网络读取远方用户电能表的有关数据，对数据进行存储、统计及分析，生成所需报表与曲线，支持分时电价的实施，并加强对用户用电的管理和服务。

不少供电企业为了便于实施及管理，建设了单独的 AMR 系统。在一些电力市场化比较完善的国家，实行供用分离，供电企业只负责电网的管理，售电及读表由独立的售电商负责。

2. 配电网管理自动化

（1）设备管理。配电网包含大量的设备，遍布于整个供电区域，传统的人工管理方式已不能满足日常管理工作的需要。设备管理（FM）功能在地理信息系统（GIS）平台上，应用自动绘图（AM）工具，以地理图形为背景绘出并可分层显示网络接线、用户位置、配电设备及属性数据等。设备管理支持设备档案的计算机检索、调阅，并可查询、统计某区域内设备数、负荷、用电量等。

（2）检修管理。在设备管理的基础上，制定科学的检修计划，对检修工作票、倒闸操作票、检修过程进行管理，提高检修水平与工作效率。

（3）停电管理。对故障停电、用户电话投诉（TC）以及计划停电处理过程进行管理，能够减少停电范围，缩短停电时间，提高用户服务质量。

（4）规划与设计管理。配电自动化系统对配电网规划所需的地理、经济、负荷等数据进行集中存储、管理，并提供负荷预测、网络拓扑分析、短路电流计算等功能，不仅可以加速配电网设计过程，而且还可使最终得到的设计方案达到经济、高效、低耗的目的。

（5）用电管理。对用户信息及其用电申请、电费缴纳等进行管理，提高业务处理效率及服务质量。

配电自动化技术的内容很多，各种功能之间相互联系、依存，没有十分明确的界限，并且会随着技术的进步、用户要求的提高以及电力市场化进程的深入不断地发展、完善。配电自动化的许多概念、说法不统一，容易给刚开始接触配电自动化技术的人，带来理解上的困难。读者在实际工作中，不要局限于一些概念、说法的字面意思，应根据具体的情况，理解其内涵。事实上，如何使配电自动化的有关定义及功能划分更加准确、合理，也是配电自动化工作者应该进一步研究解决的问题。

6.3.4　配电自动化系统特点

配电自动化系统不但比输电网自动化系统对于设备的要求高，而且规模也要大得多，因而对于配电自动化的投资支出要高很多，主要源于以下几点原因：

（1）监控对象非常多。监控对象为中低压配电网中的变电站中压出线断路器、重合器、柱上开关、环网柜、开关站、配电室、配电变压器、无功补偿电容器、用户电能表、重要负荷等，监控节点众多、分布面广。系统需要处理海量数据，一个大型配电网的监控站点达上万个，处理的信息量（量测量、控制量）有 50 多万个，而同一地区 EMS 处理的信息量一般不超过 20 万个。

（2）户外终端设备较多，工作环境恶劣、可靠性要求高。相当一部分配电网终端设备安装在户外，运行环境恶劣，温度通常为 −25～+80℃，湿度高达 90%，此外还需要考虑防雨、防晒、防雷、防风沙、防振动与防强电磁干扰等。

（3）一次设备标准化程度低，部分设备没有安装或在设计上没有考虑电压、电流互感器或传感器，信息采集比较困难，主站系统难以完整、全面地获取配电网运行数据。一些开关设备没有电动操动机构，不具备辅助触点，难以实现遥控以及对开关设备的状态进行监控。

（4）需要具有完善的故障信息的采集与处理功能。除完成故障定位、隔离和服务恢复（FLISR）功能外，还要能够对故障信息进行存储、分析、查询、统计。EMS 主要面向电网的调度运行管理，电网故障与保护信息的采集与处理由专门的故障信息管理系统承担。

（5）配电网运行监控主要关注异常运行状态与故障的处理，而不像 EMS 那样还要重点考虑系统的稳定、经济调度、潮流优化等问题。鉴于这一特点，系统对模拟量测量精度要求相对较低，对数据刷新周期的要求也不高。为减少通信与主站数据处理负担，配电网终端一般采用"主动报告"机制，在检测到断路器变位、故障等事件时及时上报，而正常量测数据的刷新周期则可选为数分钟甚至数十分钟，远低于 EMS 要求的数秒钟。

（6）配电网异动率很高，结构经常因增容、技术改造、城市建设等原因变化，需要及时地更新系统网络拓扑与属性数据，参数配置、系统维护工作量大。

（7）配电自动化系统需要与 EMS、DMS 等系统频繁交换数据，信息量大，要求信息共享，对系统设计的开放性要求高。

（8）通信系统复杂。配电自动化系统的站端设备数量非常多，通信规约多，通信方式多，大大增加通信系统的建设复杂性，通常采取多层集结的方式减少通道数量和充分发挥高速信道的能力。

（9）工作电源和操作电源提取困难。

6.3.5　高级配电自动化

1. 基本概念

高级配电自动化（ADA）的概念最早由美国电力科学研究院（EPRI）在其智能电网体系研究报告中提出，该报告对 ADA 的定义为"配电网革命性的管理与控制方法，能够实现配电网的全面控制与自动化并对分布式电源进行集成，使配电网的性能得到优化"。

高级配电自动化是在建设智能电网的背景下提出的，它回应了现代配电网的发展对配电自动化技术提出的新要求，因此受到了业界的高度关注，被认为是配电自动化的发展方向，也是智能配电网技术研究的关键内容。

与常规的配电自动化相比，高级配电自动化功能与技术的特点主要体现在以下几个方面：

（1）满足有源配电网对配电自动化技术提出的新要求。首先，要满足分布式电源监控与运行管理的需要，将其与配电网有效地集成；此外，相关的分析与控制方法，如潮流与故障分析方法、故障隔离与供电恢复方法、电压无功控制方法等，要能够适应分布式电源接入，充分发挥分布式电源的作用，优化配电网的运行。

（2）性能更加完善。提供丰富的配电网实时仿真分析、运行控制与管理辅助决策工具，具备包括配电网自愈控制、经济运行、电压无功优化等各种高级应用功能。

（3）实现对配电网的集成控制。除基于主站的集中控制应用外，还支持在终端上完成基于本地测量信息的就地控制应用和基于相关终端之间对等交换实时数据的分布式智能控制（简称分布式控制）应用，为各种配电自动化以及保护与控制应用提供统一的支撑平台，优化自动化系统的结构与性能，解决"自动化孤岛"问题，实现软硬件资源的高度共享。

（4）应用 IEC 61850 通信标准，采用标准的信息交换模型与数据传输协议，支持自动化设备与系统的互联互通、即插即用。

2. 高级配电自动化系统的构成及其特点

与常规的配电自动化系统类似，高级配电自动化系统分为高级配电网运行自动化系统与高级配电网管理自动化系统（高级 DMS）两类。

高级 DMS 的物理结构及其各个组成部分的功能作用与常规的 DMS 类似，而高级配电网运行自动化系统尽管物理结构与传统的配电网运行自动化系统类似，包括主站、通信系统、配电子站与配电网终端几个部分，但对配电网终端与通信系统的功能提出了更高的要求：

（1）配电网终端具有更为丰富的硬件资源和强大的数据处理能力，除传统的"四遥"功能外，还能够支持基于本地测量信息的就地控制应用和基于终端之间对等交换实时数据的分布式控制应用。为将这种终端与常规的配电网终端区别，我们将其称为智能终端（STU）。

（2）通信系统支持智能终端之间进行实时测控数据的对等快速交换，以实现分布式控制。采用 IEC 61850 通信标准，实现智能终端之间以及智能终端与主站系统之间的互联互通、即插即用。

3. 关键技术

高级配电自动化的关键支撑技术主要有先进的通信技术、高级测量技术、快速仿真与模拟技术、分布式控制技术、虚拟电厂技术、信息集成总线技术等。

（1）高级测量技术。高级配电自动化系统采集的数据更为全面、完整，除常规的遥测、遥信与故障检测信息外，还包括设备运行状态等数据，以实现配电网的全景"可视化"管理。有源配电网是一个功率与故障电流双向流动的复杂网络，必须使用实时快速仿真模拟、电压无功控制等高级应用软件，以对其进行有效地控制与管理。为保证高级应用软件的运行效果，测量数据应具有比较高的精度，能够提供电压与电流的同步相量信息。

（2）快速仿真与模拟技术。配电网快速仿真与模拟（D-FSM）提供实时计算工具，分析预测配电网运行状态变化趋势，对配电网操作进行仿真并进行风险评估，向运行人员推荐调度决策方案。快速仿真与模拟技术是保证配电网安全可靠、高效优化运行的重要技术手段。

（3）分布式控制技术。分布式控制建立在智能终端对等交换实时测控数据的基础上，既可以利用多个站点的测量信息实现更为丰富、完善的控制功能，又能避免主站集中控制带来的通信与数据处理延时长的问题。例如，利用分布式控制实现短路故障的自动定位、隔离与供电恢复，可在 1s 内恢复供电，而采用常规的主站集中控制则需要数十秒甚至数分钟的时间。

分布式控制为配电网提供了一种性能优越的控制新手段，支持分布式控制是高级配电自动化系统区别于常规配电自动化系统的重要特征。

（4）虚拟电厂技术。高级配电自动化系统为虚拟电厂（VPP）提供技术支撑平台。VPP 是高级配电自动化系统的一个高级应用功能，将配电网中分散安装的分布式电源看成一个虚拟的发电厂进行统一调度，实现分布式电源与配电网的有效集成与智能发电。高级配电自动化系统采集、处理分布式电源实时运行数据，并对其进行调节、控制，采用配电网快速仿真与模拟技术，辅助制定分布式电源调度决策，使 VPP 得以实现，这是高级配电自动化系统区别于传统配电自动化系统的又一个重要特征。

（5）信息集成总线技术。供电企业信息集成总线（UIB）用于将高级配电自动化系统、高级 DPMS 以及 EMS、AMR 系统、客户信息系统（CIS）等自动化系统连接在一起，实现互联互通、无缝集成，解决"信息孤岛"问题。供电企业信息集成总线技术，包括两部分内容：①基于 IEC 61970/61968 标准的公共信息模型；②利用中间件将应用软件封装为可以在异构平台上运行的组件，实现其在 UIB 上的共享。

6.4　用电信息采集系统

6.4.1　用电信息采集系统定义和地位

电力用户用电信息采集系统是对电力用户的用电信息进行采集、处理和实时监控的系统，可实现用电信息的自动采集、计量异常监测、电能质量监测、用电分析和负荷管理、相关信息发布、分布式能源监控、智能用电设备的信息交互等功能。

用电信息采集系统是智能用电服务体系的重要基础和用户用电信息的重要来源，为管理信息系统提供及时、完整、准确的基础用电数据。用电信息采集系统面向电力用户、电网关口等，实现购电、供电、售电 3 个环节信息的实时采集、统计和分析，达到购、供、售电环节实时监控的目的。用电信息采集系统为电网企业层面的信息共享，以及逐步建立适应市场变化、快速反应用户需求的营销机制和体制，提供了必要的基础装备和技术手段。

6.4.2 用电信息采集对象及要求

用电信息采集对象包括 5 类用户和 1 个公用变压器考核计量点：①A 类，大型专用变压器用户（用电容量在 100kVA 及以上的专用变压器用户）；②B 类，中小型专用变压器用户（用电容量在 100kVA 以下的专用变压器用户）；③C 类，三相一般工商业用户，包括低压商业、小动力、办公等用电性质的非居民三相用电；④D 类，单相一般工商业用户，包括低压商业、小动力、办公等用电性质的非居民单相用电；⑤E 类，居民用户（用电性质为居民的用户）；⑥F 类，公用变压器考核计量点（公用配电变压器上的用于内部考核的计量点）。对各类用户采集数据项的要求见表 6-1。

表 6-1   **采 集 数 据 项 要 求**

采集对象类别	采集数据项
A	电能数据：总电能示值、各费率电能示值、总电能量、各费率电能量、最大需量等； 交流电气量：电压、电流、有功功率、无功功率、功率因数等； 工况数据：开关状态、终端及计量设备工况信息； 电能质量：电压、功率因数、谐波等越限统计数据； 事件记录：终端和电能表记录的事件记录数据； 其他数据：预付费信息、负荷控制信息等
B	电能数据：总电能示值、各费率电能示值、总电能量、各费率电能量、最大需量等； 交流电气量：电压、电流、有功功率、无功功率、功率因数等； 工况数据：开关状态、终端及计量设备工况信息； 事件记录：终端和电能表记录的事件记录数据； 其他数据：预付费信息等
C、D、E	电能数据：总电能示值、各费率电能示值、最大需量等； 事件记录：电能表记录的事件记录数据； 其他数据：预付费信息等
F	电能数据：总电能示值、总电能量、最大需量等； 交流电气量：电压、电流、有功功率、无功功率、功率因数等； 工况数据：开关状态、终端及计量设备工况信息； 电能质量：电压、功率因数、谐波等越限统计数据； 事件记录：电能表记录的事件记录数据

6.4.3 用电信息采集系统的构成

用电信息采集系统集成在营销应用系统中，数据交换由营销应用系统统一与其他应用系统进行接口。营销应用系统指 SG186 营销业务应用系统，除此之外的系统称为其他应用系统。用电信息采集系统分为主站、通信信道、采集终端 3 部分。其物理架构如图 6-4 所示。

主站分为营销业务应用、前置采集平台和数据库管理 3 个部分，是整个系统的管理中枢，由其实现命令下发、终端管理、数据分析、系统维护、外部接口等功能。营销业务应用用于实现系统的各种应用业务逻辑。前置采集平台负责采集终端的用电信息、协议解析，并负责对终端单元发操作指令。数据库管理负责信息存储和处理。

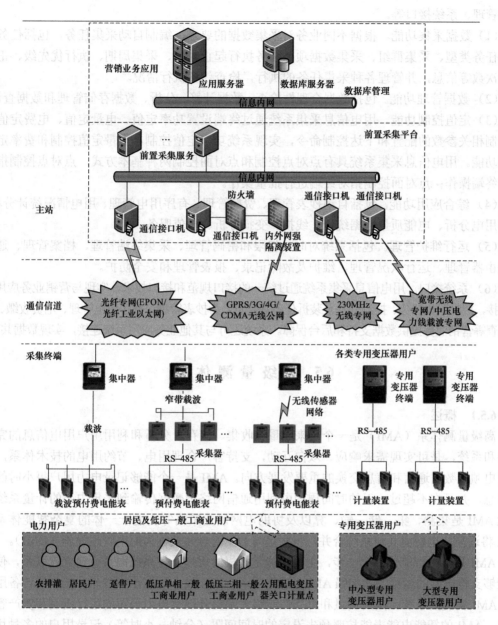

图 6-4　用电信息采集系统物理架构

通信信道有光纤专网（EPON/光纤工业以太网）、中压电力线载波专网、宽带无线专网（McWiLL/LoRa/WiMAX）、GPRS/3G/4G/CDMA 等无线公网、230MHz 无线专网。采集终端的本地通信通道常采用低压电力线载波、NB-IoT、RS-485 总线及微功率无线等方式。

采集终端负责收集和提供整个系统的原始用电信息，又可分为终端子层和计量设备子层。终端子层负责收集用户计量设备的信息，处理和冻结有关数据，并实现与上层主站的交互；计量设备子层负责实现电能计量和数据输出等功能。

6.4.4　用电信息采集系统的基本功能

用电信息采集系统主要功能包括系统数据采集、数据管理、定值控制、综合应用、运行维护管理、系统接口等。

（1）数据采集功能。根据不同业务对采集数据的要求，编制自动采集任务，包括任务名称、任务类型、采集群组、采集数据项、任务执行起止时间、采集周期、执行优先级、正常补采次数等信息，并管理各种采集任务的执行，检查任务执行情况。

（2）数据管理功能。包括数据合理性检查、数据计算、分析、数据存储管理和数据查询。

（3）定值控制功能。用电信息采集系统通过终端设置功率定值、电量定值、电费定值，并控制相关参数的配置和下达控制命令，实现系统功率定值控制、电量定值控制和费率定值控制功能。用电信息采集系统具有点对点控制和点对面控制两种基本方式，点对点控制指对单个终端操作；点对面控制指对终端进行批量操作。

（4）综合应用功能。包括自动抄表管理、费控管理、有序用电管理、用电情况统计分析、异常用电分析、电能质量数据统计、线损、变损分析、增值服务。

（5）运行维护管理。包括系统对时、权限和密码管理、采集终端管理、档案管理、通信和路由器管理、运行状况管理、维护及故障记录、报表管理和安全防护。

（6）系统接口。用电信息采集系统通过统一的接口规范和接口技术，实现与营销业务应用系统连接，接收采集任务、控制任务及装拆任务等信息，为抄表管理、有序用电管理、电费收缴、用电检查等营销业务提供数据支持和后台保障。系统还可与其他业务应用系统连接，实现数据共享。

6.5　高级量测体系

6.5.1　概述

高级量测体系（AMI）是一个用来测量、收集、储存、分析和利用用户用电信息的完整网络和系统，是可实现需求响应、双向互动，支持客户合理用电、节约用电的技术体系，是配用电领域数据通信和信息交换的重要发展方向。AMI是一个能够记录电力用户每小时的用电信息，并且在不超过一天的时间周期内利用通信网络把数据传输到采集中心的计量系统，因此AMI是集测、集、储、输、算以及协助电网制定策略等功能于一体的复杂智能体系。AMI将逐渐与电网内其他系统合并，特别是与DA的合并被称为配电管理设施（DMI）。

AMI是电网智能化的第一步，主要功能是授权给用户，使系统同负荷建立起联系，使用户能够支持电网的运行。如加强AMI，进行需求响应建设，可缩小峰谷差，减少旋转备用容量。AMI实现的系统范围的测量和可视性能够大幅提升现有电力公司的运行机制和资产管理流程。AMI的智能电能表能按照预先设定的时间间隔（分钟、小时等）记录用户的多种用电信息，把这些信息通过通信网络传到数据中心，根据不同的要求和目的，如用户计费、故障响应和需求侧管理等进行处理和分析。

AMI是在AMR的基础上发展起来的，相对于AMR从远程读一个累积的计量值、单向通信、以月为计量周期的特点，AMI具有完整的体系，且具有可远程读取多个间隔计量值、双向通信、提供详细的数据以能支持分时电价、支持远程系统或软件升级、支持用户户内网络等很多其他功能。AMI继承与发展了传统AMR的各种应用，通过智能电能表和通信、信息集成，实现供需之间电力和信息的双向流动，支持用户侧的分布式发电资源接入电网，为智能电网建立通用通信网络和信息系统架构打下了基础。AMI是建立智能电网的第一步，之后依次是ADO、ATO与AAM。AMI由安装在用户端的智能电能表、通信网络、计量数据管理系统和家庭局域网四大组成部分组成。AMI 体系的组成和功能如图 6-5 所示。

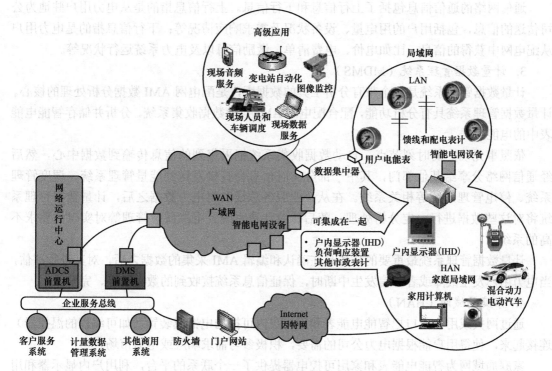

图 6-5　AMI 体系的组成和功能

1. 智能电能表

可以定时或即时取得用户带有时标的分时段的（如 15min、1h 等）或实时（或准实时）的多种计量值，如用电量、用电功率、电压、电流和其他信息；AMI 通过仪表将数据传输到应用程序，而家庭局域网（HAN）可以在家庭或用户现场将功率计与完整的 EMS 集成在一起。

智能电能表具备了采集和发送用电信息的功能，是电网进行数据分析、用户进行及时信息反馈的前提，是配电网 AMI 中最关键的一部分。电力用户可以根据自己的习惯设置智能电能表，使其在一定的频率下采集用电信息（如电量、电压、功率因素等），也可以用来优化自己的用电模式，节约电能。

智能电能表最大的特点是其具有双向通信能力，能够即时读取数据、远程操控完成通断以及进行窃电和电能质量检测，还提供了分时实时电价、预付费方式以及需求侧管理。除此之外还能进行故障检测，在断电时发送警告，为故障及时修复争取时间。

2. 通信网络

采取固定的双向通信网络，能把表计信息（包括故障报警和装置干扰报警）接近于实时地从电能表传到数据中心，是全部高级应用的基础。AMI 的通信网络是开放的双向通信，它建立了一个包含了智能电能表、公用设施和控制设备的网络连接，为电力用户、电网公司以及一些可以操控的用电设施提供了信息共享的平台。

分层系统是通信网络中普遍的一种构成形式，智能电能表与信息收集装置通过局域网连接在一起，广域网则把信息收集装置和数据中心连接在一起。信息收集装置是局域网与广域网之间的联络点，通常被安装在杆塔上或者变电站里。

通信网络的通信信息包括了上行信息和下行信息。上行信息指的是从电力用户驻地为公司传送的信息，包括用户的用电量、设备状况及需求响应情况等；下行信息指的是电力用户从配电网中获得的信息，比如电价、电费清单、激励信息以及电力系统运行状况等。

3. 计量数据管理系统（MDMS）

计量数据管理系统是一个带有分析工具的数据库，是配电网 AMI 数据分析处理的核心。计量数据管理系统具有分析功能，配合配电网 AMI 自动数据收集系统，分析并储存智能电能表中的电能数据。

依照事先确定的时刻节点，自动数据收集系统把采集到的信息传输到数据中心，然后经通信网络分享给其他部门，其中一部分实时信息会直接发送到能量管理系统、调度管理系统、停电管理系统等相关系统。在从企业服务总线取得电力数据之后，计量数据管理系统将对这些数据进行一定分析处理，随后传给计费系统、电能质量管理等对实时性要求不高的系统。

计量数据管理系统最重要的任务是在确认和编辑 AMI 采集的数据之后，对其进行评估，当电力用户发生故障或者通信发生中断时，保证信息系统接收到的数据准确、完整。

4. 家庭局域网（HAN）

通过网关或用户入口把智能电能表和用户户内可控的电器或装置（如可编程的温控器）连接起来，使得用户能根据电力公司的需要，积极参与需求响应或电力市场。

家庭局域网为智能电能表和家用可控电器提供了一个联系的平台，利用户内显示器和用户能量管理构成了一个可以主动响应的体系。家庭局域网能使电力用户实现对电器的远程操控，使用户根据自身需求或者电网的引导，进行实时响应。

（1）户内显示器。用户可以通过智能电能表上的户内显示器观察到实时用电量、系统状况、电价情况以及最佳用电方式等，快速了解用电信息和系统运行情况，这样可以鼓励用户调整原有的用电方式，根据自己的意愿设定一个更加高效经济的用电方案。

（2）用户能量管理。用户能量管理能够提高电力用户对需求响应的配合程度，使电力用户因为负荷消耗被调整而受到的不利影响最小化，还可以丰富电力用户的用电方式，使电力系统可靠经济地运行。

用户可以利用家庭局域网制定用电方案，根据不同的电价或者激励政策控制用电情况，但家庭局域网还在研究和试验阶段，尚未制定统一标准。

AMI 在双向计量、双向实时通信、需求响应以及用户用电信息采集技术的基础上，支持用户分布式电源及电动汽车接入与监控，从而实现智能电网与电力用户的双向互动。

在遵循标准通信接口、标准数据模型、安全性的条件下，AMI 实现双向分时段电能计量、远程控制、电能质量监测、窃电侦测、停电检测、双向通信、多表计接入、嵌入式互联网信息服务，并在用户信息系统支持下实现用户用电服务、电价及费率自动调整、需求响应功能，支持智能楼宇/小区、分布式电源、电动汽车充放电接入与监控。

国外的智能电能表是一个单一装置，是具有电能计量、负荷管理、远程抄表、电能质量监测、需求响应等功能的用户侧综合性智能电子装置。我国智能电能表主要实现电能计量功能，其他功能由智能交互终端等智能装置实现。

与用电信息采集系统架构类似，AMI 的体系架构可分为主站、通信通道、采集终端三层，但 AMI 不仅可以延伸到用户户内网络，信息采集的范围和可以支持的业务也远远超出电能信息相关范畴，底层设备更为丰富。AMI 与用电信息采集系统的比较见表 6-2。

表 6-2　　　　　　　　　　　　　AMI 与用电信息采集系统的比较

信息采集	在实现双向计量的基础上，用电信息采集系统实现计量点电能、电流、电压、功率因数、负荷曲线等电气参量信息的采集；AMI 支持更大范围内的电气及非电气参量信息采集，不仅采集计量点的信息，还采集非计量点信息，如用户侧供用电设备运行状态、分布式电源运行信息、有序充放电监控信息、智能楼宇/小区用能信息，而这是用电信息采集系统做不到的
支撑业务	用电信息采集系统完成用户电能表的信息采集、电力负荷管理。在此基础上，AMI 还广泛应用智能传感器，支持用户侧供用电设备运行信息采集与监控、分布式能源控制、电动汽车有序充放电、智能楼宇/小区智能能效管理、智能家居、自助用电服务等，增强了电力用户的参与程度
控制方式和范围	用电信息采集系统涉及预付费控制和直接负荷控制，预付费控制、直接负荷控制方式具有强制性；AMI 支持需求响应，为用户参与电网调峰提供技术手段，实现柔性负荷控制，更加人性化。 用电信息采集系统只可实现电力负荷控制；AMI 不仅可以实现电力负荷控制，还支持用户侧智能电器控制、供用电设备监控。AMI 底层设备包括智能电能表、智能显示终端、智能插座、用户网关、手持终端、分布式能源接入设备（如逆变器）等。这些设备在系统中承担着计量、数据采集、上传信息、执行本地/远程的负荷管理要求、提供用户交互平台等作用
通信技术	用电信息采集一般采用窄带通信技术，AMI 一般需宽带通信技术或以宽带、窄带集成通信方式支持。AMI 的通信网络将由单一通信网络逐渐过渡到其他多种通信通道并存。 （1）单通道模式。主要由电力公司建设，如电力载波、电力线宽带、光纤、无线公网等。台区集中器按预先设置的时间周期自动通过本地网络，如以电力载波方式收集电能表的计量数据，并通过无线公网或光纤方式上送到电力公司数据中心。 （2）多通道模式。由物联网技术和智能家居应用衍生，在单通道基础上扩展到多种渠道，如互联网、无线移动网。家庭能耗数据可通过互联网进行查看，同时方便其他能源公司抄表

6.5.2　AMI 通信架构

AMI 的局域网包含大量在物理层、数据链路层未遵循统一规范和标准的智能终端设备，因而智能终端设备所采用的通信协议和通信技术也各不相同。从智能终端设备获取的数据需要经过复杂的通信网络才能传输到计量数据管理系统（MDMS）进行数据分析和存储，进而通过外部网向用户提供信息和服务。多层分级网络架构是 AMI 通信架构的首选，AMI 通信架构如图 6-6（用户域以家庭局域网为例）。AMI 通信网络主要包括用户域、局域网、广域网、企业网和外部网。

（1）用户域。用户域包括家庭局域网、商业/建筑域网以及工业网络。这些网络可连接客户端以外的附属设备，如充电汽车、太阳能/风能（微电网）和储能设备，智能终端设备通过家庭局域网经过家庭智能电能表或用户网关向 AMI 发送读表数据。用户也可通过能源服务接口（ESI）连接到公共因特网，即由 ESI 充当客户端与公共因特网的网关，但不同业务场景中 ESI 对应不同设备（如智能电能表、负荷控制终端等）。由于无线技术使大量节点免于布线，配置简单且具有较好的成效比，因此家庭局域网、商业/建筑域网以及工业网络适合使用无线通信技术。

（2）局域网。用户域的智能终端设备可通过 ESI 连接到局域网（LAN），但有的智能终端设备也可以不通过用户域直接连接局域网，用户域与局域网的连接是用户前端与高速核心通信网的连接。由于局域网需连接大量广泛分布的智能终端设备，而这些设备可能采用不同的通信技术和通信协议，因此导致互操作性不强。通过数据聚合单元（DAU）桥接，经过 DAU 进行规约转换，可将数据通过局域网传送至广域网。局域网可采用 WIMAX、认知无线电技术、LTE、3G 和 4G 等无线通信技术，也可采用 PLC 和 Ethernet 等有线通信技术。

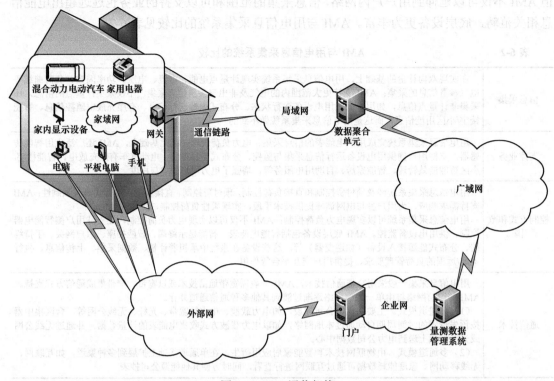

图 6-6　AMI 通信架构

（3）广域网。广域网（WAN）可连接多个 LAN，根据具体需求可选择电信运营商提供的 IP 数据网、无线通信网或电力通信网等通信网络。WAN 覆盖数千平方千米，数据传输速率可达 10～1000Mbit/s。WIMAX、4G、无源光纤网络（PON）和 PLC/DPL 等通信技术可广泛应用于 WAN。WAN 大部分基于 IP 等开放标准，其兼容性可得到有效保证。

（4）企业网。企业网包括计费和自动化、读表、停电管理、需求响应、负荷控制等电力公司服务和电力企业控制管理。位于企业网的 MDMS 通过与 AMI 自动数据收集系统配合，分析、处理和储存计量值，并与接入企业网的其他信息系统进行交互，如用户信息系统、DMS 和 EMS 等。此外，企业网也可连接到外部网同第三方进行数据交换。

（5）外部网。用户和电力公司可通过计算机、手机和平板电脑等智能终端设备访问外部网，实现各类业务处理功能。外部网的各类产品和服务的创新为智能电网带来了新的需求和机会。

6.5.3　AMI 的通信技术

IT 方案和通信网络性能是 AMI 系统核心竞争力所在。当前各种通信技术不断涌现，AMI 网络需要使用大量不同类型的通信技术，如公共或私有的、有线和无线的、授权和未授权的、基于开放标准和专有技术等，这使得 AMI 通信技术的选择越来越复杂。不同通信技术决定不同的网络拓扑，适用于不同的应用环境，为使 AMI 更好地满足 Qos（如延迟、带宽、可靠性）要求，有必要对通信技术进行讨论。AMI 部署可由有线和无线通信技术实现。常用的有线通信技术包括电力线载波通信和光纤，无线通信技术包括蜂窝（4G、LTE、WIMAX）、ZigBee、认知无线电技术和 Dash7。AMI 通信技术对比见表 6-3。

表 6-3　　　　　　　　　　　　　　　　AMI 通信技术对比

类型	覆盖范围	优点	缺点
电力线通信	窄带电力线通信：中压 10km，低压 1km 宽带电力线通信：1.5km	智能电网通信基础设施已经建立，成本低，与其他通信网络分离	不可互操作，信号衰减大，信道失真，电器和电磁源干扰，高比特率，传输困难，路由复杂
光纤	根据标准不同覆盖范围可达 10～60km	传输距离长，超高带宽，可有效抵抗干扰	成本高，升级难，不适用于抄表应用
Wi-Fi	基于版本的不同覆盖范围可达 300m～1km	低成本网络，部署灵活，有使用案例	高抗干扰，高功率消耗，简单的 QoS 支持
WIMAX	基于性能不同覆盖范围可达 10～100km	比 Wi-Fi 传输距离长，面向连接，服务质量高	网络管理终端设备复杂，成本高，频谱需授权使用
3G、GSM、GPRS、EDGE	HSPA+：0～5km	支持大量设备，低功耗，高灵活性，授权频谱的使用可减少干扰，开放式行业标准	使用价格高，频谱需授权才能使用，有传输时延
4G LTE/LTE-A	0～5km，最高达 100km，但影响性能	比 3G 拥有更高的灵活性，改进的技术和切换	有传输时延，成本高
ZigBee	可达 100m	ZigBee SEP 2.0 标准与 IPv6 可实现全面互操作	低带宽，不适合大型网络
认知无线电	可达 100km	传输距离长，高性能，可扩展，容错宽带接入，可靠性高	干扰授权用户
Dash7	典型范围是 0～250m，可拓展至 5km	低成本，低功耗，比 ZigBee 的范围小，高效	不适合大型网络

6.6　需　求　响　应

6.6.1　需求响应概述

电力公司过去的运营理念通常是使用大型集中式发电来降低成本，并在用户需要时提供所需的所有电力。大型集中式发电厂的高成本使得在小于满负荷的情况下运行是不经济的，且该经营理念是试图控制需求而不是供给，因为转移需求可能是更便宜的选择。电力放松管制后，不同的组织管理不同的发电和输电组成部分，每个组织都可以按市场价格提供产品，这进一步推动了探索通过价格影响需求的方法。典型的例子是在需求高时通过提高价格来降低峰值功率，以试图平衡需求。

需求响应（DR）广泛地用于包括功率、使用时间、电力瞬时需求或总能量消耗方面，用于改变用户使用电力。需求响应基于三方面考量：①用户只有在电力紧张的关键时期才能有动力使用较少的电力；②用户对市场电价波动的反应更为连续；③可以鼓励有现场发电或存储的用户使用，从而减少对电力的需求。像智能电网的许多方面一样，DR 作为降低成本并实现清洁环境的解决方案已得到支持。

2002 年，美国联邦能源管制委员会（FERC）在一份工作报告中指出，需求侧响应对确保竞争的电力市场中供需双方的有效互动至关重要；需求侧响应是供应者市场力和地域型市场力的测量仪；是批发市场参与者和终端消费者的新的选择机会。这充分肯定和确立了需求侧响应在电力市场设计和建设中的意义和地位。

21 世纪智能电网革命的爆发赋予了需求响应新的内涵，需求响应成为实现智能电网互动特性的重要手段，其共同目标是实现电力系统安全、可靠、经济、清洁、高效、互动。智能电网是诸多 DR 项目的先决条件（如普及智能电能表），DR 是智能电网的最佳应用之一，是智能电网的重要组成部分，甚至还成立了国际需求侧响应和智能电网系统企业联合会（DRSG）。在智能电网框架下，AMI、高级配电运行系统、信息双向交互系统等技术使需求响应成为一种重要的互动资源，有利于需求响应与智能电网架构的有效协作、深度融合，并参与电力系统调度运行的备用、辅助服务、紧急控制等方面。智能电网与需求响应的协同发展赋予了需求响应更高的灵活性、可控性和互动性，将在提高电网对于间歇性能源的消纳能力、推动蓄能设备消费、加快备用容量市场建设、提升配电侧智能化水平等方面产生显著的协作效益。

需求响应在国际上具有较为成熟的技术与运营模式，在国内的一些试点城市也已经开始了不同规模的示范，但大多是一种基于错峰限电的需求侧被动管理模式或者排序计划，强调的是"管理"，而不是用户侧智慧的、自主的响应。从需求响应的发展来看，我国经历拉闸限电、负荷控制、负荷管理、需求侧管理、需求响应和自动需求响应的发展历程，最终实现广泛接入具有自主管理、灵活响应能力的智能家居、智能楼宇、智能小区等智慧能源终端，全面覆盖居民、商业、工业等不同用户，构建"开放共享、双向通信、智能调控"的"网-端"接口，打破基于错峰限电的需求侧被动管理模式，从而节约电网投资，提升资产利用率。

能源互联网下的需求响应应立足但不局限于电能，由此衍生出能源互联网下的能源需求响应。能源需求响应是指能源用户针对市场价格信号或者激励机制做出响应，并改变正常能源消费模式的市场参与行为。用户用能方式的改变既包括基于单一能源种类的调整，也包括切换能源种类或多种能源之间的协同调整。能源需求响应的分类方式仍可分为基于价格和基于激励两类，但引导用户的信息不仅包括电能价格或电能服务商的事前合约，也包括油价、气价、供热价、交通指示信息等，对应的具体措施由电能扩展至其他能源。需求响应的典型特征是信息和能源的互动，包括供需互动、需方内部互动，但是随着能源参与方可能同时具备产生和接收信息、能量的能力，能源生产者、消费者的界限会变得模糊，各能量节点的平等性加强，需求侧的主动性提高。

6.6.2　需求侧响应技术发展

1. 需求侧管理

需求侧管理（DSM）是通过采取法律、经济、技术、管理与引导等多种有效措施，以电力公司为主体，引导电力用户优化用电方式，提高终端用电效率，从而优化资源配置，改善和保护环境。

需求侧管理的基本目标有两个：①通过推行高效设备改造或节能建筑，减少总能源的使用，即节电量。电网优化运行后的节电量是指优化运行前后，电网电量损耗差值。②通过改变用电方式进行负荷整型，削峰填谷，即节电力。电网优化运行后的节电力是指优化运行前后，电网负荷最大时功率损耗差值。

需求侧管理的项目分类如下：

（1）能效项目。指电力公司采取经济、政策手段，鼓励用户采用先进技术、先进设备提高用电效率，减少电能消耗而进行的活动。高效设备主要有高效能节能灯具、高效能制冷和制热、通风系统，高效能电动机、变压器等。主要模式是合同能源管理与节能服务公司。合同能源管理（EMC）是 20 世纪 70 年代在西方发达国家发展起来的一种基于市场运作的全新节能新机制。

（2）节省能源。指通过行政措施或媒体宣传，使用户改变传统的工作、生活习惯模式，以达到降低能耗的目的。典型的措施有即开即用电热水器、调低显示屏幕亮度、随手关灯等。

（3）需求响应。指电力用户根据价格信号或通过激励，改变自己固有习惯用电模式的行为。强调电力用户直接根据市场情况（价格信号）主动作出调整负荷需求的反应，从而作为一种资源对市场的稳定和电网的可靠性起到促进作用。属于需求侧管理系统组成部分的主要有负荷管理系统（LMS）、电能计量系统（TMR）、配电自动化系统（DA）、电力供应商自动化系统、需求侧管理系统（DSM）/家庭能量管理系统等。

2. 需求响应

传统意义的 DR 是 DSM 在竞争性电力市场中的拓展和延伸，是指电力市场中的用户针对市场价格信号或者激励机制做出响应，并改变正常电力消费模式的市场参与行为，即在用电高峰时段或系统安全可靠性存在风险时，允许电力用户根据用电价格信号或者激励机制，自愿选择减少或者增加某时段用电负荷。DR 与任何 DSM 一样，需要直接访问每个用户。如果没有足够的挑战，其应是双向的，以使用户能够接收价格并做出选择，它也可以允许应用程序控制用户的负荷。

实施需求响应一方面可以有效降低电力系统的峰荷需求，延缓相应的发电、输电投资；另一方面则可以提高电力系统在低谷时段对于清洁能源的消纳能力，降低火电机组在低谷时段高额的调整、开停成本，同时也提高了电网运行的安全水平。按照美国能源部的报告对需求侧响应的定义和分类方法，需求侧响应可分为激励型和价格型两类。

（1）价格型需求响应。价格型需求响应是指用户根据电价自行调整用电模式的行为，其关键影响因素是用户的需求弹性，具有受众面广、响应行为不确定性较强的特点。价格型需求侧响应包括分时电价（TOU）、实时电价（RTP）和关键峰荷电价（CPP）等。影响价格型DR 业务需求的主要是电价政策的灵活性和电网公司电价调整政策，比如分时电价需要确定时段划分、各阶段的电价比，合理的电价比应该同时满足调峰的目的和经济效益的约束。此外，还需要在用户端安装相应的通信和控制装置，以便将电价的变化信息及时传递给用户。

1）分时电价。固定电价转变为不同时段的不同价格机制，用电低谷价格下降，用电高峰价格上升，如峰谷电价、季节电价等。

2）实时电价。更快的电价更新周期，周期为 1h 或更短，TOU 无法应对短期容量短缺等，因此 RTP 更为合理。

a. 日前实时电价：提前一天确定并通知用户第二天 24h 的每小时电价。

b. 两部制实时电价：根据用户的历史用电数据确定一个基准负荷曲线，基准线以内用电量执行基础固定电价或峰谷电价，基准线以外的余缺部分则执行实时电价。

3）尖峰电价。RTP 对于量测基础设施和营销系统有较高要求，初期可以结合 TOU 以及动态的 CPP，CPP 预先设定，提前一定时间通知用户，可以起到抵御突发用电高峰的效果。

注意：阶梯电价不是真正意义的 DR 措施，无法达到准确调整需求的目的，只能降低能耗。

（2）激励型需求响应。激励型需求响应是指用户与系统运营商或第三方机构，签订合同并以补贴的方式开展的需求响应，DR 实施机构通过制定确定性或者周期性政策，激励用户在系统可靠性受到影响或者电价较高时及时响应并削减负荷。激励型 DR 将根据合同规定对用户进行电价补偿或惩罚，影响激励型 DR 业务需求的主要是用于补偿用户的经费来源和需求响应效益分割（发电方、电网、用户之间）量化分析和分配机制。该方式针对性较强，响应效果明确，但实施复杂程度较高、用户面的选择受限程度较大。激励型需求侧响应包括直接负荷控制、可削减可中断负荷，需求侧投标和回购、容量与辅助服务市场项目及紧急需求侧响应项目。

1）直接负荷控制（DLC）。指电力部门在系统高峰时段通过电力监控和电力信号关闭或者循环控制用户的用电设备（主要指空调和电热水器），提前通知时间一般在 15min 以内。DLC 主要用于解决系统或区域可靠性紧急状况，主要参与者为居民或小型的商业用户，在对其用电服务影响不大的情况下参与短时停电，从而可降低系统高峰负荷，提高负荷率，而且尽可能降低对用户和供电公司的影响，同时参与用户可获得相应的中断补偿。

2）可中断负荷（IL）。类似于 DLC，指在电网高峰负荷时段或紧急状况下，用户负荷中可以中断的部分，不过需要得到用户同意方能控制设备开关。可中断负荷通常通过经济合同的方式来实现，经济合同由供电公司与用户签订，在系统峰值或紧急状况下，用户具有履行合同中按时中断使用电力的义务，可能发生的电力中断服务达成后，供电公司则需给予用户一定的经济补偿。可中断电价需要电力管制部门正式确认发布，且对参与用户有最低容量要求。若经济补偿适当则能激发各种类用户在系统高峰时减少用电，从而改变负荷的低弹性，同时供电公司能回避市场风险，降低运营成本。

3）需求侧竞价（DSB）。改变用电模式，以竞价的形式主动参与市场竞争并获得经济利益，是需求侧资源共同参与电力市场竞争的一种实施机制。用户不再是单纯的价格接受者，还可以主动参与电网的互动项目获取利益。供电公司、大用户和电力零售商可直接投标参与DSB，而用电量较小的分散用户可以通过第三方聚合商代理间接参与 DSB。用户可通过竞价或者合同订购的方式参加需求响应项目，投标时提供价格和削减负荷量，供电公司依据投标结果决定由哪些用户中标。若中标的用户未按照要求削减相应负荷，将会受到惩罚。代表项目有 NYISO 的日前需求侧响应项目，该项目将需求侧投标直接整合进日前市场的优化和计划程序。

4）紧急需求响应（EDR）。包括单一能量选项项目与完全紧急负荷响应项目。

单一能量选项项目由电网运营商制定一个激励性的补偿价格，在出现可靠性事故时，这个激励性补偿刺激电力用户进行负荷削减，但这种削减是自愿的，用户不响应供电公司发出的通知也不会造成惩罚。

完全紧急负荷响应项目应给电力用户以能量费率和容量费率的补偿，但要求用户在紧急状态下必须按指令削减负荷，同时规定了整个季节负荷削减次数的最大值。无论是否有事故，供电公司都要给用户支付容量补偿。

5）容量辅助服务计划（CASP）。充分利用消费者的可削减负荷作为电网运行备用，直接参与容量辅助服务市场。如果用户投标后中标，其可削减负荷则被视为备用，同时可获得与发电侧相同电价支付的电费；当其可削减负荷被调度之后，用户将再获得以现货市场电量价格支付的电费。CASP 对参与用户的响应速度、最小容量以及计量装置均有要求，是 DR 业务中对用户参与要求较高的项目。较为理想的参与者包括水泵、蓄冷蓄热负荷以及一些大功率电气设备。

需求响应对源、网、荷侧都有重要作用。在发电侧可促进新能源消纳和节能减排，用电侧可提高用电效率和提供多元化服务,电网侧则有助于改善电网负荷曲线、提高系统可靠性、延缓电网设备投入增长及提高电网设备运行效率。

(3)与 DR 相关的智能电网技术。

1)智能电能表。是实现 DR 的基础设备与控制终端。

2)双向通信。实时、高速与完全集成的双向通信技术将可以使智能电网成为动态的与交互式的大型基础设施。

3)用户门户。是智能电网与用户的接口,即获取用户用电信息的入口点,用户与电力部门通过用户门户进行电价发布、DR 政策发布以及用电管理等互动,通常可嵌入智能电能表中。

4)智能家居。用户通过对 DR 政策的实时信息对用电设备进行动态控制。

5)计量数据管理系统(MDMS)。MDMS 负责存储与分析计量数据,应是未来营销业务系统的重要组件,可同时配合负荷预测,反馈给电力部门以制定更为合理的 DR 政策。

6)改进的客户服务。营销系统能够适应 DR 和智能电网模式下的经营模式变革,提供更有价值的服务(增值服务)。

3. 自动需求响应

自动需求响应(ADR)是建立在现代信息通信技术基础之上,通过应用先进的传感技术和决策支持技术,采用智能设备和先进控制方法,实现用户用电设备负荷的自动调整,以确保电网电力平衡,提高效率,节省人力,并给用户带来极大的方便,促进用户参加需求响应的积极性。

简单而言,自动需求响应通过预先安装和编程的控制系统,对事件信号做出有关反应,使得需求响应事件和对应的用户侧措施自动完成。如在用电高峰时期,通过一个控制系统把家里冰箱自动地从-20℃调整到-10℃,冰箱暂时性地调整温度并不会影响使用效果,但却有助于整个电网用电量的调配。

自动需求响应是智能电网的重要组成部分,其实现以及大规模应用依赖电网域和用户域之间的互操作性,因此在特定定义的互操作域(ADR 域),电网域/用户域包含的智能设备/系统需对交换信号和数据有一个共同的理解。

6.6.3 电力需求响应系统

1. 电力需求响应系统满足原则

(1)电力需求响应系统是服务于需求响应的自动化信息系统,应能够有效地支持需求响应监管者、电能供应商、需求响应服务管理者、需求响应聚合商和电力用户等参与者共同开展需求响应活动,提升彼此之间的互操作性。

(2)电力需求响应系统应具有可扩展性、可升级性、灵活性、可维护性和安全性等特点。

(3)电力需求响应系统由需求响应服务系统、需求响应聚合系统和需求响应终端组成,其中需求响应终端既可以是物理实体,也可以由软件模拟实现。

(4)电力需求响应系统用户侧接口应能够传输价格类、削减量类、控制决策类和直接控制类 4 类信息。

2. 电力需求响应系统参与者及交互关系

电能供应商所属的需求响应管理系统不仅与需求响应监管者所属的需求响应监管系统进行交互,同时又与需求响应服务管理者所属的需求响应服务系统进行交互;需求响应服务管理者所属的需求响应服务系统，既与需求响应监管者所属需求响应监管系统进行交互，还与需求响应聚合商所属的需求响应聚合系统、电力用户所属的需求响应终端进行交互；需求响应聚合商所属的需求响应聚合系统，也与电力用户所属的需求响应终端进行交互。电力需求响应系统参与者关系如图6-7所示。

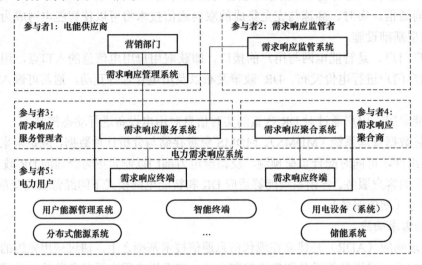

图6-7　电力需求响应系统参与者关系

各参与者职责如下：

（1）参与者1：电能供应商。一般由所属营销部门具体执行，利用需求响应管理系统，向需求响应服务系统发布需求响应政策信息、电力价格信息以及负荷需求信息等，监视需求响应执行效果。

（2）参与者2：需求响应监管者。利用需求响应监管系统，对电能供应商、需求响应服务管理者的需求响应业务流程进行指导监督，对业务执行效果进行审查。

（3）参与者3：需求响应服务管理者。通过需求响应服务系统发布动态电价、负荷需求等需求响应事件信息，监视需求响应系统运行状况，评估电力用户参与需求响应的效果。

（4）参与者4：需求响应聚合商。通过需求响应聚合系统集中用户侧分散的响应资源，根据接收的需求响应事件信息，组织下辖的需求响应资源执行需求响应。

（5）参与者5：电力用户。通过需求响应终端参与需求响应，其中需求响应终端能够接收需求响应服务系统或需求响应聚合系统发来的事件信息，并与电力用户所属的用电设备（系统）、智能终端设备以及能源管理系统等交互信息。

3. 需求响应系统组成结构

电力需求响应系统主要由需求响应管理系统、需求响应服务系统、需求响应监管系统、需求响应聚合系统和需求响应终端，以及保证以上系统运行的通信信息网络系统等组成，电力需求响应系统组成结构如图6-8所示。

需求响应管理系统是需求响应业务正常开展的基础，与存储电网负荷数据、电力用户档案数据以及电力用户负荷数据等信息的业务应用系统连接。

需求响应监管系统能够指导和监督需求响应业务的执行，通过通信网连接需求响应管理系统、需求响应服务系统。

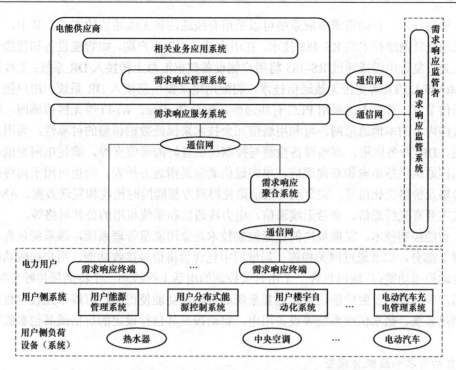

图 6-8　电力需求响应系统组成结构

4. 需求响应系统功能

需求响应系统功能一般包含以下几个方面:

(1) 用户管理功能。应能为用户提供用户注册、权限设置、信息查询、电能交易、采集控制等用户管理功能,保证用户个体顺利参加电网需求响应。

(2) 项目管理功能。应能对用户的需求进行项目管理,包括项目的构建、更新、删除等,及时更新各项信息,保证用户快捷、准确地参与自动需求响应项目。

(3) 资源管理功能。应能对电力系统及用户侧的资源进行管理,包括对电力系统中资源状态的发布、资产及分布式能源的管理,和对用户侧资源的管理。

(4) 事件管理功能。应能针对电网的电价进行分类广播,对电力系统的问题及电网负荷进行通知,并能进行系统事件通知、发布调度指令、负荷控制及执行资源事件等。

(5) 实施效果管理功能。应针对不同的需求响应项目类型,提供适当的评估方法,对实施效果进行评估,比较不同项目的实施效果。

6.6.4　电力自动需求响应系统

1. 自动需求响应技术

自动需求响应(ADR)主要由 AMI(包括先进计量技术和通信技术)和智能控制技术(包括通信技术和智能控制技术)两方面技术支持。

(1) 先进计量技术。先进计量是对消费者的电力消费或其他参数进行记录,并将这些记录通过通信网络向中央数据系统发送的一种计量系统。需求侧响应对计量技术最基本的要求是能够累计峰荷与非峰荷消费电量,且其时段可以自由调整(如 24、48、96 个时段),时间控制可以通过内置的时钟装置,也可以通过外部的无线电、微波或载波控制,也可以采用时钟开关。

（2）通信技术。自动需求响应系统可以采用有线通信和无线通信的方式。其中，有线通信方式采用光纤网络技术或 RS-485 技术，在用户域的 DR 客户端，如智能设备和智能表计中安装低压光纤复合电缆或通过 RS-485 将用户侧设备数据汇总上传接入 DR 系统；无线通信方式采用 McWiLL/LTE 等宽带无线通信技术，将配用电采集信息接入 DR 系统。用户侧重要的配用电通信节点，首先考虑采用 PLC 有线通信，配合 ZigBee、Wi-Fi 等无线传感网，构建用户户内（楼内）的本地通信网，可利用通信冗余技术来保证数据传输的可靠性，为用户用电信息采集、DR 业务应用、本地设备检测与控制提供良好的通信支撑，满足电网智能化服务需求。远程通信包括单向和双向通信。单向通信通常是指远方抄表，但也可用于向终端消费者发送价格及价格变化信号；完全双向通信则使得双方都能同时接收和发送数据。AMI 远程通信形式主要有光纤通信、宽带无线通信、电力线通信和系统租用的公共网络等。

（3）智能控制技术。发展最快的智能控制技术是家用能量管理系统，该系统包含局域网和广域网 2 部分，二者通过网关相连。局域网中包含价格信号接收功能、用户提醒功能和用电设备自动控制功能；广域网包含一个由开关控制的电话上行线和一个特高频传呼发射装置，用来向用户和局域网发射价格信号。这套系统的自动化功能使得用户可以事先设定程序控制其制冷制热系统、热水供应系统等设备用电，自动按照其自行设定的价格或其他参数组合决定启停。

2. 自动需求响应概念模型

自动需求响应（ADR）是一项跨领域的电力业务。通常 ADR 涉及配网域、第三方服务商和用户域。每个域都包括相应的系统、设备、软件及操作者等主体，以及相关应用。由于 ADR 的特殊性，ADR 业务需要不同领域的主体协同配合，通过 ADR 系统实现需求响应业务自动化。ADR 系统一般包括 ADR 服务器、ADR 运行管理、DR 聚合系统和 DR 客户端等。自动需求响应概念参考图如图 6-9 所示。

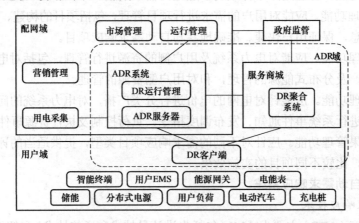

图 6-9　自动需求响应概念参考图

ADR 相关系统和设备描述如下：

（1）ADR 服务器。用于发布动态电价、分解发布负荷需求及发布 DR 事件通知。

（2）DR 运行管理。形成 DR 需求，把需求发给自动需求响应服务器；监视系统运行、监测 DR 实施效果。

（3）DR 聚合系统。对大量用户聚合后进行 DR 服务，DR 聚合系统连接 DR 客户端与自动需求响应服务器，对自动需求响应系统发布的削减负荷进行再分配。

（4）DR 客户端。向下连接 DR 用户自动化系统、DER 管理系统和智能设备控制器等。

3. 自动需求响应系统逻辑架构

自动需求响应系统的逻辑架构分为感知层、网络层和应用层 3 层，自动需求响应系统逻辑架构如图 6-10 所示。

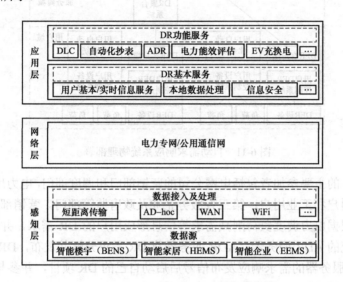

图 6-10　自动需求响应系统逻辑架构

（1）感知层。对数据源进行传感测量、采集、接入及处理。数据来自智能楼宇、智能家居及智能企业等系统，信息采集设备包括多种能源类型的计量、测量、开关量控制终端。支撑自动需求响应的通信方式可以有多种，大多通过通信网关、集中器等将数据汇聚后回传至主站，并在后台进行数据分析。对于某些短距离、微功率的数据采集终端，还会增加相应的数据中继点，以延伸感知层的覆盖距离，为系统服务提供基础数据。

（2）网络层。是用户与电网之间沟通的桥梁，主要采用电力专网和公用通信网两种方式。电力专网建设成本较高，然而能够根据自动需求响应的业务需求单独进行优化和设计，且不存在带宽租用、流量等费用。公用通信网的优势在于实现方式简单，能够快速建立系统，但受限于运营商的技术发展及网络运维。这两种方式在自动需求响应系统中均可采用。

（3）应用层。以软件即服务（SaaS）为实现形式，向电力用户提供多种 DR 功能服务，如直接负荷控制、自动抄表、自动需求响应、电力能效评估、电动汽车充换电等。

4. 自动需求响应系统物理部署

自动需求响应系统物理设施分布在配网域、服务商域（营销部门及第三方服务企业）和用户域，自动需求响应系统物理部署如图 6-11 所示，系统的主要设备包括 ADR 服务器、DR 聚合系统、DER 客户端、用户自动化系统、用户 DER 控制系统、负荷、DER 设备及通信设备等。

自动需求响应系统主要参与者包括电网公司、第三方服务商、电力用户及监管部门。电网公司、第三方服务商及电力用户分别通过自动需求响应服务系统、聚合系统及终端参与需求响应，并相互联系，因此自动需求响应系统主要由自动需求响应服务系统、聚合系统及终端三部分构成。

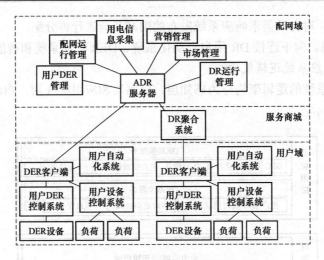

图 6-11　自动需求响应系统物理部署

　　需求响应业务的主要参加者包括电网公司的营销部门和调度部门,电力用户的居民用户、商业用户、楼宇用户和工业用户,第三方服务企业及政府监管部门。营销部门执行需求响应调度管理职能,根据电力调度负荷削减需求等信息形成用户的 DR 需求,并将该 DR 需求发给自动需求响系统的 ADR 服务器, ADR 服务器将 DR 需求分解并发布, DR 客户端、DR 聚合系统收到 ADR 服务器的需求响应发布信号后启动自己的 DR 项目,并参与 DR 业务互动。ADR 系统概念模型如图 6-12 所示。

　　ADR 系统的组成一般包括用户侧在 ADR 系统中的各方角色,应支持资源监控、数据采集、数据处理以及界面展现部分,涉及典型的设备模型、控制策略模型、需方响应模型以及数据分析模型。OpenADR 2.0 定义了虚拟根节点(VTN)与虚拟端节点(VEN)模型,在 ADR 系统概念模型中,VTN 将作为服务器角色,公布 DR 事件,并向 VEN 提供信息。VEN 则监听 DR 事件,并对其响应,同时支持向下游 VEN 的扩散传播。

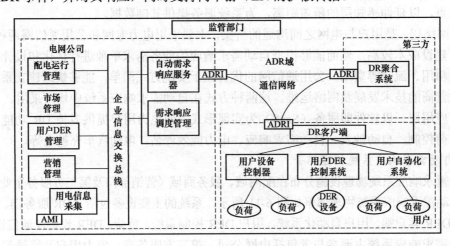

图 6-12　ADR 系统概念模型

5. 自动需求响应实施流程

(1)公用事业单位或者独立系统操作员确定要发送的 DR 事件和价格信号。

（2）ADR 服务器按操作员的操作，发出 DR 事件和价格信号。

（3）客户端以 1min 间隔频率不断地向 ADR 服务器请求，以获取最新的事件和价格信息。

（4）在事件价格/模式的基础上，根据定制的预编程 DR 策略确定要采取的行动。

（5）设备的能源管理和控制系统执行相应的行动，进行削减负荷。

6. 自动需求响应的标准

OpenADR 最早由美国劳伦斯伯克利国家实验室（LBNL）的 DR 研究中心（DRRC）研究开发，最初用于支持加州能源政策项目，利用动态电价改善电网的经济性和稳定性。2012 年，OpenADR 2.0a 作为美国的国家标准发布；2014 年，IEC 批准 OpenADR 2.0 作为公共可用规范并列入 Smart Grid Interoperability Panel（SGIP）的标准目录。

OpenADR 1.0 支持动态电价，主要定义了一种通信数据模型，为服务器端和客户端的通信创建了技术框架，对通信规约问题进行了描述和阐述。相比之下，OpenADR 2.0 提供更加全面的功能以满足多样化的市场需求，涵盖了美国电力批发与零售市场交易、可靠性信号、分布式资源管理的数据模型，除支持动态电价外还可应用于辅助服务（快速 DR）、分布式能源、间歇性可再生资源、大规模储能、电动汽车及就地发电。已发布的 OpenADR 2.0 版本包括 OpenADR 2.0a（适用于中低端嵌入式设备，仅支持基本的 DR 服务和市场）、OpenADR 2.0b（专为高端嵌入式设备设计，并且具有对历史、实时和未来数据报告和反馈的能力）。OpenADR 2.0b 提供额外的反馈和报告功能，包括历史使用记录、基线和预测信息，有助于 DR 服务提供商预测和验证其 DR 资源的性能。

OpenADR 2.0 通信标准涵盖了服务器端和客户端之间的通信数据模型，但不包括客户端负荷削减或转移策略等详细信息，有利于其在供应商中的部署和应用。

OpenADR 2.0 通信标准系统性地介绍了 OpenADR 2.0 的节点和设备类型、服务类型、传输机制、数据模型扩展和安全策略等。为了满足更广泛的互操作性测试和认证要求，规范中为每一项服务提供了一套清晰的必选的和可选的属性集。同时为不同的产品创建功能配置文件，以满足当今及未来的市场需求。自动化客户端连续监测实时信息，将其转换成连续的自动控制和响应策略，提高了电力供应的动态优化能力。

OpenADR 2.0 是一个开放的、互操作性的通信标准，遵循了 OASIS EI 1.0 标准的概念，定义了 DR 服务器端（即 VTN）和 DR 客户端（即 VEN）之间的通信模型。OpenADR 2.0 标准通信架构如图 6-13 所示。OpenADR 2.0 节点分层架构示例如图 6-14 所示，该示例中 OpenADR 2.0 节点组成一个树。

最简单的情况下，树只有一对 VTN-VEN，即一个树跳。OpenADR 2.0 不存在对等的通信，例如 VTN 不能和其他 VTN 进行直接通信，同样的，VEN 也不直接和其他 VEN 通信。

VTN 作为一个服务器，由电力公司或独立系统运营商操作，发布和发送 DR 信息到 VEN 或中间服务提供商。VTN 可以和电网以及域内 VEN 或系统通信，VTN 也可作为 VEN 和另一个 VTN 交互，如图 6-14 的节点 2。

VEN 作为一个客户端，可以是能量管理系统或能接收响应 DR 信息的终端设备。VEN 控制资源以响应电网 DR 信息，VEN 可以和 VTN 进行双向通信，接收 DR 信息并且能够向 VTN 发送响应信息。资源可以是电能表、负荷或者发电设备。同样，VEN 也可以作为 VTN 与其他 VEN 交互。通常情况下，DR 会涉及服务提供商（负荷集成商），此时节点会构成多层结构，在这种情况下，中间节点（如图 6-14 的节点 2、3、6）就有 VTN 和 VEN 两种功能。在任一交互过程中，一个参与者被定义为 VTN，其余的作为 VENs，每个交互事件都是彼此独立的。OpenADR 2.0 不包括 VEN 响应 DR 信息的具体策略，VEN 可采用其支持的协议对接收的信息进行转换并发送至下游节点。具体的部署方案依赖于电力公司或独立系统运营商和现场之间的协议。

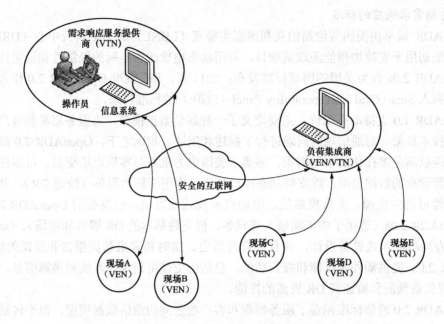

图 6-13　OpenADR 2.0 标准通信架构

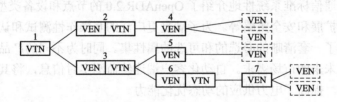

图 6-14　OpenADR 2.0 节点分层架构示例

OpenADR 2.0 支持 HTTP 和 XMPP 两种传输机制以适应不同的部署场景，其中 OpenADR 2.0b VEN 选择支持 HTTP 或 XMPP，或者可以同时支持；VTN 必须同时支持 HTTP 和 XMPP。OpenADR 2.0 消息交换包含 PUSH 模式和 PULL 模式。在 PUSH 模式下，VTN 发起通信，并发送信号到 VEN。为实现 PUSH 模式，VEN 必须公开一个统一资源定位器（URL）端点创建通道，支持 VTN 发送电价和可靠性信号。然而，出于安全考虑，客户不希望其服务器的 URL 端点公开，因此，在 PUSH 模式下进行通信面临一定的技术挑战。在 PULL 模式下，VEN 通过定期查询获取 VTN 更新的信息发起通信。PULL 模式可以查询独立系统运营商或者电力公司发布的日前电价信号。为实现 PULL 模式，VEN 需要定期查询 VTN 更新，虽然避免了网络安全问题，但会由于有限的查询频率和更高要求的带宽而产生延迟。OpenADR 客户应考虑自身通信需求选择通信方式和技术要求。

7. 通信协议的映射模型

智能电网用户的设备和系统实际中使用的通信协议多种多样。为将通信层定义的通信方式、服务结构和操作原语运用于实际应用中，必须将其映射到具体的通信协议当中，映射方法应具有强大的扩展性，以适应发展迅速的网络通信技术。为了保障 DR 系统的通用性，在映射过程中，DR 作为 OSI 模型的高层协议，并未限定底层的承载协议。

通信协议的映射存在定义新的协议集与现有协议集扩展 2 种方式。现有协议集扩展实现方式较为简单，可在现有的电力专用通信协议上将 DR 业务接口信息作为净荷直接承载，允许对现有的协议、原语进行少量的扩展；定义新的协议集则利用公用通信系统构建全新的 DR 协议集，通过组合调用 DR 接口指令实现复杂的逻辑功能，该方式虽然成本较高，但有助于实现优化的 DR 控制逻辑。《电网与用户侧智能设备信息交换接口》草案中初步定义了与 DR 系统相关的 6 类服务的原语控制方式，重点涵盖了与分布式能源及用户侧能源管理系统等相关领域。考虑到 DR 系统的主从特性，自动需求响应信息交换接口（ADRI）的信息交换主要采用 C/S 方式，并支持 P/S 方式和少量的告警组播方式，ADRI 信息交换方式如图 6-15 所示。

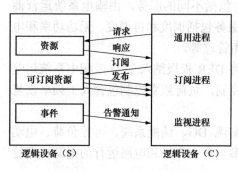

图 6-15　ADRI 信息交换方式

在 C/S 交换方式中，虽然将逻辑设备分为客户端与服务器，但仅限于某次具体的通信过程，逻辑设备可能在不同的通信过程中充当客户端和服务器 2 种不同的角色，也可以将 C/S 交换方式看作点对点的对等通信。P/S 交换方式下，服务器将在客户端要求的时刻（参数改变、固定时间间隔等订阅要求）向客户端群公布订阅资源的内容。当出现紧急事件时，ADR 服务器进行组播通知，以确保紧急事件第一时间被所有设备得知。

智能电网中与 DR 相关的协议有 IEC 61850、IEC 62746、IEC 62056、IEC 61968 和 DL/T 645 等，这些专用协议使映射更加简洁方便。与 DR 相关的公共通信协议主要有 XMPP、HTTP、TCP/IP、WIA-PA、PLC 协议等。映射的实质是服务原语到通信协议的标准报文的转换过程。通信映射是指将抽象的功能服务映射到具体的通信网络及协议上，在具体协议的最顶层，对功能服务进行映射，生成最终应用层协议数据单元，再通过底层网络进行传输，通信协议的映射模型如图 6-16 所示。

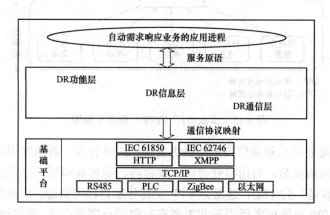

图 6-16　通信协议的映射模型

6.7　虚　拟　电　厂

6.7.1　虚拟电厂的概念

可再生能源资源（RER）在电力系统的广泛集成受环境、商业和监管目标的驱动。除了环境影响和经济效益，DG 的大规模部署还为电力系统运行的能量平衡和灵活性提供额外的能力。然而，电源接入配电网会给电力系统运行带来诸如电压升高、复杂的保护以及新的电网基础设施投资等新的挑战。随着虚拟电厂（VPP）用于协调 DG 运行和聚合，DG 的经济和技术影响显著增加。

VPP 可聚合各种地理上分布的能源参与提供辅助服务，能源包括消费者和生产者，消费者如商业和工业用户（如钢铁厂、造纸厂和其他工厂），以及较大的制造商；生产者如光伏发电（PV）、电池储能系统（BESS）等生产商，以及小型水电站、燃气轮机、EV 和热电联产（CHP）系统。辅助服务是平衡电力系统的重要方法，包括不同的服务，由输电系统运营商（TSO）启动以维持电力系统的稳定性和安全性。辅助服务包括调度和再调度、无功功率和电压控制、负荷频率控制、平衡用电和发电，以及不平衡管理等。

VPP 是一种致力于满足需求响应计划的工具，并将 DER 积极纳入 TSO 或配电系统运营商（DSO）辅助服务条款，其中最常见的是负荷频率控制，负荷频率控制包含人工频率恢复备用（mFRR）和自动频率恢复备用（aFRR）。

虚拟电厂是通过先进信息通信技术和软件系统，实现 DG、储能系统、可控负荷、电动汽车等 DER 的聚合和协调优化，以作为一个特殊电厂参与电力市场和电网运行的电源协调管理系统。虚拟电厂的概念示意图如图 6-17 所示。

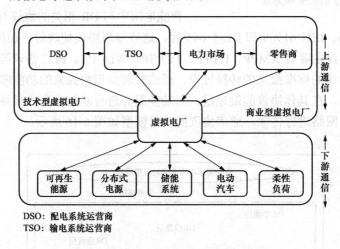

DSO：配电系统运营商
TSO：输电系统运营商

图 6-17　虚拟电厂（VPP）概念示意图

VPP 的协调性需要信息和通信技术的强力支持。VPP 作为一种 ICT 基础设施，可以部署为独立安装或基于云的安装。公用事业公司、聚合商、零售商和拥有日常运行的 ICT 基础设施（服务器和网络设备）的 TSO，通常为 VPP 安装分配自己的资源，以减少投资成本并确保安全。但基于云的 VPP 部署更多适用于 ICT 资产有限的小型聚合商、零售商和公用事业公司。VPP 内部的通信系统具有分层架构，使用基于 TCP/IP 的基础设施是智能电网领域的重要趋势之一。在特定时间框架内的跨越不同电力系统层的运行数据和非运行数据的交换，以及新的基于 ICT 的开发需要扩展现有的和开发新的基于 TCP/IP 传输的通信协议。在下游方向，VPP 与众多地理区域分散的单元（RER、DG、BESS、EV 和灵活负荷）进行通信使 DER 及时响应，以提供所需容量的辅助服务；同时，VPP 作为独立实体也与上游方向的电力零售商、聚合商、TSO、DSO 和电力市场通信，将 VPP 集成到电力系统网络的运行中。

可见，虚拟电厂的构成大体可分为以下 3 个部分。

（1）DER 本地监控单元。本地监控单元可以采集发电或用电单元信息，对 DER 进行控制和调节，并将所采集的信息发送至 VPP 控制单元。

（2）VPP 控制单元。VPP 控制单元需要能够接受 DER 监控单元发送的信息，并进行信息汇总和决策分析。主 VPP 核心通常具备基线计算，优化和控制等功能。VPP 控制单元接受 DSO 或 TSO 控制单元指令并向其发送信息。

（3）通信网络。通信网络应确保中央控制单元和 DER 本地监控单元信息交互的安全和通畅。

6.7.2　虚拟电厂的分类

VPP 聚合地理上分布的能源资源（风电、光伏发电、储能、燃气轮机、小水电、热电联产/三联供、充电桩/充电汽车、钢厂等），能够在满足本地电网约束的同时大规模管理电力网络中的灵活容量，用以参与技术（电网辅助服务，如负荷频率控制）或经济活动（市场竞价获益）。VPP 可分为商业型虚拟电厂（CVPP）和技术型虚拟电厂（TVPP）2 种。CVPP 促进 DER 作为一种灵活资源在各种能源市场交易（如提供辅助服务市场的竞标），而出于技术目的，TVPP 聚合来自同一地理区域的 DER，专注于解决本地电网约束。

在 CVPP 的情况下，聚合商或零售商为电力市场提供灵活的容量。例如，通过在集装箱码头对电动车辆自动引导充电可以提供总容量为 640kW 的灵活性负荷，不会对港口的运营产生影响，该动态充电的想法是基于在可再生能源电力生产高峰时改变自动引导重型运输车辆充电过程的可能性，CVPP 通过提供作为 TSO 辅助服务的负荷频率控制来固化可用的灵活性。

TVPP 通常服务于 DSO 的本地系统管理。通过利用 TVPP 的能力，DSO 可以包含配电网络主动管理的角色和责任。在这种情况下，辅助服务可以通过大规模聚合 DG 和在较低电压等级提供灵活负荷单元，以便平衡间歇性 RER 并稳定电网。例如，Integrid 项目开发 TVPP，为 DSO 提供特定的辅助服务和主动电网管理（电压优化、控制和预测算法），使小型电池的管理、优化、控制和配电网的负荷预测成为可能。此外，TVPP 还可以为 TSO 提供系统平衡、辅助服务，以及拥塞管理和自身的应急资产投入。因此，TVPP 可以作为 DSO 或 TSO 系统管理基础架构的一部分，并不直接与电力市场相关。此外，若干 CVPP 以它们的可用容量与 TVPP 协调，以提供特定的电力系统支持服务。CVPP 和 TVPP 可以联合行动以实现对电网技术和经济的最大化影响。

总体而言，CVPP 仅利用市场数据，由负荷集成或零售商为电力市场提供灵活的容量，而不考虑 DER 活动对电网状态的影响。TVPP 聚集来自同一地理区域的 DER，专注于解决局部电网约束，考虑对电网状态的改变。以下是两类虚拟电厂的详细解释。

（1）商业型虚拟电厂。商业型虚拟电厂是从经济收益角度考虑的虚拟电厂，是 DER 投资组合的一种灵活表述。其基本功能是基于用户需求、负荷预测和发电潜力预测，制定最优发电计划，并参与市场竞标。商业型虚拟电厂不考虑虚拟电厂对配电网的影响，并以与传统发电厂相同的方式将 DER 加入电力市场。商业型虚拟电厂投资组合中的每个 DER 向其提交运行参数、边际成本等信息，将这些输入数据整合后创建唯一配置文件，它代表了投资组合中所有 DER 的联合容量。结合市场信息，商业型虚拟电厂将优化投资组合的潜在收益，制定发电计划，并同传统发电厂一起参与市场竞标。一旦竞标取得市场授权，商业型虚拟电厂与电力交易中心和远期市场签订合同，并向技术型虚拟电厂提交 DER 发电计划表和运行成本信息。

（2）技术型虚拟电厂。技术型虚拟电厂从系统管理角度考虑 DER 聚合对本地电网的实时影响，并代表投资组合的成本和运行特性。技术型虚拟电厂提供的服务和功能包括为 DSO 提供系统管理，为 TSO 提供系统平衡和辅助服务。本地电网中，DER 运行参数、发电计划、市场竞价等信息由商业型虚拟电厂提供。技术型虚拟电厂整合商业型虚拟电厂提供的数据以及网络信息（拓扑结构、限制条件等），计算本地系统中每个 DER 可作出的贡献，形成技术型虚拟电厂成本和运行特性。技术型虚拟电厂的成本及运行特性同传统发电厂一起由 TSO 进行评估，一旦得到技术确认，技术型虚拟电厂将控制 DER 执行发电计划。

6.7.3 虚拟电厂的系统架构

VPP 是一个基于已定义的程序自主行动并约束的实体，为 TSO 和 DSO 提供灵活性和平衡服务。VPP 的上游向 DSO 或 TSO 控制中心接收命令。

TVPP 的作用是使 DER 能够为系统管理活动做出贡献。由于 TVPP 影响电网状态，因此其与监控与数据采集系统和 DSO 的能量管理系统通信，以获得运行参数和数据（潮流、电压水平、网络状态、量测等），而有关市场的信息以及 DER 数据（运行参数、边际成本和计量）则由一个或多个 CVPP 提供。CVPP 仅利用市场数据而不考虑 DER 启动对电网状态的影响。

在上游方向，VPP 给 TSO 或 DSO 定期报告聚合的包括 DER 数据的 VPP 配置文件。在控制方向上，TSO 或 DSO 控制中心向 VPP 发送启动信号，触发 VPP 的需求容量传送。当 VPP 用作商业和交易目的时作为 CVPP，零售商或聚合商提供从 VPP 到电力市场的可用聚合容量。交换和转发有关的市场相关数据，即出价给在电力市场上提供服务（如日内、日前平衡或辅助服务市场）的零售商，VPP 需要与零售商进行通信，经营市场平台应用程序。就电力市场而言，VPP 可以接收用于内部资源优化程序的定价信息。

为了通过 VPP 技术利用不同 DER 的灵活性潜力或其他灵活性平台，需要交换综合信息（时间表、基线数据、市场价格等），但这些通信协议并没有提供足够的机制进行额外的信息交换，因此 VPP 通信需要更先进的通信协议。智能电网内部的通信系统依赖于 TCP/IP 基础设施，且将 Web 服务作为传递消息的机制。新的专门应用协议，如 OpenADR 2.0 用于启动自动需求响应程序、DER 集成和 VPP 部署，与基于 Web 的协议并行，VPP 与其他电力系统组件的互操作性必须被支持。IEC 61850 协议套件，以及在电力系统自动化内占主导地位的数据交换通信协议也可考虑用于 VPP。

1. 系统架构

VPP 系统架构如图 6-18 所示，它由 VPP 核心、数据库、报告模块、附加功能模块和用于下游和上游通信的通信模块组成。处理和决策由基线计算、优化和控制模块在 VPP 核心内完成。

VPP 核心基于存储在数据库中的数据（运行和非运行数据）执行决策过程，例如，基线值计算，即根据预设的优化参数（如价格、可用性、响应度和类型）启动信号发送控制，从可用的组合中选择 DER。

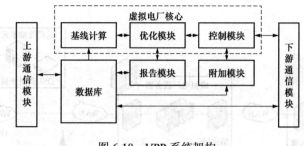

图 6-18 VPP 系统架构

报告模块为独立报告接收者,用于收集每个报告时段的相关运行数据。报告模块可自定义用作 SCADA、EMS 或其他高层次外部系统的输入。附加模块,如天气预报和 RER 产品预报代表了有助于整体 VPP 运行和决策的支持模块。通信模块确保向上游的 TSO 或 DSO、零售商或其他第三方系统,以及下游的 DER 的可靠通信。

2. 关键技术

虚拟电厂的关键技术主要包括协调控制技术、智能计量技术以及信息通信技术。

(1)协调控制技术。虚拟电厂的控制对象主要包括各种 DG、储能系统、可控负荷以及电动汽车。

由于虚拟电厂强调对外呈现的功能和效果,因此,聚合多样化的 DER 实现对系统高要求的电能输出是虚拟电厂协调控制的重点和难点。实际上,一些可再生能源发电站(如风力发电站和光伏发电站)具有波动性或随机性,以及存在预测误差等特点,因此,将其大规模并网必须考虑不确定性的影响。这就要求储能系统、可分配发电机组、可控负荷与之合理配合,以保证电能质量并提高发电经济性。

(2)信息通信技术。虚拟电厂采用双向通信技术,它不仅能够接收各个单元的当前状态信息,而且能够向控制目标发送控制信号。应用于虚拟电厂中的通信技术主要有基于互联网的技术,如基于互联网协议的服务、虚拟专用网络、电力线载波技术和无线技术〔如全球移动通信系统/通用分组无线服务技术(GSM/GPRS)等〕。用户住宅方面,Wi-Fi、蓝牙、ZigBee 等通信技术构成了室内通信网络。

(3)智能计量技术。智能计量技术是虚拟电厂的一个重要组成部分,是实现虚拟电厂对 DG 和可控负荷等监测和控制的重要基础。智能计量系统最基本的作用是自动测量和读取用户住宅内的电、气、热、水的消耗量或生产量,即自动抄表,以此为虚拟电厂提供电源和需求侧的实时信息。

作为 AMR 的发展,自动计量管理(AMM)和 AMI 能够远程测量实时用户信息,合理管理数据,并将其发送给相关各方。对于用户而言,所有的计量数据都可通过家庭网络在电脑上显示。因此,用户能够直观地看到自己消费或生产的电能以及相应费用等信息,据此采取合理的调节措施。

6.7.4 虚拟电厂通信系统架构

智能电网中的通信系统由分层通信架构表示,包括广域网(WAN)、场域网(FAN)、邻域网(NAN)和家庭局域网(HAN),VPP 通信系统架构如图 6-19 所示。智能电网内工作的通信网根据覆盖范围和智能电网应用,以不同的服务质量(QoS)要求进行分类。为了获得有成效比的解决方案，光纤、数字用户线路（DSL）技术和蜂窝技术（2/3/4/5G）等多种通信技术占主导地位。

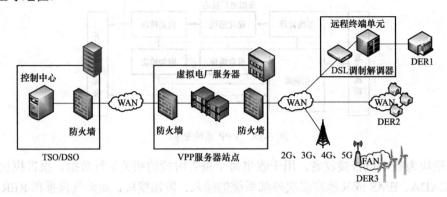

图 6-19　VPP 通信系统架构

VPP 通信系统基于 IP 和以太网，TCP 用作可靠的运输协议。虽然 IP 和以太网都具有随机特性，但是通常通过虚拟专用网（VPN）实现 QoS 和安全性要求。

1. 通信要求

提供辅助服务的所有单元，如负荷频率控制［频率控制储备（FCR）、aFRR 和 mFRR］，无论它们是否是聚合商使用的传统发电厂或 VPP 系统都需要满足技术要求［例如容量、爬坡时间、完全激活时间（FAT）、响应性］和在 ENTSO-E 操作手册中定义的通信需求（如数据通信周期时间）。

根据每个负荷频率控制动作的指导原则，激活时间（T_A）和循环时间（T_C）是预定义的（见表 6-4）。T_A 为从 TSO 或 DSO 向 VPP 和下行至参与特定负荷频率控制动作全激活过程的 DER 传输设定点信号的时间；T_C 表示采集测量数据并传回 TSO 或 DSO 的时间。负荷频率控制是使 TSO 能够维持同步区域内电力系统频率稳定的重要机制，负荷频率控制动作在激活方面有其技术要求，如按照激活时间、周期时间等。表 6-4 中的 T_A、T_C 以间隔给出，不同的国家 TSO 会根据其所在地系统特性调整该值。

每个生产者/消费者都有自己的爬坡特性，不同 DER 爬坡特性的示例如图 6-20 所示，图中的时间刻度表示独立单元 100% 激活所需的大致时间，轴上的刻度值表示灵活容量的最大水平为 100%，最低为 0%。

表 6-4　　　　　　　　　　　　　　　负荷频率控制技术要求

负载频率控制动作	激活时间 T_A	循环时间 T_C
FCR	15~30s	1~2s
aFRR	5~15min	1~5s
mFRR	15min	1min

DER 的运营成本及其技术特征（爬坡时间、提供容量、可靠性等）对特定辅助服务的 DER 选择有影响。爬坡时间或爬坡期定义为 DER 生产（或消耗）达到 VPP 所要求设定值 100% 的时间，爬坡时间取决于 DER 单元的物理和技术特点（见表 6-5）。由于爬坡时间影响 VPP 激活过程的整体时延，对于特定的负荷频率控制动作它可能危及达成目标值的 T_A。因此，DER

单元必须在 VPP 运行范围内小心考虑，特别是对于 aFRR 和 FCR 服务，它们的通信和控制要求更高（参见表 6-4）。

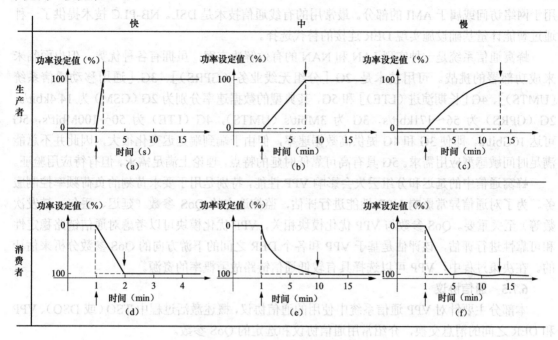

图 6-20　不同 DER 爬坡特性示例

(a) 电池；(b) 具有热启动的工业蒸汽或燃气轮机；(c) 水力发电；(d) CHP；(e) 工业负荷；(f) 钢厂

表 6-5　　　　　　　　　　　用于聚合的 DER 单元响应时间

资源类型	爬坡时间	分类
消费者		
钢厂、造纸厂、水泥厂、炼油厂	15min	慢
暖通空调、冷冻机	5~15min	中
冷冻机	1min	快
生产者		
蒸汽或燃气轮机	10~15min（冷启动） 5min（热启动）	慢
小型水电站、风力发电厂、光伏发电、抽水蓄能、CHP、柴油和汽油发电机	2~5min	中
电池、BESS	1~10s	快

2. 通信技术

VPP 关键组成部分之一是可靠、高效和安全的通信基础设施，支持下游向 DER 和上游向 TSO、DSO、电力零售商和电力市场的所有实体之间的双向连接和可靠的数据交换。VPP 需要与若干地理上分散的资产所有者在下游方向通信，下游方向的运行数据、技术数据和成本相关的数据来自每个 DER，需要不断地与 VPP 进行交换以满足业务的通信要求。为确保安全通信，利用 VPN 提供必要的加密和认证机制。

部分有线和无线技术可用于提供上行和下行方向所需物理层和链路层上的通信基础设施。光纤是 WAN 的主导技术。DER 通过 FAN 和 NAN 用有线和无线技术连接到 VPP，通常用于网络访问或属于 AMI 的部分。最常用的有线通信技术是 DSL。NB-PLC 技术提供了一种通过智能计量基础设施实现 DER 连接的替代选择。

蜂窝通信系统是一种实现 FAN 和 NAN 的有效解决方案，虽拥有各种优势，但也面临未来成功部署的挑战。可用技术是 2G［分组无线业务（GPRS）］、3G［通用移动通信系统（UMTS）］、4G［长期演进（LTE）］和 5G，其典型的数据速率分别为 2G（GSM）为 14.4kbit/s，2G（GPRS）为 56~171kbit/s，3G 为 3Mbit/s（UMTS），4G（LTE）为 50~100Mbit/s，5G 可达 10Gbit/s。即使 3G 和 4G 提供高数据速率，但由于端到端延迟变化很大，因此并不总能满足时间敏感型应用需求。5G 具有高可靠低时延的特点，理论上满足需求，但有待应用验证。

蜂窝通信中的延迟和分组丢失会影响 VPP 性能，特别是用于要求苛刻的负荷频率控制服务，为了对通信异常影响 VPP 性能进行评估，监控选定的 QoS 参数（延迟、丢包、转发次数等）至关重要。QoS 参数与 VPP 优化模块相关，VPP 优化模块可以考虑对通信链路稳定性和可靠性进行评估，该评估是基于 VPP 和各个 DER 之间的下游方向的 QoS 参数分析来估计的。在决策过程中，VPP 可以选择具有较低通信链路故障概率的资源。

6.7.5　通信协议

本部分主要针对 VPP 通信系统中使用的通信协议，概述激活过程中 TSO（或 DSO）、VPP 和 DER 之间的消息交换，介绍常用通信协议和选定的 QoS 参数。

1. VPP 消息交换

在 VPP 运行期间，TSO（或 DSO）、VPP 和聚合 DER 之间需要持续的信息交换。VPP 从顶层实体接收命令和设定点，但自主行动。VPP 与电力市场紧密相连，且市场相关数据在 VPP 和市场参与者（零售商和聚合商）之间交换。

激活过程中的 VPP 消息交换如图 6-21 所示，VPP 接收功率量测、削减容量和来自 DER 的可用性信号，信息以选定的由特定电网服务类型定义的周期间隔周期性报告（表 6-4）。同时，VPP 传输聚合的资源池量测值并计算基线值给上游实体。基于电力市场月、周或日竞价，TSO 向 VPP 发送竞价激活信号。在有效竞价情况下，VPP 返回竞价确认信号给 TSO。同时，VPP 调度启动具有要求设定值的激活信号给选定的 DER。激活事件开始时，DER 回送确认信号给 VPP。

在激活期间，DER 连续向 VPP 发送测量结果以便调整生产能力为选定的设定值。VPP 不断发给 TSO 监控报告提供的容量。如果需要，VPP 在激活事件期间也可以调整设定值并发送 CHANGE 设定值信号给选定的 DER。激活事件以激活终止信号 END 发送给 DER 结束。VPP 接收来自 DER 的确认并发送报告给 TSO 结束激活事件。

当 VPP 充当 TVPP 在配网级别提供电网服务时需要与 DSO 通信。除了图 6-21 中的消息交换外，VPP 需要接收来自 DSO 的 SCADA 或 EMS 系统的运行数据（潮流、电压水平、网络状态、电能质量测量等）。VPP 和 DER 之间的运行数据交换类似于图 6-21，因为 VPP 需要连续接收监测方向上的功率量测、可用性状态和可用容量，并在控制方向上发送设定点信号。TVPP 也可以要求来自 CVPP 的服务交换状态、财务结算、运行和其他相关数据和信号。

2. VPP 的通信系统协议

VPP 系统的通信系统协议必须遵守的准则：有效和可靠的通信，与其他系统和利益相关者的互操作性，与电力系统集成。为了便于集成，通常希望 VPP 系统支持特定 TSO 或 DSO 已经使用的通信协议，除标准化协议外，TSO 和 DSO 还使用很多在电力系统自动化领域占有优势的专有协议。

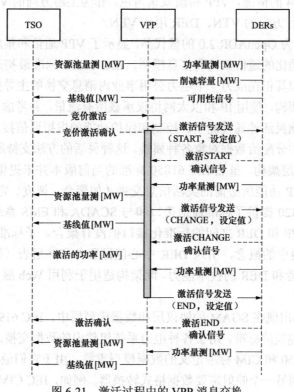

图 6-21　激活过程中的 VPP 消息交换

　　当前 VPP 系统使用的通信协议按使用频率排列为 IEC 60870-5-104、OpenADR 2.0、IEC 61850 和 Modbus。IEC 60870-5-104 协议是 IEC60870-5-101 的扩展协议，广泛用于远动（如 SCADA），由于其可靠性、可扩展性和效率，在 TSO 和 DSO 领域用于不同的通信系统，该协议有一个开放的基于 TCP/IP 的接口，可实现与 LAN 和 WAN 的连接。

　　传统通信协议，如 IEC 60870-5-104 和 Modbus，对灵活交换电力市场所需的相关数据（时间表、基线、市场价格数据等）缺乏支持。这些服务需要新的、更高级的协议，而 IEC 60870-5-104 只能提供基本的 VPP 运行功能和与 TSO 的 SCADA 和 EMS 系统连接，缺乏 DER 集成和与市场通信的先进服务。IEC 60870-5-104 是一种轻量级的远动协议，实现简单并与 SCADA 和 EMS 兼容。针对以上情况，工业联盟 VHPready 为去集中化能量系统组网开发了一个新的工业标准，该联盟提出的 VHPready 通信标准能确保 VPP 系统组件的互操作性和可控性。该协议栈基于 TCP/IP 协议，在应用层，支持协议 IEC 60870-5-104 或 IEC 61850-7-420（IEC 61850 标准的一部分）。VHPready 4.0 协议支持 CHP、风能和太阳能发电厂、电池、热泵等集成。

　　为了满足 DER 主动管理在池级别纳入灵活性条款的其他技术和市场要求，需要更高级的协议。OpenADR 2.0 是一个开放标准，具有公共架构，能提供数据模型支持辅助服务、需求响应、市场交易、动态定价和 DER 管理。虽然 OpenADR 1.0 曾为美国市场开发，但 OpenADR 2.0

能广泛用于不同应用，其能实现量测报告、预测，计划，基线，市场价格数据等的交换。由于 OpenADR 2.0 基于 XML 协议，具有更高的通信开销，因此也导致更高带宽要求。该标准支持具有两种节点类型的分层体系结构，即虚拟顶节点（VTN）和虚拟端节点（VEN）。同样，如 IEC 60870-5-104 的情况，VPP 扮演双重角色，作为上游方向的 VEN、TSO（或 DSO）充当 VTN，并作为下行方向的 VTN、DER 用作 VEN。

IEC 61850 标准作为 OpenADR 2.0 的替代品，显示了 VPP 通信和集成的前景。IEC 61850 标准包括电力系统自动化的通信架构和信息模型，IEC 61850 标准最初开发用于输电网变电站过程层面的应用，但其正在成为一个电力公用事业内消息交换的主导标准。IEC 61850 的面向对象架构和通信架构，使用 IP 和以太网协议承载所有流量，并考虑了时间敏感应用的特殊服务质量要求，实施灵活性通过测量、控制和保护功能的虚拟通信接口达成，并能命名逻辑节点和在逻辑节点中分配给数据对象各种属性。这种灵活的方法支持所有 VPP 组件的建模和 VPP 通信系统的分层架构。虽然 IEC 61850 标准的当前版本并未提供所有完整的 VPP 运行能力，如不包括 VPP 功能所必需的灵活信息交换（如聚合、调度、定价和产品预测），但子标准 IEC 61850-7-420 提供了标准通信接口和与 SCADA 和 EMS 系统进行数据交换的能力，特别是设置了 VPP 和 DER 之间的标准化接口但没有聚合。子标准 IEC 61850-90-15 描述了 DER 集成到电网中的概念，引入 DER 中心能源服务和注册表（数据库）以简化聚合商灵活访问资源提供者和 DER 的技术能力，此架构适用于利用 Web 服务的 IEC 61850 消息交换。

IEC 61850 标准将出现在 SGAM 的协议层和数据模型层中。IEC 61970（CIM）标准是一种用于面向对象信息建模的标准，用于各种电力系统组件内的数据交换，也适用于 SGAM 的数据模型层。IEC 61850 和 CIM 标准定义的数据模型重叠，由于它们最初是为不同目的而设计，因此从一个模型到另一个映射需要数据格式转换器。例如，IEC CIM62325 系列标准定义了解除管制的能源市场的通信，这对 CVPP 运行非常重要。

6.8　智能用能服务

用户智能用能服务是通过智能交互终端对用户的用能信息进行采集与监控，并为用户提供用能策略、用能辅助决策等多样化的服务，是智能用电增值服务的有效手段之一。将用户用能信息通过多种交互渠道向用户展现，或接收来自 95598 门户等交互渠道的信息，为用户提供用能信息和用能策略查询服务，对智能用能设备进行监控，并将监控信息反馈给用户，达到为用户提供有选择的智能用能增值服务。

用户智能用能服务的对象包括大用户（智能小区、智能楼宇）和居民用户（智能家居）。对大用户，可以将采集的用能数据传递至电力能效管理系统，完成能效评测等服务，达到提高能源利用效率的目的。对居民用户，可与智能家居的各种应用子系统有机结合，通过综合管理，实现智能家居服务，为家庭生活提供舒适安全、高效节能、具有高度人性化的生活空间，通过执行优化的用户用能策略，提高用电效率，降低用电成本，减少能源浪费。

智能用电是坚强智能电网的重要组成部分，直接面向社会、面向用户，在坚强智能电网的建设中具有十分重要的地位和作用。智能电网将实现与电力用户能量流、信息流、业务流的友好互动，达到提升用户用能服务质量和服务水平的目的。

6.8.1　智能园区

智能园区（简称园区）是综合运用通信、测量、自动控制及能效管理等先进技术，通过搭建用能服务平台，采集企业内部用能信息，开展能效测评与分析，引导企业参与需求响应，实现供电优质可靠、服务双向互动、能效优化管理的现代园区或企业集群。智能园区主要包括通信网络、用能服务系统和用能服务扩展系统。

1. 智能园区作用

（1）作为连接智能园区各相关方的互动渠道，提供信息查询、业务办理、负荷监测等多样化服务，满足园区个性化的信息及业务需求。

（2）通过智能园区服务系统，采集园区企业内部用能信息，实现能耗监测与统计、能效分析与诊断、用能策略建议等服务，达到园区高效用能的需求。

（3）通过智能园区负荷管理策略，引导企业主动调整用电行为，提升园区区域负荷平衡能力。

（4）创新智能园区用能模式，展示园区用能建设成果，如探索绿色能源认购、能源托管等服务模式。

2. 智能园区通信网络

智能园区通信网络包括远程接入网、本地接入网。

（1）远程接入网。远程接入网是连接园区管理机构、企业至电网企业的数据通信网络。对于智能园区中需要进行内部用电信息采集及分项负荷控制的企业，其远程接入网的通道应优先选用中压电力光纤通道，实现与电力通信专网的连接；在无中压电力光纤通道资源时，可采用 APN 方式，实现就地接入电力通信专网。对于智能园区中仅开展智能用电业务互动服务，无分项负荷控制需求的企业，可采用互联网接入。

（2）本地接入网。本地接入网是连接企业内部用能采集装置及子站的数据通信网络。本地接入网以采用光纤复合低压电缆和无源光网络作为通道的光纤通信方式为主，以电力线载波、无线等通信方式为补充，同时应充分利用园区、企业内部自有网络资源。

3. 智能园区用能服务系统组成

智能园区用能服务系统由用能信息采集装置、子站、主站三部分构成，智能园区用能服务系统框架如图 6-22 所示。

（1）用能信息采集装置。在园区企业内部主要用电线路、设备、分布式电源等测量点部署智能园区用能服务系统的感知与执行单元，包括采集装置、控制装置等，实现企业内部用能信息采集和监测。用能信息采集装置根据企业内部实际情况选用，应按需部署用能数据采集点和控制点，对于企业内部具有相关采集系统并可实现一定采集与控制功能的，可与智能园区用能服务系统集成。

（2）子站。子站部署在园区企业或园区管理机构，是智能园区用能服务系统在园区的应用中心或企业的用能管理中心，实现园区、企业、电网相关信息的集成、显示与管理。在园区企业部署子站，通过大用户智能交互终端或用能管理软件实现用能信息采集终端管理、用能信息采集及数据汇集转发、用能设备状态监测与控制等功能，以提高用能系统的效率。园区管理机构可部署子站，用于园区管理机构实施园区负荷管理、企业能效监管等。子站应能进行以下工作：

1）根据企业内部用能服务需求部署子站。

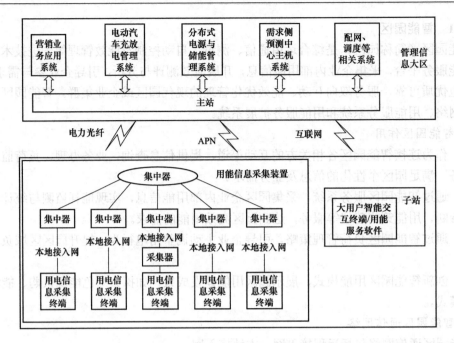

图 6-22　智能园区用能服务系统框架

2）子站完成用能信息采集和转发、用能设备状态监测、分项负荷控制等功能。

3）子站可以通过远程接入网连接到主站，将企业用能信息汇集至主站，并获得主站提供的各项服务功能。

（3）主站。主站在电网企业侧部署，负责接入和管理子站，实现用能数据采集、用能设备监控、能效分析、双向互动、增值服务等功能。智能园区主站部署在电网侧，用于汇总子站的信息数据，并与从营销、生产等业务系统获取的相关数据进行汇聚、整合与挖掘，对企业设备特性与用能状况进行分析，提出企业的优化用能策略；并可根据需要对企业的部分用能设备通过子站进行远程控制，也可接入电网企业能效管理数据平台，为在园区开展合同能源管理等增值服务提供数据支撑。要求主站具有以下功能：

1）实现与营销信息管理系统、用电信息采集系统、生产管理系统等的服务集成和数据交互。

2）园区管理机构、企业等通过子站与主站双向互动。主站为子站提供数据和业务分析支撑。

3）形成用能策略提供给园区管理机构、企业。

4. 智能园区用能服务扩展系统

用能服务扩展系统主要实现园区分布式电源与储能装置管理。

（1）对不接入配电网的分布式电源与储能装置，在其接入点部署采集装置。支持对实时运行信息、报警信息的全面监测，包括电流、电压、有功功率、无功功率、电压波动、闪变、骤升、骤降、短时中断、暂时过电压、瞬时过电压、谐波等参数。

（2）对接入配电网的分布式电源与储能装置，纳入电网统一管理，实现各级各类分布式电源、储能装置与园区配电网络的优化运行与协调控制。分析分布式电源对电网日常运行及峰荷时段的支持作用。

6.8.2　智能小区

智能小区是指在一个相对独立、统一管理小区内实现用电管理、服务智能化。通过采用先进通信技术，构造覆盖小区的通信网络，通过用电信息采集、用电服务、小区配电自动化、电动汽车充电、分布式电源、需求响应、智能家居等功能的实现，以及与小区公用设施的信息交互，对用户供用电设备、分布式电源等系统进行监测、分析和控制，实现小区供电智能可靠、服务智能互动、能效智能管理，提升服务品质，提高终端用能效率，服务"三网融合"。

智能小区包含用电信息采集、双向互动服务、小区配电自动化、用户侧分布式电源及储能、电动汽车充电、智能家居等多项新技术成果应用，综合了计算机技术、综合布线技术、通信技术、控制技术、测量技术等多学科技术领域，是一种多领域、多系统协调的集成应用。智能小区总体构成如图6-23所示。

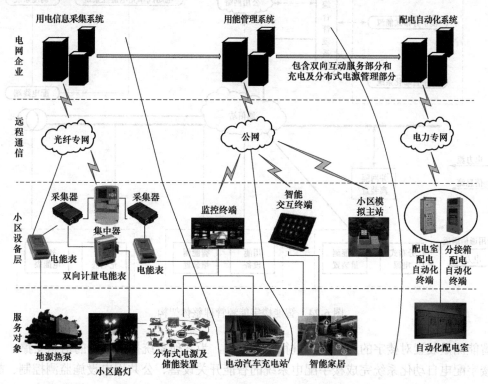

图 6-23　智能小区总体构成

6.8.3　智能楼宇

智能电网离不开智能楼宇。智能楼宇技术的应用不仅使企业降低能耗和成本，提升能效，实现更可持续的运营，也为未来更好地利用智能电网做准备，而且还能使公用事业部门在对的时间为用户提供对的能源，同时管理和控制整个智能电网的能耗情况。

智能楼宇是一种智能建筑，它是楼宇自动化应用的一项产物。楼宇自动化是将建筑物或建筑群内的电力、照明、空调、给排水、消防、运输、保安、车库管理设备或系统，以集中监视、控制和管理为目的而构成的综合系统。楼宇自动化系统通过对建筑（群）的各种设备实施综合自动化监控与管理，为业主和用户提供安全、舒适、便捷高效的工作与生活环境，并使整个系统和其中的各种设备处于最佳的工作状态，从而保证系统运行的经济性和管理的现代化、信息化和智能化。

智能楼宇能源管理是对智能楼宇的照明、动力、通风、空调、安防等系统进行协调控制及整合，基于智能测量、楼宇配电自动化和分布式能源监控等系统，对用户供能系统、用能设备、楼宇分布式能源、储能设备等进行监控、分析、控制及评估，以用户能源管理为核心，支持微网的独立运行，实现清洁能源合理充分使用，提高用户能源使用效率。智能楼宇能源管理整体架构如图6-24所示。

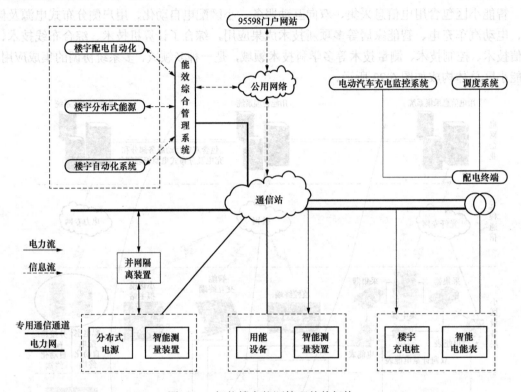

图6-24 智能楼宇能源管理整体架构

智能测量装置对楼宇的用能信息进行实时采集，为其他系统提供基础的信息支撑。

楼宇配电自动化系统完成楼宇配电系统的智能开关设备、公共用电设施监测控制、故障自动检测与故障隔离、电能质量控制等，实现楼宇低压回路多电源供电，提高供电可靠性和停电响应及时性，满足高质量的用电需求。

楼宇分布式能源是由楼宇各种分布式能源、储能装置、蓄冷蓄热负荷以及监控、保护装置组成的集合体，具有参与电网错峰避峰，使用清洁能源，节能减排，发展低碳经济的作用。

楼宇自动化系统是采用最优化的控制手段并结合现代计算机技术对楼宇各系统设备进行全面有效的监控和管理，使各子系统设备始终处于有条不紊、协同一致的高效、有序状态运行，确保建筑物内舒适和安全的环境，同时降低建筑物能耗。

基于以上系统集成及功能需求，智能楼宇能源管理系统设计采用分层分布式结构，系统自上而下共分三层。

（1）监控管理层。为现场操作人员及管理人员提供充足的信息（包含楼宇供用能信息、电能质量信息、各子系统运行状态及用能信息等），制定能量优化策略，优化设备运行，通过联动控制实现能源管理，提高经济效益及环境效益。

（2）通信层。使用通信网关机将各个子系统所使用的非标准通信协议统一转换为标准协议，将监测数据及设备运行状态传输至智能楼宇能源管理平台。

（3）现场设备层。指分布于高低压配电柜中的测控保护装置、仪表，以及各个子系统监控系统等。

智能楼宇能源管理系统现场设备层是整个系统的硬件支撑平台，是整个系统的数据源，设计清晰合理的现场设备层是楼宇智能用电能源管理系统实现的基础。

智能楼宇能源管理系统接入的设备种类多样，所使用的物理接口类型及协议类型极为复杂，所传输数据种类也不尽相同，为了确保智能楼宇能源管理系统的可维护性和可扩展性，所有的设备均将测量数据及设备运行状态等送到通信网关机。通信网关机使用对应的通信协议进行解析，并将所有数据按照设定的顺序打包为统一标准的协议，送至智能楼宇能源管理系统监控管理层。监控管理层是智能楼宇能源管理系统的核心，它负责以图形化的方式向用户提供实时监测、数据分析、电能质量分析、能源评估等功能，并通过交互式技术向用户提供用能策略制定及联动控制等功能。

6.8.4　智能家居

智能家居又称智能住宅，是通过光纤复合电缆入户等先进技术，将与家居生活有关的各种子系统有机结合，既可以在家庭内部实现资源共享和通信，又可以通过家庭智能网关与家庭外部网络进行信息交换。其主要目标是为人们提供一个集系统、服务、管理为一体的高效、舒适、安全、便利、环保的居住环境。

智能家居能实现用户与电网企业互动，获取用电信息和电价信息，进行用电方案设置等，指导科学合理用电，提高家庭的节能环保意识。智能家居能增强家居生活的舒适性、安全性、便利性和交互性，优化人们的生活方式。智能家居可支持远程缴费。

智能家居可通过电话、手机、远程网络等方式实现家居的监控与互动，及时发现异常，及时处理。智能家居实现水表、电能表、气表等多表的实时抄表及安防服务，为优质服务提供了更加便捷的条件。智能家居支持"三网融合"业务，享受完善的智能化服务。

智能家居可以成为智能小区的一部分，也可以独立安装，智能用电小区与智能家居系统组网图如图 6-25 所示。

中国人口众多，城市住宅多选择密集型的住宅小区方式，因此很多房地产商会站在整个小区智能化的角度来看待家居的智能化，也就出现了一统天下、无所不包的智能小区。欧美由于独体别墅的居住模式流行，因此住宅多散布城镇周边，没有集中的规模，因此没有类似国内的小区这一级，其住宅多与市镇相关系统直接相连。因此欧美的智能家居多独立安装，自成体系。这也解释了为什么美国仍盛行 ADSL、Cable Modem 等宽带接入方式，而国内光纤以太网发展如此迅猛。

国内习惯将智能家居当作智能小区的一个子系统考虑，这是由于以前设计选用的智能家居功能系统多是小区配套的系统。但智能家居最终会独立出来自成体系和系统，作为住宅的主人完全可以自由选择智能家居系统，即使小区配套统一安装，也可以根据需要自由选择相应产品和功能，可以要求升级，甚至完全可以独立安装一套独特的系统。智能家居实施其实是一种"智能化装修"，智能小区只不过搭建了大环境、完成了"粗装修"，接下来的智能化

"精装修"要靠自己来实施。

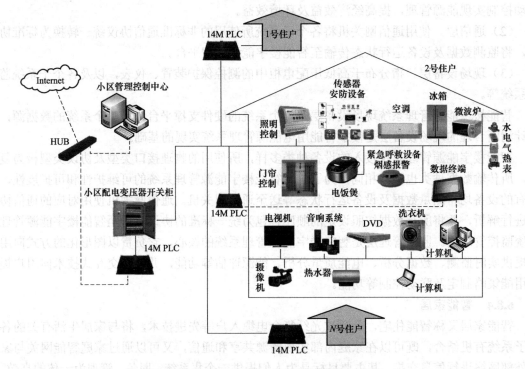

图 6-25　智能用电小区与智能家居系统组网图

　　通过构建家庭户内的通信网络，实现家庭空调等智能家电的组网，实现电力光纤网络互联。通过智能交互终端、智能插座、智能家电等，实现对家用电器用电信息自动采集、分析、管理，实现家电经济运行和节能控制。通过电话、手机、互联网等方式实现家居的远程控制等服务。通过智能交互终端，实现烟雾探测、燃气泄漏探测、防盗、紧急求助等家庭安全防护功能；开展水表、气表等的自动采集与信息管理工作；支持与物业管理中心的小区主站联网，实现家居安防信息的授权单向传输等服务。通过 95598 互动网站，智能家居可以实现可定制的家庭用电信息查询、设备远程控制、缴费、报装、用能服务指导等互动服务功能。

　　从逻辑结构上来说，智能家居系统主要可以分为管理层、应用层和设备层。

　　（1）管理层。主要包括智能家庭网关、智能交互终端和系统服务器，是智能家居系统的核心设备，负责网络的管理和信息的处理，承接应用层和感知层之间的信息交互。

　　（2）应用层。主要有智能交互终端、移动终端、个人电脑（PC）、平板电脑（PAD）等可视化设备。作为人机交互界面，注重界面的友好度与用户的体验度，能将用户的意图反馈给管理层。

　　（3）设备层。主要指各种家居设备等。作为动作执行设备，将管理层下发的动作命令执行到位，以实现应用层用户的意图；作为信息获取部分，监控环境的变化，并将相关信息发送给管理层，以便根据环境信息实现用户意愿。

　　智能家居系统主要基于电力光纤低压复合电缆的 EPON 通信网络，通过光网络单元连接到小区户内的智能交互终端、智能家庭网关、PC 等。同时，将物联网技术引入智能小区，在家中通过户内通信组网技术把各个家电与智能家庭网关、智能交互终端连接，组成家居网络，智能小区综合应用互动集成系统能对智能家居进行状态监测和控制。同时能够实时收集水、电等资源使用信息，从而提供一个安全、便利、舒适和环保的居住环境。智能家居系统网络拓扑结构如图 6-26 所示。

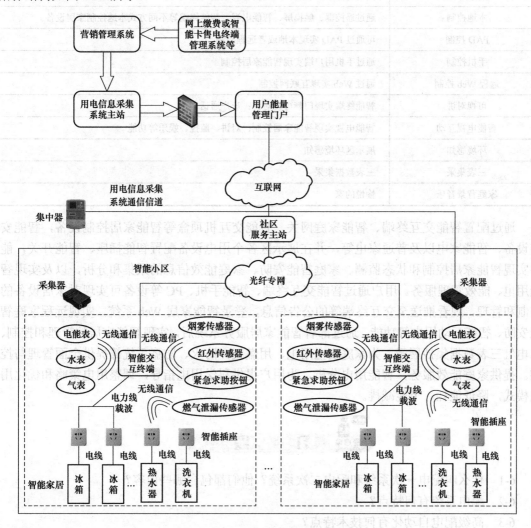

图 6-26　智能家居系统网络拓扑结构

智能家居实现功能配置见表 6-6。

表 6-6　　　　　　　　　　　智能家居实现功能配置

实现功能	说　明
智能安防告警	防盗、防火、防燃气泄漏；紧急求助；视频监控
灯光照明控制	控制电灯的开关、明暗
环境控制	控制窗帘、空调等
家电控制	控制智能冰箱、智能洗衣机、智能空调等智能家电；通过智能插座、红外转发器等控制普通家电
智能插座	实现供电、计量、开合、传输功能

续表

实现功能	说　　明
场景总控	实现智能家居联动；具有多种场景模式控制等
本地控制	通过遥控器、触摸屏、智能电视、智能终端等不同方式本地控制家居设备
PAD 控制	可通过 PAD 实现本地或者远程控制
手机控制	通过手机用户端实现智能家居控制
远程 Web 控制	通过 Web 实现互联网控制
可视对讲	智能终端实现门禁可视对讲；户户通话
智能电视互动	智能电视实现智能家居控制；对讲、监控、娱乐等功能
环境感知	展示区环境感知
三表集采	三表数据集采
家庭背景音乐	愉悦的家

通过配置智能交互终端、智能家庭网关、智能交互机顶盒等智能家居控制设备，智能安防设备、智能家电以及普通家电等，并在展示区各个用电设备配置智能插座、智能开关，能够实现智能家居控制和状态监测、家庭智能安防、家庭能效信息的采集和分析，以及实现智能用电、能效管理服务。用户通过智能交互终端、智能手机、PC 等设备可实现对家居设备的控制和管理，观看推送至交互终端等的公告信息，登录智能家居 Web 系统，实现远程家庭智能安防、智能互动用电等功能。通过部署智能家居服务系统后，实现智能家居的管理和控制、水电气三表数据集抄展示，为家庭安全用电、用燃气，防火、防盗系统等提供全面管理与控制。提供家庭能效服务，智能用电分析，为用户提供科学用电指导，调整用电策略和优化用电模式，降低能耗、节能减排。

习　　题

6-1　什么叫配电一次系统和配电二次系统？他们都包含哪些内容？

6-2　配电系统有何特点？

6-3　高级配电自动化有何技术特点？

6-4　简述高级量测体系与用电信息采集系统的联系和区别。

6-5　需求响应用到哪些信息通信技术？对信息通信技术有何要求？

6-6　信息通信技术如何支持自动需求响应？

6-7　如何理解虚拟电厂概念的核心可以总结为"通信"和"聚合"？

6-8　简述虚拟电厂和需求响应的联系和区别。

6-9　简述虚拟电厂中不同资源调控对时延的要求和通信技术的选择。

6-10　简述智能用能服务的场景及信息通信技术所起的作用。

第7章 智能电网调度信息通信技术

7.1 概 述

协调发、输、变、配、用电的产供销全环节有序高效进行，电力调度必不可少。其具体工作内容是依据各类信息采集设备或监控人员提供的信息，结合电网实际运行参数，如电压、电流、频率、负荷等，综合考虑各项生产工作开展情况，对电网安全、经济运行状态进行判断，通过电话或自动系统发布操作指令，指挥现场操作人员或自动控制系统进行调整，如调整发电机出力、调整负荷分布、投切电容器、电抗器等，从而确保电网持续安全稳定运行。在智能电网背景下，高比例可再生能源接入带来的强不确定性和高度电力电子化带来的稳定机理变化给电网调度带来巨大挑战，信息通信技术作为支持技术得到空前利用和发展。

电网调度自动化系统是电力二次系统的重要组成部分，是调度员实现电网运行状态在线实时监视、分析、控制、计划和事故处理的最主要技术支撑，是保障电网安全和经济运行的重要技术手段。电网调度自动化系统可实时采集厂站端电网运行状态数据，监视电网频率、电压、断面潮流、设备重载和过载运行状态、旋转备用，以及电网整体电压和潮流分布，分区统计系统负荷和发电指标等，保障电网运行在合理的安全状态。若电网安全指标超出合理范围，如电压和断面潮流越限，可通过潮流调整、负荷转供和无功调节等方法，将系统尽快恢复到安全状态；若电网发生事故，则要监视事故后电网运行状态，并实施紧急和恢复控制，防止联锁性故障事件的发生。

世界电网调度自动化技术伴随着电网运行控制需求，以及计算机和通信技术的发展而不断发展，近40年来大体经历了四个阶段，电网调度自动化技术发展历程如图7-1所示。

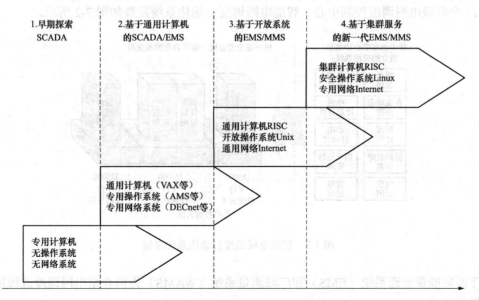

图 7-1 电网调度自动化技术发展历程

（1）早期探索阶段。20 世纪 80 年代中期之前，研究探索将专用计算机技术用于电网调度控制，主要满足局部电网 SCADA 的需要。

（2）通用计算机阶段。自 20 世纪 80 年代中期开始，SCADA/EMS 大多基于通用小型计算机（VAX 等）、专用操作系统（VMS 等）和专用网络系统（DECnet 等），主要满足区域电网运行控制的需要。

（3）开放系统阶段。20 世纪 90 年代中后期，通用计算机（RISC）、开放操作系统（Unix）和通用网络（Internet）等在国际上迅速发展，开放式电网调度自动化系统成为主流技术，主要满足国家级大电网运行和电力市场运营的需要。

（4）集群服务阶段。近 10 年来，随着面向服务、集群化、云计算和物联网等快速发展，新一代的智能电网调度控制系统投入运行，满足了特高压坚强智能电网运行控制的需要。

传统电网调度自动化系统（简称传统系统）是基于各业务部门的需求发展起来的，省级及以上电网调度中心一般都配备能量管理系统（SCADA/EMS）、广域测量系统（WAMS）、水电自动化系统、电能计量计费系统、在线动态预警系统、调度运行管理系统、雷电定位系统、气象云图系统、保护故障信息系统和调度计划系统等 10 余套系统（见图 7-2），这些系统一般由多个专业开发单位各自独立开发，每个系统各自有独立的计算机硬件设备、操作系统、数据库系统、图形界面和通信总线等，没有统一的标准和平台，互不兼容，同样的电网图形画面、模型数据等需要重复做多次。总而言之，传统系统已经难以支持多级电网的协调控制和优化调度，难以满足大电网一体化调度控制的业务需求。

我国新型电网调度自动化系统的研发始于 2004 年的"在线安全稳定分析研究"项目，该项目首次采用大规模集群服务器实现了中国同步电网的 15 分钟级在线安全稳定分析，验证了集群的可用性。2008 年冰灾和地震灾害后，国家电网有限公司加大投入，加快推进系统研发，2009 年完成首套系统研制，2010 年结合智能电网试点工程项目，在 10 个调控中心成功上线运行，命名为"智能电网调度控制系统（D5000）"，之后迅速推广应用。截至 2016 年年底，D5000 已成功地运用到国家电网有限公司国家电力调度控制中心、6 个区域电网调度控制中心和 27 个省级电网调度控制中心。智能电网调度自动化系统发展如图 7-2 所示。

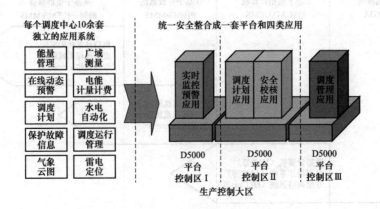

图 7-2　智能电网调度自动化系统发展

下面以能量管理系统（EMS）和广域测量系统（WAMS）为例介绍电网调度过程用到的信息通信技术。

7.2　能量管理系统

能量管理系统（EMS）高级应用软件是电网调度中心调度自动化系统的核心，主要用于电网运行状态的分析、控制策略的制定和辅助决策，是电网运行的神经中枢和调度指挥中心。电网调度自动化系统一直在发展，推动电网调度自动化系统不断发展的因素，主要可归纳为下列四个方面：①保证电网的安全运行和高质量供电；②不断降低电能生产和传输的费用；③提高电网整体效益，使电网尽可能运行在其物理极限和可接受风险的状态下，从而推迟新投资，降低造价；④适应电力市场运营中不断出现的要求。

7.2.1　能量管理系统高级应用软件的基本功能

能量管理系统（EMS）高级应用软件包括能量管理级应用软件和网络分析级应用软件两部分。EMS 高级应用软件系统数据流程如图 7-3 所示，图中左上角虚线框中是数据采集级 SCADA 系统应用软件（不属于 EMS 高级应用软件）；中上部虚线框是能量管理级应用软件，其余是网络分析级应用软件。本节重点介绍后两者。

能量管理级应用软件功能有面向发电机出力的计划安排和控制。从 SCADA 系统获取当前和历史的负荷数据，进行短期负荷预测，安排发电计划；在线情况下实施自动发电控制（AGC）；从实时网络分析应用软件获取电网潮流数据，考虑网络安全约束，实施有功实时调度；进行无功电压的计划和控制（AVC）。

网络分析级应用软件的运行基于 SCADA 系统采集的实时数据，包括遥信和遥测数据。通过智能化网络建模工具建立电力网络模型数据库；根据遥信数据指出的断路器开合状态确定当前电网的网络拓扑结构，生成电网母线模型；根据遥测数据的类型和位置，确定电网的可观测区，在可观测区上进行实时状态估计计算；状态估计的计算结果为在线潮流提供初值。通过外网等值软件确定电网的外部等值网，利用内部电网状态估计结果，计算出包含外网等值模型的潮流结果，这就是调度员潮流。基于调度员潮流的结果即可进行电网分析中的各种计算，如图 7-3 右侧所示。调度员潮流可以使用当前状态估计给出的潮流数据，也可以使用预测的数据，还可以使用历史数据。

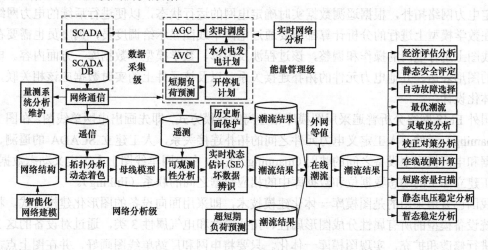

图 7-3　EMS 高级应用软件系统数据流程

EMS 包括如下常用功能。

1. 自动发电控制和经济调度控制

自动发电控制（AGC）实时调整发电机有功出力（几秒至十几秒），使全系统的发电机出力和负荷平衡，系统频率和联络线交换功率保持在规定的范围内。经济调度控制（EDC）给 AGC 机组下达控制指令（几分钟至十几分钟），使得全系统发电机的运行费用最小。AGC 结构示意图如图 7-4 所示。

AGC 的控制回路有机组控制、区域调整控制和区域跟踪控制 3 个。机组控制提供发电机输出功率的闭环控制，使发电机出力等于机组给定出力，过程中还要计入机组本身的各种运行约束。区域调整控制改变机组出力的设定值使区域控制误差（ACE）为零，实现系统频率的稳定，完成交换计划的目标，其动作时间为几秒至十几秒。区域跟踪控制完成实时经济功率分配的功能，它给出机组发电出力实时计划（滚动）值和交换功率的设定值，实现经济分配的目标，其动作时间为 5～15min。

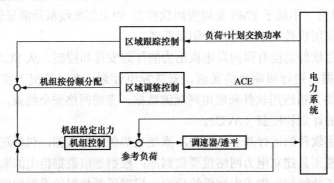

图 7-4　AGC 结构示意图

2. 电力网络建模

在进行 EMS 的网络分析之前，首先要对物理电网进行数学建模。物理电网的数学模型包括电力网络元件的参数和网络元件之间的连接关系（网络拓扑）；另外，实际电网元件上的遥测、遥信数据也要和数学模型中的相应设备相关联，以便根据遥信显示的断路器开合状态实时确定电力网络拓扑，根据遥测数据实时确定电网的运行状态，以便进行后续的电力网络分析。在数学模型上进行的分析计算都需要通过电网单线图显示给调度员，调度员也需要在电网单线图上进行电网的操作和调整，该过程涉及图形、数学模型和数据库三方面内容。电力元件的图形表达、其他电力元件的拓扑连接关系，以及该元件上的实时数据应该相关联，最好一体化设计。

国外 EMS 网络分析普遍采用图模库相分离的建模方式，即先画出电网单线图，在图上定义（naming）元件，人工定义电力元件之间的拓扑连接关系，人工建立 SCADA 的遥测、遥信数据和电网模型中设备之间的映射（mapping）关系，在电网单线图上人工定义动态数据位，并人工建立图上的动态数据位和数据库中的相应数据之间的联系（linking）。

我国已普遍采用的是图模库一体化建模技术，即采用面向设备的图形化建模方式。将电力系统设备模型的所有属性分成图形属性、拓扑属性和电气属性 3 类，通过对设备的这 3 种属性进行修改和扩充，实现图模库一体化。只要将电网和厂站单线图画好，并在图上点击设备对应的图元，即可在图上录入设备的名字和设备的模型参数，计算机自动将设备图元对象数据存到数据库的相应记录中。在定义一个设备图元对象的同时自动追加一条数据库记录，模型参数及其录入界面可自动随数据库定义的改变而自动修正。计算机根据图上设备图元之间的连接关系（坐标位置），自动生成网络拓扑，并自动生成图上动态数据及其联库关系，实现图上的动态数据位与数据库中的数据的一体化关联。SCADA 建模也面向设备进行，测点作为设备的电气属性，在设备建模时自动生成。设备、设备的电气属性（遥测、遥信）、设备的连接关系（网络拓扑）、设备的图形表达、表达设备运行参数的图上动态数据等都是一一对应的，由计算机软件来维护。由于图元和数据库数据实现了一体化，很容易实现图元的拓扑着色和图元闪烁报警。

3. 实时网络拓扑

在电力网络模型建好之后，EMS 实时网络拓扑软件利用 SCADA 系统实时采集开关元件的开合状态（遥信）信息，确定电力元件的拓扑连接关系，为形成节点导纳矩阵做好准备。实时网络拓扑分析也称实时结线分析，包括厂站的结线分析和系统的结线分析。

厂站的结线分析是为了确定厂站内电气元件的拓扑连接关系，其做法一般是将厂站内的断路器、隔离开关等设备看成边，将其两端的电气连接点看成顶点，利用树搜索算法（深度优先或广度优先算法）确定连通子网络（岛），厂站内所有设备全部被搜索完后，就可以确定厂站内电气设备形成了几个电气连通岛，将每个通过断路器连通的拓扑岛定义成一个计算母线。厂站结线图和网络图如图 7-5 所示，其中图 7-5（a）是图 7-5（b）所示 3/2 接线方式厂站的拓扑分析结果，分析后总共形成 2 个计算母线［图中空（实）心断路器表示断路器处于开（合）位］。最后，将厂站内发电机和负荷等并联元件通过电气连接点接入相应的计算母线。

厂站的结线分析确定了厂站内的计算母线，这些母线通过不同的厂站之间的输电线或者同一厂站内的变压器相互连接，组成电力网络。

系统的结线分析就是要确定由输电线和变压器连通的独立子网络（电气岛），同时确定其中哪些电气岛是有电源的，即电气岛内有至少一台发电机运行并向该子网络中的负荷送电；哪些电气岛是无源的。将母线看成顶点，将输电线或变压器等支

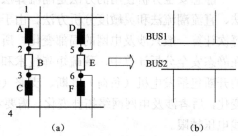

图 7-5　厂站结线图和网络图

(a) 厂站结线图；(b) 响应的网络图

路看成边，用树搜索算法确定连通子网络（岛），每个连通子网络就是一个电气子系统。网络拓扑算法利用图论中的搜索技术，需要采用堆栈技术、分配排号法等程序设计技巧减少搜索量。另外，由于实际运行中断路器状态变化并不是同时发生的，即断路器变位都是局部变位，可以利用变位前的网络拓扑，进行局部拓扑修正得到局部变位后的全拓扑结果，避免重新从头启动网络拓扑程序，这样做可以大大加快计算速度。网络拓扑程序在网络分析软件初始化时和在有断路器变位信号时才运行。

4. 实时状态估计

电力系统稳态运行状态用母线电压的幅值和相角来描述。电网的拓扑结构确定之后，实时状态估计利用 SCADA 系统实时采集的遥测信息，计算出系统中母线电压的幅值和相角。电网遥测信息主要包括线路和变压器等支路的有功、无功潮流，母线电压幅值等。遥测量的总数通常大于状态变量的总数。遥测量可能会有量测误差，甚至有幅值较大的不良数据。另

外，遥测量的分布可能不均匀，部分区域量测冗余度很高，部分区域也可能没有遥测量。因此，需要用数学分析的方法进行数据处理，进行电网实时状态估计，才能得到全网一致的潮流分布结果。实时状态估计包括电网的实时可观测性分析、实时状态估计计算和不良数据的检测和处理等内容。

5. 调度员潮流

调度员潮流（DPF）是 EMS 网络分析软件中的核心软件。调度员对电网进行的各种调整、操作、改变运行方式的分析计算都需要在调度员潮流上进行；各种动态分析、电压稳定分析、优化分析等特殊的网络分析计算也需要在调度员潮流基础上进行。基于不同的数据源，调度员潮流的运行模式分为实时态、研究态、预测态、规划态等。调度员潮流需要有灵活变化和修改运行方式的能力，要求算法收敛性好，调度员使用方便。这需要将算法、数据库管理、图形界面、软件任务调度等有机结合，集成一个使用灵活、功能强大的系统，而非一个单纯的潮流计算软件。调度员潮流软件的程序源代码可能比常规潮流计算软件大十几甚至几十倍。

6. 静态安全分析

对于当前处于正常运行状态的电力系统，静态安全分析主要用于研究故障引起开断事故的情况下系统的稳态运行情况。当某预想事故发生时系统仍处正常状态，则不需要动作；如果系统进入静态紧急状态（而当前并不是），则需要告诉调度员预想的事故真的发生了，应当采取措施来解除静态紧急。因此，静态安全分析首先要确定需要分析的预想事故集，然后进行自动故障选择，按对系统影响的严重程度来对故障进行排序筛选，详细分析严重故障可能产生的后果，最后给出需要采取的校正控制措施。

静态安全分析使用的方法是潮流算法。为了加快计算速度，常使用交流潮流的快速分解法、直流潮流法和灵敏度分析方法。由于静态安全分析需要对大量的预想事故进行计算，而每次计算一般只涉及电网的局部变化，所以在基态潮流基础上采用补偿法可加快计算速度。在静态安全分析计算中，稀疏矩阵技术和稀疏矢量技术得到了广泛应用。静态安全分析涉及的开断包括发电机（负荷）开断、支路（线路、变压器）开断，前者不涉及电网拓扑结构的变化，后者涉及电网网络拓扑变化。需要考察的电网元件越限包括支路过负荷（过电流）、母线电压越限。

7. 调度员培训仿真系统

调度员培训仿真系统（DTS）能够模拟电力系统的静态和动态响应以及事故恢复过程，使学员（trainee，指受训调度员）能在与实际控制中心完全相同的调度环境中进行正常操作、事故处理及系统恢复的培训，在掌握 EMS 的各项功能，熟悉各种操作，在观察系统状态和实施控制措施的同时，高度逼真地体验系统的变化情况；同时，该系统还提供对调度员正常操作、事故处理及系统恢复的训练，尤其是事故时快速反应能力的训练。

常规 DTS 功能有模拟电网的实时、准实时过程，对调度人员进行基本技能和事故处理、故障恢复等技能的培训，提高调度人员的运行水平，并具备全省各地区调度、变电站和电厂的联合反事故演习功能。DTS 不仅可用于调度员的日常培训、考核和进行反事故演习，以提高调度人员的运行水平，而且还可作为电网运行、支持、决策人员的分析研究工具。

7.2.2　能量管理系统的配置

能量管理系统（EMS）典型配置如图 7-6 所示，整个系统分布在三个安全区中，主系统位于安全区Ⅰ，DTS 子系统位于安全区Ⅱ，Web 子系统位于安全区Ⅲ。安全区Ⅰ、Ⅱ之间使用防火墙，安全区 I、Ⅲ之间设置正向与反向专用物理隔离装置隔离。

EMS 主系统包括双冗余局域网子系统、数据服务器子系统、数据采集与通信子系统，以及各种应用服务器与工作站等。

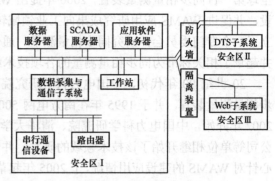

图 7-6 EMS 典型配置

（1）局域网子系统。采用双交换机以太网结构，并使用 VLAN 技术，重要用户采用具备三层交换功能的企业级或部门级交换机，一般用户采用中档交换机即可。

（2）数据服务器子系统。配置两台高档 RISC 服务器，可加设磁盘阵列，数据库可选择 Oracle、Sybase 等。

（3）应用服务器。SCADA、AGC、PAS 等应用服务器一般各配置一对或一台中高档 RISC 服务器，支撑平台提供冗余服务器之间的高效切换，用户可根据情况将 SCADA 与 AGC 合并使用一对或一台服务器。

（4）工作站。采用 RISC 工作站，也可配置高档 PC 图形工作站或与相应的服务器在物理上合用。

（5）数据采集与通信子系统。包括双局域网、数据采集通信服务器、串行通信设备、路由器等，其中双局域网既可以采用主交换机的 VLAN 网段，也可配置独立的工作组交换机。数据采集通信服务器一般配置 2～4 台中高档 RISC 服务器。串行通信设备包括通道板、切换装置、终端服务器等，其中终端服务器用于传统远动串行通道接入。路由器用于与网络远方终端设备（RTU）、上下级控制中心之间的通信。

（6）DTS 子系统。包括 DTS 服务器、教员服务器、学员服务器、学员工作站等，DTS 子系统与主系统使用防火墙隔开。

（7）Web 子系统。其中正向隔离用于从内向外的通信，传送实时数据、历史数据及图形文件等，反向隔离用于从外向内的通信，传送计划值等。

（8）其他设备。包括打印机、绘图仪、扫描仪、模拟屏及大屏幕投影显示器等。

7.3 广 域 测 量 系 统

7.3.1 广域测量系统的发展

由于 SCADA 系统的数据断面同步误差比较大（3～5s），其采集的数据仅适合电网运行状态波动较小时的状态估计。在系统波动时，考虑到振荡周期通常为 0.4～10s，SCADA 的时间同步误差会对状态估计有着致命的影响。同步相量测量技术由于同步性较好，在保持时间同步的情况下，最大的相角同步误差仅为±0.018°，因此即使是在电力系统受到扰动时也可以较好地观测动态过程，能够在时间和空间两个维度上刻画电力系统完整的动态场景。基于同步相量测量技术的电网数据采集系统称为广域测量系统（WAMS）。

WAMS 是以同步相量测量技术为基础，以电力系统动态过程监测、分析和控制为目标的实时监控系统。WAMS 具有异地高精度同步相量测量、高速通信和快速反应等技术特点，非常适合大跨度电网，尤其是我国互联电网的动态过程实时监控。

国外 WAMS 技术的研究和开发可追溯到 1990 年以前，1993 年美国弗吉尼亚大学研制了全球第一台同步相量测量装置，2000 年提出 WAMS 的概念。2003 年美国推进了 WAMS 的建设，并促进 WAMS 应用研究成果向工业领域转化。IEEE 电力系统继电保护和控制委员会设立了一个专门委员会，研究同步相量测量、通信接口的规则、推荐的标准和可能的应用等，并起草了相关标准为同步相量测量的各项技术细节提供技术支撑。

20 世纪 90 年代初，中国电力科学研究院与中国台湾欧华公司共同研制了国内第一台同步相量测量装置，并于 1995 年在南方电网 500kV 天广联络线上构建了我国第一套 WAMS；2002 年开始，中国电力科学研究院、清华大学、浙江大学、华北电力大学、四方公司、南瑞公司等单位相继开始了该技术领域的研发，并分别在一些区域电网进行了试点运行。国调中心针对 WAMS 的建设应用情况，于 2005 年起草了《电力系统实时动态监测系统的技术规范》，并于 2006 年正式发布。截至 2008 年年底，国内主要电网的 WAMS 均已投入实际运行，据不完全统计，我国已投入电网运行的同步相量测量装置超过 1000 套。

WAMS 能够弥补 SCADA 和故障录波存在的局限性，一般电力系统通常包含用于测量和监视系统稳态运行的 SCADA 系统和测量电磁暂态过程的故障录波系统。SCADA 系统侧重于监测系统稳态运行情况，测量周期通常是秒级，而且 SCADA 数据不带时标，不同地点之间缺乏准确的共同时间标记。故障录波数据的采样频率一般在几千赫兹以上，并带有时标信息，但只是发生故障时采集故障点附近的数据，记录数据局部有效，并且持续时间较短，通常在数秒之内，难以用于对全系统动态行为的监视和分析。GPS 技术、通信技术、DSP 技术等的进步，为实现电力系统动态监测提供了可能。基于成熟的 GPS 技术上的相量测量单元（PMU）是 WAMS 的基础。PMU 能以数千赫兹的速率采集电流、电压信息，通过计算获得测点的功率、相位、功角等信息，并以每秒几十帧的频率向主站发送。PMU 通过 GPS 对时，能够保证全网数据同步性，时标信息与数据同时存储并发送到主站。电网内的变电站和发电厂安装 PMU 后，调度人员就能够实时监视全网的动态过程。

7.3.2 广域测量系统的构成

广域测量系统（WAMS）由子站（PMU 子站）、调度中心主站（WAMS 主站）及高速通信网络等组成，WAMS 主站拓扑结构如图 7-7 所示。

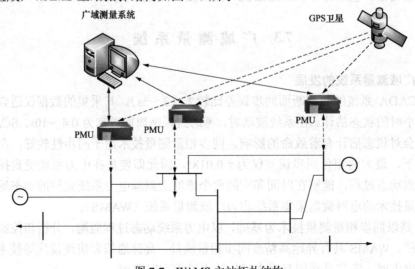

图 7-7 WAMS 主站拓扑结构

由图 7-7 可知，各个 PMU 子站接收 GPS 下发的时钟信号，对测量所得的每个数据打上时标，通过电网数据通道，发送给 WAMS 主站。WAMS 主站完成对整个系统的动态监测、记录、在线稳定计算和分析，并进行优化稳定控制策略的计算，为调度运行人员的操作提供指导。

（1）PMU 子站。子站即发电厂和变电站安装的同步相量测量装置，是安装在同一发电厂或变电站的相量测量装置和数据集中器的集合，可以是单台相量测量装置，也可以由多台相量测量装置和数据集中器构成，其主要功能如下：

1）相量测量单元将电网各节点的相量测量值送到控制中心，把绝对时标下的相量测量值折算到某个时间参考点的坐标下，从而得到整个电网的同步相量。

2）同步相量测量装置具有连续记录功能，可以连续记录不少于 14 天的动态数据，而且可以触发记录暂态数据。

3）一个子站可以同时向多个主站传送测量数据。子站能测量、发送和存储实时测量数据。子站能与变电站自动化系统或发电厂监控系统交换信息。

4）发电厂子站相量测量装置能监测发电机组功角、母线电压、元件电流相量和频率等电气量。

5）变电站子站相量测量装置监测母线电压、元件电流相量、频率等电气量，通过数据网发送至主站。

（2）WAMS 主站。即电网调度中心主站，一般由主站基础平台及之上的高级应用功能等组成，用于接收、管理、存储和转发源自子站数据的实时动态测量数据，实现对电力系统运行状态的监测、告警；实现对实时相量数据的分析处理和存储归档；实现在线稳定计算分析及辅助决策分析等功能。

（3）高速通信网络。WAMS 是一种电力系统实时动态监测系统，国内普遍采用电力调度数据通信网络承载。在不具备网络通信条件时，一般采用专用通信通道，通信速率不低于19.2kbit/s，主站之间的通道带宽不低于 2Mbit/s。

7.3.3　PMU 子站

1. 同步相量的概念

交流电网各母线电压间的相对相角及发电机功角是电网运行的重要状态变量。功角和相对相角的大小反映了电网的安全稳定裕度，功角和相对相角的周期变化反映了电网的振荡频率。因此，实时监测功角和相对相角是了解电网动态特性和维持电网稳定运行的重要手段。

交流电力系统的电压、电流的理想信号可以使用相量表示，设正弦信号为

$$x(t) = \sqrt{2}X\cos(2\pi f t + \varphi) \tag{7-1}$$

可以采用相量表示为

$$\dot{X} = Xe^{j\varphi} = X\cos\varphi + jX\sin\varphi = X_r + jX_i \tag{7-2}$$

由式（7-2）可见，相量有直角坐标法（实部和虚部）和极坐标法（幅度值和相位）两种表示方法。交流信号相量图如图 7-8 所示。

由此可见相量测量必须同时测量幅值和相角。幅值可以用交流电压、电流表测量，而相角的大小取决于时间参考点，同一个信号在不同的时间参考点下相角也会不同。电力系统各点测量的相量数据如果没有统一的时间基准是无法进行比较的，所以，在进行系统相量测量

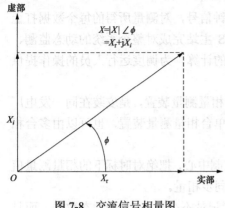

图 7-8 　交流信号相量图

时，必须有一个统一的时间参考点，如高精度的 GPS 同步时钟就提供了一个这样的参考点。任意两个相量在统一时间参考点下测得的两个相角的差即为两地功角，这也是相量测量的基本原理。

同步相量测量原理如图 7-9 所示，该系统 N 点和 L 点对应的电压信号分别为 $f_1 = \sqrt{2}V_1\cos(2\pi ft)$、$f_2 = \sqrt{2}V_2\cos(2\pi ft - \pi/2)$，两点对应的 $t=0$ 时刻的相量分别为 $\vec{V_1}$、$\vec{V_2}$，当 N 点和 L 点 t_0 时刻接收到 GPS 系统发送的秒脉冲信号（1PPS，one pulse per second）时，两点测算的相量可以在统一的坐标系形成同步相量。

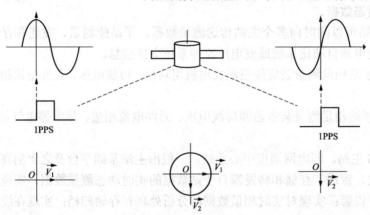

图 7-9 　同步相量测量原理

2. PMU 子站结构

国内的 PMU 一般分为集中式和分布式两种。集中式要将所有要采集的信息通过二次电缆连接到一个装置上，然后通过通信设备送到主站，优点是通信设备布置简单，但是当需采集的信息较多或距离较远时，会导致二次电缆布线困难。分布式就是把分布在不同间隔或单元的信号单独采集，再通过一个统一的通信接口送往主站。

国内变电站二次系统一般采用按间隔接线的方式，发电厂一般按照单元接线方式，由于这种方式可以节省二次电缆的投资，简化接线方式，所以分布式 PMU 的应用较广。分布式同步相量测量装置主要由数据采集单元、数据集中处理单元、授时单元及相应的通信设备构成。数据采集单元主要完成相电压、相电流、开关量和直流励磁电压、励磁电流的实时同步测量，实时处理并将计算结果传送给数据集中处理单元，该单元可根据情况单独安装于变电站小室、发电机控制室、变电站主控室等地点，进行分散同步采样。数据集中处理单元接收数据采集单元发送的数据，完成实时数据处理、本地存储、远方通信、显示等功能。授时单元接收 GPS 或北斗的卫星信号并向数据采集单元提供秒脉冲信号和时间信息。根据现场的需求，分布式相量测量装置可集中布置，也可分散布置到各个小室。分布式 PMU 系统结构如图 7-10 所示。

（1）数据采集单元。数据采集单元原理示意图如图 7-11 所示，其基本原理：电压、电流等电力信号经传感器隔离变换后输出给前置滤波器滤波；采样脉冲发生器将 1PPS 脉冲划分

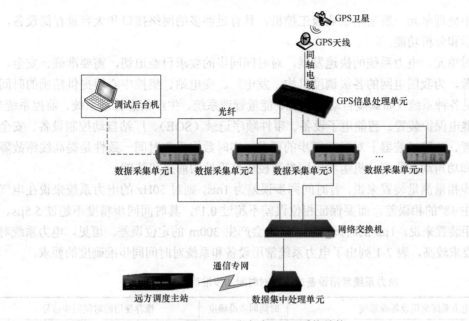

图 7-10　分布式 PMU 系统结构

成一定数量的满足时间同步和频率同步要求的异地同步采样脉冲序列，用于启动 A/D 转换器自动完成模数转换。数据处理模块按照离散傅里叶变换（或其他相量测量计算方法）计算出相量；对三相相量，采用对称分量法计算出正序相量，同时计算出频率、有功功率、无功功率等信息；GPS 接收模块通过授时单元得到 1PPS 和时间标签信号，计算结果按照规范要求组帧、打包通过通信模块发往数据集中器。

CPU 插件是数据采集单元的核心，数据采集单元 CPU 插件是由数据采集板和 PC104 嵌入式控制系统共同组成的。数据采集板采用了多 A/D 芯片同步采样、多 DSP 并行处理、大规模可编程逻辑器件技术。

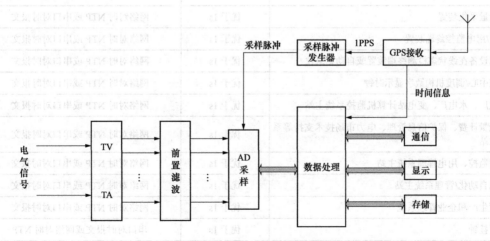

图 7-11　数据采集单元原理示意图

（2）数据集中处理单元。数据集中处理单元接收来自数据采集单元的数据，完成实时数据处理、运行监视、本地存储、远方通信、数据分析、参数整定等功能。

数据集中处理单元一般采用工业级工控机，具有足够多的网络接口和大容量存储设备，同时具备显示和分析功能。

（3）授时单元。电力系统的快速发展，对时间同步的要求日益迫切，需要准确、安全、可靠的时钟源，为我国电网的各级调度机构、发电厂、变电站、集控中心等提供精确的时间基准，以满足各种系统（如调度自动化系统、能量管理系统、生产信息管理系统、监控系统）和设备［如继电保护装置、智能电子设备、事件顺序记录（SOE）、厂站自动控制设备、安全稳定控制装置、故障录波器］对时间同步的要求。实时数据采集时间一致性是提高线路故障测距、相量和功角动态监测、机组和电网参数校验准确性的前提和基础。

对于同步相量测量装置来说，若时间同步误差为 1ms，则对 50Hz 的电力系统来说在电气上就可以产生 18° 的相误差，而要保证相位误差不超过 0.1°，其时间同步精度不超过 5.5μs。对于故障测距装置来说，1μs 的时间同步误差将会产生 300m 的定位误差。可见，电力系统对时间同步的要求较高，表 7-1 列出了电力系统常用设备和系统对时间同步准确度的要求。

表 7-1　　　　　　　　　　电力系统常用设备或系统对时间同步准确度的要求

电力系统常用设备或系统	时间同步准确度	推荐使用的时间同步信号
线路行波故障测距装置	优于 1μs	IRIG-B 或 1PPS+串口对时报文
同步相量测量装置	优于 1μs	IRIG-B 或 1PPS+串口对时报文
雷电定位系统	优于 1μs	IRIG-B 或 1PPS+串口对时报文
故障录波器	优于 1ms	IRIG-B 或 1PPS/1PPM+串口对时报文
事件顺序记录装置	优于 1ms	IRIG-B 或 1PPS/1PPM+串口对时报文
电气测控单元、远方终端、保护测控一体化装置	优于 1ms	IRIG-B 或 1PPS+串口对时报文
微机保护装置	优于 10ms	IRIG-B 或 1PPS+串口对时报文
安全自动装置	优于 10ms	IRIG-B 或 1PPS+串口对时报文
配电网终端装置、配电自动化系统	优于 10ms	串口对时报文
电能量采集装置	优于 1s	网络对时 NTP 或串口对时报文
负荷/用电监控终端装置	优于 1s	网络对时 NTP 或串口对时报文
电气设备在线状态检测终端装置或自动记录仪	优于 1s	网络对时 NTP 或串口对时报文
集控中心/调度机构数字显示时钟	优于 1s	网络对时 NTP 或串口对时报文
火电厂、水电厂、变电站计算机监控系统主站	优于 1s	网络对时 NTP 或串口对时报文
电能量计费、保护信息管理、电力市场技术支持等系统的主站	优于 1s	网络对时 NTP 或串口对时报文
负荷监控、用电管理系统主站	优于 1s	网络对时 NTP 或串口对时报文
配电自动化/管理系统主站	优于 1s	网络对时 NTP 或串口对时报文
调度生产和企业管理系统	优于 1s	网络对时 NTP 或串口对时报文
电子挂钟	优于 1s	串口对时报文或网络对时 NTP

通常的授时方法有集中授时、广播授时、卫星授时等模式。集中授时是在主站有套公共的时钟系统，把时钟信号通过微波、光纤、载波等方式传送到被授时装置。但由于传输时钟信号需要很高的带宽，受传输中噪声的干扰以及传输延时等因素影响，导致该方法在电力系

统没有大规模的应用。广播授时是由当地电台每小时一次的中波授时信号、电视信号上携带的授时信号或天文台发射的中国科学院国家授时中心短波授时台短波授时信号。广播授时的几种方法各有特点，但都不令人满意，其中电台授时是广播节目的附加业务，其背景噪声大、授时精度低；电视授时与电台授时业务方式相似，精度稍高，但受地理条件制约；BPM 授时提供专门授时服务，其信号纯正，但受其广播方式的局限，地理条件影响很大，不能提供全天候授时服务。常见的大范围精确授时方法是卫星授时，如美国的 GPS、俄罗斯的 GLONASS、中国的北斗以及欧盟和中国合作建立的"伽利略"系统。【扫二维码了解卫星授时原理】

卫星授时原理

3. 守时技术

同步相量测量装置通过 GPS 授时系统获取精确的时间信息，但是在特殊或接收状况不好的情况下，PMU 可能暂时无法接收 GPS 的时间信息，在这种情况下同步相量测量装置必须具备守时能力，以保证装置正常运行同时能维持足够的精度。相关的规范要求当同步时钟信号丢失或异常时，同步相量测量装置能维持正常工作，且在失去同步时钟信号 60min 以内装置的相角测量误差的增量小于 1°（对应于 55μs）。国内外已经普遍采用 GPS 同步本地时钟信号的方法建立守时钟，它由复杂可编程逻辑器件（CPLD）和高精度晶振构成，在 GPS 信号正常时，守时钟跟踪输入的 1PPS；在 1PPS 失效时，守时钟则提供在一定误差范围内与 GPS 的 1PPS 同步的替代信号。

4. PMU 与故障录波仪的区别

虽然 PMU 和故障录波仪都是采集正弦电压或电流的瞬时值，起到了保存电网扰动数据的功能，但 PMU 和故障录波仪的作用是不同的，区别在于：

（1）PMU 是经过傅里叶计算后得到的相量，PMU 是将相量上传 WAMS 主站。PMU 上传的相量反映了电网的当前运行情况，诸如线路是否过载、发电机的工况等；在电网发生扰动时，不仅同时保存相量，而且保存 9600 点及以上的采集数据；而故障录波仪仅在当地保存了电网发生短路时的 9600 点及以上的数据，无法反映系统的运行特征。

（2）PMU 无论在系统正常情况下还是在电网发生扰动时均记录电网实时数据，而故障录波仪只有在保护系统启动时才记录电网实时数据。若系统发生低频振荡，故障录波仪可能不启动，因而无法记录下电网的实时动态数据。而 PMU 的这种针对小扰动所记录下的实时动态数据为电网的振荡模式识别及调度运行人员的小扰动分析都提供了有益的帮助。

（3）PMU 拥有高精度的 GPS 对时，保证了数据的获取在同一时间断面上，为事故后分析提供了有效的数据。而故障录波仪记录的数据缺乏同一时标，故无法从系统的角度去分析问题和解决问题。

（4）PMU 能够采用机械法直接测量发电机的功角，为发电机运行状态和低频振荡的监测提供了手段，从而为系统的稳定运行及控制提供有益指导，保证了电力系统的稳定运行。

7.3.4　WAMS 主站系统

WAMS 主站系统一般采用分层分布式结构，由若干台服务器、工作站及其配套设备构成，不同的应用可分于不同的计算机节点，具有关键应用的计算机节点应有冗余配置。全系统中的服务器和工作站等设备直接通过冗余配置的网络互联，以保证 WAMS 主站系统的安全运行。

1. WAMS 主站硬件

WAMS 主站为了提高系统可靠性，通常采用双机双网配置，WAMS 主站系统结构如图

7-12 所示。WAMS 主站系统通常由 2 台或多台前置服务器、2 台关系数据库服务器、2 台动态信息数据库服务器、2 台应用服务器、1 台 Web 服务器、1 台数据接口服务器、1 个磁盘列阵和若干台人机工作站构成。

前置服务器接收 PMU 子站传送来的数据，在实际工作中，此 2 台前置服务器应达到负载均衡，并且负载率均应低于 50%及以下。关系数据库服务器存储关系型数据库，通常将采用 Oracle 数据库存储的电网模型、PMU 采集定义，应用功能的数据库结构定义、事件顺序记录（SOE）、告警事件等信息存储在关系型服务器上。动态信息数据库服务器用来存储动态信息数据库，实现对电网动态数据和历史数据的保存。应用服务器实现对电网的动态监测、低频振荡在线分析、电网扰动识别和状态估计等应用功能。Web 服务器通过数据安全隔离设备从实时信息数据库和应用服务器读取信息，并提供浏览服务。数据接口服务器实现从 EMS 中导入电网模型和电网稳态数据，实现 WAMS 和 EMS 的数据交换和模型导入。磁盘列阵主要用来存储历史数据，通常需要保存 1 个月以上的历史数据。三台人机工作站分别置于调度台、自动化机房和方式机房，用于在线监测和事故后分析。

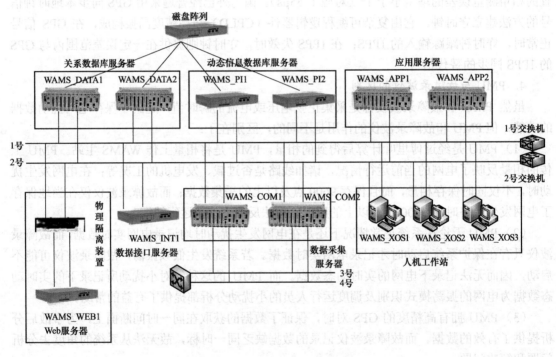

图 7-12　WAMS 主站系统结构

2. WAMS 主站系统软件

（1）操作系统。WAMS 主站系统采用成熟的、开放的多任务操作系统，包括操作系统、编译系统、诊断系统以及各种软件维护、开发工具等。编译系统易于与系统支撑软件和应用软件接口，支持 C、C++、Java、SQL 等各种编程语言。操作系统能防止数据文件丢失或损坏，支持系统生成及用户程序装入，支持虚拟存储，能有效管理多种外部设备。

（2）支撑软件体系。WAMS 主站系统支撑软件体系结构如图 7-13 所示。

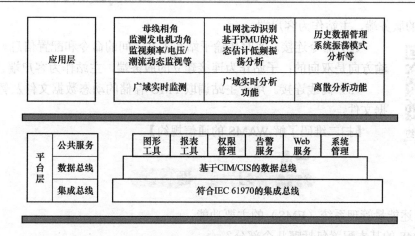

图 7-13　WAMS 主站系统支撑软件体系结构

WAMS 主站系统支撑软件体系应具有如下特征：

1）可靠性。支撑软件体系提供完善的功能，可以保证各种故障及时发现、切换、隔离、报警和恢复，提供完善的数据库备份和恢复机制功能，保证数据的安全性。在操作系统和支持平台方面通过健全的安全访问机制供用户访问；能够有效防止外部非法用户的侵入和内部非授权用户的非法访问。

2）开放性。支撑软件体系符合各种国内、国际标准，采用面向对象技术、开放的原则，尽量减少软硬件之间的依赖程度以及软件之间的耦合程度。支撑软件体系能为用户提供透明的支撑环境，并屏蔽了硬件环境和操作系统架构的细节，其中支撑平台软件可实现跨平台移植。

3）高可维护性。支撑软件体系提供的支撑软件和应用软件具有完善、准确、友好的维护手册和简便、易用的维护诊断工具，方便用户排除异常。

4）可扩展性。系统具有良好的可扩充性和升级能力，可以实现多个层面的在线扩充和升级，而不影响系统的正常运行。

7.3.5　WAMS 的通信规约

WAMS 主站系统传输的数据速率快、实时性要求高，针对这些要求，美国电气与电子工程师学会（IEEE）于 1995 年制定了同步相量测量的标准（IEEE 1344:1995），并于 2001 年重新修订。2005 年 IEEE 又编制了 IEEE C37.118，替代 IEEE 1344:1995。

IEEE 1344:1995 和 IEEE C37.118 定义了主站与子站（PMU）间的通信规约，但并未明确采用的底层通信协议，同时未对调取子站（PMU）就地存储的文件的方式进行说明。2005 年，国家电网有限公司组织有关专家制定了《电力系统实时动态监测系统的技术规范》，此规范中包含 PMU 与主站间的通信规约，其规定的通信规约在 IEEE 1344:1995 和 IEEE C37.118 的基础上针对我国的国情进行了修改和补充。2011 年，中国电力系统管理及其信息交换标准化技术委员会结合中国电力系统的特点，颁布了 GB/T 26865.2—2011《电力系统实时动态监测系统　第 2 部分：数据传输协议》。

PMU 传输协议规定主站与子站的底层通信协议采用 TCP，规定主站与子站的通信需要建立数据连接、命令连接、离线连接 3 个连接：

（1）数据连接。实时传输数据报文，其报文传输方向是单向的，为子站到主站；子站作为连接建立的服务端，主站作为客户端。

（2）命令连接。实时传输子站和主站之间的命令和配置信息。其报文传输方向是双向的；子站作为连接建立的服务端，主站作为客户端。

（3）离线连接。用于主站调取 PMU 存储的动态数据文件及暂态录波数据文件。

WAMS 的通信规约

【扫二维码了解 WAMS 的通信规约】

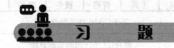
习　题

7-1　简述能量管理系统（EMS）的主要功能。

7-2　EMS 的基本配置包括哪几个部分？

7-3　简述广域测量系统（WAMS）的构成。

7-4　简述 PMU 的守时技术。

第8章 电力市场信息通信技术

8.1 概 述

电力是一种商品，具有一般商品交易的特征。电力还拥有与普通商品不同的特性，没有品牌和品质的差异，不管来自何种发电机组的电力，一旦进入电网，就无法区分，电力属性完全一样。但电力与其他商品不同，是一种特殊的商品，不能以电能形式大规模存储，电力生产和消费同时完成。

电力市场有狭义和广义之分。狭义的电力市场指竞争性的电力市场，是电力行业中某个市场交易场所，如发电市场、供电市场和电建市场等；广义的电力市场指电力商品交换关系的总和。电力市场是采取法律、经济等手段，本着"公平、公正、公开"的市场竞争原则，对电力系统中发、输、变、配、用各环节协调组织的机制，是电力买主和卖主双方决定电价和电量的过程。

在电力市场中，按照交易双方签订合约所要规范的"客体"内容，可将市场交易分为电量交易、容量交易、辅助服务交易、输电权交易等多种交易品种。从交易周期上看，主要分中长期交易和现货交易两种类型。中长期交易的期限可以是周、月、季、年或一年以上；现货交易一般指日前、日内进行的电力交易。中长期交易和现货交易是完整电力市场体系中的重要部分，大多数电力市场以中长期交易为主。

在电力市场中，按各经济主体关系和竞争程度不同，电力市场模式可分为垄断模式、发电电力市场竞争模式、批发竞争模式和零售竞争模式，区别这些模式的关键点就在于电力工业各业务环节中引入竞争的程度以及谁有权选择竞争市场中的发电商，这4种模式依次提供逐渐增多的选择，也逐步缩小了垄断的范围。【扫二维码了解4种电力市场模式】

4种电力市场模式

不论采取哪种竞争模式，现代电力交易已高度自动化，无论是大规模集中式的电力电量交易，还是分布式的电能交易，均通过基于计算机的信息系统进行。电力交易过程中，发电、电网、用户及代表政府监管的机构，甚至第三方服务商（如负荷集成商）等各利益主体之间的信息交互都离不开信息通信技术的利用，尤其是电力市场技术支持系统的支撑。

8.2 电力市场技术支持系统

电力市场技术支持系统是支持电力市场运营的计算机、数据网络与通信设备、各种技术标准和应用软件的有机组合。它以技术手段为电力市场公平、公正、公开竞争和电网安全、稳定、优质、经济的运营提供保证。

8.2.1 电力市场技术支持系统组成

依据我国《电力体制改革方案》的要求，首先实现"厂网分开"，在发电环节引入竞争机制。现阶段发电市场技术支持系统主要由电能计量系统（TMR）、能量管理系统（EMS）、市场分析与预测系统（MAFS）、交易管理系统（TMS）、合同管理系统（CMS）、结算系统（SBS）、报价辅助决策系统（BSS）、报价处理系统（BPS）、交易信息系统（TIS）以及相关的市场实时监视、记录考核、市场监管系统等子系统构成。【扫二维码了解电力市场技术支持系统各子系统】

电力市场技术支持
系统各子系统

　　发电市场技术支持系统组成如图8-1所示，图中的箭头指向分别表示各子系统模块之间主要的数据流程。

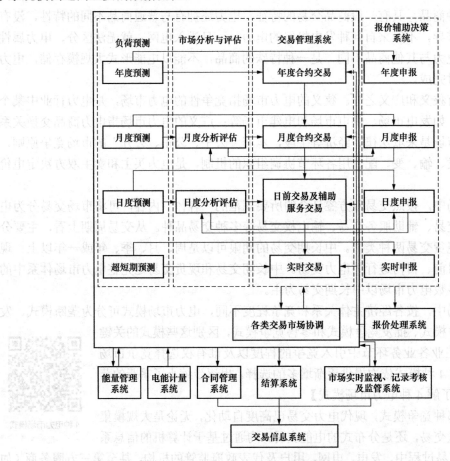

图 8-1　发电市场技术支持系统组成

　　能量管理系统（EMS）用于保障电网的安全稳定运行，主要由监控和数据采集（SCADA）、自动发电控制（AGC）及高级应用软件等功能模块组成。在电力市场环境中，要充分利用现有的EMS系统功能和数据资源，实现信息资源的共享。

　　交易管理系统（TMS）依据市场主体的申报数据，根据负荷预测和系统约束条件，编制交易计划，通过安全校核后将计划结果传送给市场主体和相关系统。交易计划包括合约交易计划、现货交易计划和辅助服务计划。

　　电能计量系统（TMR）对电能量数据进行自动采集、远传和存储、预处理、统计分析，以支持电力市场的运营、电费结算、辅助服务费用结算和经济补偿计算等。

　　结算系统（SBS）根据TMR提供的有效电能数据、交易管理系统的交易计划和交易价格数据、调度指令、EMS 的相关运行数据、合同管理系统的相关数据，依据市场规则，对市场主体进行结算。

合同管理系统（CMS）对市场主体之间的中期合同和长期合同进行管理，对已签订的合同进行录入、合同电量分解，完成情况跟踪、滚动平衡，根据现有市场情况对已签订的合同进行评估，以长期负荷预测的结果和市场未来供需状况及市场价格的预测为依据，进行未来合同的辅助决策。

报价处理系统（BPS）接收市场主体的注册和申报数据，并对申报数据进行预处理。

市场分析与预测系统（MAFS）对电力市场运行情况进行信息采集和分析，从而使市场主体能够提前了解市场未来的发电预期目标、负荷预测、交易价格走势、输电网络可用传输能力及系统安全水平，便于交易决策。

交易信息系统（TIS）对系统运行数据和市场信息进行发布、存档、检索及处理，使所有市场主体能够及时、平等地访问相关的市场信息，保证电力监管机构对市场交易信息的充分获取。系统运行数据和市场信息包括预测数据、计划数据、准实时数据、历史数据、报表数据等。

报价辅助决策系统（BSS）根据市场分析与预测系统（MAFS）和交易信息系统（TIS）发布的信息，结合市场主体本身的成本分析和市场规则，形成报价决策方案，进行电量及电价的数据申报。

8.2.2　电力市场技术支持系统体系结构

1. 分布式组件技术

由于电力市场体制、模式和运营规则都要随着市场的发展而不断完善，因而电力市场技术支持系统的体系结构必须具有很好的灵活性和适应性，再加之本身的复杂性，这就要求系统采用由网络连接的许多硬件和软件共同协调完成功能的分布式组件技术。分布式组件技术是基于软件总线的信息集成，除了具有体系结构清晰、实现过程简单、可维护性良好、可扩展性灵活、软件重用性强、接口处理复杂性小等特点外，还可被许多基于标准的、异构系统互连的中间件所支持。中间件是一种独立的系统软件或服务程序，位于客户服务器的操作系统之上，介于操作系统与应用系统之间。分布式应用软件则借助中间件，在不同的技术之间共享资源、管理计算资源和网络通信。

2. 计算机体系结构

除采用分布式组件技术外，还必须选择适宜的计算机体系结构。计算机体系结构经历了主机集中的终端方式、客户端/服务器（C/S）结构、浏览器/服务器（B/S）模式的多层次客户服务器结构和群集结构四个阶段。

（1）主机集中的终端方式。所有的数据和应用均集中在大型机上处理，终端机仅仅是输入/输出（I/O）设备，供输入/输出用。该方式下开发的系统安全性高，但处理过于集中，系统过于封闭，且对主服务器和网络的要求高，投资巨大。

（2）C/S 结构。服务器只管理数据，应用在客户端处理，这样对服务器的要求不高，一般 PC 服务器或小型机即可。其优点是系统数据结构开放，各应用系统之间可共享数据，投资较小；其缺点在于应用系统与平台有关，软件管理成了严重的问题，包括数据库客户端配置、数据引擎配置、应用配置在内的客户端配置变得复杂，是常称的"胖客户"，且同时拥有对事务及直接访问数据库的权限，安全性不高。

（3）B/S 模式的多层次客户服务器结构。服务器端保存数据（数据层），原客户端的应用分解为应用界面（应用层）和应用处理（事务层），应用层保留在客户端，事务层部署在应用服务器上，客户端变成了"瘦客户"，从而降低了维护费；通常采用面向对象的技术进行事务层的分析、设计、编程，并将组件部署在应用服务器上，实现了模块化和即插即用功能，使应用系统易于扩展和维护，兼容性更强。此外，客户访问的是组件事务，控制的只是对事务的访问权，安全性较高。

B/S 模式下，应用移植到 Web 环境，可以及时、可靠地交换信息，使用统一的浏览器程序，便于用户学习和掌握。此外，通过利用 CORBA、COM/DCOM、RMI 和 EJB 组件服务技术以及 ActiveX、Applet JSP、Servlet 客户端展示工作方式，将浏览器技术用于电力市场技术支持系统中的实时系统已证实可行。

但是，在用户数量较少时，如当系统仅限于企业范围内使用，无须和其他系统互连时，采用 C/S 结构较 B/S 模式更为恰当。

（4）群集结构。它是由一组互连的计算机系统构成，实现并行计算机系统或分布式计算机系统，作为统一的计算资源使用。

当前，多层分布式处理体系结构已比较成熟，有 CORBA、COM/DCOM 两类面向对象标准技术。CORBA 是基于 Internet/Intranet 的分布式计算的工业标准，该标准的主要特点是实现软件总线结构。只要将应用模块按总线规范做成软插件，插入总线即可实现集成运行，起到类似计算机系统硬件总线的作用。

电力市场技术支持系统已实现的应用软件子系统多是非一体化平台，新建系统和已有系统在硬件、操作系统、数据库和网络之间都存在差异，基于 CORBA 的分布式系统中间件平台是系统和底层不同硬件体系、不同操作系统之间的一个中间件软件包，是贯彻 IEC 61970 CIM/CIS 的一个系统集成框架，可较好地解决系统异构和系统互连问题。它可以有效地将上层应用和底层系统隔离开，同时为上层应用的设计与运行提供一种开发平台和运行环境，为系统的稳定、高效运行提供可靠保障，CORBA 已成为互联网上实现对象互访的技术标准。

总之，电力市场技术支系统采用基于分布式组件技术的、C/S 结构和 B/S 模式相结合的体系结构较为适合。对于实时系统、EMS、MIS 及 TMR 等可采用 C/S 二层或三层结构，而信息发布系统、市场分析与预测系统、交易管理系统中的非实时部分、报价处理系统、合同管理系统、结算系统等采用 B/S 结构，并利用组件技术部署应用服务。

3. 软件集成

电力市场技术支持系统的软件集成是一项复杂的工作，基于分布式组件技术的电力市场技术支持系统集成框架如图 8-2 所示，该框架是一个基于分布式组件技术、具有三层模式的软件集成框架。框架和对象总线由许多基于标准的、异构系统互连的中间件技术支持，基于分布式构件技术的系统集成实际上是基于软件总线的信息集成。

会话管理、组件管理、数据库连接与事务管理、组件支持平台构成了电力市场技术支持系统的集成框架。其中，会话管理处理客户端的连接请求，对客户的身份进行验证，为合法的客户建立上下文连接、协商通信协议等。这些工作结束后，建立一个线程用于处理客户的进一步请求。客户的服务请求完成后，会话管理负责删除客户的连接信息，释放占用的资源。数据库连接管理负责与各种数据库服务器连接的建立与管理，为应用组件提供所使用的数据源，数据库连接管理维护一个数据库连接缓冲池，缓冲池中有一定数量的数据库连接，通过开放式数据库互连（ODBC）或专用的应用程序接口（API）连通后台的数据库服务器。数据库连接管理的功能包括创建/翻译数据库连接、打开/关闭数据库连接、控制连接活动的周期及缓冲池中连接的数量。事务管理根据客户端所发出的事务处理请求，生成一个事务，并对事务处理的过程进行协调和控制。组件管理则对各软件组件进行管理，包括安装、卸载、禁用和启用等功能，并为用户提供组件管理接口。组件支持平台为用户提供具有单一系统映像的分布式系统平台。

在设计开发电力市场技术支持系统时，用户只需基于组件支持平台，开发用于合同管理系统、市场预测系统、报价辅助决策系统、报价处理系统、交易管理系统、考核与结算系统等的软件组件，通过组件管理人机接口，部署这些组件，并将这些组件组装成所需的系统。而对已经运行的子系统，通过开发适配器与集成框架相连，实现其与其他应用的互操作。

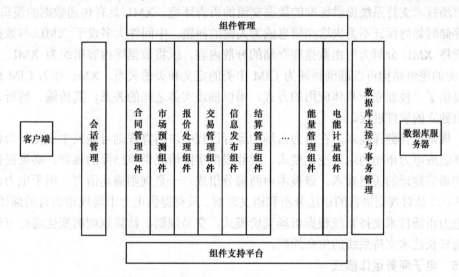

图 8-2　基于分布式组件技术的电力市场技术支持系统集成框架

8.2.3　通信协议与数据模型

电力市场数据传输主要是实现厂站与主站两端电力市场应用系统之间的数据传输和信息交换，传输的通信协议与电力市场交易系统计算模式有关。其中，电力市场交易系统计算模式包含交易中心集中计算模式和双边交易分布计算模式 2 种。

（1）交易中心集中计算模式。根据具体业务的需求，将采用电力市场交易系统安全传输协议以及传统的超文本传输协议（HTTP）、文件传输协议（FTP）等通信协议来完成。

（2）双边交易分布计算模式。主要应用于大用户和大电厂的双边交易。交易方式将采用先进的点对点技术新商业模式来实现。为了实现这种分布式交易商业模式，需要建立基本的点对点通信平台，以便交易双方可以绕过交易中心进行点对点的双边交易。该交易平台主要由交易组、交易服务、报价智能发现与查找、交易动态撮合、连接管道、消息服务、广告服务等组件构成。网络通信中数据需要集成，电力市场技术支持系统与传统的 EMS 等系统之间也存在互连，这要求系统应该有相对固定的统一的数据库模型。为此，一些国际标准化组织已在电力系统某些方面建立了参考数据模型（如 IEC 61970 中的 CIM 模型），提出了一套标准化的设计规范，可以保证数据结构定义的一致性，使不同系统之间直接交换数据成为可能。各应用软件之间建立基于 IEC 61970 CIM 数据库平台的应用级开放，最终目标是实现即插即用，当前目标是解决系统互连和异构问题。

8.2.4　数据挖掘、交换与规则语言翻译技术

（1）数据挖掘技术。快速、准确、高效地收集和分析信息，是企业提高决策水平和增强企业竞争力的重要手段。数据仓库（DW）、联机分析处理（OLAP）和数据挖掘（DM）是三种独立的信息处理技术。DW用于数据的存储和组织，OLAP集中于数据的分析，DM则致力于知识的自动发现，它们分别应用到信息系统的设计和实现中，用以提高相应部分的处理能力。在决策支持系统解决方案中，综合DW、OLAP和DM技术将是新的发展方向。

（2）信息交换技术。XML是广泛用于信息交换的标准语言，是用于标示具有结构性信息的电子文件的标示语言，也是一种开放的规范，非常适合异构系统之间的信息交换，可为开发电力市场技术支持系统提供标准的数据交流的语言环境。XML具有传递数据的逻辑结构，所以在存储时如何保证不丢失这些信息成为关键的问题。中间件大多设于XML与数据库之间，负责将XML分解为可由数据库存储的分散内容，或将数据库内容组织为XML文件。XML严密的逻辑结构可以准确描述为CIM中类的定义和类的关系。XML作为CIM模型的载体，提供了一种独立于具体应用的方式，用以描述实体之间的关系，其传输、解析、处理都可以由独立的软件进行。

（3）规则语言翻译技术。在电力市场的运行过程中，结算规则可能发生变化，为使结算系统能够适应电力市场的这种变化要求，能够根据实际情况调整结算的规则，必须提供电力市场规则语言翻译的关键技术。该技术由两部分组成：一是规则描述语言，用于电力市场规则的表达；二是对规则语言的语法分析和语义理解。只有提供电力市场规则语言的翻译技术，才能使电力市场技术支持系统根据市场竞价模式、交易规则、结算规则的变化进行方便的修改，从而延长技术支持系统的生命周期。

8.2.5　电子商务运作模式

电子商务是指利用简单、快捷、低成本的电子通信方式，买卖双方不见面即可进行的各种商贸活动。电力作为商品，能够满足开展电子商务的三个基础，即满足用户需求的产品或服务、可靠的信用基础和支付手段、快捷的物流配送。通过电子商务网站发布电力供求信息，利用网络技术实现广域范围内电力市场参与者之间的信息交换，有利于提高电力市场运营的效率和效益。

因此，电力市场技术支持系统运作方式采用电子商务的运作模式是发展的一种必然趋势。事实上，电力市场技术支持系统中的即时信息发布子系统部分采用了电子商务的运作方式。

8.3　区块链技术在电力市场中的应用

区块链概念源于《比特币：一种点对点的电子现金系统》，其本质上是一个去中心化的数据库，具有去中心化、不可篡改、全程留痕、可以追溯、集体维护、公开透明等特点。在新一代信息通信技术中，区块链技术以其巧妙的技术设计和数据治理方式，能够为以电网为核心的能源互联网中的多方协作提供信任基础，其中电力交易等能源智能交易是区块链技术的主要应用方向之一。

1. 电力P2P交易类应用

电力P2P交易具备交易自治、自发进行、电网公司仅核收过网费等特征，对交易可信性、

公平性、公正性有较高要求，新能源的随机性还将导致交易执行的不确定性。电力 P2P 交易需求与区块链技术的特点高度吻合，因而在全球范围内，最初的区块链能源项目都集中在 P2P 能源市场平台，如 LO3Energy 项目的布鲁克林微电网、Conjoule 公司在德国试点的 P2P 市场、The Sun Exchange 公司在非洲开展的太阳能 P2P 购买项目等。

2017 年，国家发展和改革委员会和国家能源局联合发布《关于开展分布式发电市场化交易试点的通知》，为中国分布式发电临近交易，探索清洁电力就近消纳的市场新机制提供了政策支持。国内的相关项目列举如下：

（1）深圳蛇口能源区块链项目。分布式光伏电站将发出的电能通过能源互联网平台提供给示范社区内的用户，社区内首批 100 名电力用户志愿参与绿色清洁电能虚拟交易。当用户选择可再生能源时，底层的区块链技术将自动生成智能合约，将分布式光伏电站与用户进行配对，实现 P2P 直接虚拟交易，同时对选用可再生能源的用户进行认证并出具电子证书。

（2）四川智慧能源微电网项目。构建基于区块链的电力分享平台，微电网内的用户能够自由进行电力交易。区块链负责交易管理，依靠原有的电力设施进行电力传输。项目开发了用户端应用程序以提升使用体验，在电力生产者和电网处部署了 3～6 个区块链节点，每 1.5～5s 确认一次分享记录，每个节点年运维费用约为 2 万元。

2. 交易信息共享类应用

区块链具有数据不可篡改性以及透明性，可有效降低数据的信任成本，实现电力交易信息公开与共享。交易信息共享类应用列举如下：

（1）能链资产证券化云平台。基于区块链登记分布式能源资产，使海量的分布式电力资产生产运维过程清晰可见，回报收益可预测。准确、及时、不可篡改的信息披露，帮助投资机构做出最佳投资决策，为能源资产所有者增加融资渠道，降低融资成本。

（2）北京电力交易中心可再生能源超额消纳凭证交易系统。区块链服务网关向国家电网有限公司、中国南方电网有限责任公司、内蒙古电力（集团）有限责任公司电力交易平台以及绿色证书交易平台等系统开放，实现责任主体的消纳账户、实际用电信息以及可再生能源电力物理消纳信息在全国范围可监测、可追溯，并提供已确权信息实体的分布式记账权限，完成全国范围的省级行政区划、承担消纳责任权重的市场成员个体信息分析统计及跟踪预警。

3. 电力批发市场业务

在电力批发市场中，售电公司等市场主体开展跨省运营的需求日益增多，存在的数据传输安全和资产核算不清等风险也增加，例如：①电力交易平台的"一地注册，多地共享"机制通过国、省两级平台纵向网络通道同步注册信息实现，数据在两级交易平台交互过程中存在更新不同步、信息变更滞后、数据丢失等风险；②《售电公司准入与退出管理办法》规定了售电公司资产总额及其允许售电量范围，电力交易平台无法对售电公司全国范围的售电量进行快速统计核查，也无法甄别同一资产在异地重复核算的情况。为解决以上问题，可以采取如下措施：

（1）应用区块链分布式存储技术进行市场主体全生命周期管理，可以简化信息共享的数据传输机制。构建包含国、省两级电力交易中心的联盟链，当市场成员在一地注册或发生信息变更时，同步广播至各地，自动完成信息更新，可以支撑市场主体注册、重大信息变更、重大事项公示、退市等全生命周期的业务活动。与多个中心化数据库间的数据传递机制相比，能够避免数据更新不同步或数据传递丢失的问题。

（2）应用区块链存证溯源技术进行售电公司资产及售电量链上核查。将售电公司资产项目上链管理，将已注册的售电公司资产赋予电子数据属性，进行标签化溯源治理，避免同一资产重复核算。同时根据月度结算结果，各节点采用对售电公司在不同市场的售电量进行签名记账的方式，并采用哈希算法计算上链存储，实现对售电公司全国范围内售电量的核查统计。

4. 电力零售市场业务

随着电力市场交易规模的放开，大量中小用户将进入电力零售市场，售电公司的业务会更加活跃，对售电公司行为的审查和监管更为必要。一方面，金融机构与交易机构的信息交互尚不完善，售电公司的履约保函验是通过电话或现场的方式进行，工作量大且存在疏漏。另一方面，售电公司和用户可以频繁绑定和变更代理关系，签订多样的购售电合同，存在更新滞后和数据篡改的风险，在结算时可能产生纠纷。因此，可以采取以下方式对售电公司行为进行审查和监管：

（1）应用区块链存证溯源技术进行售电公司履约保函查验。电力交易平台和银行数字票据交易平台分别与区块链集成，银行将售电公司保函信息上传区块链，由区块链进行存证并提供电力交易平台查询，以解决保函线下验证流程复杂的问题，同时便于监管保函的流通以及补充、变动、执行等情况。

（2）应用区块链智能合约技术进行零售交易自动撮合管理，实现合同的在线起草、审批、传签、归档和轨迹查验。

1）合同起草过程。向售电公司、零售用户提供自主维护的代理合约编辑功能，售电公司可编辑不同内容的代理服务套餐，零售用户可根据自身市场策略编辑代理需求。

2）合同签署过程。系统验签电子签名和签署时间，通过验签后，形成电子合同文件；也可以设定响应规则自动达成代理协定，由区块链记录合约内容并完成各节点的共识传输，信息同步至交易与结算环节执行。

3）合同存证过程。存证系统使用哈希算法计算提交的电子合同的数字指纹，并与区块链上的数字指纹进行比对，判断合同真伪以及是否被篡改。

4）合同公证过程。产生合同纠纷时，申请方向公证中心提交合同查询码，公证中心从存储端获取电子合同快照文件，从区块链获取电子合同的数字指纹，匹配两者的数字指纹执行公证。

总之，区块链技术在电力交易领域的核心应用价值在于建立信任，解决信息世界的信任问题，和集中式交易技术体系难以相互替代，将二者结合能够为电力市场提供更加全面和成本更低的技术支持，在未来的电力交易中可以发挥更大的作用。

习　　题

8-1　电力市场技术支持系统主要由哪些子系统组成？分别说明各子系统的功能要求。

8-2　简述电力市场技术支持系统中常用的软件技术。

8-3　试分析区块链技术在电力批发市场中的作用。

第9章 智能电网信息安全

9.1 概 述

以计算机技术、通信技术为代表的信息技术推动电力系统进入了数字电力时代，数字电力时代电力系统的调度运行、生产经营、日常管理和办公越来越依赖各种计算机网络信息系统。信息技术在提供便利的同时，也将其不良影响带入了电力系统中，正如国际电工委员会（IEC）有关电力系统信息基础架构安全标准的白皮书中指出，未来电力系统的发展是传统电力基础架构与信息基础架构共同建设与管理的过程，信息安全技术是保障电力系统稳定运行的重要方面。

电力系统信息安全来源于信息通信系统，影响的作用点在电力一次系统。随着电力信息网络系统的广泛应用，电力信息系统信息安全的问题日益突出，既要防止外部也要防止内部的各种攻击，电力信息系统信息安全问题已成为影响电力系统生产和经营正常运行的重大问题。

与传统电网不同，智能电网需要更广泛的信息获取与设备互联，以实现电网"智能"的目标，智能电网使电网从一个相对封闭的系统转变为一个复杂的、有一定开放性的、相互关联的系统。随着技术进步和对电网安全威胁的增加，智能电网工作域成员的网络安全需求也会不可避免的成倍增长和多样化，这是智能电网必须要面临的安全问题。

智能电网的安全性涉及两个问题：①各类实体（设备和程序）接入电网，可能对电网安全运行构成威胁；②电网中用户的隐私信息泄漏，构成对用户的安全威胁。集成信息技术的应用也增加了网络技术的复杂性，引入了新的相互依赖性和漏洞，因此要制定有效的策略和规则来保护智能电网及相关数据的安全，以及保护电力基础设施的性能和可用性。

一个可互操作的智能电网，需要确定高优先级的安全标准，而网络安全问题是一个关键的、贯穿各领域的问题，必须在智能电网应用开发的所有标准中都有明确规定。随着智能电网的实施，智能电网的重要性越来越强，为确保信息技术和电信基础设施以及电力部门的安全，电力信息与通信系统的安全性问题必须由电力部门来解决。安全性必须包含在系统开发生命周期的所有阶段，贯穿于设计、实施、运行维护、处置/报废的全过程。

对智能电网构成威胁的因素主要有工业间谍、恐怖分子、不满的员工蓄意发动的攻击、无意中用户的错误、设备故障和自然灾害等方面。工业间谍和恐怖分子可能利用漏洞穿透网络，访问控制软件，改变负载条件等，以不可预知的方式破坏电网的稳定，这就需要电力公司和政府有关部门认识到网络安全威胁的重要性。

电力行业的网络安全涵盖涉及自动化的系统、电力系统运行和管理的实用程序，以及支持客户群的业务流程等多方面。电力系统过去的安全性重点放在电力系统的设备可靠性方面，而通信和信息设备通常被视为能满足支持电力系统的可靠性。然而，随着信息化程度的提高，电力系统的可靠性往往取决于通信和信息设备的可靠性，因此要求信息通信系统要在正确的时间段内，向正确的对象提供正确的信息，使由意外事件错误、缺少关键警报和设计不当造成的信息通信基础设施的故障不应明显威胁电网的安全。

9.2　信息安全任务与架构

9.2.1　信息安全的目标和范围

（1）智能电网信息安全的目标。实现保密性、完整性、可用性、可控性、不可否认性等。网络信息基础设施是指信息和通信系统，即电子信息和通信系统服务，以及这些系统和服务中包含的信息。信息系统如计算机系统、控制系统（SCADA）、网络及服务（如托管安全服务）等。信息处理如创建、访问、修改和删除信息等。智能电网的信息安全问题就是确保安全在网络信息基础设施和服务的各个环节中得到保障。

1）保密性。保留对信息获取和披露的授权限制，包括保护个人隐私和专有信息。失去保密性是指未经授权披露信息。

2）完整性。防止不适当的信息修改或破坏，包括确保信息的不可否认性和真实性。丧失完整性是指未经授权修改或销毁信息。

3）可用性。确保及时可靠地获取和使用信息。失去可用性是指信息的获取或使用受到干扰。

（2）信息安全的范围。智能电网中的网络与信息安全必须包括电力和网络系统技术和过程。在电力行业，重点是实施能够改进设备可靠性的方案，但任何网络安全措施不得妨碍电力系统运行的可靠性，安全性必须包含在系统开发与应用的全生命周期。

威胁智能电网信息安全的其他因素包括：

1）电网复杂性的增加可能会引入漏洞，并增加了暴露给潜在的攻击者和意外事件错误的风险。

2）互联网络可能会带来共同的漏洞。

3）通信中断和引入恶意软件/硬件或受损硬件可能导致拒绝服务（DoS）或其他恶意攻击。

4）更多的接口和路径可被潜在的对手利用。

5）互联系统增加了公开私人的信息量，也增加了数据聚合时的风险。

6）更多地使用新技术会带来新的漏洞。

7）扩大将要收集的数据量，可能对数据保密造成危害，包括对用户隐私的侵犯。

这些漏洞需要在智能电网基础设施环境中进行评估，此外，智能电网将有新的漏洞，不仅是由于其复杂性，也因为它有大量的利益相关者和高度时间敏感的操作。

9.2.2　信息安全策略与任务

智能电网信息安全策略与任务如图 9-1 所示。

智能电网信息安全策略与任务介绍如下：

（1）任务 1：应用场景分析。给出风险评估和开发的逻辑参考模型，确定安全需求。

（2）任务 2：风险评估。识别资产、脆弱性、威胁和影响，确定影响要从高级别、全面的角度进行。对漏洞类风险，要确保安全控件能处理已识别的漏洞，以评估供应商和实施的程序。进行风险评估可采用自底向上和自顶向下两种方法。

自底向上的分析侧重于解决例如认证和授权用户、变电所智能电子设备（IED）、电能表密钥管理和电力设备入侵检测等问题，同时也评估网络安全事件的影响。一个基础设施中的事件可能会级联影响到其他域/系统从而导致故障。

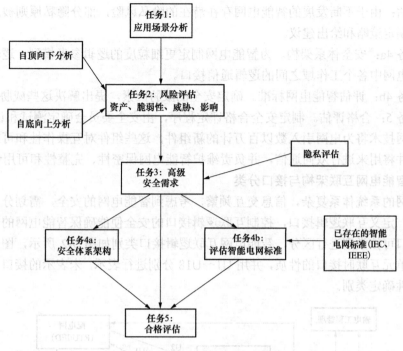

图 9-1　智能电网信息安全策略与任务

　　自顶向下的分析分为发电、输电、电能储存、广域态势感知、需求侧响应、高级计量基础设施和配电网管理七个部分。

　　在执行风险评估时，还需要考虑来自以下方面的威胁因素：

　　1）国家。由国家管理的组织，具有人员、资金、政治和军事上的优势。

　　2）黑客。组织或个人（如黑客、窃听者、破解者、追踪者）攻击网络和系统，试图利用系统中的漏洞或其他缺陷。

　　3）恐怖分子。在国内或国际上使用暴力或暴力威胁，煽动恐惧，意图胁迫或恐吓政府或社会屈服于他们的要求。

　　4）有组织犯罪活动。包括赌博、敲诈勒索、毒品、贩卖人口，以及其他犯罪，具有组织性和资金充足的优势。

　　5）其他罪犯。犯罪团伙通常没有很好的组织或资金，通常由少数人组成，或由一个人单独行动。

　　6）工业竞争对手。在竞争激烈的市场上的国内外公司，从事从竞争对手或外国非法收集信息的活动，以公司间谍形式存在。

　　7）内部威胁。不满的员工可能对智能电网、网络或相关系统造成伤害，这可能代表内部威胁，具体取决于个人使用的系统；粗心的或培训不够格的员工，由于缺乏培训、缺乏专注或缺乏注意力也对智能电网系统构成威胁。

　　（3）任务 3：高级安全需求。用于评估特定的安全要求和选择适当的安全性技术、方法和规范。包括网络安全专家和电力系统专家的参与，网络安全专家们对信息技术和控制系统的安全性有广泛的认知；电力系统专家对传统电力有深刻的认知，有维持电力系统可靠性的系统方法。此任务最主要的是隐私评估。

隐私评估：由于不断发展的智能电网存在潜在的隐私风险，部分隐私原则被用来评估智能电网，并制定策略和给出建议。

（4）任务 4a：安全体系架构。为智能电网制定更细粒度的逻辑参考模型，逻辑参考模型标识出智能电网中各个工作域之间的逻辑通信接口。

（5）任务 4b：评估智能电网标准。确定安全的威胁因素，提出解决这些威胁的建议。

（6）任务 5：合格评估。制定安全合格评定程序，由安全委员会确定测试和认证事宜。

智能电网技术将为电网引入数以百万计的新组件，这些组件对互操作性和可靠性至关重要，这些组件将用来进行双向通信，并负责维护智能电网保密性、完整性和可用性。

9.2.3 智能电网互联架构与接口分类

智能电网的系统体系复杂，信息交互频繁，考虑到智能电网的安全，需划分网络与信息互联的关系，定义互联逻辑接口，控制互联逻辑接口的安全便能确保智能电网的安全。通常互联逻辑接口可按类别进行区分，智能电网互联逻辑接口类别如图 9-2 所示，图中给出了各工作域之间单元互联时接口的性质，并用 U1～U18 分别进行表示，未表示的接口可参照表示出的接口属性确定类别。

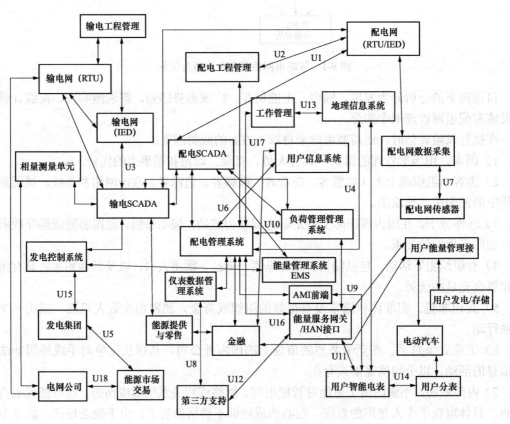

图 9-2 智能电网互联逻辑接口类别

（1）第 1 类逻辑接口（U1）。控制系统与高性能设备之间的接口。涉及控制系统之间，如数据采集与监视控制系统主站与底层之间、设备和设备之间的通信互联，是典型的机器对机器的操作。其接口通信特点是实时方式，频繁进行通信。

通信和计算限制：计算限制是与接口上的加密要求相关联的。尽管在外围硬件中实现了加密处理，但密码生成与验证仍需要高性能的 CPU 进行数学计算。现有设备，如远动终端单元（RTU），变电站智能电子设备（IED）、仪表和其他设备，通常没有配备足够的资源执行加密或其他安全功能的硬件，在这种情况下，通信信道一般也是窄带的，如 64kbit/s 就能满足要求。这在某种程度上影响了安全要求的可行性。

智能电网需要提高可用性、计算和带宽能力，以满足安全性的需求，这些新需求都需要宽带通信支持，如支持状态估计的 SCADA 与变电站之间交互；支持三相实时潮流和变电站设备监测数据交互；支持自动发电控制（AGC）和电厂内使用高频度的监测和控制；支持电压/无功控制的 SCADA 和变电站设备之间监测和控制；支持应急分析和变电站的传输 SCADA 之间的监测数据交互；能量管理系统和分布式控制系统（DCS）以及监控的 RTU 之间交互；配电监控和数据采集系统与变电站自动化系统、变电站 RTU 之间交互；相量测量单元（PMU）和用于监测数据的相量数据集中器之间交互；配电监控与数据采集系统之间交互等。

（2）第 2 类逻辑接口（U2）。同一组织内部的控制系统之间的接口。例如属于同一公用事业的多个数据管理系统之间；分散控制系统（DCS）内的子系统和电厂内的辅助控制系统之间。

（3）第 3 类逻辑接口（U3）。不同控制系统之间的接口。例如电网公司之间的接口；发电和输电 SCADA 之间的监控；能量管理系统（EMS）/SCADA 和电厂 DCS 之间等。通常使用广域网和/或局域网专用通信。

（4）第 4 类逻辑接口（U4）。公共管理权限接口，后台系统之间的接口。例如第三方计费系统和公用事业仪表数据管理系统之间。这些逻辑接口分类的重点安全问题是保密性和隐私性，而不是电力系统的可靠性。

（5）第 5 类逻辑接口（U5）。企业与企业（B2B）之间的接口，通常涉及金融或市场交易系统之间的互联。例如零售商和能源清算所之间。这些 B2B 交互具有以下特征和问题。

1）需要考虑保密性。涉及财务具有潜在重大财务影响的交易，且机密投标至关重要。

2）隐私安全。对能源和辅助服务的历史信息而言，防止操纵投标对维持市场的合法运作至关重要。

3）时间延迟（关键时间可用性）和完整性也很重要。尽管不同于控制系统的要求，但对涉及进入市场投标的金融交易，时机至关重要。因此，这种场合没有很高的平均可用性需要，但关键投标时间的时间延迟，要避免无意中错失机会或故意操纵市场的情况发生。一般来说，市场交易不需要特殊的通信网络，可以利用公共互联网和其他专用网络。

（6）第 6 类逻辑接口（U6）。控制系统与非控制系统之间的接口。例如工作管理系统和地理信息系统之间；配电管理系统和用户信息系统之间；停电管理系统和 AMI 前端系统之间等。对于控制系统和非控制系统之间的交互作用和问题，其中安全问题主要是防止通过非控制系统未经授权访问敏感控制系统。因此，完整性是最关键的安全要求。

由于控制系统通常要求高可用性，任何与非控制系统的接口应确保与其他系统的交互不会损害高可靠性要求。这些系统之间的交互通常涉及从一个系统到另一个系统，从一个供应商到下一个供应商。

（7）第 7 类逻辑接口（U7）。传感器和传感器网络之间的接口。该类逻辑接口类别是指传感器和传感器网络之间的接口，以便测量环境参数，通常是简单的传感器装置，可能带有模拟测量，例如变压器上的温度传感器与其接收器之间的连接。这些传感器的计算能力非常有限，而且在通信方面常常受到带宽限制。

（8）第 8 类逻辑接口（U8）。传感器网络与控制系统之间的接口。例如在传感器接收器和变电站主设备之间。这些传感器接收器通常除了能处理收集传感器的信息外，其他能力有限。

（9）第 9 类逻辑接口类（U9）。使用 AMI 系统之间的接口。例如仪表数据管理系统和仪表之间；负荷管理系统/配电资源管理系统和用户环境管理系统之间。此类接口的问题如下：

1）用户提供的大多数信息必须保密。

2）数据的完整性要求高，需要检索和验证是否可用。

3）AMI 网络的可用性通常较低，因为其不是为实时交互或快速请求响应的需求而设计的。AMI 网络的流量必须保持在较低的水平，以避免出现拒绝服务（DoS）的情况。电能表的计算能力有限，主要是为了降低成本，这可能会限制可应用的安全类型和层级。因此，补丁和升级需要大量测试和验证，通信通常使用载波或无线通信方式。由于 AMI 网络中使用了相对较新的技术，其通信协议尚未确定为公认的标准，也未证明其能力通过了严格的测试。

（10）第 10 类逻辑接口（U10）。AMI 系统之间的接口。例如负荷管理系统/配电资源管理系统和用户订单之间；配电管理系统应用程序和用户订单之间；配电管理系统应用和配电自动化现场设备之间。

尽管用户提供的一些信息应视为机密，但电力系统运行信息不需要保密，但数据的完整性非常重要，因为它会影响电力系统的稳定运行。AMI 网络需要实时交互或快速响应，而AMI 网络的流量仍需保持在较低水平，以避免 DoS 情况。

（11）第 11 类逻辑接口（U11）。用户系统之间的接口，即住宅、商业和工业网络站点，如家庭局域网（HANs）和建筑局域网络（BANs）。例如用户能量管理系统和用户电器之间；用户环境管理系统和用户订单设备之间；能源服务接口（能量服务接口）和插电式电动汽车之间。安全相关问题包括：

1）不同设备和系统之间交换的一些信息必须视为保密，以确保未经授权的第三方无法访问。例如，必须防范通过能量服务接口/用户驻地网网关，供应商可能捕获此信息用于营销目的。总体而言，数据的保密性是很重要的。

2）用户驻地网的可用性一般适中，因为在用户驻地网不需要进行大量数据交互与实时性。带宽通常不是很大，大多数用户驻地网都是本地无线网（如 Wi-Fi、ZigBee、蓝牙）。一些用户驻地网设备的计算能力受到限制，这可能会限制安全类型和层级，数百万个用户驻地网中有数百万个设备，其管理效果将产生重大影响。

（12）第 12 类逻辑接口（U12）。外部系统与用户站点的接口。例如第三方和用户驻地网之间；能源服务提供者和分布式能源之间；用户和用户信息系统网站之间。

（13）第 13 类逻辑接口（U13）。系统与移动外勤人员之间的接口。例如外勤人员和地理信息系统之间；现场人员和变电站设备之间；外勤人员与停电管理系统、与工作管理系统、与公司营销系统之间等。与所有其他逻辑接口类别一样，只有接口安全性要求解决了，终端设备（如笔记本电脑或个人电脑）的固有缺陷才能避免。

在此接口上，执行的主要活动包括：①从地理信息系统检索地图和设备位置信息；②从用户信息系统检索用户信息；③提供设备和用户更新，如仪表、付款和用户信息系统信息更新；④获取并提供变电站设备信息，如位置、故障，测试和维护更新；⑤获取大修信息和供恢复信息，包括到停电管理系统的设备、材料和资源信息；⑥获取项目和设备信息、工作管理系统的材料、资源和位置更新等；⑦从 AMI 系统获取计量和停机/恢复验证信息等。

这些系统之间交换的信息通常为公司所有，总体而言，数据的完整性很重要，但由于交互需要，完整性需求需要特定的应用。

由于其固有的特性，笔记本电脑和掌上电脑上的数据很容易被物理盗窃，此外，大多数移动现场应用程序都是按原样设计来传输数据的，因此当数据量太大而通过无线连接或当区域没有无线覆盖时传输，捕获的数据（如计量数据、本地设备密码、安全性参数）必须在适当的级别进行保护。

（14）第 14 类逻辑接口（U14）。计量设备之间的接口。例如分表与主表之间；插电式电动汽车仪表和能源服务提供者之间；仪表数据管理系统和仪表之间（通过 AMI 前端）；用户能量管理系统和电能表之间；外勤人员工具和仪表之间；在用户订单和分表之间；电动汽车和分表之间。此类接口类别的安全问题包括：

1）收入等级计量数据的完整性至关重要，因为它与正在计量负荷和发电量的所有利益相关者有关。

2）仪表的计算能力受到限制，主要是为了降低成本，这可能会限制可应用的安全类型和层级。

3）收入等级仪表必须经过认证，因此补丁和升级需要大量测试和验证。数百万个计量仪表的管理将带来尚未解决的重大挑战。由于智能仪表采用了相对较新的技术，一些标准没有通过严格的测试得到证明。多个（授权）利益相关者，包括用户、公用事业和第三方，可以直接从电能表或在电能表集中器获取用电量数据，并对结算和账单进行验证，从而增加了跨组织安全性问题。

（15）第 15 类逻辑接口（U15）。决策支持系统之间的接口。在广域测量系统和区域电力公司（电网公司）之间，由于这些接口的覆盖范围非常大，因此，接口比其他操作接口对机密性要求更敏感。

（16）第 16 类逻辑接口（U16）。工程/维护系统和控制设备之间的接口。例如用于继电器设置和变电站设备之间；用于维护的工程设备和杆塔设备之间。在此接口上执行的主要活动包括：①安装和更改设备设置，其中可能包括操作设置（如中继设置、主动报告阈值、设备模式更改阈值，和编辑设置组）、生成日志记录的事件条件以及示波记录；②检索维修信息；③检索设备事件日志；④检索设备示波器文件；⑤软件更新。

（17）第 17 类逻辑接口（U17）。控制系统与标准维护和服务供应商之间的接口。例如：在监控与数据采集系统及其供应商之间。在此接口上执行的主要活动包括：更新硬件和/或软件；检索维护信息；以及检索事件日志。

（18）第 18 类逻辑接口（U18）。安全/网络/系统管理控制台与所有网络和系统之间的接口。在此接口上执行的主要活动包括通信基础设施运营和维护、安全设置和审核日志检索（如安全审核日志与事件日志）、安全基础设施的未来实时监测，以及安全基础设施运营和维护。

9.3 信息安全技术

9.3.1 公钥基础设施

公钥加密体制建立在公钥加密技术之上，加密是保护数据的科学方法。加密算法是在数学上结合输入的文本数据和一个加密密钥，并产生加密的数据（密文）。一个好的加密算法，通过密文进行反向解密，应该不是那么容易恢复原文，需要一个解密密钥才能恢复原文。

密码技术按照加解密所使用的密钥相同与否，分为对称密码学和非对称密码学，前者加解密所使用的密钥是相同的，而后者加密和解密所使用的密钥是不相同的，即一个秘密的加密密钥（签字密钥）和一个公开的解密密钥（验证密钥）。

在传统密码体制中，用于加密的密钥和用于解密的密钥完全相同，通过这两个密钥来共享信息，这种体制所使用的加密算法比较简单，但高效快速，密钥简短，破译困难，然而密钥的传送和保管是一个问题。例如，通信双方要用同一个密钥加密与解密，首先，将密钥分发出去是一个难题，在不安全的网络上分发密钥显然是不合适的；另外，任何一方将密钥泄露，那么双方都要重新启用新的密钥。

1976 年，美国的密码学专家 Diffie 和 Hellman 为解决上述密钥管理的难题，提出一种密钥交换协议，允许在不安全的媒体上双方交换信息，安全地获取相同的用于对称加密的密钥。在此基础上，很快出现了非对称密钥密码体制，即公钥加密体制。自 1976 年第一个正式的公共密钥加密算法提出后，其他算法也层出不穷，如 Ralph Merkle 猜谜法、Diffie-Hellman 指数密钥交换加密算法、RSA 加密算法、Merkle-Hellman 背包算法等。传统与现代加密算法的结合应用也有很多，例如 PGP、RIPEM 等加密软件，是当今应用非常广的加密与解密软件。

公共密钥算法的基本特性是加密和解密密钥是不同的，其中一个公共密钥被用来加密数据，而另一个私人密钥被用来解密数据。这两个密钥在数字上相关，但即便利用许多计算机协同运算，要想从公共密钥中逆算出对应的私人密钥也是不可能的。两个密钥生成的基本原理是利用数学计算的特性，即两个对位质数（素数）相乘可以轻易得到一个巨大的数字，但要是反过来将这个巨大的乘积数分解为组成它的两个质数，即使是超级计算机也要花很长的时间。此外，密钥对中任何一个都可用于加密，另一个用于解密，且密钥对中称为私人密钥的那一个只有密钥对的所有者才知道，从而人们可以把私人密钥作为其所有者的身份特征。根据公共密钥算法，已知公共密钥是不能推导出私人密钥的。最后使用公钥时，要安装此类加密程序，设定私人密钥，并由程序生成庞大的公共密钥。使用者向与其联系的人发送公共密钥，同时请其也使用同一个加密程序，之后使用者就能向最初的使用者发送用公共密钥加密成密码的信息。仅有使用者才能够解码那些信息，因为解码要求使用者知道公共密钥的口令，该口令是只有使用者知道的私人密钥。在这些过程当中，信息接受方获得对方公共密钥有两种方法，一是直接跟对方联系以获得对方的公共密钥；另一种方法是向第三方，即可靠的认证机构（CA），可靠地获取对方的公共密钥。

公钥基础设施（PKI）是一套通过公钥密码算法原理与技术提供安全服务的具有通用性的安全基础设施，能够让应用程序增强自己的数据和资源安全，以及与其他数据和资源交换中的安全。使用 PKI 像将电器插入插座一样简单。

一个完整的 PKI 系统必须具备权威认证机构（CA）、数字证书库、密钥备份及恢复系统、证书作废系统和 PKI 应用程序接口（API）等基本组成部分。

（1）权威认证机构。权威认证机构是 PKI 的核心组成部分，也称作认证中心。它是数字证书的签发机构，是 PKI 应用中权威的、可信任的、公正的第三方机构。

（2）数字证书。在使用公钥体制的网络环境中，必须向公钥的使用者证明公钥的真实合法性。因此，在公钥体制环境中，必须有一个可信的机构来对任何一个主体的公钥进行公证，证明主体的身份以及与公钥的匹配关系。较好的解决方案是引进证书，证书是公开密钥体制的一种密钥管理媒介，是一种权威性的电子文档，形同网络环境中的一种身份证，用于证明某一主体的身份以及其公开密钥的合法性。

（3）证书库。证书库是证书的集中存放地，是网上的一种公共信息库，供广大公众进行开放式查询。访问查询证书库，可以得到想与之通信实体的公钥。证书库是扩展 PKI 系统的一个组成部分，CA 的数字签名保证了证书的合法性和权威性。

（4）密钥备份及恢复系统。如果用户丢失了密钥，会造成已经加密的文件无法解密，引起数据丢失，为了避免这种情况，PKI 提供密钥备份及恢复机制。

（5）证书作废系统。有时因为用户身份变更或者密钥遗失，需要将证书停止使用，所以要提供证书作废机制。

（6）PKI 应用接口系统。PKI 应用接口系统是为各种各样的应用提供安全、一致、可信任的方式与 PKI 交互，确保所建立起来的网络环境安全可信，并降低管理成本。没有 PKI 应用接口系统，PKI 就无法有效地提供服务。整个 PKI 系统中，只有 CA 会和普通用户发生联系，其他所有部分对用户来说都是透明的。

要找到一种非对称加密 PKI 算法并不容易，Ron Rivest、Adi Shamir 和 Leonard Adleman 在 1978 年提出的 RSA 公开密钥算法（以此三人姓名的首字母命名），是现在应用最广泛的一种非对称加密算法，这种算法的运算非常复杂，速度也很慢，主要是利用数学上很难分解两个大质数（素数）的乘积的原理。RSA 公开密钥算法的可靠性没有得到过数学上的论证，但实践证明其是可以依赖的工具。

9.3.2 信息安全技术应用的一般性限制

在智能电网中，各种信息安全技术的采用，往往受到条件的限制，安全性高的技术需要通信和处理能力的支持才能实现。

1. 计算能力的限制

一些智能电网设备，特别是家用智能电能表和家用设备，可能受到计算能力或存储密码的单元能力不足的限制。但随着技术的提高，未来大多数连接到智能电网的设备都将具有基本的加密功能，包括支持用于身份验证或加密的对称密码，在硬件上支持公钥密码的加密处理器等。智能电网是一种可靠且无负担实现加密（在计算和资源方面）部署的方法，将使所有人受益。

2. 信道带宽要求

智能电网将涉及各种不同信道带宽的通信，加密本身通常不会受信道带宽的影响，因为对称密码［如高级加密标准（AES）］产生的输出比特数与输入比特数大致相同。然而，加密对低层压缩算法有影响，因为加密数据是一致随机的，所以不可压缩，为了使压缩有效，必须在加密之前执行压缩。基于密码的消息身份验证代码提供的完整性保护，为每条消息增加固定了开销，通常为 64 位或 96 位。在低速信道上，主要是短消息通信，这种开销可能很大，将显著影响延迟增加。

在低带宽通道上，无法经常交换大型证书，如果首次证书交换时间不受约束，则在很长一段时间内，可建立一个或多个共享对称密钥，如 Internet 密钥交换（IKE）协议，证书交换可以在低速率通道上实现。但是，如果证书密钥建立交换有约束时间要求，要尽可能少使用这样的协议进行多个消息证书的交换。

3. 连接性

基于标准公钥基础设施（PKI）系统可能不需要任何对等方与任何其他方通信，或者从安全角度来看，智能电网中的组件进行互联，许多设备可能没有连接到密钥服务器、证书颁发机构、联机证书状态协议服务器的通信途径，使得 PKI 应用受到限制。而智能电网设备之间具有很长持续时间的连接（通常是永久的），需要研究选择合适的安全技术。

4. 密码组件

在智能电网系统中，开放的密码组件应该被广泛应用，其有助于实现互操作性。应用密码组件时要考虑分组密码的合适性，因为密钥大小和非对称的密码可以构成许多身份验证操作的基础。设备配置文件、数据时间性/关键性/价值也应在密码和密钥强度选择中体现。

5. 管理问题的关键

所有安全协议都依赖于安全关联（SA）的存在，建立经过身份验证的安全关联至少需要一方拥有某种凭证，可以用来保证身份或设备属性属于该设备。一般来说，有两种常见的凭证，密钥在实体（如设备）和（数字）公钥证书之间共享，以建立密钥（即用于传输或计算要共享的密钥）。公钥证书用于通过第三方认证将用户名或设备名绑定到公钥，例如 PKI。通常每对通信设备需要不同的密钥，以便每个设备接收合适的密钥，以防止发生人为错误和内部攻击。用于安全密钥传输和加载的硬件，可能需要大量设备和系统参与，操作开销和成本通常都是令人望而却步的。如果全部设备都具备几个独立的安全关联，成本就会很高。使用数字证书，每个设备通常只需要一个证书和一个密钥，建立永不离开设备的私钥。不难看出这样的系统可以提供更高的安全级别和更低的相关操作成本。证书设置涉及步骤包括生成密钥对，生成证书转发给注册机构，设备的签名请求，适用于由注册机构审查设备的签名请求，并将设备的签名请求（由注册机构签署）转发至证书，颁发证书并将其存储在存储库中或将其发送回对象（即授权使用私钥的设备）。

网站安全证书技术可以实现对数据完整性，以及传送数据行为不可否认性的保护。

6. PKI 问题

PKI 的问题大多可分为两类，一是 PKI 可能很复杂，二是 PKI 策略不被全球理解。事实上，PKI 更像是一个框架，而不是一个实际的解决方案。PKI 允许每个组织设置自己的策略，定义自己的策略证书和策略对象标识符，用于确定如何审核证书请求，如何保护私钥，如何构造证书认证层次结构，以及证书和缓存证书的状态信息。正是因为 PKI 的这种灵活性，导致 PKI 可能很昂贵。部署 PKI 的组织需要解决这些问题，并根据自己的操作需求对其进行评估，以确定操作需求 PKI 的特性。

PKI 的另一个问题是需要撤销证书，并确定其有效性。通常这是由依赖方完成的，即执行身份验证、检查证书、吊销列表或使用联机证书状态服务器。这两种方法通常都需要连接到后端服务器。

对于 PKI 的信任管理的问题，PKI 经常被认为需要一个根证书认证，但事实并非如此，更常见的是组织运行自己的根证书认证，然后在其他根证书认证上交叉签名，确定工作域间操作的需要。对于智能电网，每个电力公司都可以拥有自己的 PKI（也可以将其外包）。那些需要互操作的实用程序组织，可以在相应的证书认证上交叉签名。

7. 证书撤销

当证书主体（个人或设备）不再可信时，或者私钥已泄漏，或者超期时，证书要放入证书撤销列表中，通过证书撤销列表获取最新的副本。随着时间的推移，证书撤销列表可以变得非常大，越来越多的证书被添加到证书撤销列表中（例如设备被替换且长时间没有使用，但证书尚未过期）。为了防止证书撤销列表变得太大，以前吊销的证书过期后，不再需要保留在证书撤销列表上；向就业状况或责任级别的员工颁发证书时，可能每隔几年就要换一次。解决证书撤销合适的做法是发行相对较短的证书，比如一两年。这样，如果员工的状态发生变化必须吊销其证书时，此证书只需保留在证书到期日之前的证书撤销列表。通过这种方式（发行相对较短的寿命证书），证书撤销列表可以保持合理的大小。当证书颁发给预计将持续多年的设备时，这些设备存放在安全的环境中，要撤销证书的可能性很低。

9.3.3 常用信息安全技术

为保证智能电网互联接口安全性，需要采用多种安全技术，常用信息安全技术主要包括网络物理隔离、防火墙、网络安全协议、身份认证与访问控制、数据脱敏、对称密码和公钥密码七个方面。对称密钥和非对称密钥加密技术前面已做介绍，此处不再做详细介绍。

1. 网络物理隔离

物理隔离是指采用物理方法将内网与外网隔离，从而避免入侵或信息泄露风险的技术手段。物理隔离主要用来解决网络安全问题，尤其是在需要绝对保证安全的保密网、专网和特种网络与互联网进行连接时，为了防止来自互联网的攻击，几乎全部要求采用物理隔离技术。

物理隔离包含隔离网闸技术、物理隔离卡等。物理隔离在一定程度上确实防止了无意的访问接入，但出于故意破坏和获取智能电网信息的目的，对方可以采取偷接设备的方式介入通信系统。黑客突破物理隔离方法有：

（1）USB 自动运行和硬件攻击。

（2）U 盘用作射频发射器。将普通正常 U 盘用作射频（RF）发射器，在物理隔离的主机和攻击者的接收器间传递数据，进而加载漏洞利用程序和其他工具，以及从目标主机渗漏数据。

（3）CPU 电磁信号。利用 CPU 泄漏的电磁信号建立隐秘信道突破物理隔离。

（4）突破法拉第笼的电磁信道。安全人员对电磁信道威胁的响应可能是将高度敏感的物理隔离系统置入法拉第笼中。但法拉第笼的电磁屏蔽并非总是有效。研究表明，法拉第笼也挡不住目标主机和移动设备接收电磁传输信号。

（5）LED 状态指示灯。利用 LED 状态指示灯从未联网系统中传输信息到 IP 摄像头。

（6）红外遥控。

（7）无线电广播和移动设备。利用手机中的 FM 接收器捕获到物理隔离主机上用户每次击键时显卡散发出的 FM 无线电信号。

（8）超声波通信。利用超声波在多台物理隔离主机间创建通信信道。即便主机未接入标准麦克风或者禁用了麦克风，攻击者都能将扬声器和耳机变身为麦克风使用。这些音频设备可用于通信，有效建立双工传输模式。

2. 防火墙

防火墙技术是通过有机结合各类用于安全管理与筛选的软件和硬件设备，帮助计算机网络于其内外网之间构建一道相对隔绝的保护屏障，以保护用户资料与信息安全的技术。

防火墙技术的功能主要在于及时发现并处理计算机网络运行时可能存在的安全风险、数据传输等问题，其中处理措施包括隔离与保护，同时可对计算机网络安全当中的各项操作实施记录与检测，以确保计算机网络运行的安全性，保障用户资料与信息的完整性，为用户提供更好、更安全的计算机网络使用体验。

防火墙对流经它的网络通信进行扫描，能够过滤掉一些攻击，以免其在目标计算机上被执行。防火墙还可以关闭不使用的端口。而且它还能禁止特定端口的流出通信，封锁特洛伊木马。它可以禁止来自特殊站点的访问，从而防止来自不明入侵者的所有通信。

通过利用防火墙对内部网络的划分，可实现内部网重点网段的隔离，从而限制了局部重点或敏感网络安全问题对全局网络造成的影响。突破防火墙的常见技术有：

（1）欺骗攻击。主要是修改数据包的源、目的地址和端口，模仿一些合法的数据包来骗过防火墙的检测。如外部攻击者将他的数据包源地址改为内部网络地址，防火墙看到是合法地址就放行了。可是，如果防火墙能结合端口、地址来匹配，这种攻击就不能成功了。

（2）拒绝服务（DOS）攻击。简单的包过滤防火墙不能跟踪 TCP 的状态，很容易受到DOS 攻击，一旦防火墙受到 DOS 攻击，他可能会忙于处理，而忘记了他自己的过滤功能。

（3）分片攻击。在 IP 的分片包中，所有的分片包用一个分片偏移字段标志分片包的顺序，但是，只有第一个分片包含有 TCP 端口号的信息。当 IP 分片包通过分组过滤防火墙时，防火墙只根据第一个分片包的TCP信息判断是否允许通过，而其他后续的分片不做防火墙检测，直接让其通过。这样，攻击者就可以通过先发送一个合法的 IP 分片，骗过防火墙的检测，接着封装了恶意数据的后续分片包就可以直接穿透防火墙，直接到达内部网络主机，从而威胁网络和主机的安全。

（4）木马攻击。对于包过滤防火墙最有效的攻击就是木马，一旦内部网络安装了木马，防火墙基本上是无能为力的。原因是包过滤防火墙一般只过滤低端口（1~1024），而不过滤高端口（因为一些服务要用到高端口，因此防火墙不能关闭高端口），所以很多木马都在高端口打开等待。但是木马攻击的前提是必须先上传，运行木马，对于简单的包过滤防火墙来说容易做到。

3. 网络安全协议

（1）IP Sec。为 IPv4 和 IPv6 协议提供基于加密安全而设计的协议，使用 AH 和 ESP 协议来实现其安全，使用 ISAKMP/Oakley 及 SKIP 进行密钥交换、管理及安全关联（SA）。

IP Sec 安全协议工作在网络层，运行在它上面的所有网络通道都是加密的。IP Sec 安全服务包括访问控制、数据源认证、无连接数据完整性、抗重播、数据机密性和有限的通信流机密性。

1）访问控制。IP Sec 使用身份认证机制进行访问控制，即两个 IP Sec 实体试图进行通信前，必须通过 IKE 协商 SA，协商过程要进行身份认证，身份认证采用公钥签名机制，使用数字签名标准（DSS）算法或 RSA 算法，而公钥通常是从证书中获得的。

2）数据源认证。IP Sec 使用消息鉴别机制实现数据源验证服务，即发送方在发送数据包前，要用消息鉴别算法（HMAC）计算信息验证码（MAC），HMAC 将消息的一部分和密钥作为输入，以 MAC 作为输出，目的地收到 IP 包后，使用相同的验证算法和密钥计算验证数据，如果计算出的 MAC 与数据包中的 MAC 完全相同，则认为数据包通过了验证。

3）无连接数据完整性。无连接数据完整性服务是对单个数据包是否被篡改进行检查，而对数据包的到达顺序不做要求，IP Sec 使用数据源验证机制实现无连接完整性服务。

4）抗重播。IP Sec 的抗重播服务，是指防止攻击者截取和复制 IP 包，然后发送到目的地，IP Sec 根据 IP Sec 头中的序号字段，使用滑动窗口原理，实现抗重播服务。

5）数据机密性和有限的通信流机密性。通信流机密性服务是指防止对通信的外部属性（源地址、目的地址、消息长度和通信频率等）的泄漏，从而使攻击者对网络流量进行分析，推导其中的传输频率、通信者身份、数据包大小、数据流标识符等信息。IP Sec 使用 ESP 隧道模式，对 IP 包进行封装，可达到一定程度的机密性，即有限的通信流机密性。

（2）SSL 协议。安全套接层（SSL）协议就是设计来保护网络传输信息的，工作在传输层之上、应用层之下，其底层是基于传输层可靠的流传输协议（如 TCP）。SSL 协议最早由 Netscape 公司于 1994 年 11 月提出并率先实现（SSLv2）的，之后经过多次修改，最终被 IETF 所采纳，并制定为传输层安全（TLS）标准。该标准刚开始制定时是面向 Web 应用的安全解决方案，随着 SSL 部署的简易性和较高的安全性逐渐为人所知，现在它已经成为 Web 上部署最为广泛的信息安全协议之一。

近年来 SSL 的应用领域不断被拓宽，许多在网络上传输的敏感信息（如电子商务、金融业务中的信用卡号或 PIN 码等机密信息）都纷纷采用 SSL 来进行安全保护。SSL 通过加密传输来确保数据的机密性，通过信息验证码机制来保护信息的完整性，通过数字证书来对发送和接收者的身份进行认证。

实际上，SSL 协议本身也是个分层的协议，它由消息子层以及承载消息的记录子层组成。SSL 记录协议首先按照一定的原则，如性能最优原则，把消息数据分成一定长度的片断；接着分别对这些片断进行消息摘要和 MAC 计算，得到 MAC；然后再对这些片断进行加密计算；最后把加密后的片断和 MAC 连接起来，计算其长度，并打上记录头后发送到传输层。这是一般的消息数据到达后，记录层所做的工作。但有的特殊消息，如握手消息，由于发送时还没有完全建立好加密的通道，所以并不完全按照这个方式进行；而且有的消息比较短小，如警示消息，出于性能考虑也可能和其他的一些消息一起被打包成一个记录。消息子层是应用层和 SSL 记录层间的接口，负责标识并在应用层和 SSL 记录层间传输数据或者对握手信息和警示信息的逻辑进行处理，可以说是整个 SSL 层的核心。其中尤其关键的又是握手信息的处理，它是建立安全通道的关键，握手状态机运行在这一层上。警示消息的处理实现上也可以作为握手状态机的一部分。SSL 协议为了描述所有消息，引入了 SSL 规范语言，其语法结构主要仿照 C 语言，而且是无歧义、精简的。

（3）S-HTTP。安全超文本传输协议（S-HTTP）是 EIT 公司结合 HTTP 而设计的一种消息安全通信协议。S-HTTP 协议处于应用层，它是 HTTP 协议的扩展，它仅适用于 HTTP 连接，S-HTTP 可提供通信保密、身份识别、可信赖的信息传输服务及数字签名等。S-HTTP 提供了完整且灵活的加密算法及相关参数。选项协商用来确定用户机和服务器在安全事务处理模式、加密算法（如用于签名的非对称算法 RSA 和 DSA 等，用于对称加解密的 DES 和 RC2 等）及证书选择等方面达成一致。S-HTTP 支持端对端安全传输，客户机可能首先启动安全传输（使用报头的信息），它可以用来支持加密技术。S-HTTP 是通过在 S-HTTP

所交换包的特殊头标志来建立安全通信的。当使用 S-HTTP 时，敏感的数据信息不会在网络上明文传输。

（4）S/MIME。S/MIME 是从 PEM 和 MIME（Internet 邮件的附件标准：多用途互联网邮件扩展类型）发展而来的。S/MIME 利用单向散列算法（如 SHA-1、MD5 等）和公钥机制的加密体系，S/MIME 的证书格式采用 X.509 标准格式。S/MIME 的认证机制依赖于层次结构的证书认证机构，所有下一级的组织和个人证书均由上一级的组织负责认证，而最上一级的组织（根证书）之间相互认证，整个信任关系是树状结构的。另外，S/MIME 将信件内容加密签名后作为特殊的附件传送。

4. 身份认证与访问控制

（1）证书认证。认证机构（CA）也称签证机关，一般是政府成立的使用某个公钥证书系统（PKC）体制的证书签发中心（即公众信任的机关）。一个用户首先向 CA 提出申请，CA 在验明其合法性以后予以登记，并给其生成此种 PKC 算法的一对密钥，其中解密密钥存放到安全介质（如 IC 卡或软盘等）中交给用户妥善保管，而加密密钥与对应此用户的身份 ID 一起做成证书发给用户，或像电话号码簿一样列表后在一个公共服务器上公布。"证书"或"列表"必须经 CA 签名，以防伪造。

（2）认证中心 CA 的功能。证书颁发、证书更新、证书撤消和查询、生成密钥对、密钥的备份、根证书的生成、证书认证、交叉认证。

（3）管理策略。包括 CA 私钥的保护、密钥对的产生方式、对用户私钥的保护、证书黑名单（即证书撤销列表）的更新频率、通知服务、CA 保护服务器、审计与日志检查等。

除了上述信息安全技术和方法外，还可以应用其他一些技术方法，以确保不得不公开的信息不影响信息安全要求。如发布或引用一些用户信息时，需要采取必要技术手段。从智能电网的技术角度看，发布的用户信息一般不影响智能电网本身的运行可靠性，但涉及用户的隐私要求，因此，仍然属于智能电网的信息安全范围。

5. 数据脱敏

数据脱敏是数据安全技术之一，是指对某些敏感信息通过脱敏规则进行数据的变形，实现敏感隐私数据的可靠保护。在涉及用户安全数据或者一些商业性敏感数据的情况下，在不违反系统规则条件下，对真实数据进行改造并提供测试使用，如身份证号、手机号、卡号和用户号等个人信息都需要进行数据脱敏。

数据脱敏通过对敏感信息采用脱敏方式进行匿名化，防止生产库中的主要数据明文显示在测试系统中，导致数据泄漏问题。数据脱敏的方法有：

（1）替代。指用伪装数据完全替换源数据中的敏感数据，一般替换用的数据都有不可逆性，以保证安全。替代是最常用的数据脱敏方法，具体操作上有常数替代（所有敏感数据都替换为唯一的常数值）、查表替代（从中间表中随机或按照特定算法选择数据进行替代）、参数化替代（以敏感数据作为输入，通过特定函数形成新的替代数据）等。具体选择的替代算法取决于效率、业务需求等因素间的平衡。替代方法能够彻底的脱敏单类数据，但往往也会使相关字段失去业务含义，对于查表替代而言，中间表的设计非常关键。

（2）混洗。主要通过对敏感数据进行跨行随机互换来打破其与本行其他数据的关联关系，从而实现脱敏。混洗可以在相当大范围内保证部分业务数据信息（如有效数据范围、数据统计特征等），使脱敏后数据看起来跟源数据更一致，与此同时也牺牲了一定的安全性。一般混洗方法用于大数据集合，且需要保留待脱敏数据特定特征的场景；对于小数据集，混洗形成的目标数据有可能通过其他信息被还原，在使用的时候需要特别慎重。

（3）数值变换。对数值和日期类型的源数据，通过随机函数进行可控的调整（例如对于数值类型数据随机增减 20%；对于日期数据，随机增减 200 天），以便在保持原始数据相关统计特征的同时，完成对具体数值的伪装。数值变化通过调整变动幅度可以有效控制目标数据的统计特征和真实度，是常用的脱敏方法。

（4）加密。对待脱敏数据进行加密处理，使外部用户只看到无意义的加密后数据，同时在特定场景下，可以提供解密能力，使具有密钥的相关方可以获得原数据。加密的方法存在一定的安全风险（密钥泄露或加密强度不够）；加密本身需要一定的计算能力，对于大数据集来源会产生很大的资源开销；一般加密后数据与原始数据格式差异较大，真实性较差。一般情况下，加密的数据脱敏方式应用不多。

（5）遮挡。指对敏感数据的部分内容用掩饰符号（如×、*）进行统一替换，从而使得敏感数据保持部分内容公开。这种方法可以在脱敏的同时保持原有数据感观，也是一种广泛使用的方法。

在智能电网中，信息安全技术、标准和方法可以利用现有的，但应该能最佳地适应于智能电网，如果不够完善，要确定新的行业标准、技术和方法。

9.4 中国电力二次系统安全防护策略

9.4.1 概述

中国电网在业务和行政管理上主要分属于国家电网有限公司和中国南方电网有限责任公司，电网的安全管理都采用相同或相似的安全体系，而智能电网信息系统的安全防护更应该是一个系统化的体系，因此，该体系主要应考虑以下 4 个方面的内容。

（1）脆弱性和风险评估。对信息系统的脆弱性和风险定期进行评估，指定包括改进措施的一系列指导原则。调查指出虽然工作站、服务器、路由器都提供了安全机制，但是用户并未认真对安全进行有效配置，甚至配备有 IT 维护团队的顶级大公司也存在这个问题。据统计约有超过 90% 的信息系统入侵是通过已知的系统漏洞和操作系统、服务器、网络设备错误配置实现的。

（2）对威胁的应对能力。对电网安全构成威胁的行为，如信息系统攻击发生时，相应的应对和报警机制随之启动。在极端情况下，电网信息系统遭受大规模攻击，导致电网发生故障时，电网公司与其他机构（包括政府机构）的联动响应。

（3）重要系统的可靠性。2002 年 5 月发布的《电网和电厂计算机监控系统及调度数据网络安全防护的规定》（中华人民共和国国家经贸委 30 号令）指出，重要系统包括电力数据采集与监控系统、能量管理系统、变电站自动化系统、换流站计算机监控系统、发电厂计算机监控系统、配电自动化系统、微机继电保护和安全自动装置、广域相量测量系统、负荷控制系统、水调自动化系统和水电梯级调度自动化系统、电能量计量计费系统、实时电力市场的辅助控制系统、各级电力调度专用广域数据网络、用于远程维护及电能量计费等的调度专用拨号网络、各计算机监控系统内部的本地局域网络等。这些系统必须抵御病毒、黑客等通过各种形式对系统发起的恶意破坏和攻击，防止通过外部边界发起的攻击和侵入，尤其是防止由攻击导致的一次系统的控制事故。

（4）敏感信息的安全。对敏感信息从内部和外部都杜绝被窃取，如电网的发电、输电、配电等环节的重要数据。防止未授权用户访问系统或非法获取电网运行和调度敏感信息以及各种破坏性行为，保障电网调度数据信息的安全性、完整性。重点关注电力市场系统、电网调度信息披露的数据安全问题，防止非法访问和盗用，主要通过具有认证、加密功能的安全网关来实现；确保信息不受破坏和丢失，则通过系统冗余备份来实现。

9.4.2 电力二次系统的主要风险

电力二次系统包括电力监控系统、电力调度数据网络等。电力监控系统是指用于监视和控制电网及电厂生产运行过程的、基于计算机及网络技术的业务处理系统及智能设备等，包括电力数据采集与监控系统、能量管理系统、变电站自动化系统、换流站计算机监控系统、发电厂计算机监控系统、配电自动化系统、微机继电保护和安全自动装置、广域相量测量系统、负荷控制系统、水调自动化系统和水电梯级调度自动化系统、电能量计量计费系统、实时电力市场的辅助控制系统等。电力调度数据网络是指各级电力调度专用广域数据网络、电力生产专用拨号网络等。

电力二次系统主要安全风险及分级见表 9-1。

表 9-1　　　　　　　　　　　　电力二次系统主要安全风险及分级

优先级	风险	说明/举例
0	旁路控制	入侵者对发电厂、变电站发送非法控制命令，导致电力系统故障，甚至系统瓦解
1	完整性破坏	非授权修改电力控制系统配置或程序，非授权修改电力交易中的敏感数据
2	违反授权	电力控制系统工作人员利用授权身份或设备执行非授权的操作
3	工作人员的随意行为	电力控制系统工作人员无意识地泄露口令等敏感信息，或不谨慎地配置访问控制规则等
4	拦截/篡改	拦截或篡改调度数据广域网传输中的控制命令、参数设置、交易报价等敏感数据
5	非法使用	非授权使用计算机或网络资源
6	信息泄露	口令、证书等敏感信息泄密
7	欺骗	Web 服务欺骗攻击；IP 欺骗攻击
8	伪装	入侵者伪装成合法身份，进入电力监控系统
9	拒绝服务	向电力调度数据网或通信网关发送大量雪崩数据，造成拒绝服务
10	窃听	黑客在调度数据网或专线通道上搭线窃听明文传输的敏感信息，为后续攻击准备数据

9.4.3 电力二次系统安全防护的目标和策略

安全防护目标：抵御黑客、病毒、恶意代码等通过各种形式对系统发起的恶意破坏和攻击，特别是能够抵御集团式攻击，防止由此导致一次系统事故或大面积停电事故及二次系统的崩溃或瘫痪。

　　总体安全防护策略：在对电力二次系统进行全面系统的安全分析的基础上，提出了十六字总体安全防护策略，即安全分区、网络专用、横向隔离、纵向认证，电力二次系统安全防护如图9-3所示。

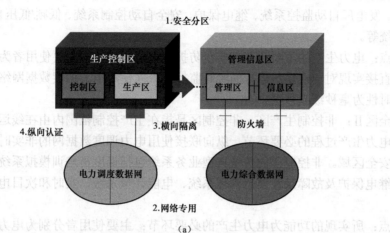

（a）

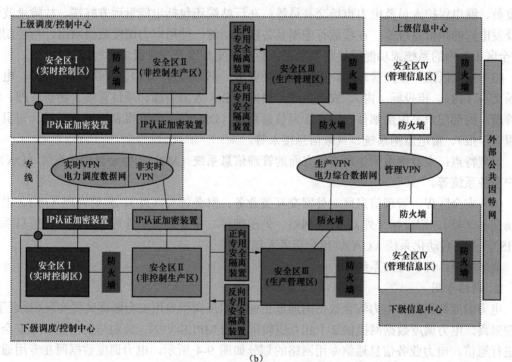

（b）

图9-3　电力二次系统安全防护

（a）总体安全防护策略；（b）安全防护结构

1. 安全分区

　　我国电网基本上采用电力通信专网模式，使得主干网络的安全性得到保障。根据系统中业务的重要性和对一次系统的影响程度，将电力信息网络系统划分为四个安全工作区，其中Ⅰ区为实时控制区，Ⅱ区为非控制生产区，Ⅲ区则为生产管理区，Ⅳ区管理信息区。重点保护在安全区Ⅰ中的实时监控系统和安全区Ⅱ中的电力交易系统。

（1）安全区Ⅰ：实时控制区。控制区是指由具有实时监控功能、纵向联接使用电力调度数据网的实时子网或专用通道的各业务系统构成的安全区域。控制区的传统典型业务系统包括调度自动化系统（SCADA/EMS）、广域相量测量系统（PMU）、配电自动化系统、变电站自动化系统、发电厂自动监控系统、继电保护、安全自动控制系统、低频/低压自动减载系统、负荷控制系统等。

典型特点：电力生产的重要环节、安全防护的重点与核心；主要使用者为调度员和运行操作人员；直接实现对一次系统运行的实时监控；纵向使用电力调度数据网络或专用通道；数据传输实时性为毫秒级或秒级。

（2）安全区Ⅱ：非控制生产区。非控制区是指在生产控制范围内由在线运行但不直接参与控制、是电力生产过程的必要环节、纵向联接使用电力调度数据网的非实时子网的各业务系统构成的安全区域。非控制区的传统典型业务系统包括调度员培训模拟系统、水库调度自动化系统、继电保护及故障录波信息管理系统、电能计量系统、实时和次日电力市场运营系统等。

典型特点：所实现的功能为电力生产的必要环节；主要使用者分别为电力调度员、水电调度员、继电保护人员及电力市场交易员等；在厂站端还包括电能量远方终端、故障录波装置及发电厂的报价系统等；在线运行但不具备控制功能；使用电力调度数据网络，与控制区（安全区Ⅰ）中的系统或功能模块联系紧密；数据采集频度是分钟级或小时级。

（3）安全区Ⅲ：生产管理区。内网应用类业务：财务管理（内）、营销管理（内）、电力市场交易（内）、招投标（内）、安全生产、协同办公、人力资源、项目管理、物资管理、综合管理、内部门户、内部邮件、调度管理信息系统（DMIS）、调度报表系统（日报、旬报、月报、年报）、雷电监测系统、气象信息接入等。

典型特点：主要侧重于生产管理方面的管理信息系统（MIS）、办公自动化系统（OA）、用户服务系统等。

（4）安全区Ⅳ：管理信息区。外网交互类业务：财务管理（外）、营销管理（外）、电力市场交易（外）、招投标（外）、外部网站、外部邮件。主要侧重于管理方面的管理信息系统（MIS）、办公自动化系统（OA）、用户服务系统等。

典型特点：纯管理的系统。

2. 网络专用

电力调度数据网和电力综合数据网通过正向型和反向型专用安全隔离装置实现（接近于）物理隔离，电力调度数据网提供 2 个相互逻辑隔离的 MPLS-VPN，分别与安全区Ⅰ和安全区Ⅱ进行通信。电力业务信息通信专用网络的划分如图 9-4 所示，电力调度数据网在专用通道上使用独立的网络设备组网，采用基于 SDH/PDH 上的不同通道、不同光波长、不同纤芯等方式，在物理层面上实现与电力企业其他数据网及外部公共信息网的安全隔离。电力调度数据网划分为逻辑隔离的实时子网和非实时子网，分别连接控制区和非控制区。子网之间可采用 MPLS-VPN 技术、安全隧道技术、PVC 技术或路由独立技术等来构造子网，电力调度数据网是电力二次安全防护体系的重要网络基础。

3. 横向隔离

安全区Ⅰ和安全区Ⅱ之间采用逻辑隔离，隔离设备为防火墙，安全区Ⅰ、Ⅱ与安全区Ⅲ、Ⅳ之间实现（接近于）物理隔离，隔离设备为正向型和反向型专用安全隔离装置。正向安全隔离装置用于生产控制大区到管理信息大区的非网络方式的单向数据传输；反向安全隔离装置用于从管理信息大区到生产控制大区单向数据传输，是管理信息大区到生产控制大区的唯一数据传输途径。严格禁止 Email、Web、Telnet、Rlogin、FTP 等通用网络服务和以 B/S 或 C/S 方式的数据库访问穿越专用横向单向安全隔离装置，仅允许纯数据的单向安全传输。

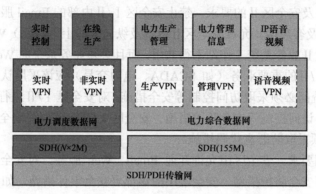

图 9-4　电力业务信息通信专用网络的划分

电力信息通信设备必须通过公安部安全产品销售许可，获得国家指定机构安全检测证明，用于厂站的设备还需通过电力系统电磁兼容检测。

4. 纵向认证

安全区 Ⅰ、Ⅱ 的纵向边界部署具有认证、加密功能的安全网关（即 IP 认证加密装置）；安全区Ⅲ、Ⅳ 的纵向边界部署硬件防火墙。

采用认证、加密、访问控制等技术措施实现数据的远方安全传输以及纵向边界的安全防护。在生产控制大区与广域网的纵向交接处应当设置经过国家指定部门检测认证的电力专用纵向加密认证装置或者加密认证网关及相应设施，实现双向身份认证、数据加密和访问控制。管理信息大区应采用硬件防火墙等安全设备接入电力企业数据网。纵向加密认证是电力二次安全防护体系的纵向防线。

传统的基于专用通道的通信不涉及网络安全问题，可采用线路加密技术保护关键厂站及关键业务。

加密认证装置位于电力控制系统的内部局域网与电力调度数据网络的路由器之间，用于安全区 Ⅰ/Ⅱ 的广域网边界保护，可为本地安全区 Ⅰ/Ⅱ 提供一个网络屏障同时为上下级控制系统之间的广域网通信提供认证与加密服务，实现数据传输的机密性、完整性保护。

加密认证网关除具有加密认证装置的全部功能外，还应实现应用层协议及报文内容识别的功能。

5. 安全防护的要求

电力系统二次系统安全防护的总体要求：在生产控制大区与管理信息大区之间必须设置经国家指定部门检测认证的电力专用横向单向安全隔离装置。

生产控制大区内部的安全区之间应当采用具有访问控制功能的设备、防火墙或者相当功能的设施，实现逻辑隔离。在生产控制大区与广域网的纵向交接处应当设置经过国家指定部门检测认证的电力专用纵向加密认证装置或者加密认证网关及相应设施。安全区边界应当采取必要的安全防护措施，禁止任何穿越生产控制大区和管理信息大区之间边界的通用网络服务。生产控制大区中的业务系统应当具有高安全性和高可靠性，禁止采用安全风险高的通用网络服务功能。依照电力调度管理体制建立基于公钥技术的分布式电力调度数字证书系统，生产控制大区中的重要业务系统应当采用认证加密机制。

各安全区内部安全防护的基本要求如下：

（1）对安全区Ⅰ及安全区Ⅱ的要求。禁止安全区Ⅰ/Ⅱ内部的 Email 服务。安全区Ⅰ不允许存在 Web 服务器及客户端。允许安全区Ⅱ内部及纵向（即上下级间）Web 服务。但 Web 浏览工作站与安全区Ⅱ业务系统工作站不得共用，而且必须业务系统向 Web 服务器单向主动传送数据。安全区Ⅰ/Ⅱ的重要业务（如 SCADA、电力交易）应该采用认证加密机制，安全区Ⅰ/Ⅱ内的相关系统间必须采取访问控制等安全措施。对安全区Ⅰ/Ⅱ进行拨号访问服务，必须采取认证、加密、访问控制等安全防护措施。安全区Ⅰ/Ⅱ应该部署安全审计措施，如 IDS 等。安全区Ⅰ/Ⅱ必须采取防恶意代码措施。

（2）对安全区Ⅲ要求。安全区Ⅲ允许开通 Email、Web 服务。对安全区Ⅲ拨号访问服务必须采取访问控制等安全防护措施。安全区Ⅲ应该部署安全审计措施，如 IDS 等。安全区Ⅲ必须采取防恶意代码措施。

（3）对安全区Ⅳ不做详细要求。随着网络规模的扩大和技术的进步，智能电网安全问题影响会越来越大，根据实际情况制定可行的智能电网安全防护措施，确保供电安全可靠。

9.4.4 其他安全防护措施

1. 防病毒措施

病毒防护是调度系统与网络必需的安全措施。建议病毒防护应覆盖所有安全区Ⅰ、Ⅱ、Ⅲ的主机与工作站。病毒特征码要求必须以离线的方式及时更新。应当及时更新特征码，查看查杀记录。禁止生产控制大区与管理信息大区共用一套防恶意代码管理服务器。

2. 入侵检测系统（IDS）

对于生产控制大区统一部署一套内网审计系统或入侵检测系统（IDS），其安全策略的设置重在捕获网络异常行为、分析潜在威胁以及事后安全审计，不宜使用实时阻断功能。禁止使用入侵检测与防火墙的联动。考虑到调度业务的可靠性，采用基于网络的入侵检测系统（NIDS），其 IDS 探头主要部署在横向、纵向边界以及重要系统的关键应用网段。

3. 使用安全加固的操作系统

能量管理系统（SCADA/EMS）、变电站自动化系统、电厂监控系统、配电自动化系统、电力市场运营系统等关键应用系统的主服务器，以及网络边界处的通信网关、Web 服务器等，应该使用安全加固的操作系统。主机加固方式包括安全配置、安全补丁、采用专用软件强化操作系统访问控制能力以及配置安全的应用程序。

4. 关键应用系统采用电力调度数字证书

能量管理系统、厂站端生产控制系统、电能计量系统及电力市场运营系统等业务系统，应当逐步采用电力调度数字证书，对用户登录本地操作系统、访问系统资源等操作进行身份认证，根据身份与权限进行访问控制，并且对操作行为进行安全审计。

5. 远程拨号访问的防护策略

通过远程拨号访问生产控制大区时，要求远方用户使用安全加固的操作系统平台，结合调度数字证书技术，进行登录认证和访问认证。对于远程用户登录到本地系统中的操作行为，应该进行严格的安全审计。

6. 安全审计

生产控制大区应当具备安全审计功能，可对网络运行日志、操作系统运行日志、数据库访问日志、业务应用系统运行日志、安全设施运行日志等进行集中收集、自动分析，及时发现各种违规行为以及病毒和黑客的攻击行为。

7. 数据与系统备份

对关键应用的数据与应用系统进行备份，确保数据损坏、系统崩溃情况下快速恢复数据与系统的可用性。

8. 设备备用

对关键主机设备、网络的设备与部件进行相应的热备份与冷备份，避免单点故障影响系统可靠性。

9. 异地容灾

对实时控制系统、电力市场交易系统，在具备条件的前提下进行异地的数据与系统备份，提供系统级容灾功能，保证在规模灾难情况下，保持系统业务的连续性。

10. 安全评估技术

所有系统均需进行投运前及运行期间的定期评估。已投运的系统要求进行安全评估，新建设的系统必须经过安全评估合格后方可投运，运行期间应定期评估。

9.5　中国电力信息安全等级保护

9.5.1　信息安全等级保护

信息安全等级保护从国家标准的高度强化各类组织信息安全管理。信息安全等级保护的实施，实现对重要信息系统的重点安全保障，推进了信息安全保护工作的规范化、法制化建设。体现"适度安全、保护重点"的思想，出台了一系列信息安全管理标准和技术标准，意义重大，国内的信息安全工作有据可依，明确了信息安全工作的目标和重点，也使信息系统安全有了一个衡量尺度。依据《计算机信息系统安全保护等级划分准则》规定，将不同的系统进行分级保护（共分五级）。

（1）第一级：用户自主保护级。由用户来决定如何对资源进行保护，以及采用何种方式进行保护。

（2）第二级：系统审计保护级。它能创建、维护受保护对象的访问审计跟踪记录，记录与系统安全相关事件发生的日期、时间、用户和事件类型等信息，所有和安全相关的操作都能够被记录下来，以便当系统发生安全问题时，可以根据审计记录，分析追查事故责任人。

（3）第三级：安全标记保护级。具有第二级系统审计保护级的所有功能，并对访问者及其访问对象实施强制访问控制。通过对访问者和访问对象指定不同安全标记，限制访问者的权限。

（4）第四级：结构化保护级。将前三级的安全保护能力扩展到所有访问者和访问对象，支持形式化的安全保护策略。其本身构造也是结构化的，以使之具有相当的抗渗透能力。本级的安全保护机制能够使信息系统实施一种系统化的安全保护。

（5）第五级：访问验证保护级。具备第四级的所有功能，还具有仲裁访问者能否访问某些对象的能力。为此，本级的安全保护机制不能被攻击、被篡改，具有极强的抗渗透能力。

9.5.2 国家电网有限公司等级保护建设

1. 体系结构

国家电网有限公司信息安全体系架构如图 9-5 所示，国家电网有限公司信息安全体系整体规划：制定"双网双机、分区分域、等级防护、多层防御"的安全防护策略。

按照"统筹资源、重点保护、适度安全"的原则，依据信息系统等级定级结果，信息内网采用"二级系统统一成域，三级系统独立分域"的方法划分安全域，信息外网划分为外网应用系统域和外网桌面终端域。

针对各安全域防护特点，按照等级保护要求，从边界、网络、主机、应用四个层面进行安全防护设计，针对安全域制定安全实施指引、安全产品功能技术要求，对各防护层面的控制措施进行了设计。

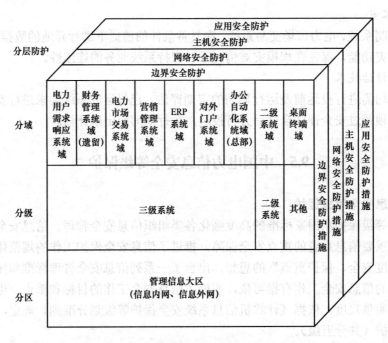

图 9-5 国家电网有限公司信息安全体系架构

2. 深化标准

根据等级保护对象在国家安全、经济建设、社会生活中的重要程度，以及一旦遭到破坏、丧失功能或者数据被篡改、泄漏、丢失、损毁后，对国家安全、社会秩序、公共利益以及公民、法人和其他组织的合法权益的侵害程度等因素，等级保护对象的安全保护等级分为以下五级：

（1）第一级：等级保护对象受到破坏后，会对相关公民、法人和其他组织的合法权益造成一般损害，但不危害国家安全、社会秩序和公共利益。

（2）第二级：等级保护对象受到破坏后，会对相关公民、法人和其他组织的合法权益造成严重损害或特别严重损害，或者对社会秩序和公共利益造成危害，但不危害国家安全。

（3）第三级：等级保护对象受到破坏后，会对社会秩序和公共利益造成严重危害，或者对国家安全造成危害。

（4）第四级：等级保护对象受到破坏后，会对社会秩序和公共利益造成特别严重危害，或者对国家安全造成严重危害。

（5）第五级：等级保护对象受到破坏后，会对国家安全造成特别严重危害。

信息系统定级主要由系统受到破坏时所侵害的客体和对客体造成侵害的程度决定。定级要素与安全保护等级的关系见表 9-2。

表 9-2 　　　　　　　　　　　**定级要素与安全保护等级的关系**

受侵害的客体	对客体的侵害程度		
	一般损害	严重损害	特别严重损害
公民、法人和其他组织的合法权益	第一级	第二级	第二级
社会秩序、公共利益	第二级	第三级	第四级
国家安全	第三级	第四级	第五级

定级对象包括信息系统（包括云计算平台/系统、物联网、工业控制系统、采用移动互联技术的系统）、通信网络设施和数据资源三大类。

国家电网有限公司结合电网信息安全防护的特殊性，以国家信息系统等级保护基本要求和电力行业信息安全要求为基础，对电网等级保护标准指标进行深化、扩充，将国家等级保护二级系统技术指标项由 79 项扩充至 134 项，三级系统技术指标项由 136 项扩充至 184 项，并将指标作为整改要求，制定了《国家电网公司"SG186"工程等级保护验收标准》。

3．现状测评

按照公安部对等级保护安全建设整改工作中进行信息系统安全保护现状分析的要求，国家电网有限公司组织内部测评队伍，在等级保护安全建设之前按照定级结果，根据国家和公司等级保护标准，对信息系统开展了技术和管理两方面的现状评估，寻找信息系统在物理安全、网络安全、主机安全、应用安全、数据安全以及安全管理上与相应安全等级标准的差距，并进行差距汇总和分析，根据不足问题重点进行建设整改工作。国家电网有限公司等级保护工作流程图如图 9-6 所示。

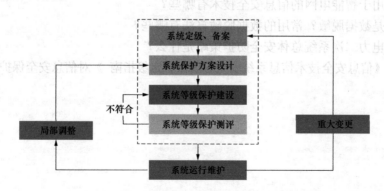

图 9-6　国家电网有限公司等级保护工作流程图

2008 年年初，遵照公安部《关于开展全国重要信息系统安全等级保护定级工作的通知》（公信安〔2007〕861 号）和国家电力监管委员会《电力行业信息系统安全等级保护定级工作指导意见》（电监信息〔2007〕44 号）的文件要求，国家电网有限公司组织对在运的信息系统进行定级，并按照公安部和国家电力监管委员会对公司信息系统定级的审批，完成了 30 家网省公司、21 家直属单位的信息系统定级与组织备案工作，涉及万余个在运信息系统，其中四级系统 32 个，三级系统占 31.8%、二级系统占 68.1%。

为确保等级保护实施工作取得实效，通过国家发展和改革委员会立项审批，开展了电网信息安全等级保护纵深防御示范工程建设，以试点单位建设进行试验示范，并在全公司范围进行推广。国网浙江省电力公司、国网陕西省电力公司、中国电力财务有限公司三个试点单位进行边界、网络、主机、应用数据的等级保护纵深防御体系建设，全面应用自主信息化装备和自主知识产权信息技术产品，并开展了大量细致的国产化测评、验证和自主可控模式的探索。示范工程得到了国家发展和改革委员会、公安部的高度认可，取得了良好的效果，极大地提升了电网防御能力，为等级保护在电网的推广应用奠定了基础。

为了配合《中华人民共和国网络安全法》的实施，同时适应云计算、移动互联、物联网、工业控制和大数据等新技术、新应用情况下网络安全等级保护工作的开展，2020 年 4 月 28 日，国家市场监督管理总局和国家标准化管理委员会联合发布了 GB/T 22240—2020《信息安全技术网络安全等级保护定级指南》，以代替 GB/T 22240—2008《信息安全技术信息系统安全等级保护定级指南》，并于 2020 年 11 月 1 日实施。主要技术变化有：修改了等级保护对象、信息系统的定义；增加了网络安全、通信网络设施、数据资源的术语和定义；增加了通信网络设施和数据资源的定级对象确定方法；增加了特定定级对象定级说明；修改了定级流程。

习　题

9-1　电力信息安全的来由是什么？
9-2　智能电网的安全威胁因素有哪些？
9-3　智能电网的安全目标和范围是什么？
9-4　为什么说智能电网的安全性贯穿于系统设计和应用的整个生命周期中？
9-5　智能电网的逻辑互联接口划分类别有什么意义？
9-6　可应用于智能电网的信息安全技术有哪些？
9-7　什么是数据脱敏？常用的数据脱敏算法有哪些？
9-8　中国电力二次系统总体安全防护策略是什么？
9-9　简述《信息安全技术信息系统安全等级保护定级指南》对信息安全保护等级的定义。

参 考 文 献

[1] ROACH C. R. 电的科学史：从富兰克林的风筝实验到马斯克的特斯拉汽车 [M]. 胡小锐，译. 北京：中信出版社，2018.

[2] 刘振亚. 智能电网技术 [M]. 北京：中国电力出版社，2010.

[3] BUSH S F. 智能电网通信 使电网智能化成为可能 [M]. 李中伟，程丽，金显吉，等，译. 北京：机械工业出版社，2019.

[4] Kazutaka Tsuji，张爽. 日本智能电网发展状况 [J]. 电器工业，2013 (11)：54-56.

[5] 胡波，周意诚，杨方，等. 日本智能电网政策体系及发展重点研究 [J]. 中国电力，2016，49 (03)：110-114.

[6] 俞学豪，张义斌，尹明. 智能电网在韩国 [J]. 国家电网，2011 (06)：54-57.

[7] 陈倩倩，王喜文. 韩国智能电网发展规划及现状 [J]. 物联网技术，2011，1 (06)：5-8.

[8] 韩国智能电网事业团. [EB/OL]. http://www.smartgrid.or.kr.

[9] 李立涅. 智能电网与能源网融合技术 [M]. 北京：机械工业出版社，2018.

[10] 孙宏斌. 能源互联网 [M]. 北京：科学出版社，2020.

[11] 王晓佳，余本功，陈志强. 电力数据预测理论与方法应用 [M]. 北京：科学出版社，2014.

[12] 郭创新，董树锋，张金江. 电力信息技术 [M]. 北京：科学出版社，2015.

[13] 唐良瑞，吴润泽，孙毅，等. 智能电网通信技术 [M]. 北京：中国电力出版社，2015.

[14] 刘东，张沛超，李晓. 面向对象的电力系统自动化 [M]. 北京：中国电力出版社，2009.

[15] 孔英会，陈智雄，李保罡，等. 现代通信理论 [M]. 北京：中国电力出版社，2019.

[16] 赵江河，吕广宪. 智能电网标准化：信息技术相关的方法、架构与标准 [M]. 北京：中国电力出版社，2017.

[17] 刘继春. 电力市场技术支持系统 [M]. 北京：中国电力出版社，2014.

[18] 高犁，陈杨，周敏，等. 智能电网下的电力营销新型业务 [M]. 北京：中国水利水电出版社，2014.

[19] 柳明，何光宇，沈沉，等. IECSA 项目介绍 [J]. 电力系统自动化，2006，30 (13)：99-104.

[20] 李瑞生. 分布式电源并网运行与控制 [M]. 北京：中国电力出版社，2017.

[21] ZAJC M，KOLENC M，SULJANOVI N. Virtual Power Plant Communication System Architecture [M]. 2018.

[22] IEEE. IEEE Guide for Smart Grid Interoperability of Energy Technology and Information Technology Operation with the Electric Power System (EPS)，End-Use Applications，and Loads [S]. IEEE，2011.

[23] 白晓民，张东霞. 智能电网技术标准 [M]. 北京：科学出版社，2018.

[24] 王晶晶，王丰，刘鸿斌，等. 关于常规变电站、数字化变电站与智能变电站差异化问题的探讨 [C]. 中国电机工程学会年会，2010.

[25] 李焱，唐凯. 营配调数字电网模型建设浅析 [J]. 电力系统装备，2019，(14)：43-45.

[26] 陶阳明. 经典人工智能算法综述 [J]. 软件导刊，2020，19 (3)：226-280.

[27] 徐云峰. 应用区块链技术打造新一代国家智能电网 [N]. 中华读书报，2020-01-22 (19).

[28] 中国电机工程学会. 中国电机工程学会专业发展报告 2019—2020 [M]. 北京：中国电力出版社，2020.

[29] 余江，常俊，施继红，等. 智能电网通信技术分析与应用 [M]. 北京：科学出版社，2015.

[30] 陶飞，张贺，戚庆林，等. 数字孪生十问：分析与思考 [J]. 计算机集成制造系统，2020，26（01）：1-17.

[31] 国际能源署（IEA）. 数字化与能源 [M]. 北京：科学出版社，2019.

[32] 高翔. 数字化变电站应用技术 [M]. 北京：中国电力出版社，2008.

[33] 肖杨，李祎斐. 智能电网的安全与隐私 [M]. 北京：机械工业出版社，2018.

[34] 王继业. 智能电网大数据 [M]. 北京：中国电力出版社，2017.

[35] 张晶，徐新华，崔仁涛. 智能电网用电信息采集系统技术与应用 [M]. 北京：中国电力出版社，2013.

[36] 中兴通信研究院. 信息通信技术百科全书——打开信息通信之门 [M]. 北京：人民邮电出版社，2015.

[37] 周苏，王文. 大数据可视化 [M]. 北京：清华大学出版社，2016.

[38] 吴晨涛. 信息存储与 IT 管理 [M]. 北京：人民邮电出版社，2015.

[39] 杨云. 智能电网工控安全及其防护技术 [M]. 北京：科学出版社，2019.

[40] 张铁峰，张旭，赵云，等. OpenADR 2.0 标准架构及应用 [J]. 电力科学与工程，2017，33（03）：55-60.

[41] 张铁峰，顾建炜. 基于供电企业信息化演进的智慧电网工程架构 [J]. 电网技术，2018，42（S1）：22-27.

[42] 张晶，孙万珺，等. 自动需求响应系统的需求及架构研究 [J]. 中国电机工程学报，2015，35（16）：4070-4076.

[43] 祁兵，张荣，李彬，等. 自动需求响应信息交换接口设计 [J]. 中国电机工程学报，2014，34（31）：5590-5596.

[44] 朱继忠. 多能源环境下电力市场运行方法 [M]. 北京：机械工业出版社，2019.

[45] 南方电网能源发展研究院有限责任公司. 中国电力市场化改革报告（2019 年）[M]. 北京：中国电力出版社，2020.

[46] 刘达. 电力市场预测建模及应用 [M]. 北京：中国水利水电出版社，2019.

[47] 张利. 电力市场概论 [M]. 北京：机械工业出版社，2014.

[48] PIPPO R，GUIDO C. 电力市场经济学：理论与政策 [M]. 杨争林，译. 北京：中国电力出版社，2017.

[49] 王华勇，杨超. 基于区块链技术的电力期货市场研究 [J]. 电力大数据，2018，21（06）：31-36.

[50] 朱文广，熊宁，钟士元，等. 基于区块链的配电网电力交易方法 [J]. 电力系统保护与控制，2018，46（24）：165-172.

[51] 谢开，张显，张圣楠，等. 区块链技术在电力交易中的应用与展望 [J]. 电力系统自动化，2020，44（19）：19-28.

[52] 鲁静，宋斌，向万红，等. 基于区块链的电力市场交易结算智能合约 [J]. 计算机系统应用，2017，26（12）：43-50.

[53] 刘妍，谭建成. 南方区域大用户参与电力市场交易的现状及展望 [J]. 南方电网技术，2017，11（11）：68-74.

[54] 赵文婷，沈蒙，金智新，等. 区块链技术下的电力智能交易研究 [J]. 太原理工大学学报，2020，51（03）：331-337.

[55] 王正风，董存，王理金，等. 电网调度运行新技术（第二版）[M]. 北京：中国电力出版社，2016.

[56] 张永健. 电网监控与调度自动化（第四版）[M]. 北京：中国电力出版社，2012.

[57] 翟明玉. 现代电网调度控制技术 [M]. 北京：中国电力出版社，2020.

[58] PHADKE A G，THORP J S. 广域同步向量测量技术及其应用 [M]. 毕天姝，译. 北京：中国电力出版社，2015.

[59] 国网河南省电力公司信息通信公司. 电力信息通信调度员岗前培训教程 [M]. 北京：中国电力出版社，2016.

[60] 王顺江，李婷. 智能电网调度控制系统实操技术 [M]. 北京：中国电力出版社，2018.

[61] 中国南方电网电力调度控制中心. 电力系统广域智能控制保护技术及应用 [M]. 北京：中国电力出版社，2016.

[62] GRID N，SMART T，INTEROPERABILITY G，et al. Introduction to NISTIR 7628 Guidelines for Smart Grid Cyber Security [M]. National Institute of Standards and Technology（U.S.），2010.

[63] 国家电力监管委员会. 电力二次系统安全防护规定 [S]. 北京：中国电力出版社，2004.

[64] 徐丙垠，李天友，薛永端，等. 配电网继电保护与自动化 [M]. 北京：中国电力出版社，2017.